航空发动机系列

主 编 陈懋章

航空燃气涡轮发动机 工作原理及性能

（第 3 版）

Working Principle and Performance of
Aircraft Gas Turbine Engines

（Third Edition）

朱之丽 陈敏 唐海龙 张津 陈大光 编著

U0295213

上海交通大学出版社
SHANGHAI JIAO TONG UNIVERSITY PRESS

内容提要

本书由 12 章组成,全面系统地介绍了航空燃气涡轮发动机的工作过程和性能。第 1 至 5 章讲述了发动机基本工作原理和稳态及过渡态性能与控制规律。第 6 章介绍了航空燃气涡轮发动机性能仿真。第 7 章阐述了涡轮轴和涡轮螺旋桨发动机。第 8 章和第 9 章对推进系统性能和发动机/飞机性能匹配做了细致分析。除发动机的设计性能外,第 10 章对发动机使用中的性能问题做了专门论述。第 11 章介绍了航空燃气涡轮发动机的新技术和技术发展。第 12 章介绍了自适应循环发动机。

本书可供从事航空发动机及其有关专业领域的工程设计、科研、使用维修人员以及技术领导等使用,也可作为高等院校发动机专业研究生及本科生的教学参考书,还可供对航空发动机有兴趣的人员阅读。

图书在版编目(CIP)数据

航空燃气涡轮发动机工作原理及性能/朱之丽等编
著.—3 版.—上海:上海交通大学出版社,2023.1(2024.8 重印)
大飞机出版工程.航空发动机系列
ISBN 978-7-313-21124-8

Ⅰ.①航…　Ⅱ.①朱…　Ⅲ.①航空发动机-燃气轮机
Ⅳ.①V235.1

中国版本图书馆 CIP 数据核字(2022)第 193125 号

航空燃气涡轮发动机工作原理及性能(第 3 版)
HANGKONG RANQI WOLUN FADONGJI GONGZUO YUANLI JI XINGNENG
(DI-SAN BAN)

编 著 者:朱之丽　陈　敏　唐海龙　张　津　陈大光
出版发行:上海交通大学出版社　　　　　　　　　地　　址:上海市番禺路 951 号
邮政编码:200030　　　　　　　　　　　　　　　　电　　话:021-64071208
印　　制:上海盛通时代印刷有限公司　　　　　　经　　销:全国新华书店
开　　本:710mm×1000mm　1/16　　　　　　　　印　　张:24
字　　数:476 千字
版　　次:2014 年 9 月第 1 版　2023 年 1 月第 3 版　印　　次:2024 年 8 月第 6 次印刷
书　　号:ISBN 978-7-313-21124-8
定　　价:98.00 元

大飞机出版工程

丛书编委会

总主编

顾诵芬（中国航空工业集团公司科技委原副主任、中国科学院和中国工程院院士）

副总主编

贺东风（中国商用飞机有限责任公司董事长）

林忠钦（上海交通大学校长、中国工程院院士）

编委会（按姓氏笔画排序）

王礼恒（中国航天科技集团公司科技委主任、中国工程院院士）

王宗光（上海交通大学原党委书记、教授）

刘　洪（上海交通大学航空航天学院副院长、教授）

任　和（中国商飞上海飞机客户服务公司副总工程师、教授）

李　明（中国航空工业集团沈阳飞机设计研究所科技委委员、中国工程院院士）

吴光辉（中国商用飞机有限责任公司副总经理、总设计师、中国工程院院士）

汪　海（上海市航空材料与结构检测中心主任、研究员）

张卫红（西北工业大学副校长、教授）

张新国（中国航空工业集团副总经理、研究员）

陈　勇（中国商用飞机有限责任公司工程总师、ARJ21飞机总设计师、研究员）

陈迎春（中国商用飞机有限责任公司CR929飞机总设计师、研究员）

陈宗基（北京航空航天大学自动化科学与电气工程学院教授）

陈懋章（北京航空航天大学能源与动力工程学院教授、中国工程院院士）

金德琨（中国航空工业集团公司原科技委委员、研究员）

赵越让（中国商用飞机有限责任公司总经理、研究员）

姜丽萍（中国商用飞机有限责任公司制造总师、研究员）

曹春晓（中国航空工业集团北京航空材料研究院研究员、中国工程院院士）

敬忠良（上海交通大学航空航天学院常务副院长、教授）

傅　山（上海交通大学电子信息与电气工程学院研究员）

航空发动机系列编委会

主　编
陈懋章（北京航空航天大学能源与动力工程学院教授、中国工程院院士）

副主编（按姓氏笔画排序）
尹泽勇（中航商用飞机发动机有限责任公司总设计师、中国工程院院士）
严成忠（中航工业沈阳发动机设计研究所原总设计师、研究员）
苏　明（上海市教育委员会原主任、教授）
陈大光（北京航空航天大学能源与动力工程学院教授）

编　委（按姓氏笔画排序）
丁水汀（北京航空航天大学动力与能源工程学院院长、教授）
王安正（上海交通大学机械与动力工程学院教授）
刘松龄（西北工业大学动力与能源学院教授）
孙健国（南京航空航天大学能源与动力学院、教授）
孙晓峰（北京航空航天大学能源与动力工程学院教授）
朱俊强（中国科学院工程热物理所副所长、研究员）
何　力（牛津大学工程科学系教授）
张绍基（中航工业航空动力机械研究所原副所长、研究员）
张　健（中航发动机控股有限公司副总经理）
李应红（空军工程大学工程学院教授、中国科学院院士）
李其汉（北京航空航天大学能源与动力学院教授）
李继保（中航商用飞机发动机有限责任公司副总经理、研究员）
李锡平（中航工业航空动力机械研究所原副总设计师、研究员）
杜朝辉（上海交通大学研究生院常务副院长、教授）
邹正平（北京航空航天大学能源与动力工程学院教授）
陈　光（北京航空航天大学能源与动力工程学院教授）
周拜豪（中航工业燃气涡轮研究院原副总设计师、研究员）
金如山（英国罗罗公司原研发工程师、西北工业大学客座教授）
贺　利（中国国际航空股份有限公司原副总裁）
陶　智（北京航空航天大学副校长、教授）
高德平（南京航空航天大学能源与动力学院教授）
蒋浩康（北京航空航天大学能源与动力工程学院教授）
蔡元虎（西北工业大学动力与能源学院教授）
滕金芳（上海交通大学航空航天学院研究员）

总　序

　　国务院在 2007 年 2 月底批准了大型飞机研制重大科技专项正式立项,得到全国上下各方面的关注。"大型飞机"工程项目作为创新型国家的标志工程重新燃起我们国家和人民共同承载着"航空报国梦"的巨大热情。对于所有从事航空事业的工作者,这是历史赋予的使命和挑战。

　　1903 年 12 月 17 日,美国莱特兄弟制作的世界第一架有动力、可操纵、比重大于空气的载人飞行器试飞成功,标志着人类飞行的梦想变成了现实。飞机作为 20 世纪最重大的科技成果之一,是人类科技创新能力与工业化生产形式相结合的产物,也是现代科学技术的集大成者。军事和民生对飞机的需求促进了飞机迅速而不间断的发展和应用,体现了当代科学技术的最新成果;而航空领域的持续探索和不断创新,为诸多学科的发展和相关技术的突破提供了强劲动力。航空工业已经成为知识密集、技术密集、高附加值、低消耗的产业。

　　从大型飞机工程项目开始论证到确定为《国家中长期科学和技术发展规划纲要》的十六个重大专项之一,直至立项通过,不仅使全国上下重视我国自主航空事业,而且使我们的人民、政府理解了我国航空事业半个多世纪发展的艰辛和成绩。大型飞机重大专项正式立项和启动使我们的民用航空进入新纪元。经过 50 多年的风雨历程,当今中国的航空工业已经步入了科学、理性的发展轨道。大型客机项目产业链长、辐射面宽、对国家综合实力带动性强,在国民经济发展和科学技术进步中发挥着重要作用,我国的航空工业迎来了新的发展机遇。

　　大型飞机的研制承载着中国几代航空人的梦想,在 2016 年造出与波音公司

B737和空客公司A320改进型一样先进的"国产大飞机"已经成为每个航空人心中奋斗的目标。然而，大型飞机覆盖了机械、电子、材料、冶金、仪器仪表、化工等几乎所有工业门类，集成数学、空气动力学、材料学、人机工程学、自动控制学等多种学科，是一个复杂的科技创新系统。为了迎接新形势下理论、技术和工程等方面的严峻挑战，迫切需要引入、借鉴国外的优秀出版物和数据资料，总结、巩固我们的经验和成果，编著一套以"大飞机"为主题的丛书，借以推动服务"大飞机"作为推动服务整个航空科学的切入点，同时对于促进我国航空事业的发展和加快航空紧缺人才的培养，具有十分重要的现实意义和深远的历史意义。

2008年5月，中国商用飞机有限公司成立之初，上海交通大学出版社就开始酝酿"大飞机出版工程"，这是一项非常适合"大飞机"研制工作时宜的事业。新中国第一位飞机设计宗师——徐舜寿同志在领导我们研制中国第一架喷气式歼击教练机——歼教1时，亲自撰写了《飞机性能及算法》，及时编译了第一部《英汉航空工程名词字典》，翻译出版了《飞机构造学》《飞机强度学》，从理论上保证了我们的飞机研制工作。我本人作为航空事业发展50多年的见证人，欣然接受上海交通大学出版社的邀请担任该丛书的主编，希望为我国的"大飞机"研制发展出一份力。出版社同时也邀请了王礼恒院士、金德琨研究员、吴光辉总设计师、陈迎春副总设计师等航空领域专家撰写专著、精选书目，承担翻译、审校等工作，以确保这套"大飞机"丛书具有高品质和重大的社会价值，为我国的大飞机研制以及学科发展提供参考和智力支持。

编著这套丛书，一是总结整理50多年来航空科学技术的重要成果及宝贵经验；二是优化航空专业技术教材体系，为飞机设计技术人员的培养提供一套系统、全面的教科书，满足人才培养对教材的迫切需求；三是为大飞机研制提供有力的技术保障；四是将许多专家、教授、学者广博的学识见解和丰富的实践经验总结继承下来，旨在从系统性、完整性和实用性角度出发，把丰富的实践经验进一步理论化、科学化，形成具有我国特色的"大飞机"理论与实践相结合的知识体系。

"大飞机出版工程"丛书主要涵盖了总体气动、航空发动机、结构强度、航电、制造等专业方向，知识领域覆盖我国国产大飞机的关键技术。图书类别分为译著、专著、教材、工具书等几个模块；其内容既包括领域内专家们最先进的理论方法和技术成果，也包括来自飞机设计第一线的理论和实践成果。如：2009年出版的荷兰原福克飞机公司总师撰写的 *Aerodynamic Design of Transport Aircraft*（《运输类飞机的空气动力设计》）；由美国堪萨斯大学 2008 年出版的 *Aircraft Propulsion*（《飞机推进》）等国外最新科技的结晶；国内《民用飞机总体设计》等总体阐述之作和《涡量动力学》《民用飞机气动设计》等专业细分的著作；也有《民机设计 1 000 问》《英汉航空缩略语词典》等工具类图书。

　　该套图书得到国家出版基金资助，体现了国家对"大型飞机"项目和"大飞机出版工程"这套丛书的高度重视。这套丛书承担着记载与弘扬科技成就、积累和传播科技知识的使命，凝结了国内外航空领域专业人士的智慧和成果，具有较强的系统性、完整性、实用性和技术前瞻性，既可作为实际工作指导用书，亦可作为相关专业人员的学习参考用书。期望这套丛书能够有益于航空领域里人才的培养，有益于航空工业的发展，有益于大飞机的成功研制。同时，希望能为大飞机工程吸引更多的读者来关心航空、支持航空和热爱航空，并投身于中国航空事业做出一点贡献。

2009 年 12 月 15 日

序　言

作为创新型国家的标志工程,大型飞机研制重大科技专项已于2007年2月由国务院正式批准立项。为了向该项重大工程提供技术支持,2008年5月,上海交通大学出版社酝酿"大飞机出版工程",并得到了国家出版基金资助,现已正式立项。"航空发动机系列丛书"是"大飞机出版工程"的组成部分。

航空发动机为飞机提供动力,是飞机的"心脏",是航空工业的重要支柱,其发展水平是一个国家综合国力、工业基础和科技水平的集中体现,是国家重要的基础性战略产业,被誉为现代工业"皇冠上的明珠"。新中国成立以来,发动机行业受到国家的重视,从无到有,取得了长足的进步,但与航空技术先进国家相比,我们仍有较大差距,飞机"心脏病"的问题仍很严重,这已引起国家高度重视,正采取一系列有力措施,提高科学技术水平,加快发展进程。

航空发动机经历了活塞式发动机和喷气式发动机两个发展阶段。在第二次世界大战期间,活塞式发动机技术日臻成熟,已达到很高水平,但由于其功率不能满足不断提高的飞行速度的要求,加之螺旋桨在高速时尖部激波使效率急剧下降,也不适合高速飞行,这些技术方面的局限性所带来的问题表现得日益突出,客观上提出了对发明新式动力装置的要求。在此背景下,1937年,英国的Frank Whittle,1939年德国的von Ohain在相互隔绝的情况下,先后发明了喷气式发动机,宣布了喷气航空新时代的来临。喷气式发动机的问世,在很短的时间内得到了飞速发展,在很大程度上改变了人类社会的各个方面,对科学技术进步和人类生活产生了深远的影响。

喷气式发动机是燃气涡轮发动机的一种类型,自其问世以来,已出现了适于不同用途的多种类型,得到了长足的发展。在20世纪的下半叶,它已占据航空动力装置的绝对统治地位,预计起码在21世纪的上半叶,这种地位不会改变。现在一般所说的航空发动机都是指航空燃气涡轮发动机。本系列丛书将只包含与这种发动机有关的内容。

现代大型客机均采用大涵道比涡轮风扇发动机,它与用于战斗机的小涵道比发动机有一定区别,特别是前者,在低油耗、低噪声、低污染排放、高可靠性、长寿命等方面有更高的要求,但两者的基本工作原理、技术等有很大的共同性,所以除了必须指明外,本系列丛书不再按大小涵道比(或军民用)分类型论述。

航空发动机的特点是工作条件极端恶劣而使用要求又非常之高。航空发动机是在高温、高压、高转速特别是很快的加减速瞬变造成应力和热负荷高低周交变的条件下工作的。以高温为例,目前先进发动机涡轮前燃气温度高达 $1\,800\sim2\,000\,\text{K}$,而现代三代单晶高温合金最高耐温为 $1\,376\,\text{K}$;这 $600\,\text{K}$ 多的温度差距只能靠复杂的叶片冷却技术和隔热涂层技术解决。发动机转速高达 $10\,000\sim60\,000\,\text{r/min}$,对应的离心加速度约为 $100\,000\,\text{g}$ 的量级,要保证承受如此高温的叶片在如此高的离心负荷下安全、可靠、长寿命工作,难度无疑是非常之高的。

航空发动机是多学科交融的高科技产品,涉及气动力学、固体力学、热力学,传热学、燃烧学、机械学、自动控制、材料学、加工制造等多个学科。这些学科的科学问题,经科学家们长期的艰苦探索、研究,已取得很大成就,所建立的理论体系,可以基本反映客观自然规律,并用以指导航空发动机的工程设计研制。这是本系列丛书的基本内容。但是必须指出,由于许多科学问题,至今尚未得到根本解决,有的甚至基本未得到解决,加之多学科交叉,大大增加了问题的复杂性,人们现在还不能完全靠理论解决工程研制问题。以流动问题为例,气流流过风扇、压气机、燃烧室、涡轮等部件,几何边界条件复杂,流动性质为强三维、固有非定常、包含转捩过程的复杂湍流流动,而湍流理论至今基本未得到解决,而且在近期看不见根本解决的前景。其他学科的科学问题也在不同程度上存在类似情况。

由于诸多科学问题还未被很好地解决,而客观上又对发展这种产品有迫切的需求,人们不得不绕开复杂的科学问题,通过大量试验,认识机理,发现规律,获取知识,以基本理论为指导,理论与试验数据结合,总结经验关系,制定各种规范……并以此为基础研制发动机。在认识客观规律的过程中,试验不仅起着揭示现象、探索机理的作用,也是检验理论的最终手段。短短七八十年,航空发动机取得如此惊人的成就,其基本经验和技术途径就是如此。

总之,由于科学问题未被很好地解决,多学科交叉的复杂性,加之工作条件极端恶劣而使用要求又非常之高的特点,使得工程研制的技术难度很大,这些因素决定了航空发动机发展必须遵循以大量试验为支撑的技术途径。

随着计算机和计算数学的发展,计算流体力学、计算固体力学、计算传热学和计算燃烧学等取得了长足的进展,对深入认识发动机内部复杂物理机理、优化设计和加速工程研制进程、逐步减少对试验的依赖起着非常重要的作用。但是由于尚未解决上述诸多科学问题,纯理论的数值计算不能完全准确反映客观真实,因而不能完全据此进行工程研制。目前先进国家的做法,仍是依靠以试验数据为基础建立起来的经验关系。在数值技术高度发展的今天,人们正在做出很大的努力,利用试验数据库修正纯理论的数值程序,以期能在工程研制中发挥更大作用。

钱学森先生曾提出技术科学的概念,它是搭建科学与工程之间的桥梁。航空发动机是典型的技术科学,而以试验为支撑的理论、经验关系、设计准则和规范等则是构建此桥梁的水泥砖石。

对于航空发动机的科学、技术与工程之间的关系及其现状的上述认识将反映在本系列丛书中,并希望得到读者的认同和注意。

“发动机系列丛书”涵盖总体性能、叶轮机械、燃烧、传热、结构、固体力学、自动控制、机械传动、试验测试、适航等专业方向,力求达到学科基本理论的系统性,内容的相对完整性,并适当结合工程应用。丛书反映了学科的近期和未来的可能发展,并且注意包含相对成熟的先进内容。

本系列丛书的编委会由来自高等学校、科研院所和工业部门的教师和科技工作者组成,他们都有很高的学术造诣,丰富的实际经验,并且掌握全局,了解需求,对于形成系列丛书的指导思想,确定丛书涵盖的范围和内容,审定编写大纲,保证整个丛书质量,发挥了不可替代的重要作用。我对他们接受编委会的工作,并做出了重要贡献表示衷心感谢。

　　本系列丛书的编著者均有很高的学术造诣,理论功底深厚,实际经验丰富,熟悉本领域国内外情况,在业内得到了高度认可,享有很高的声望。我很感谢他们接受邀请,用他们的学识和辛勤劳动完成本系列丛书。在编著中他们融入了自己长期教学科研生涯中获得的经验、发现和创新,形成了本系列丛书的特色,这是难能可贵的。

　　本系列丛书以从事航空发动机专业工作的科技人员、教师和与此专业相关的研究生为主要对象,也可作为本科生的参考书,但不是本科教材。希望本丛书的出版能够有益于航空发动机专业人才的培养,有益于提高行业科学技术水平,有益于航空工业的发展,为中国航空事业做出贡献。

陈懋章

2013 年 10 月

再版说明

  本书经历了 2014 年 8 月的初版和 2018 年 8 月的再版,深受读者欢迎。在 2022 年再版时,考虑到这些年来航空燃气涡轮发动机技术的研究进展,结合作者近十年来在教学科研中的体会、认识以及开展的相应研究工作,对一些内容进行了增添和修订,重点介绍了自适应循环发动机工作原理、性能特征和未来可能的技术进展;补充了强预冷多重耦合循环发动机技术等最新研究成果,使其更具先进性。此外,这次再版也修改了原书中个别不完善之处。

  再版修改的主要内容如下:第 1 章中,修订了主要设计参数的取值范围;第 3 章中,修订了调整高压涡轮导向器喉道面积变化对核心机工作线的影响的内容;第 10 章中,更新了第 3 节中发动机数据采集的内容;第 11 章中,增加了强预冷多重耦合循环发动机最新研究成果的阐述;新增了第 12 章,系统地介绍了自适应循环发动机应用背景、结构形式、工作模式、部件共同工作、性能特征以及总体设计技术发展趋势。另外,在各章节增加了思考题。

  各章的修改工作由各章的原作者完成。新增第 12 章由陈敏、唐海龙撰写。

  在这次再版修改中,北京航空航天大学张纪元博士、许哲文博士和黄国豪硕士协助做了许多文稿编辑、校对和排版工作,在此表示感谢。

  在本书再版修改期间,本书编撰的组织者和领衔者——陈大光教授不幸辞世,在此表示沉痛悼念! 我们要传承他严谨、认真的治学态度,认真完成再版修改,以此纪念我们敬爱的陈大光先生。

前　言

　　继航空活塞式发动机之后,1937 和 1939 年分别在英国和德国由 Sir Frank Whittle 和 Hans von Ohain 研制出了燃气涡轮喷气发动机。与活塞式发动机相比,喷气式发动机具有推力大、重量轻、体积小、振动小等特点。它一问世,就显示出更适合作为飞机动力装置的优势。在随后的 70 多年里,航空燃气涡轮发动机的技术性能快速提高。大型涡轮风扇发动机的推力比最初研制的涡轮喷气发动机高了 100 倍左右,推重比提高了 10 倍左右,而民用发动机耗油率则至少下降了 50%。在民用方面,大涵道比涡轮风扇发动机在民机上的应用,大大缩短了长距离旅行的时间,拉近了城市间的距离,增加了各国人民间的交流,推动了世界经济发展。在军事方面,近代战争显示出强大的国防离不开强大的空军。由于航空燃气涡轮发动机有性能好、重量轻、可靠性高等优点,几乎各种用途的军民用飞机和直升机都选用了燃气涡轮发动机作为动力装置。航空燃气涡轮发动机的技术水平已成为衡量一个国家的科技水平、经济实力和国防实力的重要标志,越来越多的人从事或将要从事燃气涡轮发动机或与其有关的行业的工作。他们需要了解燃气涡轮发动机工作原理和性能,其中有些人还需要深入掌握有关知识。同时,越来越多的燃气涡轮发动机行业以外的人对燃气轮机感兴趣。随着我国航空业的发展,国家也越来越重视,不断加强航空发动机的科学技术发展和相关科技人才的培养,发动机行业不断发展壮大,急需一套体现国家最新发展的丛书。"大飞机出版工程·航空发动机系列"图书应运而生并获得国家出版基金资助,本书为丛书之一。

　　本书作者长期从事航空燃气涡轮发动机工作原理和性能方面的教学和有关发动机性能仿真、飞机/发动机性能匹配、发动机健康管理等方面的科研工作,同时还参与了多种发动机型号的研制。在工作中作者深深体会到需要一本系统完整,能反映现代航空发动机先进技术和技术发展的有关发动机工作原理和性能的专业书籍。目前,国内出版的有关书籍多是对航空燃气涡轮发动机本身的工作原理和性能的论述,缺少发动机和飞机性能匹配的内容;多是讲述发动机的设计性能,缺少发动机在使用中的性能变化和健康管理的内容;多是以军机为主,对民用发动机注意不够。本书编写时注意了这些问题,全书由12章组成,内容如下:

第1~5章讲述发动机基本工作原理和稳态、过渡态性能及控制方案。这部分内容,从发动机理想循环开始,在简化情况下,讨论了发动机的工作过程及影响发动机性能的主要因素并指出了它们的最有利取值和发展方向。随后,详细地介绍了发动机各部件在稳态和过渡态条件下的共同工作和发动机性能。除注意讨论部件间的相互制约关系外还细致讨论了在使用条件下,大气温度、大气湿度、雷诺数等因素对性能及发动机工作稳定性的影响。

随着计算机技术的发展,性能仿真在发动机各领域中大量应用。第6章专门讲述了能满足设计、试验、使用、控制等方面的不同需求、不同精度等级的发动机性能仿真技术和性能模型的建模方法。

涡轮轴和涡轮螺旋桨发动机是直升机和短距支线客机的主要动力。第7章专门讲述了涡轮轴和涡轮螺旋桨发动机的基本工作原理、性能和发动机与旋翼(螺旋桨)的匹配。

推进技术进步的过程中,一个始终不变的推动力是飞机性能改进对发动机提出的技术要求。本书前面几章分析的是发动机本身的性能,从这些性能还不能准确地看出发动机性能是否满足飞机要求。如何使发动机性能最大限度地满足飞机的需求是贯穿飞机和发动机设计开始和整个过程中,甚至在使用中必须考虑和解决重要的问题。发动机安装到飞机上,飞机进气道、发动机和飞机排气系统组成了推进系统。通过对三者的研究和分析可得出推进系统的性能,利用推进系统的性能可以分析发动机是否满足飞机的要求。为此,第8章和第9章对推进系统性能和飞机/发动机性能匹配做了细致分析并提供了分析方法。

无论民用还是军用,发动机在实际工作环境中使用都会出现许多与性能有关的问题,诸如发动机性能衰减及性能恢复,如何使用发动机以达到燃油消耗最少,如何利用性能监视评估发动机健康状况,如何正确使用发动机达到降低运行成本和提高飞行安全性的目的等。第 10 章对发动机使用中的性能问题进行了专门论述。

在发动机技术发展过程中,降低发动机耗油率是一直不变的要求。近年来,特别重视减少发动机运行对环境的污染。第 11 章介绍了考虑这些要求的技术发展,以及可能的发展方案和发展中存在的主要技术问题。第 12 章介绍了国内外对自适应循环发动机开展的研究情况。

参加本书编写的人员分工如下:

第 1～4 章,朱之丽;第 5～6 章,陈敏;第 7 章、第 9 章,唐海龙;第 8 章、第 10 章,张津;第 11 章,唐海龙、陈敏;第 12 章,陈敏、唐海龙。陈大光负责全书各章内容的协调和选定并对全书进行了校核和审定。

在本书编写开始时,中国航空工业发动机研究院院长张健研究员、中国航空工业动力研究所型号总设计师严成忠研究员和上海交通大学滕金芳研究员对本书编写大纲进行了认真审查并提出了宝贵意见。对他们的认真审查和关心鼓励表示衷心感谢。北京航空航天大学教授陈懋章院士和中国航空工业动力研究所型号总设计师严成忠研究员在百忙中对本书出版做了推荐,为他们对本书的大力支持表示由衷感谢。在本书完稿后,北京航空航天大学研究生孟鑫、张坤、同王刚和胡良权对汇总稿件、版面整理和排版做了大量细致的工作,在此一并表示感谢。

本书可供从事航空发动机及其有关技术领域的工程设计、科研、使用维修和技术领导等人员使用。本书也可用作高等院校发动机专业研究生及本科生的教学参考书,还可供有一定专业基础且对航空发动机有兴趣的人员阅读。

限于作者水平,本书内容存在的不足和错误之处,敬请读者批评指正。

符 号 表

符号	意义	单位
A	面积	m^2
a	声速	m/s
A_c	进气道捕获面积	m^2
B	涵道比	—
C_F	喷管推力系数	—
c_p	比定压热容	kJ/(kg·k)
C_X	阻力系数	—
$C_{X.a}$	附加阻力系数	—
$C_{X.BL}$	附面层泄除阻力系数	—
$C_{X.SP}$	溢流阻力系数	—
$C_{X.BP}$	放气阻力系数	—
f_a	油气比	—
F	推力	N
F_A	安装推力	N
F_S	单位推力	N
$\bar{F}$	加力比	—
G	重力	N
H	飞行高度	m
H_f	燃油低热值	kJ/kg
J	转动惯量	kg·m^2
K	系数	—
L	单位质量功	kJ/kg
M	力矩	N·m
Ma	马赫数	—
n	转速、级数	r/min

P	功率	kW
p	压力	Pa
p_s	静压	Pa
p_t	总压	Pa
q	热量	kJ
R	气体常数	kJ/(kg·K)
S	转差率	—
I_{sfc}	耗油率	kg/(N·h)
I_{sfcA}	安装耗油率	kg/(N·h)
Δ_{SM}	喘振裕度	%
t	温度	°C
T_s	静温	K
T_t	总温	K
ε_{TR}	节流比	—
u	周向速度(切线速度)	m/s
v	比体积	m³/kg
V	气流速度	m/s
W	质量(流量)	kg/s
w	相对速度	m/s
W_a	空气流量	kg/s
W_f	燃油流量	kg/s 或 kg/h
W_{fA}	安装燃油流量	kg/s 或 kg/h
W_g	燃气流量	kg/s
X_{ext}	外部阻力	N
X_a	附加阻力	N
X_P	压差阻力	N
X_f	摩擦阻力	N
Y	升力	N
α	静子叶片安装角度/余气系数	(°)/—
β	转子叶片相对气流角	(°)
γ	比热容比	—
η	效率	—
η_m	机械效率	—
η_{th}	热效率	—
η_p	推进效率	—
η_0	总效率	—

γ	速度系数	—
π	压比	—
θ	气流温度与标准大气温度之比/喷管扩张段的扩张半角	(°)
σ	总压恢复系数	—
ω	角速度	rad/s
Δ	加热比	
ψ	喷管速度损失系数	

下脚标

a	空气、轴向
A	安装
ab	加力
B	主燃烧室
C	压气机
cor	换算
cr	临界
col	冷却
d	设计
E	发动机
eco	最经济
F	风扇
g	燃气
H	高压转子部件
h	湿空气
i	理想
in	进气道
idl	慢车
L	低压转子部件
m	测量
max	最大
min	最小
mix	混合
N	涡轮导向器
NZ	喷管
opt	最佳
s	水或水蒸气

SL	海平面
u	周向
st	标准
T	涡轮
T. O	起飞状态
Σ	总的
Ⅰ	涡扇发动机内涵
Ⅱ	涡扇发动机外涵

特征截面号

0	远前方未受扰动截面
1	进气道进口截面
2	风扇进口截面
13	风扇外涵出口截面
21	风扇内涵出口/增压级进口截面
23	增压级出口截面
25	高压压气机进口截面
3	主燃烧室进口截面
4	主燃烧室出口截面
41	高压涡轮转子进口截面
45	高压涡轮出口截面
46	低压涡轮转子进口截面
5	低压涡轮出口/混合室内涵进口截面
15	混合室外涵进口截面
6	混合室出口/加力燃烧室进口截面
7	加力燃烧室出口/喷管进口截面
8	(内涵)喷管喉道截面
9	(内涵)喷管出口截面
18	外涵喷管喉道截面
19	外涵喷管出口截面

目　　录

1 航空燃气涡轮发动机基本工作原理和设计点性能

1.1 航空燃气涡轮发动机的组成及工作过程

目前,在航空上应用的燃气涡轮发动机的主要类型包括涡轮喷气发动机、涡轮风扇发动机、涡轮螺旋桨发动机和涡轮轴发动机等。

1.1.1 涡轮喷气发动机

1) 单轴和双轴涡轮喷气发动机

涡轮喷气发动机(以下简称涡喷发动机)由进气道、压气机、燃烧室、涡轮和尾喷管5个主要部件组成,图1-1和图1-2给出单轴涡喷和双轴涡喷的示意图,它们是最早应用于飞机作为动力装置的燃气轮机。

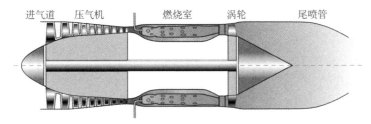

图1-1 单轴涡轮喷气发动机

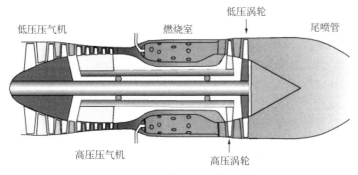

图1-2 双轴涡轮喷气发动机

　　涡喷发动机工作时,发动机吸入的空气首先进入进气道。它将引入的空气以适当的速度和均匀的流场送入压气机,压气机对气流增压,提高气体的压力,然后高压气体进入燃烧室与喷入的燃油混合进行燃烧,利用燃油燃烧时释放出的热量对气流进行加热,大幅度提高气流的温度;从燃烧室流出的高温高压气体进入涡轮,推动涡轮旋转产生轴功率。涡轮与压气机之间有轴连接,涡轮发出的功率带动压气机。涡轮出口的气体仍具有较高的压力和温度,在尾喷管中继续膨胀加速,最后在尾喷管出口以高速排出。发动机的排气速度 V_9 大于飞行速度 V_0,说明发动机施加给气体以作用力使气体加速,按照牛顿第三定律,气体给发动机在飞行方向以反作用力,即推力。

　　2) 复燃加力涡轮喷气发动机

　　如图 1-3 所示,复燃加力涡轮喷气发动机(简称加力涡喷发动机)的组成除了进气道、压气机、燃烧室、涡轮和尾喷管 5 个部件外,在涡轮和尾喷管之间增加 1 个燃烧室,称为加力燃烧室(亦称为复燃室)。位于压气机和涡轮之间的燃烧室称为主燃烧室。

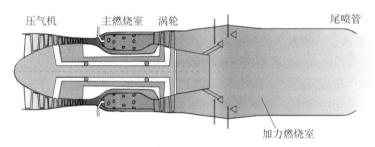

图 1-3　复燃加力涡轮喷气发动机

　　复燃加力涡轮喷气发动机从进气道到涡轮 4 个部件的工作过程与前述涡喷发动机相同,自涡轮流出的高温气流进入加力燃烧室,与喷入的燃油混合再次点火燃烧,再次对气流进行加热,提高气流的温度,进而提高气流在尾喷管出口的排气速度,达到大幅度增加发动机推力的目的。

1.1.2　涡轮风扇发动机

　　涡轮风扇发动机(简称涡扇发动机)可分为分开排气、混合排气和复燃加力混合排气 3 种类型。

　　1) 分开排气涡轮风扇发动机

　　图 1-4 给出分开排气式涡轮风扇发动机(简称分排涡扇发动机)组成示意图,主要由进气道、风扇、低压压气机(又被称为增压级)、高压压气机、燃烧室、涡轮、内涵尾喷管、外涵道及外涵尾喷管等组成。

　　通过分排涡扇发动机的气流经进气道进入,经过风扇对进入的气流进行压缩增压,然后分成两路。第一路流过内涵道的低压和高压压气机,气流被进一步压缩增压,高压气体进入燃烧室燃烧加热,大幅度提高气流温度。高温高压气体进入高低

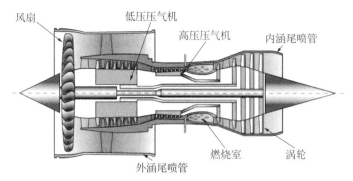

图1-4 分开排气涡轮风扇发动机

压涡轮膨胀做功,涡轮产生轴功率带动风扇和高低压压气机,流出低压涡轮的气体仍然具有较高的温度和压力,这部分气体进入内涵尾喷管膨胀加速,以较高速度排出,产生内涵推力。第二路气流通过外涵道流入外涵喷管并在其中膨胀加速排出,产生外涵推力。分排涡扇发动机的推力是由内外涵气流共同产生的。外涵道空气流量与内涵道空气流量之比称为涵道比,以 B 表示。通常用于干线客机的大涵道比设计涡扇发动机的推力主要由外涵道气流产生。

2) 混合排气涡轮风扇发动机

图1-5 给出混合排气式涡扇发动机(简称混排涡扇发动机)示意图,它主要由进气道、风扇、压气机、燃烧室、高低压涡轮、混合器和尾喷管等部件组成。

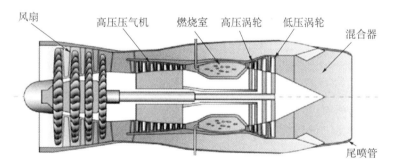

图1-5 混合排气涡轮风扇发动机

通过混排涡扇发动机的气流由进气道进入,先经过风扇进行压缩增压,然后分成两路:一路流过内涵道的压气机、燃烧室、高低压涡轮,这些部件工作过程与分排涡扇发动机相同,另一路进入外涵道。两路气流在位于低压涡轮后的混合器中进行掺混后从同一个尾喷管中膨胀加速,高速排出产生反作用推力。

3) 复燃加力混合排气涡轮风扇发动机

复燃加力涡轮风扇发动机(简称加力涡扇发动机)通常采用混合排气方式,图1-6 为复燃加力混合排气涡扇发动机简图。其工作过程与混排涡扇相类似,只是内外涵道两路气流在混合器掺混后,进入加力燃烧室喷油点火燃烧,再次对气流加热,使排气流的温度大幅提高,进而使气流以更高的速度从尾喷管排出,产生更大的推力。

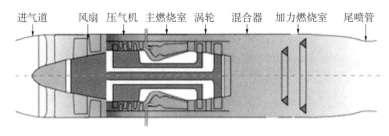

图1-6　典型的复燃加力混合排气涡轮风扇发动机

1.2　燃气涡轮发动机的热力循环

燃气涡轮发动机是一种以空气作为工作介质,重复地依次完成压缩、加热、膨胀和放热过程,这些过程组成燃气涡轮发动机的热力循环并对外做功。

1.2.1　理想循环

燃气涡轮发动机的实际循环由复杂的热力过程组成,在进行一些简化假设后,可使热力过程理想化,便于通过对理想循环进行分析获得影响发动机热力循环的主要参数对循环的影响。

为将燃气涡轮发动机热力循环理想化,做出以下假设:

(1) 工质是热力学意义上的完全气体(一般假设为空气),工质的比热容为常数且不随气体的温度变化。

(2) 各热力过程中没有损失。

(3) 热量不是由燃料燃烧产生的,而是由外界加入的,因而工质的成分不变。

(4) 工质在尾喷管出口的静压与外界大气压力相等,即气流在尾喷管出口达到完全膨胀。气流在喷口外等压放热。

燃气涡轮发动机理想循环由布雷顿(Brayton)于1872年提出,它由等熵压缩、等压加热、等熵膨胀和等压放热4个热力过程组成。

1) 涡轮喷气发动机理想循环

图1-7给出涡喷发动机特征截面编号,由截面0→3气流经历的为等熵压缩过程,截面3→4为等压加热过程,截面4→9为等熵膨胀过程,截面9→0为等压放热过程。

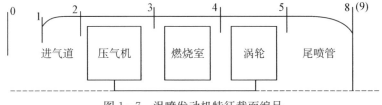

图1-7　涡喷发动机特征截面编号

可将上述 4 个热力过程所构成的理想循环分别描述在压力-比体积(p-v)图和温度-熵(T-s)图上,如图 1-8 所示。

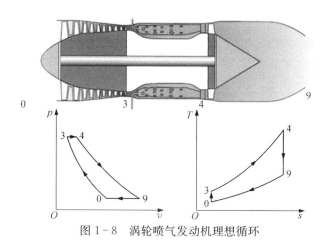

图 1-8 涡轮喷气发动机理想循环

描述发动机理想循环的主要参数如下。

(1)理想循环功。

理想循环功定义为理想循环加热量 q_1 与放热量 q_2 之差,用符号 L_{id} 表示。

$$L_{id} = q_1 - q_2 \tag{1-1}$$

式中:q_1 为理想循环加热量;q_2 为理想循环放热量。

加热量和放热量分别可用下列积分式表示,加热量的大小可用图 1-9(a)给出的面积 $a34ba$ 表示,并且等压加热过程的加热量为气体焓值的变化。同理,放热量的大小可用图 1-9(b)给出的面积 $a09ba$ 表示,并且等压放热过程的放热量为气体焓值的变化。因此,理想循环功的大小可用理想循环热力过程所包围面积 03490 表示,见图 1-9(c)。为获得尽可能大的理想循环功,则理想循环热力过程包围的面积应尽可能大。

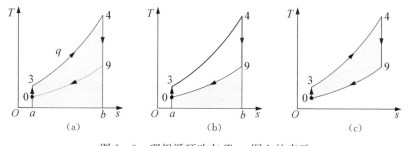

图 1-9 理想循环功在 T-s 图上的表示

$$q_1 = \int_3^4 T \mathrm{d}s = c_p(T_4 - T_3)$$

$$q_2 = \int_0^9 T \mathrm{d}s = c_p(T_9 - T_0)$$

式中：c_p 为气体比定压热容。

（2）理想循环热效率。

理想循环热效率定义为理想循环功与加热量之比，用符号 $\eta_{\mathrm{th.i}}$ 表示。

$$\eta_{\mathrm{th.i}} = \frac{L_{\mathrm{id}}}{q_1} = \frac{q_1 - q_2}{q_1} \tag{1-2}$$

（3）理想循环热效率和理想循环功的影响因素。

由理想循环热效率定义式(1-2)知：

$$
\begin{aligned}
\eta_{\mathrm{th.i}} &= 1 - \frac{q_2}{q_1} = 1 - \frac{c_p(T_9 - T_0)}{c_p(T_4 - T_3)} \\
&= 1 - \frac{c_p T_0 (T_9/T_0 - 1)}{c_p T_3 (T_4/T_3 - 1)}
\end{aligned} \tag{1-3}
$$

对于等压加热和等压放热过程，气体压力有下式表示的关系：

$$\frac{p_3}{p_0} = \frac{p_4}{p_9} \tag{1-4}$$

等熵压缩过程和等熵膨胀过程的压力比与温度比的关系：

$$\frac{p_3}{p_0} = \left(\frac{T_3}{T_0}\right)^{\frac{\gamma}{\gamma-1}},$$

$$\frac{p_4}{p_9} = \left(\frac{T_4}{T_9}\right)^{\frac{\gamma}{\gamma-1}} \tag{1-5}$$

因此，有

$$\frac{T_9}{T_0} = \frac{T_4}{T_3} \tag{1-6}$$

将式(1-6)代入式(1-3)，推导出

$$\eta_{\mathrm{th.i}} = 1 - \frac{1}{T_3/T_0} = 1 - \frac{1}{\pi^{\frac{\gamma-1}{\gamma}}} \tag{1-7}$$

式中：π 为理想循环增压比；γ 为比热容比。

$$\pi = \frac{p_3}{p_0}$$

由式(1-7)可知,燃气涡轮发动机理想循环热效率与循环增压比呈单值函数且单调变化关系,如图1-10所示。

根据理想循环热效率的定义,理想循环功可表示为加热量与热效率的乘积,经过推导,由式(1-8)可知,在外界大气温度一定情况下,影响理想循环功的主要因素为理想循环增温比和增压比。

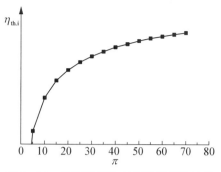

图1-10 循环增压比对理想循环热效率的影响

$$L_{id} = q_1 \eta_{th.i}$$

$$= c_p T_0 \left(\frac{T_4}{T_0} - \frac{T_3}{T_0} \right) \left(1 - \frac{1}{\pi^{\frac{\gamma-1}{\gamma}}} \right)$$

$$= c_p T_0 \left(\Delta - \pi^{\frac{\gamma-1}{\gamma}} \right) \left(1 - \frac{1}{\pi^{\frac{\gamma-1}{\gamma}}} \right) \quad (1-8)$$

式中:Δ 为理想循环增温比,等于"4"截面气体温度与"0"截面气体温度的比值。

由式(1-8)知:

a. 在外界大气温度和循环增压比分别一定情况下,理想循环功与理想循环增温比成正比。

b. 在外界大气温度和循环增温比分别一定情况下,循环增压比等于1时,式(1-8)中第2个括号为零,理想循环功等于零;随循环增压比的增加,式(1-8)中第1个括号两项参数之差减小,直至到零时,理想循环功再次等于零。图1-11给出在不同增温比情况下,循环功和循环增压比之间的变化关系。从该图中看出:存在有使理想循环功达最大的增压比,称为最佳循环增压比,并且最佳循环增压比随循环增温比增加而增大。

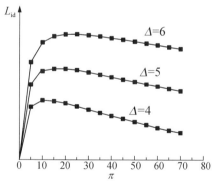

图1-11 π 和 Δ 对理想循环功的影响

2) 复燃加力涡轮喷气发动机理想循环

图1-12给出复燃加力涡轮喷气发动机特征截面编号,0—3截面气流经历的为等熵压缩过程,3—4截面为等压加热过程,4—5截面为等熵膨胀过程,5—7截面等压加热过程,7—9截面为等熵膨胀过程,9—0截面为等压放热过程。同样,可将上述热力过程描述在压力-比体积图和温度-熵图上,如图1-13所示。

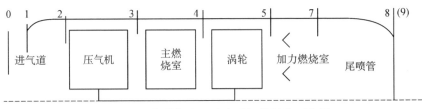

图1-12　复燃加力涡喷发动机特征截面编号

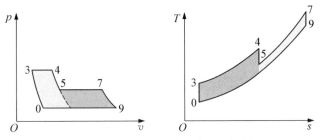

图1-13　复燃加力涡喷发动机理想循环

(1) 复燃加力涡喷发动机理想循环功。

复燃加力涡喷发动机理想循环功等于循环总加热量与放热量之差,用$L_{\text{id. }ab}$表示,其大小等于循环热力过程所包围的面积。显然,复燃加力可使发动机理想循环热力过程包围的面积增大,因此理想循环功增大。在循环增温比和增压比给定的条件下,加力温度越高,理想循环功越大。

$$L_{\text{id. }ab}=q_1+q_{ab}-q_2=q_\Sigma-q_2 \tag{1-9}$$

式中:q_1为理想循环主燃烧室加热量;q_{ab}为理想循环加力燃烧室加热量;q_Σ为理想循环总加热量。

(2) 复燃加力涡喷发动机理想循环热效率。

复燃加力涡喷发动机理想循环热效率为理想循环功与循环总加热量之比,用$\eta_{\text{th. }ab}$表示。在循环增温比和增压比给定的条件下,虽然加力使理想循环功增加,但因为复燃加力燃烧室的加热是在较低的压力条件下进行的,使循环放热量q_2更加显著增加,因此复燃加力将使理想循环热效率下降。

$$\eta_{\text{th. }ab}=\frac{L_{\text{id. }ab}}{q_\Sigma}=1-\frac{q_2}{q_\Sigma} \tag{1-10}$$

3) 分开排气涡轮风扇发动机理想循环

图1-14给出分开排气涡扇发动机特征截面编号,对于通过涡扇发动机的内涵道气流,0—3截面气流经历的为等熵压缩过程,3—4截面为等压加热过程,4—9截面为等熵膨胀过程,9—0截面为等压放热过程。内涵气流理想循环的热力过程在p-v图和T-s图上的描述与涡喷发动机相同(见图1-8)。

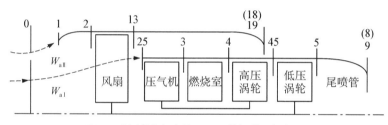

W_{aI}—内涵道空气流量；W_{aII}—外涵道空气流量。

图 1-14　分开排气涡扇发动机特征截面编号

对于通过涡扇发动机的外涵道气流，0—13 截面气流经历的为等熵压缩过程，13—19 截面为等熵膨胀过程。外涵气流经进气道和风扇外涵等熵压缩后，没有加热直接由外涵喷管等熵膨胀排出，理想情况下描述在 p-v 图上的上述两个热力过程将重合，见图 1-15。因此，对于分开排气涡扇发动机，外涵道气流不产生理想循环功。

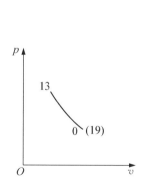

图 1-15　分开排气涡扇发动机外涵理想循环

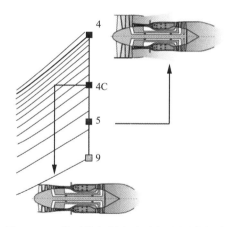

图 1-16　分开排气涡扇发动机和涡喷发动机在 T-s 图上等熵膨胀过程的比较

图 1-16 给出涡轮喷气和分开排气涡扇发动机两种类型发动机从涡轮进口 4 到尾喷管出口 9 的等熵膨胀过程中的区别。对于涡喷发动机该膨胀过程可分为两段，4—4C 为气流在涡轮中的等熵膨胀过程，4C—9 为气流在尾喷管的等熵膨胀过程。对于分排涡扇发动机而言，涡轮除为带转内涵的压缩部件提供功率外，还需要为风扇外涵道气流压缩提供带转涡轮功，因此可将分排涡扇发动机的整个膨胀过程想象为三段，4—4C 为气流在涡轮中为内涵道的压缩部件提供带转功率经历的等熵膨胀过程，4C—5 为气流在涡轮中为外涵道气流压缩提供功率经历的等熵膨胀过程，5—9 为气流在内涵尾喷管的等熵膨胀过程。至于点 5 的位置则取决于涡扇发动机设计涵道比和设计风扇增压比的大小，因此对于两种类型的发动机而言，当涡扇发动机内涵与涡喷发动机的循环增压比和增温比分别相同时，将具有

相同的理想循环功和理想循环热效率。1.2.1节1)有关涡喷发动机理想循环功和理想循环热效率影响因素的讨论,以及所得到的重要结论同样适用于分排涡扇发动机。

4) 混合排气涡轮风扇发动机理想循环

图1-17给出混合排气涡扇发动机特征截面编号。对于混合排气涡扇发动机的内涵气流,理想循环热力过程为:0—3截面气流经历的为等熵压缩过程,3—4截面为等压加热过程,4—5截面为等熵膨胀过程,之后气流进入混合器。对于混合排气涡扇发动机的外涵道气流,理想循环热力过程为:0—13截面气流经历的为等熵压缩过程,而后经外涵道到15截面进入混合器。来自涡轮出口5截面的内涵气流和外涵气流相掺混,在混合器中5—6截面为内涵高温气流经历的为放热过程,15—6截面为外涵道冷气流经历的为加热过程。两股气流掺混后,6—9截面为等熵膨胀过程,9—0截面为等压放热过程。

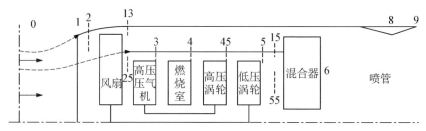

图1-17　混合排气涡扇发动机特征截面编号

与涡喷发动机和分排涡扇发动机相比,虽然内、外涵道气流在混合器内通过掺混进行能量交换,但根据能量守恒定律可以证明,只要混排涡扇发动机内涵与涡喷发动机的理想循环增压比和增温比分别相同,则具有相同的理想循环功和理想循环热效率。因此,涡喷发动机理想循环功和理想循环热效率影响因素的讨论,以及所得到的重要结论同样适用于混排涡扇发动机。

1.2.2　实际循环

与理想循环相比,燃气涡轮发动机实际循环的主要特点如下:

(1) 工质流过发动机各部件的工作过程总是伴随着流动损失。

(2) 工质的成分是变化的,在燃烧室前是空气,经过燃烧成为燃气,工质的比热容、绝热过程指数等热物性参数也将随气体成分和温度发生变化。

燃气涡轮发动机实际循环中,由于损失存在,气流所经历的压缩和膨胀过程均为多变不等熵过程,流动损失的存在导致熵增。燃烧室的加热过程为不等压加热过程。假设气流在尾喷管可以达到完全膨胀,气流离开尾喷管后仍为等压放热过程。

图1-18给出燃气涡轮发动机(同样适用于分排涡扇发动机内涵道气流)实际循环热力过程的$p\text{-}v$图和$T\text{-}s$图。

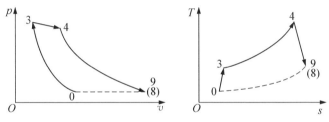

图 1-18 燃气涡轮发动机实际循环

1）实际循环有效功

对于多变膨胀过程，多变膨胀功 L_{np} 为

$$L_{np} = L_T + L_{net} + L_{rp} + \frac{1}{2}V_9^2 \qquad (1-11)$$

式中：L_T 为带动压气机（涡扇发动机内涵道压缩部件）的涡轮功；L_{net} 为驱动外涵道风扇，或螺旋桨，或直升机旋翼的涡轮功；L_{rp} 为膨胀过程摩擦功；V_9 为尾喷管出口气流速度。

对于多变压缩过程，多变压缩功 L_{nc}：

$$L_{nc} = L_C - L_{rc} + \frac{1}{2}V_0^2 \qquad (1-12)$$

式中：L_C 为压气机功；L_{rc} 为压缩过程摩擦功；V_0 为发动机进口气流速度。

注意到 L_T 与 L_C 相等，摩擦功无法产生循环有效功，因此燃气涡轮发动机实际循环有效功，用 L_e 表示：

$$L_e = L_{net} + \frac{1}{2}(V_9^2 - V_0^2) \qquad (1-13)$$

式中：L_{net} 为轴输出的净力。

对于涡喷发动机，向外输出功 $L_{net} = 0$，实际循环有效功全部用于提高气流的动能：

$$L_e = \frac{1}{2}(V_9^2 - V_0^2) \qquad (1-14)$$

对于涡扇发动机，实际循环有效功 L_e 中一方面用于提高内涵道气流的动能产生推力，另一方面通过涡轮产生轴功 L_{net} 用于驱动风扇外涵道气流，增加通过风扇外涵道气流的动能产生推力。

对于涡轮螺旋桨发动机，实际循环有效功 L_e 中大部分为涡轮产生的轴功率 L_{net} 用于驱动螺旋桨高速旋转，使通过螺旋桨的大量气流加速产生反作用力作用于桨叶，螺旋桨因此产生巨大拉力，也就是推动飞机向前运动的力。

对于直升机的涡轴发动机实际循环有效功 L_e 等于涡轮输出功 L_{net}，动力涡轮输出的轴功驱动直升机旋翼。

像理想循环一样，实际循环有效功可描述为循环加热量与放热量之差：

$$L_e = q_1 - q_2 \tag{1-15}$$

2）实际循环热效率

实际循环热效率 η_{th} 定义为实际循环有效功与循环加热量之比：

$$\eta_{th} = \frac{L_e}{q_1} \tag{1-16}$$

3）影响实际循环有效功和热效率的因素

理想循环是实际循环过程各种损失趋于零的极限状态。理想循环功随循环增温比和增压比的变化规律也定性地适用于实际循环，即：

（1）提高增温比是增大实际循环有效功的主要措施之一。

（2）在增温比一定的条件下，存在有使实际循环有效功达最大的最佳增压比 π_{opt}，并且增温比 Δ 越高，最佳增压比 π_{opt} 越大。

（3）为尽可能获得更大的实际循环有效功，应尽可能提高涡轮前温度和适当增加循环增压比。

由于实际循环存在摩擦损失，与理想循环相比，实际循环排气温度 T_9 高，放热量大，因此在相同的循环加热量、增压比和增温比条件下，实际循环有效功将小于理想循环功。

实际循环热力过程存在损失，实际循环热效率除受增压比的影响外，还受增温比，以及各部件效率和损失的影响，并且比理想循环热效率低。对于实际循环热效率：

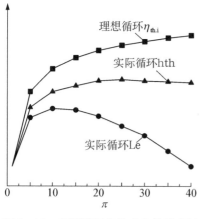

图 1-19　实际循环有效功和热效率随增压比的变化

（1）随增压比增加，实际循环有效功和热效率均先增加再减小，存在使循环热效率达最高的增压比 π'_{opt}，见图 1-19。因为当增压比较小时，没有能力将加入的热能转换为有效功，加热量大部分被高温排气流带走了，有效功和热效率均很低；当增压比过高时，压气机出口（即燃烧室进口）温度增加，循环加热量减小，各部件损失所占加热量比重加大，极限情况下，加热量仅够克服各项损失，有效功趋近于零，此时热效率趋近于零。

（2）对应设计循环有效功最大的最佳增压比 π_{opt} 小于使实际循环热效率最高的增压比 π'_{opt}。

（3）提高循环增温比使循环热效率提高，因燃烧室出口温度增加使循环加热量增加，损失所占加热量比重减小，故热效率增加。

1.3 航空燃气涡轮发动机的主要性能指标

1.3.1 推力

1) 涡喷发动机推力公式推导

燃气涡轮发动机在飞机上安装后，与飞机进气道和飞机排气系统组成推进系统，其有效推力 F_{eff}（即第 7 章的安装推力 F_A）定义为气流作用在推进系统内、外表面上作用力的合力，即推进系统所产生的推动飞行器运动的力。在海平面标准大气条件下，发动机在静止状态的推力称为海平面静推力。

下面以单独安置于短舱内的涡喷发动机为例，推导推力的计算公式，并说明飞机非安装推力和推进系统安装推力的区别。

根据推进系统有效推力的定义，有效推力应为推进系统内部所有表面的气体作用力的轴向分力的合力 F_{in} 与外表面的气体作用力的轴向分力的合力 F_{ext} 之矢量和。

为获得推进系统内部所有表面的气体作用力的轴向合力 F_{in} 的表达式，取如图 1 - 20 表示的控制体，图中，0 表示远前方未受发动机工作扰动的截面，1 表示进气道进口截面，9 表示喷管出口截面。当飞机以速度 V_0 飞行时，在远前方 0 截面气流以 V_0 速度流向发动机，在 9 截面以 V_9 速度排出发动机。

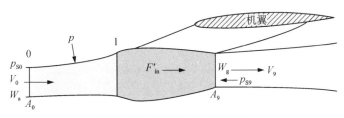

图 1 - 20 计算推力的控制体

根据动量原理，控制体进出口动量变化等于所受全部外力的轴向分力之和：

$$W_g V_9 - W_a V_0 = F'_{in} + p_{s0} A_0 + \int_0^1 p \, dA - p_{s9} A_9 \qquad (1-17)$$

式中：F'_{in} 表示推进系统内部各部件所有表面对气流的作用力的轴向分力的合力，与 F_{in} 构成一对大小相等方向相反的力。

因此，推进系统内部所有表面的气体作用力的轴向分力的合力 F_{in} 为

$$F_{in} = W_g V_9 - W_a V_0 - p_{s0} A_0 - \int_0^1 p \, dA + p_{s9} A_9 \qquad (1-18)$$

推进系统外表面的气体作用力由压力和摩擦力 X_f 组成，其外表面气体作用力的轴向分力的合力 F_{ext} 与飞行方向相反，因此为负，用式(1-19)表示。

$$F_{\text{ext}} = -\int_1^9 p\, \mathrm{d}A - X_{\text{f}} \tag{1-19}$$

由于

$$F_{\text{eff}} = F_{\text{in}} + F_{\text{ext}}$$

则可得

$$F_{\text{eff}} = W_{\text{g}}V_9 - W_{\text{a}}V_0 - p_{s0}A_0 - \int_0^1 p\,\mathrm{d}A + p_{s9}A_9 - \int_1^9 p\,\mathrm{d}A - X_{\text{f}} \tag{1-20}$$

如控制表面上的压力全为大气压力 p_{s0},沿控制表面的全积分恒等于零,即

$$\oint p\,\mathrm{d}A = p_{s0}A_0 + \int_0^1 p_{s0}\,\mathrm{d}A + \int_0^9 p_{s0}\,\mathrm{d}A - p_{s0}A_9 = 0 \tag{1-21}$$

将式(1-20)和式(1-21)相加,并考虑将摩擦阻力 X_{f} 通常被计入飞机极曲线,则推进系统有效推力 F_{eff} 的表达式可表示为

$$F_{\text{eff}} = W_{\text{g}}V_9 - W_{\text{a}}V_0 + (p_{s9} - p_{s0})A_9 - \int_0^1 (p - p_{s0})\mathrm{d}A - \int_1^9 (p - p_{s0})\mathrm{d}A$$

$$\tag{1-22}$$

式(1-22)中的前三项为发动机非安装推力,用符号 F 表示;后两项分别称之为附加阻力和发动机外表面的压差阻力。

发动机非安装推力计算公式为

$$F = W_{\text{g}}V_9 + (p_{s9} - p_{s0})A_9 - W_{\text{a}}V_0 \tag{1-23}$$

式中:W_{a} 为发动机进口空气流量;W_{g} 为发动机排气燃气流量;V_0 为飞行速度;V_9 为尾喷管排气速度;p_{s0} 为大气压力;p_{s9} 为尾喷管排气压力。

推力单位为牛顿(N)或10牛顿(daN)。一般,将式(1-23)右端前两项称为总推力 F_{g},第三项称为冲压阻力 F_{D}。

由气体动力学可知:

$$W_{\text{a}}V + pA = p_{\text{t}}Af(\lambda)$$

所以总推力 F_{g} 可写成如下形式:

$$F_{\text{g}} = W_{\text{g}}V_9 + p_{s9}A_9 - p_{s0}A_9 = A_9 [p_{t9}f(\lambda_9) - p_{s0}] \tag{1-24}$$

在发动机飞行试验中常采用这种形式的推力公式。

附加阻力用符号 X_{a} 表示,其计算公式为

$$X_{\text{a}} = -\int_0^1 (p - p_{s0})\mathrm{d}A \tag{1-25}$$

如果将发动机进口前 0—1 截面的"自由"流管看成具有固体壁面的扩张通道

(见图 1-20),附加阻力 X_a 大小等于流管表面压力分布与外界均匀大气压力 p_{s0} 之差对微元面积 dA 的积分。实际上这个固体壁面是不存在的,发动机是不可能得到这部分推力的。附加阻力出现在有效推力的计算公式中,是由于在进行推力公式推导时,控制体前端界面取在远前方未受扰动的 0 截面,将 0 截面到发动机进口 1 截面之间气流的动量变化也计入了推力,因此必须将多算的部分以阻力的方式加以扣除。

发动机外表面的压差阻力用符号 X_p 表示,其计算公式为

$$X_p = -\int_1^9 (p - p_{s0}) dA \qquad (1-26)$$

发动机在安装条件下,短舱外表面的压力不同于外界大气压力,由此形成压差阻力 X_p。

必须指出:为改进飞机性能,应提高推进系统性能,除关注非安装推力外,必须重视减少附加阻力和压差阻力,为此应采用飞机/发动机一体化的设计方法,由飞机设计者和发动机设计者共同努力实现。第 8 章将针对附加阻力和压差阻力展开深入讨论。

2) 混合排气涡扇发动机的推力

混合排气涡扇发动机非安装推力计算公式与涡喷发动机形式相同,只需要将发动机进口空气流量和尾喷管出口燃气流量改写为涡扇发动机的相应气体流量,即

$$F = (W_{g5} + W_{a\mathrm{II}})V_9 + (p_{s9} - p_{s0})A_9 - W_{a\Sigma}V_0 \qquad (1-27)$$

式中:W_{g5} 为涡轮出口燃气流量;$W_{a\mathrm{II}}$ 为发动机外涵道空气流量;$W_{a\Sigma}$ 为发动机内外涵道总空气流量。

3) 分开排气涡扇发动机的推力

分开排气涡轮风扇发动机内外涵道气流通过各自的尾喷管排出发动机,是亚声速商用飞机发动机普遍采用的一种类型。图 1-21 给出这类发动机的特征截面号,发动机进口远前方仍然为 0—0 截面,外涵道尾喷管的出口截面 19—19 和内涵道尾喷管的出口截面 9—9。

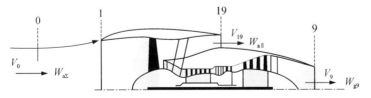

图 1-21 内外涵道分别排气的涡轮风扇发动机的推力

参照涡轮喷气发动机的非安装推力计算公式,得出分排涡扇发动机非安装推力计算公式为

$$F = W_{g9}V_9 + (p_{s9} - p_{s0})A_9 + W_{a\mathrm{II}}V_{19} + (p_{19} - p_{s0})A_{19} - W_{a\Sigma}V_0 \qquad (1-28)$$

1.3.2 单位推力

单位推力是喷气发动机的非安装推力 F 与空气质量流量 W_a 之比,用符号 F_s 表示。它是喷气式发动机的一个重要性能指标。在一定的设计推力要求下,单位推力越大,空气质量流量的设计值越小,相应的发动机尺寸也越小、重量也越轻。海平面起飞状态下,现代先进军用涡扇发动机在最大加力状态的单位推力可达 $1\,200\sim1\,400\,N/(kg/s)$,在不加力状态可达 $800\sim900\,N/(kg/s)$。

1.3.3 耗油率

耗油率又称单位燃油消耗率,其定义为发动机的燃油质量流量 W_f 与发动机推力 F 之比,用符号 I_{sfc} 表示。对于喷气发动机,它表示发动机每工作1小时产生1牛顿推力所消耗的燃油量[单位为 $kg/(N\cdot h)$],或表示为发动机每工作1小时产生10牛顿推力所消耗的燃油量[单位为 $kg/(daN\cdot h)$]。

$$I_{sfc}=\frac{3\,600W_f}{F} \qquad (1-29)$$

上式分子和分母同时除以空气流量,定义燃烧室燃油流量与空气流量之比为油气比,用符号 f_a 表示,则耗油率公式改写为

$$I_{sfc}=\frac{3\,600f_a}{F_s} \qquad (1-30)$$

耗油率是发动机的重要性能指标之一。海平面起飞状态下,现代小涵道比设计复燃加力涡扇发动机的起飞状态加力耗油率约为 $2\,kg/(daN\cdot h)$;民用大涵道比涡扇发动机的起飞状态耗油率约为 $0.3\sim0.5\,kg/(daN\cdot h)$。

1.3.4 推重比

发动机推力与重力之比简称推重比。发动机推重比是在海平面静止条件下发动机最大推力与重力之比,是发动机重要指标之一。发动机推重比将直接影响飞机飞行性能和商载,提高推重比是发动机的一个重要发展趋势。国际上第四代先进超声速战斗机使用的加力涡扇发动机的推重比已达到10,正在研制出推重比达到 $15\sim16$ 的技术验证机,并着手开展推重比为20的发动机概念研究及其部件先进技术的验证实验。飞机推重比是在海平面静止条件下发动机最大推力和飞机起飞总重之比,是飞机的重要设计参数,它对飞机的主要飞行性能、尺寸和重量都有很大影响。现代超声速战斗机的起飞推重比可达 $0.7\sim1.2$,而运输机和旅客机的起飞推重比约为 $0.25\sim0.4$。

1.3.5 热效率、推进效率和总效率

燃气涡轮发动机是热机与推进器的组合体,从能量守恒和转换观点,燃气涡轮发动机将燃油化学能通过燃烧释放的热能转换为推动飞机前进的推进功率,图1-22描述了这个能量转换过程。

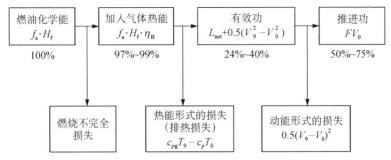

图 1-22 发动机能量转换过程及效率

这个过程可由两个转换过程组成：其一是发动机作为热机将燃油化学能通过燃烧释放的热能加给气体并转换为有效功，这一能量转换的效率用热效率描述；其二是发动机作为推进器将热机产生的有效功转换为推进功率，这一能量转换的效率用推进效率描述。

1）热效率

燃气涡轮发动机作为热机，热效率定义为热力循环有效功和燃烧室燃油完全燃烧释放热能之比，用符号 η_{th} 表示。热效率表示燃油化学能的利用程度，是衡量发动机经济性的重要指标之一。

$$\eta_{th} = \frac{L_e}{q_0} \tag{1-31}$$

其中，热能 q_0 为

$$q_0 = \frac{W_f H_u}{W_a} = f_a H_u$$

式中：H_u 为燃油热值。

对于单位时间流过涡喷发动机或分排涡扇发动机内涵的 1 kg 工质写出能量守恒方程：

$$c_p T_{s0} + \frac{V_0^2}{2} + L_C + q_0 \eta_B = L_T + L_{net} + \frac{V_9^2}{2} + c_{pg} T_{s9}$$

$$q_0 \eta_B = L_{net} + \left(\frac{V_9^2}{2} - \frac{V_0^2}{2} \right) + (L_T - L_C) + (c_{pg} T_{s9} - c_p T_{s0}) \tag{1-32}$$

式中：η_B 为燃烧室燃烧效率。

注意到压气机功 L_C 与涡轮功 L_T 相等，式（1-32）改写为

$$q_0 \eta_B = L_{net} + \left(\frac{V_9^2}{2} - \frac{V_0^2}{2} \right) + (c_{pg} T_{s9} - c_p T_{s0}) \tag{1-33}$$

由式（1-32）表明，发动机作为热机，通过燃烧将燃油化学能转换为热能 q_0，由于燃烧不完全，实际加给气体的热能为热能 q_0 与燃烧效率 η_B 的乘积，式（1-33）右

端表示把气体将热能转变为有效功的部分,有效功等于输出功率 L_{net} 和动能增量之和[见式(1-14)],这部分只占热能的 $25\% \sim 40\%$,表示航空发动机热效率为 $25\% \sim 40\%$。其余能量主要以热能形式($c_{pg}T_{s9} - c_pT_{s0}$)随高温燃气通过尾喷管排入大气,无法利用。热效率的大小取决于发动机类型、飞行条件、发动机循环参数及其部件的性能参数。对于涡喷发动机,输出功率 L_{net} 为零,有效功等于动能增量,表明涡喷发动机将有效功全部转换为动能增量。

对于分排涡扇发动机,输出功率 L_{net} 是通过涡轮产生用于驱动风扇的轴功率,风扇对外涵道气体增压,使其在外涵喷管膨胀加速,产生动能增量,因此得到:

$$W_{gI} L_{net} = W_{aII} \left(\frac{V_{19}^2 - V_0^2}{2} \right) \tag{1-34}$$

于是,引入涵道比定义,忽略燃油流量,分排涡扇发动机有效功为

$$L_e = \frac{1}{2} \left[(V_9^2 - V_0^2) + B(V_{19}^2 - V_0^2) \right] \tag{1-35}$$

式(1-35)表明,分排涡扇发动机将有效功均转换为内涵道和外涵道气流的动能增量。

2) 推进效率

燃气涡轮发动机作为推进器,推进效率定义为推进功与有效功之比,用符号 η_p 表示。对于 1 s 流过涡喷发动机 1 kg 工质气流而言,推进功为单位推力与飞行速度的乘积,而当气流在尾喷管达到完全膨胀时单位推力等于排气速度与进气速度之差,有效功等于进排气动能增量,推进效率 η_p 为

$$\eta_p = \frac{F_s V_0}{\dfrac{V_9^2 - V_0^2}{2}} = \frac{(V_9 - V_0)V_0}{\dfrac{V_9^2 - V_0^2}{2}} \tag{1-36}$$

$$\eta_p = \frac{2V_0}{V_0 + V_9} = \frac{2}{1 + V_9/V_0} \tag{1-37}$$

由式(1-37)可知,推进效率随排气速度与进气速度的比值的增加而减小。

当飞行速度为零时,发动机虽然产生推力,但未对飞机输出推进功,推进效率为零;当排气速度与进气速度相等时,推进效率等于1,但此时发动机推力为零,不可能对飞机输出推进功。因此,作为推进器,其推进效率必定小于1,即从有效功到推进功的转换必有损失存在,损失的能量 ΔE_k 为有效功与推进功之差:

$$\Delta E_k = \frac{V_9^2 - V_0^2}{2} - (V_9 - V_0)V_0 = \frac{(V_9 - V_0)^2}{2} \tag{1-38}$$

由式(1-38)可知,能量损失 ΔE_k 表现为动能形式,称其为余速损失,当在绝对坐标系中观察尾喷管排气流时,气流以绝对速度($V_9 - V_0$)排出发动机,以动能形式

散失在外界大气中。

对于分排涡扇发动机,如果假设两股气流的排气速度相同,即 V_9 等于 V_{19},分排涡扇发动机推进效率计算公式与涡喷发动机推进效率式(1-37)完全相同。

推进效率是衡量发动机作为推进器经济性的重要指标。由于涡扇发动机气流在尾喷管的排气速度相对涡喷发动机更低,因而在一定飞行速度范围内具有更高的推进效率(见图1-23)。

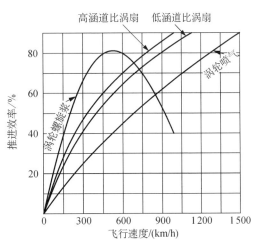

图 1-23 不同类型发动机推进效率随飞行速度的变化与比较

3)总效率

总效率定义为发动机所产生的推进功与燃油完全燃烧产生的热能 q_0 之比,即热效率和推进效率的乘积。总效率是全面评定发动机经济性的重要性能指标,用符号 η_0 表示。

$$\eta_0 = \frac{F_s V_0}{q_0} = \eta_{th} \eta_p \tag{1-39}$$

对于加热 1 kg 气流的燃油,完全燃烧释放的热量 q_0 与油气比的关系为

$$q_0 = f_a H_f \tag{1-40}$$

式中:H_f 为燃油低热值。

根据耗油率定义式(1-30)推导出总效率 η_0 和耗油率 I_{sfc} 的关系为

$$\eta_0 = \frac{3\,600 V_0}{H_f I_{sfc}} = \frac{3\,600 a_0 Ma_0}{H_f I_{sfc}} \tag{1-41}$$

式中:a_0 为当地声速;Ma_0 为当地马赫数。

从式(1-41)可以看出:总效率随飞行速度或飞行 Ma_0 的增加而增加,随耗油率增加而下降。式(1-41)还表明,在同样飞行速度下,可以用总效率或耗油率来评价发动机的经济性,但在不同飞行速度下评价和比较发动机的经济性时只能用总效率。而当发动机地面试车时,因飞行速度为零,总效率也为零,无法用总效率来评价发动机的经济性,因此在这种条件下则须用耗油率作为评价发动机经济性能的指标。

1.3.6 发动机总效率对飞机燃油利用率的影响

必须指出:飞机的经济性不仅仅取决于发动机耗油率。应以飞机燃油利用率(亦称燃油效率)代表飞机经济性,其定义为

$$飞机燃油利用率\left(\frac{吨公里}{公斤油}\right)=\frac{商务载重(吨)\times 航程(公里)}{消耗的燃油(公斤)}$$

飞机水平等速巡航飞行时,发动机推力与飞机阻力相等,飞机升力与飞机重力相等,若用 t 表示航时,上式可改写成

$$\eta_{oil}=\frac{P_S Y(R/t)}{G_E X(W_f/F/t)}=\frac{P_S}{G_E}\frac{Y}{X}\frac{V_0}{I_{sfc}}$$

$$(1-42)$$

式中:η_{oil} 为飞机燃油利用率;P_S 为商务载重;R 为航程;G_E 为飞机重力;Y/X 为飞机升阻比,表示飞机升力与阻力之比,反映飞机气动设计水平。

式(1-42)中最后一项 V_0/I_{sfc} 与发动机总效率成比例,由此可知:提高发动机总效率是提高飞机经济性的一个重要方面。

1.4 燃气涡轮发动机设计点性能

1.4.1 主要设计参数

1) 空气流量

空气流量指流入发动机的空气质量流量,它是发动机的重要设计参数之一。因为空气是航空发动机的工质,所以空气流量越大,发动机推力越大。

2) 总增压比

不同类型的发动机具有不同的压缩部件,它们包括风扇、增压级和高压压气机。总增压比表示高压压气机出口与发动机进口气流总压之比,从循环分析可知:总增压比是影响发动机热力循环有效功和热效率的重要参数,对发动机单位推力和耗油率都有明显影响。目前,用于超声速战斗机的复燃加力涡扇发动机的总增压比为 20~35;用于商用客机的大涵道比涡扇发动机的总增压比为 25~50,甚至在 50 以上。

3) 涡轮前温度

涡轮前燃气温度也可用涡轮第一级转子进口的燃气总温 T_{t4} 表示,涡轮前温度是提高发动机热力循环有效功和热效率的重要参数。提高涡轮前燃气温度是增大发动机单位推力、减小发动机尺寸、减轻发动机重量和提高推重比的主要措施。随着发动机热端部件材料耐热强度的提高和涡轮冷却技术的发展,涡轮前燃气温度呈逐渐增大的趋势,现代涡扇发动机的涡轮前燃气温度已达 1800~2100K,未来甚至会提高到 2100K 以上。

4) 风扇增压比

风扇增压比表示了外涵道风扇的增压能力。大涵道比涡扇发动机采用单级风扇,风扇增压比为 1.5~2;小涵道比加力混排涡扇发动机采用多级风扇,其增压比为 2~5。

5）涵道比

不同用途的涡扇发动机应选用不同的涵道比,如远程运输机和旅客机使用的涡扇发动机,其涵道比为 4～9,未来会发展到 10 以上;一般空战战斗机选用的复燃加力涡扇发动机的涵道比大多小于 1.0,甚至在 0.3 以下;进行较长时间空中巡逻的战斗机的发动机则选用 1.0 左右的涵道比。

6）节流比

节流比定义为发动机工作中的最高允许涡轮前温度 $T_{t4.\max}$ 与地面起飞涡轮前温度 $T_{t4.TO}$ 之比,用符号 ε_{TR} 表示。

$$\varepsilon_{TR} = \frac{T_{t4.\max}}{T_{t4.TO}} \tag{1-43}$$

7）加力燃烧室出口温度

加力温度是接通加力时加力燃烧室出口温度,是复燃加力燃气涡轮发动机的重要设计参数,最大加力状态加力温度取值范围为 2000～2150 K。

8）部件性能参数

部件性能参数包括各部件效率、总压恢复系数等,这些参数对提高发动机性能水平至关重要。部件性能参数设计值取决于部件类型、设计技术水平等因素[1]。

进气道性能参数用总压恢复系数表示。对于短舱式亚声速进气道,总压恢复系数参考取值范围为 0.98～0.995;对于发动机在机身内安装的亚声速进气道,总压恢复系数参考取值范围为 0.96～0.97;对于发动机在机身内安装的超声速进气道,其亚声速段总压恢复系数参考取值约为 0.94。

压气机（风扇）部件的性能参数用绝热效率表示,设计值决定于压气机（风扇）的类型、设计增压比、级数和设计技术水平等因素。离心压气机绝热效率参考取值范围为 0.78～0.81。对于风扇和压气机,当在风扇和压气机中气流停留时间都很短时,可以忽略换热,并认为是绝热过程,绝热效率定义为理想等熵压缩功与实际压缩功之比;多变效率定义为理想等熵压缩功与多变压缩功之比,多变效率反映多变压缩过程中的损失和气流与零部件之间的热交换,由于多变过程更真实,多变效率可反映设计技术水平,在进行发动机设计时通常选择多变效率作为风扇和压气机性能参数的设计值。风扇多变效率参考取值范围为 0.86～0.89;压气机多变效率参考取值范围为 0.88～0.90。多变效率与绝热效率的关系为

$$\eta_{ad} = \frac{\pi^{\frac{\gamma-1}{\gamma}} - 1}{\pi^{\frac{\gamma-1}{\gamma\eta_{pol}}} - 1} \tag{1-44}$$

式中:η_{ad} 为绝热效率;π 为增压比;η_{pol} 为多变效率。

燃烧室和加力燃烧室的性能参数用燃烧效率和总压恢复系数表示。燃烧室和加力燃烧室燃烧效率参考取值范围分别为 0.99～0.995 和 0.96～0.97。燃烧

室总压恢复系数参考取值范围为 0.94～0.96。加力燃烧室总压恢复系数取值范围有两种情况,加力燃烧室分别为未点燃和点燃两种情况时,参考值分别为 0.97 和 0.93。

涡轮的性能参数用绝热效率表示,对于轴流涡轮,该设计值取决于设计膨胀比、级数、冷却与否和设计技术水平等因素。同理,涡轮的性能参数也可用多变效率表示,非冷却涡轮多变效率参考取值范围为 0.89～0.91,冷却涡轮多变效率参考取值范围为 0.87～0.89。

尾喷管性能参数用总压恢复系数表示,设计值主要取决于喷管的类型。对于固定面积收敛型尾喷管,总压恢复系数参考取值范围为 0.98～0.995;对于可变面积收敛型尾喷管,总压恢复系数参考取值范围为 0.97～0.985;对于可变面积收敛-扩张型尾喷管,总压恢复系数参考取值范围为 0.95～0.98。

1.4.2　发动机主要设计参数对设计点性能参数和推重比的影响[2, 3]

评价燃气涡轮发动机性能优劣的主要参数为单位推力、耗油率和推重比,本节重点讨论 1.4.1 节所列设计参数对性能参数的影响。

对于涡喷发动机,气流在尾喷管出口达到完全膨胀时,单位推力为

$$F_s = V_9 - V_0 \tag{1-45}$$

根据实际循环功式(1-14)得知:

$$F_s = \sqrt{2L_e + V_0^2} - V_0 \tag{1-46}$$

式(1-46)表示在飞行条件一定时,涡喷发动机单位推力随有效功的增加而增加。

根据耗油率的定义式(1-30),它随油气比的增加而增加、随单位推力的增加而下降,将式(1-46)代入式(1-30),于是有

$$I_{sfc} = \frac{3\,600 f_a}{\sqrt{2L_e + V_0^2} - V_0} \tag{1-47}$$

热效率定义式(1-16)和式(1-47)联立,在一定飞行速度条件下,耗油率是油气比和热效率的函数。

$$I_{sfc} = \frac{3\,600 f_a}{\sqrt{2 f_a H_f \eta_{th} + V_0^2} - V_0} \tag{1-48}$$

1) 总增压比的影响

图 1-24 表示在飞行条件和其他热力循环参数给定的情况下,发动机单位推力和耗油率随总增压比的变化关系。由图可以看出:随总增压比的增加,单位推力先增加再减小,存在使单位推力达最大值的最佳总增压比;随总增压比的增加,耗油率先减小再增大,存在使耗油率达最小值的最经济总增压比。

上述性能参数随总增压比变化的原因如下。

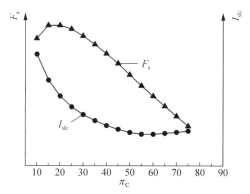

图 1-24 总增压比对单位推力和耗油率的影响

（1）式(1-46)表明：发动机单位推力随循环功的增加而增大。而循环功又主要决定于循环加热量和热效率，当总增压比较低时，尽管加热量较大但循环热效率低，使循环功较低。随总增压比的提高，由于涡轮前燃气温度一定，循环加热量逐渐减小，极端情况下趋于零，循环功再次趋于零。因此，为获得高的单位推力，发动机总增压比的选择应适中，特别是对于追求高推重比的发动机尤为重要。

（2）式(1-48)表明：发动机耗油率与油气比成正比，并且随循环热效率的提高而降低。当总增压比从较小值开始增加时，因循环热效率增加，并且由于循环加热量减少使油气比下降，耗油率迅速下降；当循环热效率达到极大值后下降时，由于油气比随总增压比的增加仍在下降，使耗油率继续下降；如果再继续增加总增压比，循环加热量进一步减少，直到仅够平衡损失，导致循环热效率趋于零，耗油率上升。

由以上分析得出以下两点重要结论：

（1）为获得高单位推力，发动机设计总增压比的选择应适中，对于追求高推重比的超声速飞机发动机尤为重要。

（2）由于使耗油率达最低的总增压比远大于当前技术所能达到的数值，因此提高发动机的总增压比仍是降低发动机耗油率的重要技术途径。

2）涡轮前燃气温度的影响

图 1-25 表示在飞行条件和其他热力循环参数给定的情况下，发动机单位推力和耗油率随涡轮前燃气温度的变化关系。随涡轮前燃气温度的提高，单位推力增大，耗油率则先减小后迅速加大。

提高涡轮前燃气温度引起发动机性能参数变化的原因：

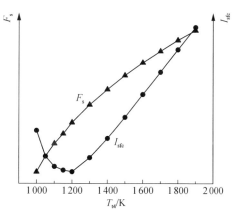

图 1-25 涡轮前燃气温度对发动机单位推力和耗油率的影响

（1）涡轮前燃气温度提高即增加循环增温比，可使循环功增加，因此单位推力加大。

(2)涡轮前燃气温度提高,使影响耗油率的两个因素(热效率和油气比)均加大,两者综合作用,存在有使耗油率达最低的涡轮前燃气温度,但该值通常太低,单位推力太小,因此在实际进行发动机设计时所取涡轮前燃气温度均高于此数值,即一般而言,提高涡轮前温度将导致发动机耗油率增加。

由以上分析得出以下重要结论:

(1)提高涡轮前燃气温度是增加发动机单位推力和推重比的重要技术途径,如图1-26所示,随技术的发展,燃气涡轮发动机的涡轮前燃气温度越来越高,对于推重比要达到10以上的发动机,则要求涡轮前燃气温度必须达到2000K以上。

(2)在其他设计参数给定条件下,提高涡轮前燃气温度将导致发动机耗油率增加。

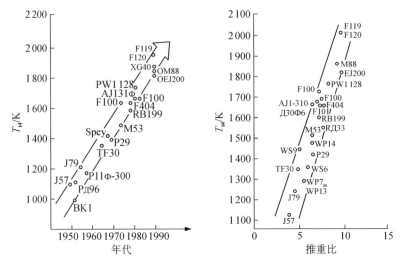

图1-26　涡轮前温度随年代变化及其对推重比的影响

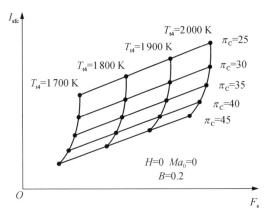

图1-27　涡轮前燃气温度和总增压比对涡扇发动机性能参数的影响

(3)对于大涵道比设计的涡扇发动机,高涡轮前燃气温度设计将允许有更多的能量传给更多的外涵道气流,实现更大涵道比设计的涡扇发动机,获得更大推力和更低耗油率。

在进行航空发动机设计时,通常需要综合考虑总增压比和涡轮前道温度的取值,将两个设计参数对性能参数的影响表示在同一张图上,如图1-27所示。图1-27表示在给定飞行条件和发动机设计涵道比等其他设计参数的情况下,小涵道比涡扇发动机选择不同设计总增压比和设计涡轮前燃气温度时,发动机单位推力和耗油率的变化。

3) 涵道比的影响

以分开排气涡扇发动机为例,由内涵道能量守恒方程得 1 kg 工质循环有效功表达如式(1-32)所示,其中输出功 L_{net} 为用于驱动风扇的涡轮功,即

$$L_{net} = L_{T\mathrm{II}} \tag{1-49}$$

外涵道能量守恒方程为

$$c_p T_0 + \frac{V_0^2}{2} + L_{C\mathrm{II}} = \frac{V_{19}^2}{2} + c_p T_{19} \tag{1-50}$$

功平衡关系为

$$W_{g\mathrm{I}} L_{T\mathrm{II}} = W_{a\mathrm{II}} L_{C\mathrm{II}} \tag{1-51}$$

且

$$W_{g\mathrm{I}} \approx W_{a\mathrm{I}} = W_{a\mathrm{II}}/B \tag{1-52}$$

外涵道气流在外涵喷管出口达到完全膨胀,并且不考虑外涵道气流流动损失的理想情况下,气流在外涵喷管出口的静温 T_{s19} 等于外界大气温度 T_{s0},因此得到:

$$L_e = \left(\frac{V_9^2 - V_0^2}{2}\right) + B\left(\frac{V_{19}^2 - V_0^2}{2}\right) \tag{1-53}$$

当假定内、外涵道排气速度相同,即 $V_9 = V_{19}$ 时,有:

$$L_e = \frac{1}{2}(1+B)(V_9^2 - V_0^2) \tag{1-54}$$

根据本章 1.2.2 节燃气涡轮发动机实际循环的分析结果表明:在其他设计参数一定(如发动机有效功和热效率均一定)时,显然因为涡扇发动机涵道比大于零,所以与涡喷发动机相比,涡扇发动机的排气速度较低,发动机产生的单位推力较低。但因排气速度低使发动机余速损失减小,涡扇发动机具有更高的推进效率、更低的耗油率。在目前所能达到的涵道比设计值范围内,设计涵道比 B 越大,排气速度越低,涡扇发动机的单位推力越小,耗油率越低,如图 1-28 所示。此结论同样适用于混排涡扇发动机。因此,对于追求高单位推力和高推重比的超声速战斗机用涡扇发动机常采用小涵道比设计,

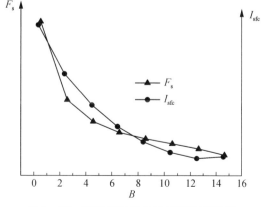

图 1-28 涡扇发动机设计涵道比对性能
参数的影响

而侧重追求经济性的商用运输机或客机用涡扇发动机通常采用大涵道比设计,而且向设计更大涵道比发动机发展。

4)风扇增压比的影响

风扇增压比设计值的选取原则决定于涡扇发动机的类型。

对于分排涡扇发动机,在给定其他设计参数的条件下,随着风扇增压比设计值的增大,内涵道产生的循环有效功产生更多的涡轮功,带转风扇将能量传递给外涵

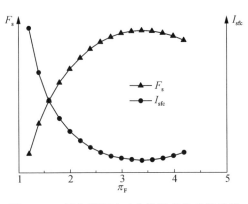

图 1-29　风扇增压比对分排涡扇发动机性能
参数的影响

道气流,增加了外涵道气流的压力和温度,外涵道气流排气速度增加,外涵道推力增加;内涵尾喷管进口气流的温度和压力将随风扇增压比的增加而降低,内涵道气流排气速度下降,内涵道气流产生的推力减小。因此,存在有效功的最佳分配问题,即存在有使发动机单位推力最大和耗油率最低的最佳风扇增压比,如图 1-29 所示。当考虑内涵道到外涵道能量传递过程中的损失时:最佳风扇压比所对应的内外涵道气流排气速度比 $(V_{19}/V_9)_{opt} = 0.75 \sim 0.8$。

对于混排涡扇发动机,由于两股气流将在混合器内进行掺混,循环有效功的分配原则为尽可能减少因掺混造成的总压损失。实验证明,当混合器进口外涵道空气总压与内涵道燃气总压相等时,掺混过程造成的总压损失最小,掺混以后得到的总压最高。因此,在给定的其他热力循环参数条件下,将根据混合室进口两股气流总压近似相等的原则确定风扇设计增压比。

涡轮风扇发动机设计涵道比将对最佳风扇增压比产生影响,设计涵道比越大,最佳风扇增压比越小,图 1-30 和图 1-31 给出设计涵道比对最佳风扇增压比的影

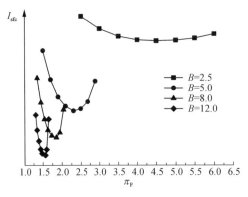

图 1-30　涡扇发动机设计涵道比、风扇
增压比与发动机耗油率的关系

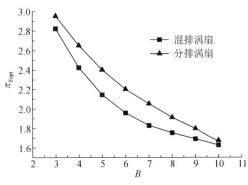

图 1-31　涡扇发动机设计涵道比对最佳风
扇增压比的影响

响,图中可以看出最佳风扇设计增压比随设计涵道比的增加而减小。因此,小涵道比设计的涡扇发动机采用更高的设计风扇增压比,通常为多级风扇设计;大涵道比设计的涡扇发动机采用较低的风扇增压比,通常为单级风扇设计。对于双轴大涵道比设计的涡扇发动机,为了达到高压、低压压气机增压比的合理分配,低压转子除风扇外,还通常设计有若干级低压压气机,也被称为增压级。

5) 节流比的影响

设计节流比的取值对于超声速战斗机发动机的性能具有重要意义。对于超声速战斗机,由于发动机在使用过程中,最高涡轮前燃气温度将出现在超声速飞行航段,为给起飞后发动机的涡轮前燃气温度留有一定的上升余地,用于超声速战斗机的发动机设计节流比应大于1。当选择较高的节流比,由于随飞行速度增加允许涡轮前燃气温度上升的余地更大,因此可获得良好的高速性能,但对应的起飞状态涡轮前燃气温度较低,为满足一定的起飞推力要求,则需要加大发动机的空气流量和尺寸,起飞推重比降低;如果选择较低的节流比,虽然起飞状态涡轮前燃气温度高,起飞推力大,发动机的空气流量和尺寸小,可获得高的起飞推重比,但随飞行速度的增加,允许涡轮前燃气温度上升的余地小,高速性能差。

对于亚声速运输机,发动机最高涡轮前燃气温度通常出现在飞机起飞阶段,而高空亚声速巡航时涡轮前燃气温度相对较低,用于此类飞机的发动机设计节流比通常等于1。

节流比的取值通常取决于飞机的任务需求,目前节流比的参考取值范围为1~1.15。

6) 加力燃烧室出口温度的影响

加力比定义为发动机加力产生的最大推力与不加力产生的最大推力之比,通常希望发动机加力比的变化范围大(一般加力比为1.05~1.7),以改善飞机的操纵性。

当飞行速度为零时,发动机加力比与加力温度有如下关系:

$$\bar{F} = \frac{F_{ab}}{F} \approx \sqrt{\frac{T_{tab}}{T_{t5}}} = \sqrt{\Delta_{ab}} \tag{1-55}$$

式中:Δ_{ab} 为加力加热比,是加力燃烧室出口气流总温与进口气流总温之比。

复燃加力时,加力比随加力加热比的增加而增加。图1-32给出地面静止条件下加力比、加力耗油率与不加力耗油率之比随加力加热比的变化,图中可看出随加力加热比的增加,加力比和耗油率比均增加,并且加力使耗油率的增加程度比推力增加程度更大。由1.2.1节2)关于复燃加力涡喷发动机循环分析知,加力使循环功增加,因此加力比增大;加力使循环热效率下降,因此加力耗油率增加,经济性变差。加力燃烧室出口气流温度越高,加力比越大,循环热效率越低,加力耗油率越高。

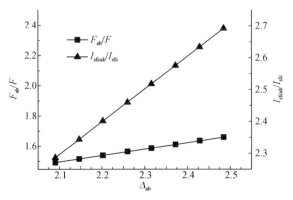

图 1-32　加力燃烧室加力加热比对加力比和加力
耗油率的影响

7) 主要部件性能参数的影响

发动机主要部件性能参数对发动机性能参数将产生不容忽视的影响。以一台分排涡扇发动机为例,其设计点飞行高度为 $11\,000\,\mathrm{m}$,飞行马赫数为 0.8,设计总增压比为 35,涡轮转子进口温度为 $1520\,\mathrm{K}$,涵道比为 6,表 1-1 给出该发动机各主要部件性能参数变化对单位推力和耗油率影响的百分比。从表中数据看出:所有部件性能参数(除燃烧室燃烧效率外)下降均导致发动机单位推力减小;所有部件性能参数的下降均导致发动机耗油率增加。因此,提高部件性能是提高发动机性能的重要技术途径。

表 1-1　主要部件性能参数对发动机性能参数的影响

部件名称	性能参数	参考值	变化百分比/%	发动机性能参数变化百分比/%	
				F_s	I_{sfc}
进气道	总压恢复系数	0.99	-1	-1.296800	1.313867
风扇	绝热效率	0.88	-1	-0.810560	0.698504
压气机	绝热效率	0.86	-1	-0.975150	0.602051
燃烧室	燃烧效率	0.99	-1	-0.107215	0.949507
燃烧室	总压恢复系数	0.95	-1	-0.351150	0.352357
高压涡轮	绝热效率	0.89	-1	-0.612450	0.616254
低压涡轮	绝热效率	0.89	-1	-0.876910	0.884660
内涵喷管	速度损失系数	0.99	-1	-0.351150	0.352357
外涵喷管	速度损失系数	0.99	-1	-0.945650	0.954746

参 考 文 献

[1] Mattingly J D, Heiser W H, Pratt D T. Aircraft Engine Design [M]. 2nd ed. Washington

DC：AIAA Inc.，2002.

［2］张津,洪杰,陈光. 现代航空发动机技术与发展[M]. 北京:北京航空航天大学出版社,2006.

［3］廉筱纯,吴虎. 航空发动机原理[M]. 西安:西北工业大学出版社,2005.

思 考 题

1. 简述涡轮喷气发动机产生推力的原理。涡轮喷气发动机中,哪些部件受到向前的轴向力? 哪些部件受到向后的轴向力? 为什么?

2. 简述复燃加力使推力增加的原理。为什么加力式涡轮喷气发动机适用于高超声速飞行的飞机?

3. 为什么实际循环的最经济增压比大于其最佳增压比?

4. 实际循环的热效率为什么与循环加热比有关? 在其他参数不变时,循环加热比越大,为什么实际循环的热效率越高? 为什么最佳增压比也越大?

5. 为什么加力式燃气涡轮发动机在给定加力燃烧室出口总温时,只存在一个最佳增压比对应最大循环功和最高热效率? 为什么加力式燃气涡轮发动机加力时的热效率总是低于相应的非加力状态下的热效率?

6. 为了提高燃气涡轮发动机的性能,为什么要设法提高涡轮前燃气总温? (是否与节流比的概念相矛盾?)又为什么在提高涡轮前燃气总温的同时要增大压气机的设计增压比?

7. 燃气涡轮发动机的主要性能指标有哪些?

8. 简述燃气涡轮发动机循环热效率和推进效率的定义,影响这两个效率的因素有哪些? 耗油率与发动机总效率有什么关系?

9. 说明使用推力计算式 $F = W_a(V_9 - V_0)$ 时,用了哪些假设条件。

10. 对于涡轮风扇发动机而言,设计涵道比应如何选择?

11. 对于涡轮风扇发动机而言,风扇设计增压比应如何选择?

12. 简述民用大涵道比涡轮风扇发动机和军用小涵道比加力涡轮风扇发动机的循环参数的发展趋势及其原因。

2 航空燃气涡轮发动机
部件及其特性

本章简要描述航空燃气涡轮发动机主要部件的功能、性能参数和特性。本章涉及的部件包括轴流压气机、风扇、主燃烧室、复燃加力燃烧室、涡轮、混合器和尾喷管。各部件更详细的工作原理见参考文献[1]~[7]。

2.1 轴流压气机和风扇

2.1.1 功能、组成和性能参数

风扇/压气机是航空燃气涡轮发动机的重要部件,其功能是对流入的气体加功增压,即对流入的气体加入机械能做压缩功以提高气体的压力。

风扇和轴流压气机属于叶轮机械,它们的组成、性能参数和特性均类似,因此本节以下有关轴流压气机各方面的论述也适用于风扇。

轴流压气机(见图 2-1)由转子和静子组成,其中转子由轮盘、轴和装在轮盘上的转动叶片组成;静子由机匣与装在它上面的静子叶片排组成。转子和静子前后交错排列构成整台压气机。

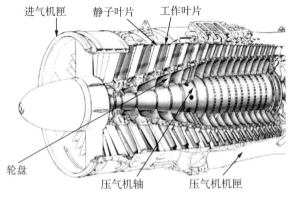

图 2-1 轴流压气机

用以描述压气机性能的参数如下:

（1）增压比。

增压比为风扇或压气机出口气流总压与进口气流总压之比，用符号 π_C 表示。

$$\pi_C = \frac{p_{t3}}{p_{t2}} \qquad (2-1)$$

（2）效率。

压气机效率反映压缩过程的完善程度。常用绝热效率 η_C 表示，其定义为达到所需压比的等熵绝热压缩功和实际压缩功之比。

$$\eta_C = L_{Cad}/L_C \qquad (2-2)$$

（3）单位工质压缩功和功率。

单位时间通过压气机 1 kg 工质消耗的等熵压缩功为

$$L_{Cad} = c_p(T_{t3} - T_{t2})$$
$$L_{Cad} = c_p T_{t2} - \left(\frac{T_{t3}}{T_{t2}} - 1\right) \qquad (2-3)$$

对于等熵压缩过程，压气机出口与进口气流的总温之比与总压之比关系如下：

$$\frac{T_{t3}}{T_{t2}} = \left(\frac{p_{t3}}{p_{t2}}\right)^{\frac{\gamma-1}{\gamma}} = \pi_C^{\frac{\gamma-1}{\gamma}}$$

引入压气机绝热效率［见式（2-2）］，于是单位质量工质的实际压缩功为

$$L_C = c_p T_{t2}(\pi_C^{\frac{\gamma-1}{\gamma}} - 1)/\eta_C \qquad (2-4)$$

压气机功率为

$$P_C = W_a L_C \qquad (2-5)$$

2.1.2　实验特性和通用特性

实际使用中的风扇和压气机不可能总在设计状态下工作，当工作转速、进口气流压力、温度等参数偏离设计状态时，风扇/压气机的增压比、效率将发生变化。风扇/压气机特性是指增压比 π_C 和效率 η_C 随转速和流量变化的关系。压气机在特定的实验台上进行实验，测取不同转速、不同流量下压气机参数并进行数据整理和计算，可以获得对应实验时进口总温和总压条件下的压气机实验特性，如图 2-2 所示。图 2-2 中，横坐标为压气机空气流量，纵坐标为压气机增压比和效率，参变量为压气机物理转速。在每条等转速线上，当进入压气机的空气流量从大到小变化时，增压比 π_C 增加，效率 η_C 先增加后减少，出现效率最高值。当空气流量减少到一定程度，压气机出现不稳定工作状态，甚至发生喘振，各等转速线上喘振点的连线称为喘振边界线。

下面说明压气机实验特性的变化原因。在给定进口气流参数条件下，在图 2-2 上选择一条等转速线，空气流量变化将导致速度三角形发生变化，如图 2-3 所示。

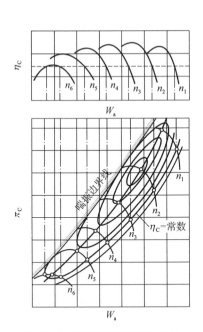

图 2-2　轴流压气机实验特性

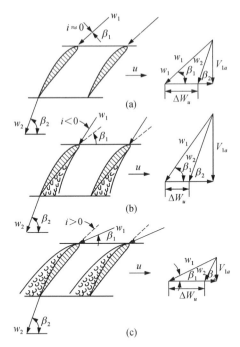

图 2-3　压气机进口流量变化对工作叶片进口
速度三角形和流动的影响

　　当流量增加时对应的压气机进口气流轴向绝对速度 V_{1a} 增加,由于转速不变,切线速度 u 不变,导致气流相对速度 w_1 的大小和方向(流入角 β_1)发生变化,进口速度三角形由图 2-3(a)变化为图 2-3(b),气流攻角 i 减小,以负攻角进入工作叶片通道,扭速 Δw_u 减小,轮缘功减小,因此增压比 π_C 下降。相对速度 w_1 增加使流动损失增加,负攻角过大导致叶盆分离损失增加,因此压气机效率下降。

　　当流量减小时对应的压气机进口气流轴向绝对速度 V_{1a} 减小,由于转速不变,切线速度 u 不变,导致气流相对速度 w_1 的大小和方向(流入角 β_1)发生变化,进口速度三角形由图 2-3(a)变化为图 2-3(c),气流以正攻角进入工作叶片通道,造成叶背分离。由此可见,如果假定出口气流相对速度方向(流出角 β_2)不变,随攻角 i 的增大,气流在工作叶片中的转角增大,扭速 Δw_u 加大,轮缘功增加,因此增压比 π_C 增加。如果正攻角增加到使出口气流相对速度方向(流出角 β_2)不能再维持不变,这时扭速 Δw_u 可能下降导致轮缘功减小。攻角偏离导致流动损失加大,压气机效率降低。当正攻角过大导致叶背分离严重,很容易造成分离区扩大,以致堵塞整个通道,压气机将发生喘振。压气机发生喘振时,气流发生低频大幅度脉动,产生爆音,压气机出口压力迅速下降,涡轮出口排气温度迅速升高,转子转速迅速下降,发动机振动加大,仪表指示摆动,严重时导致发动机停车。压气机喘振是严重影响发动机工作安全的不稳定现象,是不被允许出现的,因此在压气机特性上都标出喘振边界线(见图 2-2)。

风扇/压气机稳定工作范围常用喘振裕度 Δ_{SM}（单位为％）描述，图 2-4 和式（2-6）给出广泛使用的定义，图 2-4 中，S 点表示喘振边界点，P 点表示工作点。

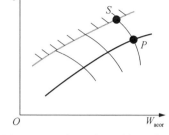

图 2-4 风扇/压气机喘振裕度

$$\Delta_{SM} = \left(\frac{\pi_{C.S}}{\pi_{C.P}} \frac{W_{a.P}}{W_{a.S}} - 1 \right) \qquad (2-6)$$

喘振裕度不仅与压气机本身的气动设计、几何和结构因素有关，还与进口条件有关，如进口流场畸变度。高空飞行时，雷诺数降低，通常也会导致喘振裕度降低。

风扇和压气机装在发动机上使用时，进口气流总温、总压常因飞行高度和马赫数变化而不同，利用相似参数来描述风扇/压气机特性可以综合反映不同进口参数对风扇/压气机特性的影响。用相似参数表示的压气机特性称为通用特性，相似参数推导如下。

根据相似理论，在几何相似的条件下，压气机工作状态相似的必要充分条件是进口气流轴向马赫数 Ma_a 和工作轮周向马赫数 Ma_u 分别保持常数。由气体动力学知，马赫数与速度系数存在一定函数关系，因此压气机工作状态相似的必要充分条件可以转化为进口气流轴向速度系数 λ_a 和工作轮周向速度系数 λ_u 分别保持常数。

压气机进口空气流量可以表示为

$$W_{a2} = KA_2 \frac{p_{t2}}{\sqrt{T_{t2}}} q(\lambda_2) \qquad (2-7)$$

式中：K 为常数，是比热容比 γ 和气体常数 R 的函数；A_2 为压气机进口气流通道面积。

常数 K 的表达式为

$$K = \sqrt{\frac{\gamma}{R} \left(\frac{2}{\gamma+1} \right)^{\frac{\gamma+1}{\gamma-1}}} \qquad (2-8)$$

$$q(\lambda_2) = \frac{1}{KA_2} \frac{W_{a2} \sqrt{T_{t2}}}{p_{t2}} \qquad (2-9)$$

对于给定气体，K 可视为常数。$q(\lambda_2)$ 与压气机进口气流轴向速度系数存在单值函数关系，因此当进口气流轴向马赫数 Ma_a 保持常数时，进口气流轴向速度系数 λ_a 也保持为常数，则组合参数 $\left(\frac{W_a \sqrt{T_{t2}}}{p_{t2}} \right)$ 保持不变，称其为压气机流量相似参数。

压气机叶片周向速度系数 λ_u 可以写为圆周速度与临界声速之比为

$$\lambda_u = \frac{U_2}{a_{2.cr}} \qquad (2-10)$$

临界声速 $a_{2.\mathrm{cr}}$ 的表达式为

$$a_{2.\mathrm{cr}} = \sqrt{\frac{2\gamma}{\gamma+1} R T_{t2}} \tag{2-11}$$

对于一定气体,比热容比 γ 和气体常数 R 均可视为常数,临界声速为压气机进口气流总温的函数。

圆周速度与压气机转速的关系为

$$u_2 = r_2 \frac{2\pi n}{60} = \frac{\pi r_2 n}{30} \tag{2-12}$$

式中:r_2 为半径;π 为圆周率。

将式(2 - 11)和式(2 - 12)代入式(2 - 10)得

$$\lambda_u = C \frac{n}{\sqrt{T_{t2}}} \tag{2-13}$$

式中:C 为常数。

因此,当压气机叶片周向马赫数 Ma_u 保持常数,气流周向速度系数 λ_u 也保持为常数,则组合参数 $(n/\sqrt{T_{t2}})$ 保持不变,称其为压气机相似转速。

为方便使用,常常将压气机通用特性换算成海平面静止标准大气条件为进气条件的特性线,典型的用换算参数表示的压气机通用特性如图 2 - 5 所示。通用特性的横坐标用相对换算流量表示,参变量为相对换算转速。风扇通用特性的定义和表示方法完全和压气机通用特性相同。

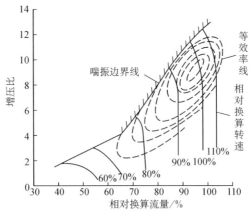

图 2 - 5　压气机通用特性

换算流量 W_{acor} 的表达式为

$$W_{\mathrm{acor}} = W_a \frac{\sqrt{T_{t2}/288}}{p_{t2}/101325} = W_a \frac{\sqrt{\theta_2}}{\delta_2} \tag{2-14}$$

相对换算转速 $\bar{n}_{\mathrm{cor}}$ 的表达式为

$$\bar{n}_{\mathrm{cor}} = \frac{n/n_{\mathrm{d}}}{\sqrt{T_{\mathrm{t2}}/288}} = \frac{\bar{n}}{\sqrt{\theta_2}} \qquad (2-15)$$

式中:θ_2 为压气机进口气流总温与海平面静止条件标准大气温度之比;δ_2 为压气机进口气流总压与海平面静止条件标准大气压力之比;$\bar{n}$ 为压气机物理转速与设计物理转速之比。

2.1.3 防喘振措施对通用特性的影响

鉴于压气机喘振将严重威胁发动机的工作安全,发动机的设计和调节都应保证压气机在使用中不出现喘振。主要的技术措施如下:

(1) 采用双轴,甚至三轴发动机。

(2) 调节风扇进口导流叶片角度 α_{F} 和高压压气机静子叶片角度 α_{C}。

(3) 压气机中间级放气。

(4) 采用机匣处理技术。

双轴燃气涡轮发动机有两个转子,分别是低压压气机和低压涡轮构成的低压转子以及高压压气机和高压涡轮构成的高压转子。当压气机偏离设计条件时,两个转子将根据各自的功率平衡关系,自动调整各自的转子转速,使低压压气机进气攻角下降,因此防止了压气机发生喘振。

图 2-6 给出可调静子叶片角度的防喘振机理及其调节机构示意图,通过操纵环带动摇臂,使进口导流叶片和静子叶片的安装角度 α 向转子叶片转动的方向旋转,改变其出口气流角,使动叶进口气流以接近"零"的攻角进入转子叶片,消除了叶背分离,因此防止了喘振发生。图 2-7 给出静子叶片调节前后压气机特性的变化。

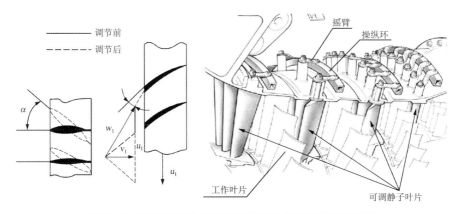

图 2-6 可调静子叶片防喘振机理及其调节机构示意图

可调静子叶片防喘的方法优点突出,不仅可以达到防喘振目的,调节后还可提高压气机效率,并可改善发动机的加速性。该方法适用于高设计增压比的发动机,因此这种防喘振调节机构被广泛应用。

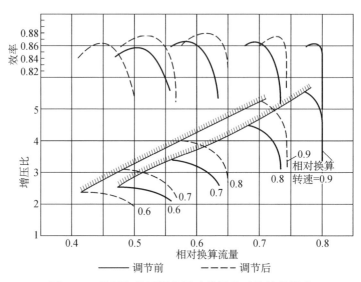

图 2-7 某压气机可调静子叶片调节对特性的影响

实践表明,发动机在低的换算转速下工作时,由于增压比较低,按设计增压比设计的压气机气流通道的后面级显得"过小",使压气机的前面级气流轴向速度降低,转子处于大的正攻角情况下工作,后面级气流轴向速度加快,转子处于大的负攻角情况下工作。因此,如果在压气机的中间级处放出一些空气,可能缓解后面气流通道的堵塞现象;同时,前面级流量增加,轴向速度 V_{1a} 增加,攻角减小,因此防止了压气机喘振(见图 2-8),打开中间级放气系统使第一级压气机特性上的工作点由 N 点移至 M 点;放气系统后面的压气机因为前面放出了气体,缓解了堵塞状态,如图 2-8 末级压气机特性中工作点由 N 点移至 M 点。

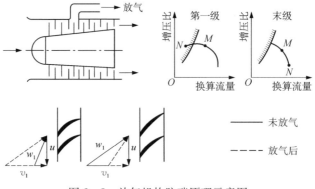

图 2-8 放气机构防喘原理示意图

实验还表明,高换算转速时,后面压气机可能发生喘振,这时,在末级压气机后放气可以减少后面级压气机攻角,使其退出喘振。

放气防喘振的方法简单,在增压比小于 10 的多级轴流压气机中的应用效果很好。这种防喘振方法的缺点是，将 $15\%\sim25\%$ 的压缩空气放掉而没有利用，从能源利用和发动机工作效率方面来看是不利的，好在放气是在起动加速过程进行的，放气时间不长，所造成的损失从总体来看尚不严重。

机匣处理技术是在压气机机匣上于一级或几级转子顶部的相应部位开槽、缝或构造成多孔内壁，可以抑制叶尖区气流的失速和改变流动损失。此措施可以抑制叶尖泄漏涡的发展和扩散，调整叶片尖部流动情况，改善来流攻角使叶片尖部的工作保持在设计点附近，从而抑制叶片的失速，消除压气机喘振现象。

为避免因压气机喘振对飞机飞行造成的危险，有的飞机将在飞行过程中测量"喘振信号"，在测出此信号时自动进入"消喘过程"，发动机切油并对尾喷管喉道面积 A_8 和压缩部件静子叶片角度进行相应调整。对于使用中容易出现压缩部件喘振的工作状态，在控制规律中增加主动防喘振的功能，如发射导弹时自动进入"防喘过程"等。

2.2　涡轮

2.2.1　功能及性能参数

涡轮的功能是将燃烧室出口高温高压燃气的热焓转变为机械功，为风扇、压气机和负载（如螺旋桨、直升机旋翼等）提供带转功率。航空发动机对涡轮的主要要求是在产生所需涡轮功率的前提条件下，达到效率高、尺寸小、重量轻，并且能在高温、高转速条件下安全可靠工作。

涡轮的主要性能参数如下。

（1）膨胀比。

膨胀比 π_T 为涡轮进口总压与出口总压之比：

$$\pi_T = \frac{p_{t4}}{p_{t5}} \tag{2-16}$$

（2）涡轮效率。

涡轮效率反映涡轮膨胀过程的完善程度。常用涡轮绝热效率 η_T 表示，其定义为单位质量工质在一定的涡轮膨胀比下，实际产生的膨胀功 L_T 和等熵绝热条件下产生的理想膨胀功 $L_{T.ad}$ 之比。

$$\eta_T = L_T / L_{T.ad} \tag{2-17}$$

（3）单位质量涡轮功和功率。

单位时间通过涡轮 1 kg 工质所做等熵膨胀功为

$$L_{T.ad} = c_p (T_{t4} - T_{t5}) = c_p T_{t4} \left(1 - \frac{T_{t5}}{T_{t4}}\right) \tag{2-18}$$

对于等熵膨胀过程，涡轮出口与进口气流的总温之比与总压之比关系如下：

$$\frac{T_{t5}}{T_{t4}}=\left(\frac{p_{t5}}{p_{t4}}\right)^{\frac{\gamma_g-1}{\gamma_g}}=\left(\frac{1}{\pi_T}\right)^{\frac{\gamma_g-1}{\gamma_g}}$$

引入涡轮绝热效率式(2-17),可得单位质量实际压缩功为

$$L_T=c_{pg}T_{t4}\left[1-\frac{1}{\pi_T^{\frac{\gamma_g-1}{\gamma_g}}}\right]\eta_T \tag{2-19}$$

涡轮功率为

$$P_T=W_gL_T \tag{2-20}$$

2.2.2　通用特性

与压气机通用特性表达方式类似,利用相似参数来描述的涡轮特性,可以综合反映不同进口参数对涡轮性能的影响。涡轮通用特性描述了涡轮相似流量和涡轮效率 η_T 随涡轮相对相似转速和膨胀比 π_T 的变化关系,如图2-9给出的涡轮通用特性。

涡轮相似流量为

$$W_g\sqrt{T_{t4}}/p_{t4}$$

涡轮相对相似转速为

$$\bar{n}/\sqrt{T_{t4}}$$

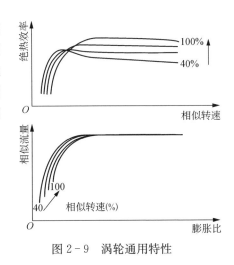

图2-9　涡轮通用特性

2.2.3　涡轮冷却对涡轮特性的影响

涡轮前燃气温度是影响发动机热力循环有效功和热效率的重要参数,对发动机单位推力和耗油率有明显影响。提高涡轮前燃气温度是增大发动机单位推力、减小发动机径向尺寸、减轻发动机重量和提高推重比的主要措施。未来发展涡轮前燃气温度将期望达到2000K以上,因为现有的涡轮材料还不能完全承受发动机总体性能技术发展需求所要求的高温,所以除研究耐高温的新材料外,需要从压气机引出一定的冷却空气对涡轮的导向器叶片、转子叶片、机匣及轮盘等进行冷却,图2-10给出现代涡轮的冷却气流动情况。

按照目前的技术水平,如果涡轮前总温达到1800～2000K,从压气机引出用于涡轮冷却气流量约为压气机流量的15%～25%。例如,商用客机大涵道比涡扇发动机BR715的涡轮动叶前总温为1685K,冷却气流量为压气机流量的21.1%。这样大量的冷却气将使发动机性能下降,而且冷却气和主气流的掺混将给涡轮气动性能带来不利影响,例如：E³(PW)高压涡轮采用冷却措施将使效率降低了2.6%,

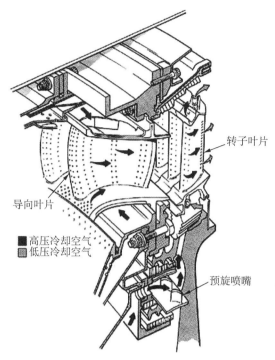

图 2 - 10　现代涡轮的冷却气流动情况

RTM322 - 01 双级涡轮因采用冷却涡轮使效率降低了 1.6%。因此,在设计涡轮时必须正确评价涡轮气动性能和冷却效果,并尽量减少冷却气量,以寻求发动机总体性能最佳的结果。

2.2.4　涡轮主动间隙控制对涡轮特性的影响

涡轮转子部件为高速旋转的热端部件,当发动机处于不同工作状态时,涡轮叶片承受的热负荷和离心负荷不同,涡轮机匣受热膨胀也不同,因此将导致涡轮叶尖径向间隙有较大变化,间隙过小可能会导致转子叶片与机匣发生剐蹭,间隙过大则导致过多的气流通过叶尖间隙泄漏,造成涡轮效率下降。通过经验和大量实验研究证明,涡轮叶尖径向间隙泄漏严重影响燃气涡轮发动机效率,进而影响发动机的耗油率。研究表明,涡轮叶尖径向间隙相对增加 1%,耗油率相应增加 1.5%～2.0%。

因此,现代商用大涵道比涡扇发动机通常采用主动控制措施对叶尖间隙加以调节,以改进涡轮效率和延长机匣寿命。图 2 - 11 为涡轮主动间隙工作原理示意图,通常从风扇或低压压气机不同级处引出冷气流,通过管道将冷气引入涡轮双层机匣的空腔冷却内壁,控制机匣的膨胀量与涡轮转子叶片在不同温度的伸长量大致保持一致,达到控制涡轮叶尖间隙的目的。例如,PW2 000 系列和 PW4 000 系列发动机在飞机处于爬升和巡航航段时,对高压和低压涡轮机匣进行冷却,以减少叶尖间隙燃气泄漏,提高涡轮效率,降低耗油率。

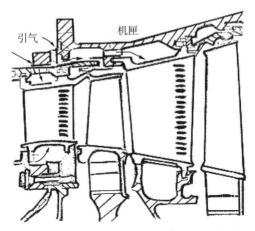

图 2-11 涡轮主动间隙工作原理示意图

2.3 混合器

2.3.1 功能和类型

对于混合排气涡扇发动机,混合器的功能是将涡轮出口高温气流与风扇外涵道冷气流进行掺混。由于两股气流掺混后使排气温度下降,排气速度下降可降低排气噪声,还可降低红外辐射。对于复燃加力涡扇发动机冷热气流掺混有助于在其后安排加力燃烧室。气流掺混还可以增加推力。

实际应用的混合器类型有三种[1],如图 2-12(a)所示的波瓣形内外涵道气流分隔道式或简单圆筒形平行进气式,以及图 2-12(b)所示的带有强制掺混性质的掺混抖式。简单圆筒形平行进气式混合器结构上最简单,但不能保证内外涵道气流在混合器出口达到完全掺混。其他两种类型可改善气流的掺混程度并缩短混合器的长度,但掺混造成的总压损失相对较大。

2.3.2 性能参数

描述混合器的主要性能参数为总压恢复系数 σ_M,该参数为混合器出口气流总压与进口气流平均总压的比,其表达式为

$$\sigma_M = \frac{p_{t6}}{p_{t.ave}} \qquad (2-21)$$

$$p_{t.ave} = \frac{p_{t5} + Bp_{t15}}{1+B}$$

式中:$p_{t.ave}$ 为进口气流平均总压。

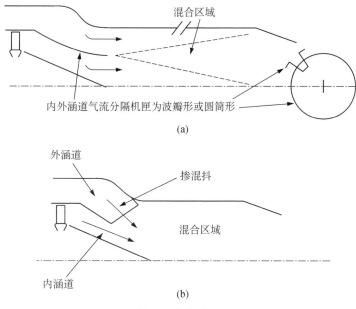

(a)

(b)

图 2-12 混合器类型示意图

2.4 燃烧室和加力燃烧室

2.4.1 功能和性能参数

燃烧室和加力燃烧室的功能是向流入的气体喷入燃油进行燃烧,将燃油的化学能释放出来,使燃气温度提高。

现代中等以上推力级航空燃气涡轮发动机主燃烧室普遍采用环形燃烧室(见图 2-13),主要由内外机匣、火焰筒和燃油雾化喷嘴组成。由于燃烧过程非常复杂,现代燃烧室设计和研究仍离不开大量的试验工作。

现代复燃加力涡轮风扇发动机如图 2-14 所示。主要由扩散器、混合器、喷油装置、火焰稳定器、点火器、隔热屏和加力筒体等组成。

燃烧室和加力燃烧室的主要性能参数:

(1)总压恢复系数 σ_B。

总压恢复系数是燃烧室出口气流总

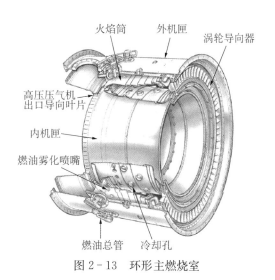

图 2-13 环形主燃烧室

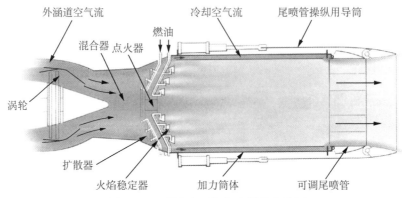

图 2-14　涡扇发动机加力燃烧室简图

压和进口总压之比。总压恢复系数反映了气流流过燃烧室时的流动损失和气流加热引起的热阻损失。

(2) 燃烧效率 η_B。

燃烧效率定义为燃料燃烧时燃气实际获得的热量与燃料低热值之比。

2.4.2　燃烧室特性

1) 主燃烧室特性

燃烧室的燃烧效率特性一般指燃烧效率 η_B 与燃烧室余气系数 α_B 的变化关系，余气系数 α_B 定义为

$$\alpha_B = \frac{1}{L_0 f_a} \tag{2-22}$$

式中：L_0 为理论空气量，即完全燃烧 1 kg 燃料从理论上所需空气量；f_a 为油气比。

余气系数等于1时表示燃烧室空气量恰好与燃油燃烧所需理论空气量相等，燃烧后的燃气中既无油，也无氧，称为最恰当混气比；余气系数大于1时表示燃烧室空气量多于燃油燃烧所需理论空气量，即燃烧后的燃气中仍有富余的氧，油少了，称为贫油状态；余气系数小于1时表示燃烧室空气量少于燃油燃烧所需理论空气量，即燃烧后的燃气中仍有未被燃烧的油，空气量不足，称为富油状态。

图 2-15 为典型的燃烧效率特性[4]，可以看出：燃烧效率与燃烧室进口气流的总压和余气系数有关，进口气流总压一定的条件下，余气系数过大或过小，即混气过贫或过富，均造成燃烧效率下降。

图 2-16 为主燃烧室的熄火特性[7]，可以看出：主燃烧室进口空气流量增加，则气体流动速度增大使火焰稳定范围减小，容易熄火或空中起动时不易点燃，油气比过大或过小的混合气都会造成熄火。

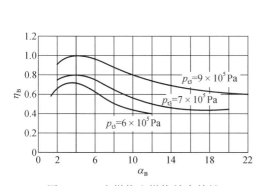

图 2-15　主燃烧室燃烧效率特性

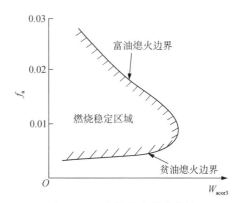

图 2-16　主燃烧室熄火特性

　　在发动机使用过程中,主燃烧室总压恢复系数 σ_B 考虑因流动和加热造成的总压损失,它将随主燃烧室进口马赫数 Ma_3 变化。因为 Ma_3 较低且变化较小,所以 σ_B 的变化不大,一般可认为 $\sigma_B = \sigma_{B设计} = $ 常数。

　　2) 加力燃烧室特性

　　加力燃烧室的热阻损失 $\sigma_{ab,H}$ 取决于加热比 Δ_{ab} 和加力燃烧室扩散段出口速度系数 λ。Δ_{ab} 的近似表达式为

$$\Delta_{ab} \approx \left(\frac{1 + f_a + f_{ab}}{1 + f_a}\right)^2 \frac{T_{t7ab}}{T_{t6}} \quad (2-23)$$

　　$\sigma_{ab,H}$ 随加力燃烧室进口速度系数 λ 和 Δ_{ab} 变化的关系如图 2-17 所示。

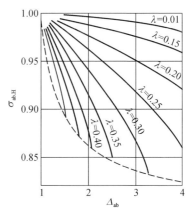

图 2-17　$\sigma_{ab,H}$ 随 λ 和 Δ_{ab} 的变化关系

2.5　尾喷管

2.5.1　尾喷管的功能

　　尾喷管的主要功能是使涡轮出口的高温燃气进一步膨胀,以高速排出喷管,将燃气的焓转变为动能。为了获得高单位推力和低耗油率,要求喷管的流动损失小,尽可能完全膨胀,由喷管排出的气流应尽可能沿所要求的方向。

　　此外,调节喷管喉道面积可以改变气流在涡轮和尾喷管中膨胀比的分配,进而使各部件工作点重新匹配,因此喷管喉道面积可以作为一个调节中介,实现对发动机工作状态的控制。

　　现代飞机还要求喷管具有产生矢量推力和反向推力的能力,以提高飞机机动性和起飞、着陆性能。

2.5.2 尾喷管的类型

尾喷管的分类方法有很多种,如按其流道类型可分为纯收敛型和收敛-扩张型,图 2-18 中的(a)和(b)为纯收敛型,其他为收敛-扩张型。纯收敛型的流道面积沿流向逐渐缩小,喷管出口流通面积最小。收敛-扩张型喷管的流道面积沿流向先收敛、后扩张,又称为拉瓦尔喷管或超声速喷管。在这种喷管中,由收敛形转为扩张形处的流通面积最小,称为"喉道"。

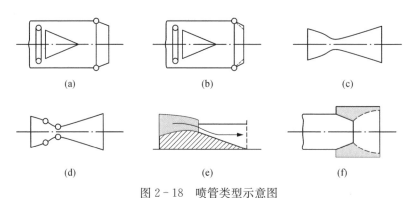

图 2-18 喷管类型示意图

(a)固定几何收敛喷管 (b)可调出口面积收敛喷管 (c)固定几何收敛-扩张喷管
(d)可调收敛-扩张喷管 (e)带中心锥塞式喷管 (f)引射喷管

按通道面积是否可调,又可分为固定几何收敛型喷管(见图 2-19)和两种可调喷管(见图 2-20、图 2-21)。

如按其流道横截面形状,可分为轴对称型和非轴对称型;如按推力方向,可分为常规推力型、反推力型(见图 2-22)、推力转向型(见图 2-23)和推力矢量型(见图 2-24);按隐身功能又可分为隐身型和非隐身型等。

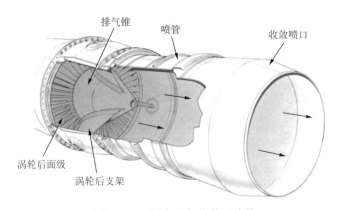

图 2-19 固定几何收敛型喷管

反推力装置多用在旅客机发动机中,以缩短飞机降落时在跑道上的滑跑距离,起到辅助的刹车作用。

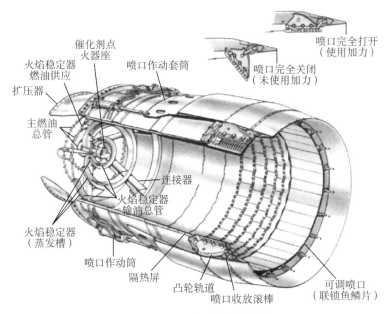

图 2-20 可调收敛型喷管

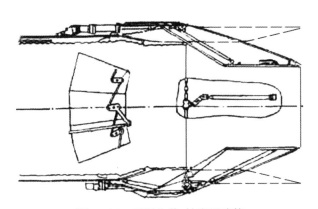

图 2-21 可调收敛-扩张型喷管

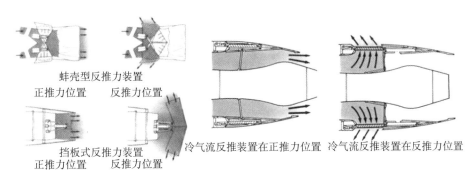

图 2-22 具有反推力功能的喷管

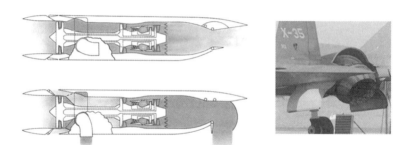

图 2-23　具有推力转向功能的喷管

图 2-24　F119 发动机推力矢量喷管

2.5.3　尾喷管的主要性能参数

1）总压恢复系数

总压恢复系数 σ_{NZ} 是喷管出口气流总压和进口气流总压之比，它反映了气流流过喷管时流动损失的大小。

2）速度损失系数

速度损失系数 ψ_{NZ} 是喷管实际出口气流速度与等熵完全膨胀的理想出口气流速度之比，即

$$\psi_{NZ}=\frac{V_9}{V_{9i}}=\frac{\lambda_9}{\lambda_{9i}}$$

速度损失系数和总压恢复系数一样，用来表示喷管内流动损失的大小。当膨胀到同样喷管出口压力 p_{s9} 的条件下，速度损失系数和总压恢复系数的关系可根据等熵膨胀时喷管进出口总压相等联系起来，用下式表示：

$$\sigma_{NZ}=\frac{p_{s9}/\pi(\lambda_9)}{p_{s9}/\pi(\lambda_{9i})}=\frac{\pi(\lambda_{9i})}{\pi(\lambda_9)}=\frac{\pi(\lambda_9/\psi_{NZ})}{\pi(\lambda_9)} \tag{2-24}$$

喷管压比 π_{NZ} 定义为尾喷管进口气流总压与外界大气静压之比,即

$$\pi_{NZ} = \frac{p_{t7}}{p_{s0}} \qquad (2-25)$$

最广泛应用的喷管类型是收敛型喷管和收敛-扩张型喷管。对于用于亚声速范围飞行的发动机,喷管压比 π_{NZ} 不大,约为 $3 \sim 5$,一般采用收敛喷管(见图 2-19、图 2-20),因为在此喷管压比范围内,即使不能实现完全膨胀,其推力只比完全膨胀的推力低 $1\% \sim 3\%$。用于超声速飞机的发动机,当飞行马赫数达到 2 以上时,喷管压比 π_{NZ} 可达 10 以上,若再采用收敛喷管,气流在尾喷管出口处未能达到完全膨胀引起的推力损失可达 10% 以上,因而一般都必须采用收敛-扩张型喷管。

3)流量系数

由于气体具有黏性,在喷管壁面形成附面层,因此引用流量系数来考虑尾喷管实际气流流量与理想气流流量之间存在的差别。流量系数定义为尾喷管实际气流流量与理想气流流量之比,用符号 C_D 表示:

$$C_D = \frac{W_{g8}}{W_{g8i}} \qquad (2-26)$$

4)角向流系数

角向流系数用于考虑喷管出口气流非轴向排出引起的推力损失,用符号 C_A 表示。如图 2-25 所示,从气流中取一小微元体,角向流系数基本等于当地出口气流角度 θ_j 的余弦[8]。

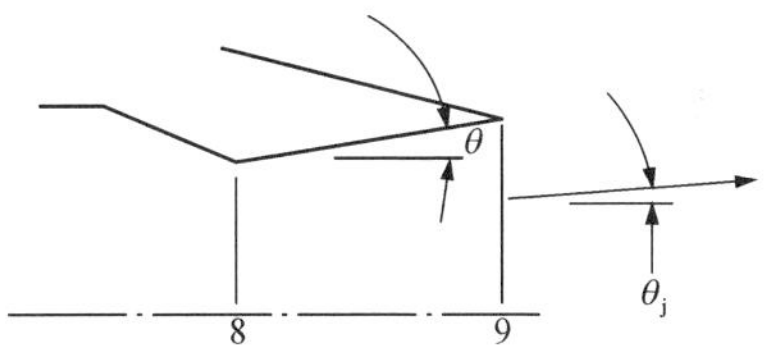

$$V_9 = V_{9j} \cos\theta_j$$

$$C_{Aj} = \frac{V_9}{V_{9j}} = \cos\theta_j$$

图 2-25 角向流系数示意图

因为出口气流角度 θ_j 可以由中心线处的零变化到外径处的 θ,总的喷管角向流系数定义[7]为

$$C_A = \frac{\int V_9 \cos\theta \, dW_{g9}}{W_{g9} V_9} \qquad (2-27)$$

对于轴对称收敛-扩张型尾喷管,角向流系数的典型计算公式为

$$C_A = \frac{1 + \cos\theta}{2} \qquad (2-28)$$

对于二元收敛-扩张型尾喷管,角向流系数的典型计算公式为

$$C_A = \frac{\sin\theta}{\theta} \qquad (2-29)$$

图 2-26 给出角向流系数随收敛-扩张型喷管面积比和扩张半角的变化[8],图中阴影区域表示喷管几何尺寸非常短并且很有可能形成分离流,尽管仍可以将该图用于角向流系数的预估,但预估可能存在不确定性。

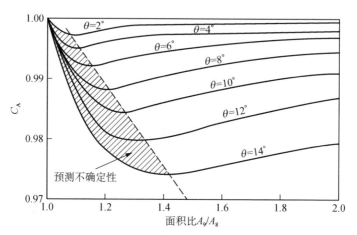

图 2-26　角向流系数随收敛-扩张型喷管面积比和扩张半角的变化

5) 推力系数

推力系数定义为实际总推力与理想等熵完全膨胀产生的总推力之比,用符号 C_F 表示:

$$C_F = \frac{F_g}{F_{gi}} \tag{2-30}$$

式中:

$$\begin{cases} F_g = C_A W_{g9} V_9 + A_9 (p_{s9} - p_{s0}) \\ F_{gi} = W_{g9} V_{9i} \end{cases} \tag{2-31}$$

2.5.4　尾喷管的不同工作状态

1) 收敛型喷管的工作状态

对于收敛型喷管,因为其出口面积 A_9 是最小面积,该截面也为喷管的喉道,所以 A_8 和 A_9 代表同一个面积。

当喷管出口气流速度正好达到当地声速,出口压力 p_{s9} 与外界大气压力 p_{s0} 相等,这时对应的喷管压比 π_{NZ} 称为临界压比 $\pi_{NZ.cr}$。

$$\pi_{NZ.cr} = \left(\frac{\gamma_g + 1}{2}\right)^{\frac{\gamma_g}{\gamma_g - 1}} \tag{2-32}$$

收敛型喷管的工作状态可以按喷管压比 π_{NZ} 的大小划分,可分为临界、亚临界、超临界三种状态。

(1) 临界工作状态。

$\pi_{NZ} = \pi_{NZ\,cr}$，气流在喷管中完全膨胀，出口气流静压与外界大气压力相等，且尾喷管出口气流马赫数等于1。

（2）亚临界工作状态。

$\pi_{NZ} < \pi_{NZ\,cr}$，气流在喷管中完全膨胀，出口气流静压与外界大气压力相等，但尾喷管出口气流马赫数小于1。

（3）超临界工作状态。

$\pi_{N} > \pi_{NZ\,cr}$，尾喷管出口气流静压大于外界大气压力，气流在喷管出口不能达到完全膨胀，而尾喷管出口气流马赫数仍等于1。

由以上工作状态的划分可知：

（1）收敛型喷管的工作状态与 A_9 大小无关。

（2）亚临界和临界工作状态气流在尾喷管出口可以达到完全膨胀，超临界工作状态气流不能达到完全膨胀，必将引起推力损失。特别在飞机以超声速飞行时，如飞行马赫数大于2，π_{NZ} 可达到10以上，推力系数降低，由不完全膨胀造成的推力损失达10%以上，如图2-27所示。

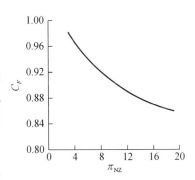

图2-27　收敛喷管推力系数与喷管压比 π_{NZ} 的关系

（3）收敛型喷管出口气流速度最高只能达到当地声速。

（4）当喷管处于临界和超临界状态时出口气流速度只决定于排气温度，见式（2-33）。

$$V_9 = \psi_{NZ} \sqrt{2 \frac{\gamma_g}{\gamma_g + 1} R T_{t7}} \qquad (2-33)$$

2）收敛-扩张型喷管的工作状态

对于收敛-扩张型喷管，气流经喷管的收缩段加速，喉道处达到当地声速，而后在扩张段继续加速到超声速，如果期望气流在喷管出口达到完全膨胀，即 $p_{s9} = p_{s0}$，对应的喷管出口面积与喉道面积之比为

$$\pi(\lambda_9) = \frac{p_{s0}}{p_{t9}} = \frac{1}{\sigma_{NZ}\pi_{NZ}}$$

$$\frac{A_9}{A_8} = \frac{1}{q(\lambda_9)} \qquad (2-34)$$

由式（2-34）知，若使气流在尾喷管出口始终达到完全膨胀，面积比 A_9/A_8 必须随喷管压比 π_{NZ} 而变化。如果面积比 A_9/A_8 不能与喷管压比的变化相适应，将使气流在喷管出口不完全膨胀或过度膨胀，同样造成不同程度的推力损失。图2-28给出不同面积比 A_9/A_8，推力系数随喷管压比变化的曲线。由图可知：当面积比 A_9/A_8 取定值时，对应于一个特定的喷管压比 π_{NZ} 使推力系数达到最高，曲线左半支表示

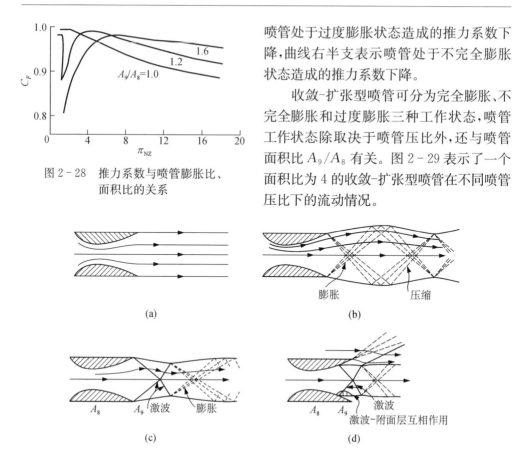

图 2-28 推力系数与喷管膨胀比、面积比的关系

喷管处于过度膨胀状态造成的推力系数下降,曲线右半支表示喷管处于不完全膨胀状态造成的推力系数下降。

收敛-扩张型喷管可分为完全膨胀、不完全膨胀和过度膨胀三种工作状态,喷管工作状态除取决于喷管压比外,还与喷管面积比 A_9/A_8 有关。图 2-29 表示了一个面积比为 4 的收敛-扩张型喷管在不同喷管压比下的流动情况。

图 2-29 收敛-扩张喷管的不同工作状态($A_9/A_8=4$)

(1) 图 2-29(a)是设计状态的流动情况,喷管压比表示为 $\pi_{NZ\,d}$,其大小与喷管面积比相匹配,喷管处于完全膨胀工作状态,$p_{s9}=p_{s0}$,$Ma_9>1$,按喷管面积比 A_9/A_8 可确定 Ma_9 的大小,以 $Ma_{9.d}$ 表示。

(2) 图 2-29(b)给出喷管压比大于 $\pi_{NZ\,d}$ 时的流动情况。因为喷管面积比 A_9/A_8 没有改变,所以 $Ma_9=Ma_{9.d}$,但 $p_{s9}>p_{s0}$,喷管处于不完全膨胀工作状态,气流在喷管外继续膨胀产生膨胀波系。

(3) 图 2-29(c)给出喷管压比小于 $\pi_{NZ\,d}$,喷管外有压缩波系的流动情况,同样的喷管面积比 A_9/A_8 使得 $Ma_9=Ma_{9.d}$,但 $p_{s9}<p_{s0}$,喷管为过度膨胀工作状态。

(4) 图 2-29(d)给出喷管压比远小于 $\pi_{NZ\,d}$,当 $p_{s9}<p_{s0}/2$,则在喷管内出现有分离的过度膨胀。这时喷管内出现正激波,推力损失严重,应避免进入这种喷管工作状态。

发动机在整个飞行包线和油门范围内,喷管膨胀比 π_{NZ} 变化很大,为使喷管都能处于良好的工作状态,必须采用可调节面积比的收敛-扩张型喷管(见图 2-30)。

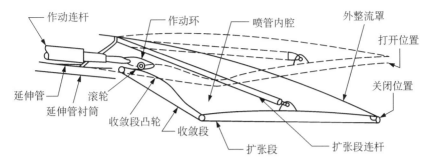

图 2-30 可调面积比收敛-扩张型喷管结构简图

2.5.5 推力矢量喷管

1) 推力矢量喷管性能参数

描述矢量喷管的性能参数除了流量系数 C_D、推力系数 C_F 之外,将增加被称为矢量喷流偏转角的性能参数。流量系数和推力系数的定义与本章 2.5.1 节中的描述相同,但对于矢量喷管而言,流量系数 C_D 和推力系数 C_F 的影响因素还应包括喷管几何矢量角 δ_g(见图 2-31),即

$$\begin{cases} C_D = f_1\left(\theta,\ \dfrac{A_9}{A_8},\ \pi_{NZ},\ \delta_g\right) \\ C_F = f_2\left(\theta,\ \dfrac{A_9}{A_8},\ \pi_{NZ},\ \delta_g\right) \end{cases} \qquad (2-35)$$

式中:θ 为喷管扩张段的扩张半角;π_{NZ} 为喷管膨胀比;δ_g 为喷管几何矢量角。

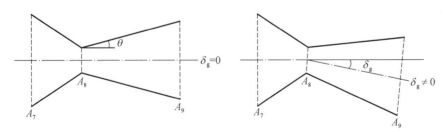

图 2-31 收敛-扩张型推力矢量喷管的几何参数

对于轴对称推力矢量喷管,当喷管几何矢量角 δ_g 与喷管扩张段的扩张半角 θ 之差小于等于零时,喷管几何矢量角 δ_g 的变化不影响尾喷管的喉道面积 A_8,流量系数 C_D 保持不变,见图 2-32(a)所示;但当喷管几何矢量角 δ_g 与喷管扩张段的扩张半角 θ 之差大于零时,喷管几何矢量角 δ_g 的变化将导致尾喷管的喉道面积由 A_8 变化为 A_8',见图 2-32(b)所示,称 A_8' 为矢量喷管偏转后的有效喉道面积。随喷管几何矢量角 δ_g 与喷管扩张段的扩张半角 θ 之差的增加,流量系数 C_D 将下降。

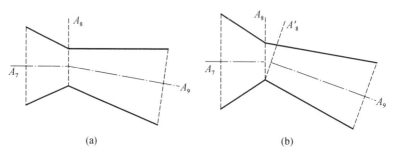

图 2-32 喷管几何矢量角 δ_g 的变化对尾喷管喉道面积 A_8 的影响

图 2-33 给出典型的二元矢量喷管的矢量有效偏转角 δ_e 随喷管几何矢量角 δ_g 的变化关系,显然矢量有效偏转角落后于几何矢量角,两者差值越小,推力矢量偏转越有效。图 2-34 给出典型的二元矢量喷管推力系数随喷管几何矢量角 δ_g 的变化关系。[9]

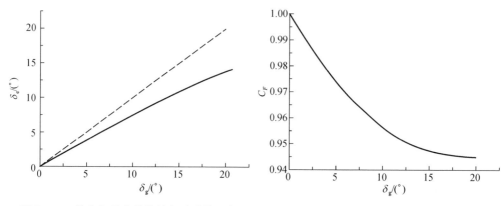

图 2-33 推力矢量有效偏转角随喷管几何矢量角变化的关系

图 2-34 推力系数随喷管几何矢量角变化的关系

2) 矢量喷管有效喉道面积和矢量推力计算

当只有俯仰偏转时且使有效喉道面积发生变化时,图 2-32(b)所示的 A'_8 可用下式计算:

$$A'_8 = A_8 \cos \delta_V \qquad (2-36)$$

如果偏航和俯仰同时使用且使有效喉道面积发生变化时,图 2-32(b)所示的 A'_8 可用下式计算:

$$A'_8 = A_8 \cos \delta_V \cos \delta_y \qquad (2-37)$$

式中:δ_V 为俯仰矢量有效偏转角;δ_y 为偏航矢量有效偏转角。

对于矢量喷管的总推力,可写成轴向、偏航和俯仰三个方向的总推力分量 F_{ag}、

F_{yg}、F_{vg} 的计算公式为

$$\begin{cases} F_{ag} = C_F F_g \cos\delta_V \cos\delta_y \\ F_{yg} = C_F F_g \cos\delta_V \sin\delta_y \\ F_{vg} = C_F F_g \sin\delta_V \cos\delta_y \end{cases} \qquad (2-38)$$

式中：F_g 为无矢量偏转角时的理想总推力。

理想总推力 F_g 由下式计算：

$$F_g = W_{g9} V_{9i} = W_{g9} \sqrt{\frac{2\gamma}{\gamma-1} R T_{t9} \left[1 - \left(\frac{p_{s0}}{p_{t9}}\right)^{\frac{\gamma-1}{\gamma}}\right]} \qquad (2-39)$$

对于矢量推力的三个推力分量可由下式计算：

$$\begin{cases} F_a = F_{ag} - W_{a2} V_0 \cos\alpha \cos\beta \\ F_y = F_{yg} - W_{a2} V_0 \cos\alpha \sin\beta \\ F_v = F_{vg} - W_{a2} V_0 \sin\alpha \cos\beta \end{cases} \qquad (2-40)$$

式中：α 为飞机攻角；β 为飞机偏航角。

参 考 文 献

[1] Mattingly J D, Heiser W H, Pratt D T. Aircraft Engine Design [M]. 2nd ed. Washington DC：AIAA Inc. , 2002.

[2] Walsh P P, Fletcher P. Gas Turbine Performance [M]. 2nd ed. England：Blackwell Science Ltd，2008.

[3] 胡骏,吴铁鹰,曹人靖. 航空叶片机原理[M]. 北京：国防工业出版社,2006.

[4] 彭泽琰,刘刚. 航空燃气轮机原理(上册)[M]. 北京：国防工业出版社,2000.

[5] 廉筱纯,吴虎. 航空发动机原理[M]. 西安：西北工业大学出版社,2005.

[6] 林宇震,许全宏,刘高恩. 燃气轮机燃烧室[M]. 北京：国防工业出版社,2008.

[7] Farokhi S. Aircraft Propulsion [M]. New Jersey：Wiley，2008.

思 考 题

1. 压气机的绝热效率和多变效率有什么不同？

2. 哪些措施可以防止压缩部件发生喘振？这些防喘振措施有哪些优缺点？

3. 涡轮和压气机与气流间的能量交换方式有什么不同？

4. 若单轴涡轮喷气发动机压气机的压缩功与涡轮的膨胀功相同,那么压气机的增压比与涡轮的膨胀比是否相同？为什么？

5. 简述燃烧室余气系数和油气比的物理概念。

6. 尾喷管的功能是什么？有什么设计要求？

3 航空燃气涡轮发动机部件的
共同工作和控制规律

第 1 章讲述了航空发动机的设计点性能。可当设计完成之后,发动机安装于飞机上工作时,使用条件变化将使发动机的工作偏离设计点处于非设计状态。使用条件主要包括以下几条。

(1) 飞行条件:飞行高度和飞行马赫数。

(2) 大气条件:大气温度、压力和湿度。

(3) 发动机油门位置,即发动机工作状态,包括油门稳定在一个给定位置(对应稳态特性)和油门从一个位置移动到另一个位置的过程(对应过渡态特性)。

(4) 发动机控制规律:转速、发动机压力比以及可调几何部件位置(如喷管面积、可调叶片角度)的变化规律。

本章将重点讲述航空燃气涡轮发动机处于非设计点时,部件的共同工作和控制规律,即发动机非设计点性能取决于各部件的共同工作和控制规律。部件共同工作和控制规律的基本概念如下:

将各部件组合成整台发动机时,各部件除遵循自身特性外还将在相互制约和限制条件下协同工作,各部件的相互影响和相互制约关系称之为共同工作。

发动机在非设计状态工作时,为了适应使用条件变化和满足飞行器对发动机的性能要求,须通过调节供给发动机的燃油流量和调节可调几何部位,产生期望的发动机性能并确保发动机工作安全。发动机的自动控制系统对发动机被控参数和可调几何进行调节时所遵循的规律称为控制规律。

研究发动机共同工作和控制规律的目的在于确定发动机过程参数随飞行条件、大气条件和油门操纵杆位置的变化关系,使发动机能够在非设计状态,并确保发动机在工作安全可靠的前提条件下尽可能发挥其性能潜力。

3.1 发动机部件的共同工作

3.1.1 核心机共同工作方程和共同工作线

通常将多转子燃气涡轮发动机的高压转子和燃烧室的组合称为核心机,图 3-1 给出了一种典型的核心机结构,它由高压压气机、燃烧室、高压涡轮等部件组成。截面 25 为高压压气机进口，截面 3 为高压压气机出口，截面 4 为高压涡轮进口，截面 45 为高压涡轮出口。

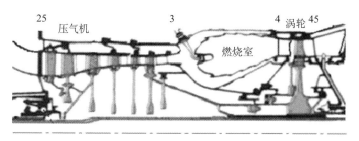

图 3-1　发动机的核心机

3.1.1.1　共同工作条件

在非设计状态下，发动机的参数在不随时间变化的稳定工作状态时，核心机的三个气路部件（高压压气机、燃烧室、高压涡轮）必须满足如下相互制约关系（即共同工作条件）：

（1）高压压气机与高压涡轮气流质量流量连续。

（2）压力平衡。

（3）高压压气机与高压涡轮的功率平衡。

（4）高压压气机与高压涡轮的物理转速相等。

1）高压压气机与高压涡轮质量流量连续

高压压气机进口的空气质量流量 W_{a25}（对涡扇发动机而言则为内涵道空气流量）与通过高压涡轮导向器喉道的燃气质量流量 W_{gNH} 有如下的关系：

$$W_{a25} - W_{col} + W_f = W_{gNH} \qquad (3-1)$$

式中：高压涡轮冷却空气质量流量 W_{col} 和燃油质量流量 W_f 相对较小，为简化起见略去不计，这对讨论共同工作概念没有影响。于是式（3-1）可写成

$$W_{a25} = W_{gNH} \qquad (3-2)$$

用密流函数 $q(\lambda)$ 和气流总参数表示气流的质量流量，则式（3-2）左右两项可分别写为

$$W_{a25} = KA_{25} \frac{p_{t25}}{\sqrt{T_{t25}}} q(\lambda_{25})$$

$$W_{gNH} = K_g A_{NH} \frac{p_{t4} \sigma_{NH}}{\sqrt{T_{t4}}} q(\lambda_{NH}) \qquad (3-3)$$

式中：K、K_g 分别为与绝热指数和气体常数相关的常数；$q(\lambda_{25})$ 为高压压气机进口密流函数；$q(\lambda_{NH})$ 为高压涡轮导向器喉道的密流函数；A_{25} 为高压压气机进口截面积；A_{NH} 为高压涡轮导向器喉道截面积；T_{t25}、T_{t4} 分别为高压压气机进口和高压涡

轮进口气流总温;p_{t25} 为高压压气机进口气流总压;p_{t4} 为高压涡轮进口气流总压;σ_{NH} 为高压涡轮导向器总压恢复系数。

根据压力平衡关系有 $p_{t4}=p_{t3}\sigma_B$,并且发动机大部分工作情况下,涡轮通常处于临界或超临界状态,即 $q(\lambda_{NH})=1.0$。经整理之后流量连续方程式(3-2)可写成

$$\pi_{CH}=\frac{1}{K_g A_{NH}\sigma_B\sigma_{NH}}\sqrt{\frac{T_{t4}}{T_{t25}}}\frac{W_{a25}\sqrt{T_{t25}}}{p_{t25}} \tag{3-4}$$

令 $\theta_{25}=T_{t25}/288$、$\delta_{25}=p_{25}/101325$,式(3-4)可改写为

$$\pi_{CH}=C\sqrt{\frac{T_{t4}}{T_{t25}}}\frac{W_{a25}\sqrt{\theta_{25}}}{\delta_{25}}=C\sqrt{\frac{T_{t4}}{T_{t25}}}W_{acor.25} \tag{3-5}$$

式中:C 为常数。

式(3-5)表示压气机与涡轮流量连续关系。由式(3-5)可以看出:

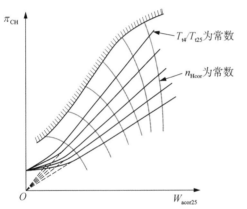

图3-2 涡轮前温度与压气机进口温度比值的等值线在压气机特性上的表示

(1)若令高压涡轮前温度与高压压气机进口气流总温的比值等于一系列常数,则式(3-5)在高压压气机的特性图上为通过原点的放射线,如图3-2所示。在每条等温比线上,高压压气机增压比越高,换算流量越大,因为增压比的增加使高压压气机出口和高压涡轮进口气流总压提高,高压涡轮导向器喉道流通能力提高,允许通过核心机的气流更多。

(2)在图3-2的等换算转速线上,等温比越大,越靠近喘振边界。其物理意义是,作为核心机部件的高压压气机,虽然后面的高压涡轮导向器喉部截面不变,但燃烧室出口总温增加时,气流比体积加大,高压涡轮导向器喉道流通能力下降,导致通过核心机的气流流量减小,故共同工作点沿等换算转速线上移。

(3)当高压压气机进口气流总温不变,高压转子物理转速减小到使换算转速变得很低时,压气机增压比过低导致高压涡轮导向器进入亚临界状态,$q(\lambda_{NH})$ 小于 1.0 而不再是常数。涡轮前温度与压气机进口温度的比值线不能保持为直线而变成曲线,并汇集于一点,该点压气机增压比等于1.0。

2)高压涡轮和高压压气机功率平衡

稳定工作时高压涡轮与高压压气机应满足功率平衡条件。当忽略空气与燃气质量流量的差别时,高压压气机与高压涡轮的功平衡方程为

$$L_{CH}=L_{TH}\eta_{mH}=c_{pg}T_{t4}(1-e_{TH})\eta_{TH}\eta_{mH} \tag{3-6}$$

式中：η_{mH} 为高压转子机械效率。

$$e_{TH} = \frac{1}{\pi_{TH}^{\frac{\gamma_g-1}{\gamma_g}}}$$

由式(3-6)给出的高压压气机压缩功与高压涡轮前温度、高压涡轮膨胀比的关系得知：当高压压气机进口条件变化引起高压压气机压缩功变化时，必须改变高压涡轮前温度或高压涡轮膨胀比来维持功平衡的共同工作关系，否则将导致转子转速变化。

当用压气机增压比和效率表示压气机功，上述功平衡关系为

$$c_p T_{t25}\left(\frac{e_{CH}-1}{\eta_{CH}}\right) = c_{pg} T_{t4}(1-e_{TH})\eta_{TH}\eta_{mH} \tag{3-7}$$

式中：

$$e_{CH} = \pi_{CH}^{\frac{\gamma-1}{\gamma}}$$

整理后，得

$$\frac{T_{t4}}{T_{t25}} = \frac{c_p(e_{CH}-1)}{c_{pg}\eta_{CH}}\frac{1}{(1-e_{TH})\eta_{TH}} \tag{3-8}$$

现针对式(3-8)进行如下讨论：

假定高压涡轮第一级导向器和低压涡轮第一级导向器处于临界或超临界状态，则高压涡轮膨胀比基本保持不变。这一结论可由高压涡轮导向器临界截面和低压涡轮导向器临界截面的流量连续条件证明。

根据高压涡轮导向器临界截面和低压涡轮导向器临界截面的流量连续条件：

$$K_g A_{NH}\frac{p_{t4}\sigma_{NH}}{\sqrt{T_{t4}}}q(\lambda_{NH}) = K_g A_{NL}\frac{p_{t45}\sigma_{NL}}{\sqrt{T_{t45}}}q(\lambda_{NL}) \tag{3-9}$$

式(3-9)可改写为

$$\frac{p_{t4}}{p_{t45}}\sqrt{\frac{T_{t45}}{T_{t4}}} = \frac{A_{NL}\sigma_{NL}q(\lambda_{NL})}{A_{NH}\sigma_{NH}q(\lambda_{NH})} \tag{3-10}$$

取涡轮膨胀过程多变指数为常数 n_T，则有

$$\frac{T_{t45}}{T_{t4}} = \left(\frac{p_{t45}}{p_{t4}}\right)^{\frac{n_T-1}{n_T}}$$

代入式(3-10)整理后得

$$\pi_{\mathrm{TH}}=\frac{p_{t4}}{p_{t45}}=\left[\frac{A_{\mathrm{NL}}\sigma_{\mathrm{NL}}q(\lambda_{\mathrm{NL}})}{A_{\mathrm{NH}}\sigma_{\mathrm{NH}}q(\lambda_{\mathrm{NH}})}\right]^{\frac{2n_{\mathrm{T}}}{n_{\mathrm{T}}+1}} \tag{3-11}$$

由式(3-11)可知:对于几何固定的发动机,高、低压涡轮导向器喉道面积 A_{NH} 和 A_{NL} 分别为常数;高、低压涡轮导向器叶栅通道总压恢复系数 σ_{NH} 和 σ_{NL} 可近似认为等于常数不变;如果高、低压涡轮导向器分别处于临界或超临界状态,$q(\lambda_{\mathrm{NH}})$ 和 $q(\lambda_{\mathrm{NL}})$ 均等于 1.0,则式(3-11)的右边为常数。因此,在上述各条件成立的情况下,高压涡轮膨胀比等于常数。

如果高压涡轮效率 η_{TH} 也近似认为等于常数,则式(3-8)可改写为

$$\frac{T_{t4}}{T_{t25}}=C\frac{e_{\mathrm{CH}}-1}{\eta_{\mathrm{CH}}} \tag{3-12}$$

3.1.1.2　共同工作方程及共同工作线

核心机部件的共同工作必须同时满足高压涡轮-高压压气机的流量连续关系式(3-5)和功率平衡式(3-12),将两式合并,消去总温比 T_{t4}/T_{t25} 则得核心机稳态工作必须满足的条件:

$$\frac{W_{\mathrm{acor.25}}}{\pi_{\mathrm{CH}}}\sqrt{\frac{e_{\mathrm{CH}}-1}{\eta_{\mathrm{CH}}}}=C_{\mathrm{H}} \tag{3-13}$$

$$C_{\mathrm{H}}=\frac{101\,325K_{\mathrm{g}}\sigma_{\mathrm{B}}\sigma_{\mathrm{NH}}A_{\mathrm{NH}}}{\sqrt{288}KA_{25}}\sqrt{\frac{c_{pg}}{c_p}(1-e_{\mathrm{TH}})\eta_{\mathrm{TH}}\eta_{\mathrm{mH}}} \tag{3-14}$$

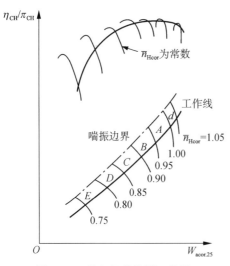

图 3-3　核心机的共同工作线

式(3-14)给出式(3-13)常数 C_{H} 的表达式。

因为式(3-13)使核心机中各部件的共同工作条件均得到满足,所以称该方程为核心机共同工作方程,其中等号左端所包含的参数都是高压压气机特性图上的参数,该方程可用曲线形式描绘在高压压气机特性图上,该曲线被称为核心机共同工作线,如图 3-3 所示。

在图 3-3 上的 d 点表示高压压气机的设计点,该点的相对换算转速为

$$\bar{n}_{\mathrm{Hcor}}=\frac{n_{\mathrm{H}}/\sqrt{T_{t25}}}{(n_{\mathrm{H}}/\sqrt{T_{t25}})_d}=1.0 \tag{3-15}$$

利用式(3-13)和高压压气机特性图,采用迭代试凑的方法可获得核心机共同

工作线,步骤大致如下。

(1) 因为共同工作方程在发动机处于设计状态工作时也成立,所以可根据发动机高压压气机设计点的参数 π_{CH}、η_{CH}、$W_{acor.25}$,计算式(3-13)右边的常数值:

$$C_H = \left[\frac{W_{acor.25}}{\pi_{CH}} \sqrt{\frac{e_{CH}-1}{\eta_{CH}}} \right]_d$$

(2) 在图3-3表示的高压压气机特性图上任取一条等相对换算转速 $\bar{n}_{Hcor}$ 曲线,例如取 $\bar{n}_{Hcor}$ 等于0.90的线。

(3) 在这条等相对换算转速线上任意取一点 A,并从图中读取相应的高压压气机增压比 π_{CH}、效率 η_{CH} 和进口换算流量 $W_{acor.25}$。

(4) 代入式(3-13)计算 C_H。

(5) 比较第(4)步计算的 C_H 与第(1)步计算的 C_H 是否相等。若相等,则表明 A 点是核心机的共同工作点;若不相等,则在该等换算转速上重新取一点,重复(2)~(5)步,当迭代计算误差达到要求时则获得该换算转速线上核心机的共同工作点。

(6) 取另一条等换算转速线(例如 $\bar{n}_{Hcor}=0.80$),用上述同样的方法求得共同工作点 B。如此类推,在所有等换算转速线上都可找到核心机的共同工作点(如 B、C、E 点等)。

(7) 将上述过程获得的所有共同工作点连起来,即得核心机的共同工作线。

上述核心机共同工作线获取方法将众多参数近似为常数,为获得准确的共同工作线应采用第6章给出的发动机共同工作点求解方法。

关于共同工作线的讨论如下:

(1) 以上所讲的共同工作线是几何参数不可调节,高、低压涡轮导向器均处于临界或超临界状态下核心机的共同工作线,在上述条件下高压涡轮膨胀比将基本保持不变,所以又称等高压涡轮膨胀比条件下的共同工作线。

(2) 发动机在飞行中稳定运转时,发动机核心机的工作点必然落在这条共同工作线上,例如已知高压转子转速时,飞行条件变化则引起高压压气机进口气流总温发生变化,导致高压换算转速变化,核心机工作点则将沿共同工作线发生移动。高压转子转速变化时,核心机工作点则沿共同工作线根据高压换算转速的变化发生移动。

(3) 如果调整低压涡轮喉部截

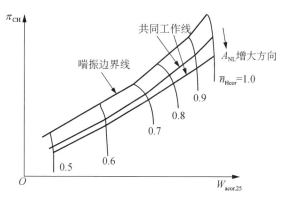

图3-4　调整低压涡轮导向器喉道截面积对核心机工作线的影响

面积 A_{NL}，则共同工作线整体移动，如图 3-4 所示。若调大低压涡轮喉部截面积 A_{NL}，工作线下移；若调小低压涡轮喉部截面积 A_{NL}，工作线上移。其原因解释如下。

假定低压涡轮喉部截面积 A_{NL} 加大，由式（3-11）可知高压涡轮膨胀比增加，高压涡轮功增加，破坏了原来工作点的功平衡条件，在新的情况下必然要重新获得功平衡，根据式（3-6），必须降低高压涡轮前温度才能满足新情况下的功平衡。图 3-2 表示沿等换算转速线向下移对应着涡轮前温度降低，所以调大低压涡轮喉部截面积使共同工作线下移。同理，调小低压涡轮喉部截面积 A_{NL}，则使共同工作线上移。

（4）如果调整高压涡轮喉部截面积 A_{NH}，也将导致共同工作线本身移动。由式（3-11）可知，调整高压涡轮喉部截面积 A_{NH} 与调整低压涡轮喉部截面积 A_{NL} 对高压涡轮膨胀比 π_{TH} 的影响恰好相反。但是根据式（3-4），A_{NH} 放大会产生更直接的影响，所以一般调大高压涡轮喉部截面积 A_{NH} 也会导致共同工作线下移。

（5）沿共同工作线的各有关重要参数的变化趋势与高压压气机设计增压比 $\pi_{\mathrm{CH}d}$ 的大小有关。图 3-5(a)、(b)、(c) 给出在保持高压物理转速 π_{H} 不变条件下，进口气流温度变化导致换算转速变化时，高压压气机进口的换算流量相对值 $\overline{W}_{\mathrm{acor.25}}$、高压压气机功相对值 $\overline{L}_{\mathrm{CH}}$ 和喘振裕度相对值 $\overline{\Delta}_{\mathrm{SM}}$ 随相对换算转速 $\bar{n}_{\mathrm{Hcor}}$ 的变化。图中各参数相对值的定义是该参数与设计点相应参数的比值。图中可看出，高压压气机增压比设计值不同，随高压换算转速降低，高压进口换算流量、压气机功和喘振裕度的变化将有显著区别，特别是对于较高的压气机增压比设计值，高压换算转速降低（即进口温度增加）将使换算流量（即流通能力）显著下降、压气机功增加和喘振裕度下降。

$W_{\mathrm{acor.25}}$ 的相对值　　　　　　$\overline{W}_{\mathrm{acor.25}} = \dfrac{W_{\mathrm{acor.25}}}{[W_{\mathrm{acor.25}}]_d}$

高压压气机功相对值　　　　　　$\overline{L}_{\mathrm{CH}} = \dfrac{L_{\mathrm{CH}}}{L_{\mathrm{CH.}d}}$

喘振裕度相对值　　　　　　$\overline{\Delta}_{\mathrm{SM}} = \dfrac{\Delta_{\mathrm{SM}}}{(\Delta_{\mathrm{SM}})_d}$

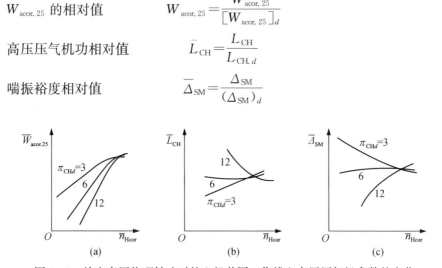

图 3-5　给定高压物理转速时核心机共同工作线上高压压气机参数的变化

对于单轴涡喷发动机，其部件组成与核心机相类似，因此其共同工作方程的形式与式(3-13)相类似,只需要将其中各参数表示"高压"的下标"H"去掉,换算流量下标"25"改为"2"即可。以上关于核心机共同工作线和参数变化的讨论均可适用于单轴涡喷发动机。

3.1.2　双轴涡轮喷气发动机共同工作方程和共同工作线

图3-6给出双轴涡轮喷气发动机简图及特征截面编号,稳态工作时各部件遵循的共同工作条件如下:

(1) 气流质量流量连续。

(2) 压力平衡。

(3) 同一转子上的压缩部件与涡轮的功率平衡。

(4) 同一转子上的压缩部件与涡轮的物理转速相等。

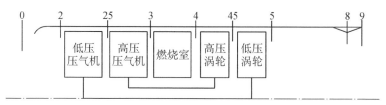

图3-6　双轴涡轮喷气发动机示意图和特征截面编号

3.1.2.1　高压转子部件共同工作

由图3-6可知双轴涡喷发动机的高压压气机、燃烧室及高压涡轮构成发动机的核心机,双轴涡喷发动机稳态工作时高压转子共同工作方程推导和共同工作线的讨论已在本章3.1.1节讨论,不再赘述,本节将重点讨论低压转子的共同工作条件及共同工作方程。

3.1.2.2　低压转子部件共同工作

1) 低压压气机和高压涡轮质量流量连续

双轴涡喷发动机在稳态工作时,应满足低压压气机和高压涡轮流量连续的共同工作条件,如果忽略燃烧室燃油流量和涡轮冷却气量,低压压气机进口截面空气流量与高压涡轮导向器喉道截面燃气流量近似相等:

$$W_{a2} \approx W_{gNH}$$

$$\frac{W_{a2}\sqrt{T_{t2}}}{p_{t2}} = K_g \frac{\sigma_{NH} p_{t4} A_{NH} q(\lambda_{NH})}{p_{t2}} \sqrt{\frac{T_{t2}}{T_{t4}}} \qquad (3-16)$$

令 $\theta = T_{t2}/288$、$\delta_2 = p_2/101325$,并根据压力平衡关系:

$$\frac{p_{t4}}{p_{t2}} = \frac{p_{t4}}{p_{t3}} \frac{p_{t3}}{p_{t25}} \frac{p_{t25}}{p_{t2}} = \sigma_B \pi_{CH} \pi_{CL} \qquad (3-17)$$

将式(3-17)代入式(3-16),并且当低压涡轮处于临界或超临界工作状态时 $q(\lambda_{NL})$ 等于1,则有

$$\pi_{CL}\pi_{CH}=\frac{\sqrt{288}}{101\,325K_g A_{NH}\sigma_B\sigma_{NH}}W_{acor.2}\sqrt{\frac{T_{t4}}{T_{t2}}} \qquad (3-18)$$

2) 低压转子功率平衡

低压压气机与低压涡轮功率平衡共同工作条件为

$$W_{a2}L_{CL}=W_{g45}L_{TL}\eta_{mL}$$

$$W_{a2}c_p T_{t2}(\pi_{CL}^{\frac{\gamma-1}{\gamma}}-1)/\eta_{CL}=W_{g45}c_{pg}T_{t45}\left(1-\frac{1}{\pi_{TL}^{\frac{\gamma_g-1}{\gamma_g}}}\right)\eta_{TL}\eta_{mL} \qquad (3-19)$$

式中:η_{mL} 为低压转子机械效率。

如果忽略燃烧室燃油流量和涡轮冷却气量,则有

$$\frac{T_{t45}}{T_{t2}}=\frac{c_p(\pi_{CL}^{\frac{\gamma-1}{\gamma}}-1)}{c_{pg}\left(1-\frac{1}{\pi_{TL}^{\frac{\gamma_g-1}{\gamma_g}}}\right)\eta_{CL}\eta_{TL}\eta_{mL}} \qquad (3-20)$$

高压涡轮进口气流总温 T_{t4} 与低压涡轮进口气流总温 T_{t45} 存在如下关系:

$$T_{t45}=T_{t4}\left[1-\left(1-\frac{1}{\pi_{TH}^{\frac{\gamma_g-1}{\gamma_g}}}\right)\eta_{TH}\right] \qquad (3-21)$$

令 $e_{CL}=\pi_{CL}^{\frac{\gamma-1}{\gamma}}$,$e_{TH}=\frac{1}{\pi_{TH}^{\frac{\gamma_g-1}{\gamma_g}}}$,$e_{TL}=\frac{1}{\pi_{TL}^{\frac{\gamma_g-1}{\gamma_g}}}$,则式(3-20)可改写为

$$\frac{T_{t4}}{T_{t2}}=\frac{c_p(e_{CL}-1)}{c_{pg}[1-(1-e_{TH})\eta_{TH}](1-e_{TL})\eta_{CL}\eta_{TL}\eta_{mL}} \qquad (3-22)$$

将式(3-22)代入式(3-18),将低压压气机和高压压气机的参数移到公式左边,其他参数移到右边,整理后得到双轴涡喷发动机低压转子的共同工作线方程为

$$\frac{W_{acor.2}}{\pi_{CL}\pi_{CH}}\sqrt{\frac{e_{CL}-1}{\eta_{CL}}}=C_L \qquad (3-23)$$

式中:

$$C_L=\frac{101\,325K_g\sigma_B\sigma_{NH}A_{NH}}{\sqrt{288}}\sqrt{\frac{c_{pg}}{c_p}[1-(1-e_{TH})\eta_{TH}](1-e_{TL})\eta_{TL}\eta_{mL}}$$

$$(3-24)$$

与核心机共同工作方程式(3-13)相比,特别需要指出:双轴涡喷发动机低压转子的共同工作线方程式(3-23)中除含有低压压气机参数外,还含有高压转子共同

工作线上的参数 π_{CH}。

通过低压涡轮和尾喷管流量连续共同工作条件，可以证明在一定条件下，式 (3-24) 中的低压涡轮膨胀比 π_{TL} 可近似保持不变。

3) 低压涡轮和尾喷管流量连续

低压涡轮和尾喷管流量连续共同工作条件为 $W_{gNL} \approx W_{g8}$，当取涡轮膨胀过程多变指数为常数 n_T 时，可导出低压涡轮膨胀比 π_{TL} 的表达式为

$$\pi_{TL} = \left[\frac{\sigma_{NZ} A_8 q(\lambda_8)}{\sigma_{NL} A_{NL} q(\lambda_{NL})} \right]^{\frac{2n_T}{n_T+1}} \qquad (3-25)$$

式 (3-25) 表明：对于几何面积不可调的双轴涡喷发动机，如果低压涡轮导向器和喷管均处于临界或超临界状态时，$\lambda_8 = \lambda_{NL} = 1.0$，若忽略 σ_{NZ}、σ_{NL} 的变化，则低压涡轮膨胀比 π_{TL} 近似保持不变。

影响 C_L 的主要因素有低压涡轮导向器面积 A_{NL}、高低压涡轮膨胀比 π_{TH} 和 π_{TL}，π_{TH} 和 π_{TL} 可分别由式 (3-11) 和式 (3-25) 计算。C_L 确定了共同工作线上低压压气机工作点的位置。

低压转子共同工作线的获取方法及步骤如下。

(1) 将发动机低压压气机和高压压气机设计点参数代入式 (3-23) 得

$$C_L = \left\{ \frac{W_{acor.2}}{\pi_{CL}\pi_{CH}} \sqrt{\frac{e_{CL}-1}{\eta_{CL}}} \right\}_d$$

(2) 在低压压气机特性[见图 3-7(a)]上选择一条等相对换算转速线。

(3) 从所选的等相对换算转速线上，任选一点 A[见图 3-7(a)]，查出该点的 $W_{acor.2}$、π_{CL}、η_{CL}。

(4) 由高压、低压压气机流量连续关系式 $W_{a2} = W_{a25}$ 确定 A 点所对应的高压压气机换算流量 $W_{acor.25}$ 的计算公式如下：

$$W_{acor.25} = \frac{W_{a25}\sqrt{T_{t25}/288}}{p_{t25}/101\,325} = \frac{W_{a2}\sqrt{T_{t2}/288}}{p_{t2}/101\,325} \sqrt{\frac{T_{t25}}{p_{t25}}} \frac{p_{t2}}{\sqrt{T_{t2}}}$$

$$= W_{acor.2} \frac{1}{\pi_{CL}} \sqrt{1 + \frac{e_{CL}-1}{\eta_{CL}}} \qquad (3-26)$$

(5) 按照计算所得 $W_{acor.25}$ 从已有的高压压气机上的共同工作线[见图 3-7(b)]查出对应的高压压气机增压比(如点 A')，并连同点 A 的参数代入式 (3-26) 并计算出 $(C_L)_A$。

(6) 比较 $(C_L)_A$ 与 C_L 之差 ΔC_L：若 ΔC_L 不满足迭代允许误差要求，返回步骤 (3)，重新选择一个点计算，重复步骤 (3)～(5)，直到满足给定迭代误差要求为止；若两者之差 ΔC_L 足够小，在规定的容差范围内，则点 A 为共同工作点。返回 (2)，重新选择另一条等相对换算转速线重复上述计算步骤，获得该等相对换算转速线上低压

转子共同工作点。

（7）将低压压气机特性图上多条等相对换算转速线上的共同工作点连接起来，得到低压转子的共同工作线，见图 3 - 7(a)。

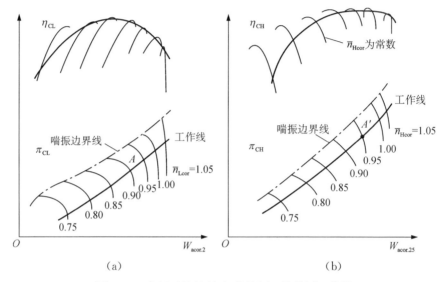

（a）　　　　　　　　　　　　（b）

图 3 - 7　高压、低压压气机特性图上的共同工作线

稳态共同工作线代表发动机全部稳定工作点的集合。共同工作线表示满足各共同工作条件的相互制约关系的曲线。

关于共同工作线的讨论如下：

（1）双轴涡轮喷气发动机几何参数不可调节，高压、低压涡轮导向器和尾喷管临界或超临界时，高压转子和低压转子分别在高压压气机和低压压气机特性图上各有一条共同工作线，与进气道总压恢复系数 σ_i 无关。求作共同工作线的过程并不涉及进气道总压恢复系数。

（2）外界条件例如飞行马赫数、飞行高度和大气温度变化时，发动机的工作点在其共同工作线上移动。高压转子和低压转子的共同工作点有一一对应关系而不能独立变化，这种对应关系取决于高压、低压压气机流量连续条件，见式(3 - 26)。

（3）发动机几何参数不可调时，共同工作线在高压、低压压气机特性图上的位置不变，因为在求作共同工作线时并没有涉及发动机的被控制参数和控制规律。但是，随着发动机使用条件的变化，不同控制规律的共同工作点在共同工作线上的落点和移动情况是不相同的。

对于采用多变量控制规律的现代军用发动机，实际飞行中需要实时根据飞行条件和飞机姿态（如攻角、侧滑角）对发动机的共同工作进行调节，这时发动机的共同工作点可能不仅在一条共同工作线上。例如，飞机进行大攻角机动时，发动机进口流场畸变使风扇和压气机的喘振边界线下移，这时调节发动机的可调几何位置来使发动机共同工作点相应下移,在保持必需的喘振裕度下获得最好的发动机性能。因此,有必要讨论可调几何参数变化对双轴涡喷发动机部件共同工作和工作点变化的影响。

放大喷管喉道面积 A_8 和涡轮导向器面积 A_{NH}、A_{NL} 变化将对共同工作点和共同工作线产生影响。为讨论问题方便起见,以下为分析的前提条件:

(1) 高压、低压涡轮导向器和喷管均处于临界或超临界工作状态。

(2) 假定低压转子转速 n_L 保持不变。

首先分析尾喷管喉道面积 A_8、涡轮导向器面积 A_{NH} 和 A_{NL} 变化对高压、低压涡轮膨胀比 π_{TH}、π_{TL} 的影响,然后再根据共同工作关系分析各面积变化对共同工作点的影响。

由式(3-11)知,高压涡轮膨胀比 π_{TH} 随低压涡轮导向器面积 A_{NL} 的增加而增加,随高压涡轮导向器面积 A_{NH} 的增加而减小,与尾喷管喉道面积 A_8 无直接关系;由式(3-25)知,低压涡轮膨胀比 π_{TL} 随尾喷管喉道面积 A_8 的增加而增加,随低压涡轮导向器面积 A_{NL} 的增加而减小,与高压涡轮导向器面积 A_{NH} 无直接关系。

4) 调整尾喷管最小截面积 A_8(即 A_{cr})的影响

假定高压涡轮和低压涡轮导向器处于临界或超临界状态(飞行中一般都是这种情况),调整尾喷管喉道面积 A_8,高压涡轮的膨胀比 π_{TH} 不受影响,即 π_{TH} 不变。既然 π_{TH} 不变,则高压转子共同工作方程和共同工作线不变。即使涡轮导向器处于亚临界状态,其喉部的 $q(\lambda)$ 也接近于 1.0,所以调整尾喷管喉道面积 A_8 对高压转子工作线影响不大。调整尾喷管的最小截面积 A_8 对低压转子的工作线影响如图 3-8 所示。由图可见:调大尾喷管喉道面积 A_8 时,工作线上移;调小尾喷管喉道面积 A_8 时,工作线下移。其原因可解释如下。

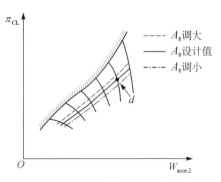

图 3-8　调整尾喷管 A_8 对低压转子共同工作线的影响

当给定飞行马赫数和飞行高度时,发动机进口总温一定,若已知低压转子物理转速 n_L,则这时低压相对换算转速保持不变。假定在等低压相对换算转速线上的 d 点为调整前工作点,对应的尾喷管喉道面积 A_8 为设计值。若将尾喷管喉道面积调大,则低压涡轮膨胀比 π_{TL} 加大,低压涡轮功 L_{TL} 随之增加而大于低压压气机功 L_{CL},低压转速 n_L 有增加的趋势。为了保持低压转速 n_L 不变,必须降低低压涡轮前的气流总温以保持低压涡轮的功 L_{TL} 与 L_{CL} 相平衡。因为高压涡轮膨胀比 π_{TH} 不变,降低 T_{t45} 就意味着要降低高压涡轮前气流的总温 T_{t4},所以就引起高压涡轮功 L_{TH} 减小,高压转子转速 n_H 下降,结果使高压压气机增压比和进口的换算流量均减小,高压压气机进口换算流量减小使高压压气机抽吸能力下降,低压压气机出口流通不畅,导致低压压气机换算流量减小。在同一条等换算转速线上,低压压气机换算流量减小意味着低压转子工作点沿等换算转速线上移。概括起来说,在给定的飞行条件和低压转子物理转速条件下,当尾喷管喉道面积 A_8 调大时,高压压气机进口的换算流量降低使低压压气机换算流量减小,低压转子工作点沿等换算转速线上移。同理,对每一条等换算转速线都有上述同样结果,所以尾喷管喉道面积 A_8 变大时,低压转子共同工作线上移。用同样的方法可以解释调整尾喷管喉道面积 A_8 变小时,低压转子共同工作线下移。

5) 调整高压涡轮导向器面积 A_{NH} 的影响

在低压涡轮导向器面积 A_{NL} 和尾喷管喉道面积 A_8 保持不变,并且涡轮导向器和喷管超临界的条件下,如果将高压涡轮导向器 A_{NH} 调大,高压涡轮膨胀比 π_{TH} 减小[见式(3-11)],高压涡轮功减小,高压转速降低,高压工作点将移至更低的转速线上工作。因为高压涡轮导向器 A_{NH} 调大,高压压气机出口反压降低,高压压气机增压比下降,所以高压转子共同工作线下移。

由于低压涡轮导向器面积 A_{NL} 和尾喷管喉道面积 A_8 保持不变,并且低压涡轮导向器和喷管均处于临界或超临界工作状态,因此低压涡轮膨胀比 π_{TL} 不变。由于高压转速下降,高压压气机抽吸能力下降,低压压气机出口流通不畅,反压增加使低压转子共同工作线上移,靠向喘振边界。图 3-9 表示低压转子物理转速 n_L 不变时,调大高压涡轮导向器面积 A_{NH} 后高、低压压气机的共同工作点由调节前的 A 点移动到调节后的 B 点的情况。

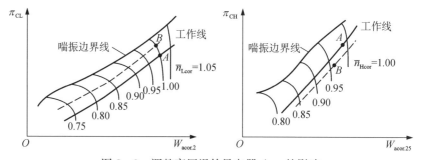

图 3-9　调整高压涡轮导向器 A_{NH} 的影响

6) 调整低压涡轮导向器面积 A_{NL} 的影响

在高压涡轮导向器面积 A_{NH} 和尾喷管喉道面积 A_8 保持不变,并且高压、低压涡轮导向器和喷管为超临界的条件下,若将低压涡轮导向器面积 A_{NL} 调大,将使高压涡轮膨胀比 π_{TH} 增大[见式(3-11)]、低压涡轮膨胀比 π_{TL} 减小[见式(3-25)]。π_{TL} 减小造成低压涡轮功减小,为维持低压转子功率平衡,保持低压转子转速不变,需要提高涡轮前燃气温度 T_{t4}。π_{TH} 和涡轮前燃气温度 T_{t4} 的增大使高压涡轮功增加,高压转子转速增加,高压工作点将在更高转速线上工作;低压涡轮导向器面积 A_{NL} 调大,使高压涡轮出口反压减小,高压涡轮膨胀比 π_{TH} 增大,高压转子共同工作线下移。高压转速增加使高压压气机抽吸能力增加,低压压气机出口反压降低,共同工作线下移,远离喘振边界线。如图 3-10 所示,当低压转子物理转速 n_L 不变时,调大低压涡轮导向器面积 A_{NL} 后,高压、低压压气机的共同工作点由调节前的 A 点移动到调节后的 B 点的情况。

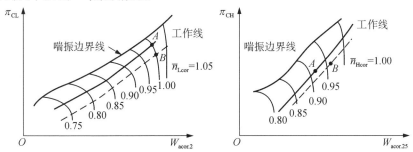

图 3-10 调大低压涡轮导向器 A_{NL} 的影响

在地面台架对发动机进行试车调试时,可以采用适当调整上述几个气流通道截面积的方法,使发动机达到部件匹配和满足性能要求的目的。

以上关于共同工作的讨论均以尾喷管处于临界或超临界为前提条件。如果喷管处于亚临界工作状态,双轴涡喷发动机共同工作线将发生变化且可按以下方法确定。

讨论条件:发动机几何参数不可调,高压、低压涡轮导向器处于超临界状态,即 $\lambda_{NH} = \lambda_{NL} = 1.0$。 喷管处于亚临界状态,即 $\lambda_8 < 1.0$。 在此条件下,双轴涡喷发动机共同工作线有如下特点:

(1) 喷管进入亚临界未影响高压涡轮膨胀比的大小,高压转子(即核心机)共同工作线不变。

(2) 低压转子共同工作线将因飞行马赫数不同而变为多条线。

当高压、低压涡轮导向器仍均处于临界或超临界时,由式(3-25)知低压涡轮膨胀比 π_{TL} 将随尾喷管喉道截面速度系数 λ_8 变化。为确定低压转子共同工作线,应增加一个共同工作方程。

尾喷管处于亚临界工作状态时,气流在尾喷管出口可达到完全膨胀,根据此条件可得到下式:

$$\pi(\lambda_8) = \frac{p_{s8}}{p_{t8}} = \frac{\pi(Ma_0)\pi_{TH}\pi_{TL}}{\sigma_i\pi_{CL}\pi_{CH}\sigma_B\sigma_{NZ}} \tag{3-27}$$

令压缩部件总增压比 $\pi_{C\Sigma}$ 为

$$\pi_{C\Sigma} = \pi_{CL}\pi_{CH}$$

将式(3-27)中各项总压恢复系数和高压涡轮膨胀比均视为常数 C,则有:

$$\pi(\lambda_8) = C\frac{\pi(Ma_0)\pi_{TL}}{\pi_{C\Sigma}} \tag{3-28}$$

将式(3-25)和式(3-28)联立消去λ_8,可获得低压涡轮膨胀比π_{TL}随飞行马赫数Ma_0和总增压比$\pi_{C\Sigma}$变化的函数关系,如图3-11所示。利用图3-11所示关系、式(3-23)和式(3-24),可求得喷管亚临界时低压压气机上的共同工作线。由图3-12示意表示:对于双轴涡喷发动机,喷管处于亚临界工作状态时低压压气机特性图上表示的共同工作线分为多条,随飞行马赫数Ma_0的增大,共同工作线更靠向喘振边界线。

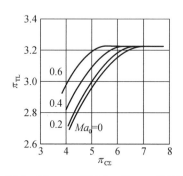 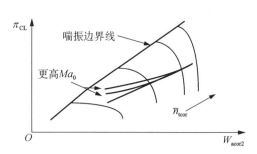

图3-11　π_{TL}随Ma_0和$\pi_{C\Sigma}$的变化关系　　　　图3-12　喷管处于亚临界工作状态时的低压转子共同工作线

3.1.3　双轴分排涡扇发动机部件共同工作

与双轴涡喷发动机类似,分排涡扇发动机的核心机仍由高压压气机、燃烧室和高压涡轮构成,分排涡扇发动机高压转子共同工作与3.1.1节关于核心机的讨论相同,因此本节重点讨论低压风扇转子的共同工作。

分析低压风扇转子共同工作方程和共同工作线的方法类似于3.1.2节的方法,其区别在于涡扇发动机的低压涡轮需要带动风扇,低压转子功平衡关系应对此加以考虑。

为使风扇转子的共同工作方程推导简便,并且推导结果仍能反映影响风扇转子共同工作的主要因素,先以图1-14所示意的分排涡扇发动机结构形式为例,推导分排涡扇发动机低压转子共同工作方程和共同工作线。然后,在此基础上,推导采用增压级结构形式的双轴分排涡扇发动机低压转子共同工作方程。

1) 风扇、高压压气机和高压涡轮的流量连续

当忽略燃烧室燃油流量时,高压压气机空气流量与高压涡轮燃气流量近似相等:

$$W_{a25} \approx W_{gNH}$$

根据发动机涵道比的定义,分排涡扇发动机风扇进口总空气流量与风扇出口内涵空气流量的关系为

$$W_{a2} = (1 + B)W_{a25}$$

式中:W_{a2}为风扇进口总空气流量;W_{a25}为高压进口空气流量;W_{gNH}为高压涡轮导

向器喉道燃气流量。

令 $\theta_2 = T_{t2}/288$，$\delta_2 = p_{t2}/101\,325$，于是风扇进口总空气流量与高压涡轮流量连续条件可表示为

$$W_{a2}\frac{\sqrt{\theta_2}}{\delta_2} = \frac{\sqrt{T_{t2}/288}}{p_{t2}/101\,325}(1+B)K_g\frac{A_{NH}\sigma_{NH}p_{t4}q(\lambda_{NH})}{\sqrt{T_{t4}}} \qquad (3-29)$$

由上述关系可得：

$$\pi_F\pi_{CH} = \frac{\sqrt{288}}{101\,325(1+B)K_gA_{NH}\sigma_{L-H}\sigma_B\sigma_{NH}}W_{acor.2}\sqrt{\frac{T_{t4}}{T_{t2}}} \qquad (3-30)$$

式中：σ_{L-H} 为低压压气机出口到高压压气机进口过渡段的总压恢复系数。

由于风扇内涵道出口截面到高压压气机进口截面通常有一个较长的过渡段，有必要用总压恢复系数 σ_{L-H} 考虑其中的流动损失。

2）低压风扇转子功率平衡

风扇消耗的功率与低压涡轮功率平衡共同工作方程为

$$W_{a2}L_F = W_{g45}L_{TL}\eta_{mL} \approx W_{a25}L_{TL}\eta_{mL} \qquad (3-31)$$

假定风扇内外涵道增压比相等，忽略燃油流量，根据风扇与低压涡轮功平衡关系可得：

$$c_p(1+B)T_{t2}\frac{\pi_E^{\frac{\gamma-1}{\gamma}}-1}{\eta_F} = c_{pg}T_{t45}\left(1-\frac{1}{\pi_{TL}^{\frac{\gamma_g-1}{\gamma_g}}}\right)\eta_{TL}\eta_{mL} \qquad (3-32)$$

低压涡轮进口气流总温 T_{t45} 为高压涡轮进口总温 T_{t4} 和高压涡轮膨胀比的函数，见式（3-21）。

3）低压风扇转子共同工作方程

将式（3-21）代入式（3-32），再与式（3-30）联立消去总温比项，将风扇和高压压气机的参数移到公式左边，其他参数移到右边，并令 $e_F = \pi_F^{\frac{\gamma-1}{\gamma}}$、$e_{TH} = \frac{1}{\pi_{TH}^{\frac{\gamma_g-1}{\gamma_g}}}$、$e_{TL} = \frac{1}{\pi_{TL}^{\frac{\gamma_g-1}{\gamma_g}}}$。整理后得到低压风扇转子的共同工作方程为

$$\frac{W_{acor.2}}{\pi_F\pi_{CH}}\sqrt{\frac{e_F-1}{\eta_F(B+1)}} = C'_L \qquad (3-33)$$

$$C'_L = \frac{101\,325K_g\sigma_{L-H}\sigma_B\sigma_{NH}A_{NH}}{\sqrt{288}}\sqrt{\frac{c_{pg}}{c_p}[1-(1-e_{TH})\eta_{TH}](1-e_{TL})\eta_{TL}\eta_{mL}}$$

$$(3-34)$$

式(3-33)表示了在共同工作线上的风扇工作点必须满足的条件。必须指出：风扇转子的共同工作方程中除了含有高压转子共同工作线上的参数 π_{CH} 外,还增加了涵道比 B。

4) 低压涡轮和内涵喷管流量连续

由低压涡轮和内涵喷管流量连续共同工作条件 $(W_{gNL} \approx W_{g8})$,可获得与式(3-25)相同的结果。即对于 A_8 和 A_{NL} 不可调的分排涡扇发动机,当高压、低压涡轮和喷管均处于超临界状态时,这时 $\lambda_8 = \lambda_{NL} = 1.0$,若忽略 σ_{NZ}、σ_{NL} 的变化,则低压涡轮膨胀比保持不变。由此可见,在推导分排涡扇发动机共同工作方程时,可以将低压涡轮膨胀比作为常数处理,归结到公式(3-33)等号右端的常数 C'_L 中,并且 C'_L 的大小确定了共同工作线上风扇工作点的位置。

5) 低压转子共同工作影响因素分析及共同工作线

比较分排涡扇发动机低压转子共同工作方程式(3-33)和双轴涡喷发动机低压转子共同工作方程式(3-23),可知两者相差 $\sqrt{1+B}$。如果涵道比为零即为双轴涡喷发动机,这时式(3-33)和式(3-23)相同。涡扇发动机在非设计条件下工作时,涵道比将发生不容忽视的变化,因此涵道比是影响低压转子共同工作的重要因素。

在涵道比 B 定义式中,内涵道流量按高压压气机进口截面 25 的流量公式计算,外涵道流量用外涵喷管出口截面 19 处的流量公式计算,上述计算公式分别为

$$W_{a25} = KA_{25} \frac{p_{t25} q(\lambda_{25})}{\sqrt{T_{t25}}}$$

$$W_{a19} = KA_{19} q(\lambda_{19}) \frac{p_{t13} \sigma_{NZ}}{\sqrt{T_{t13}}} \qquad (3-35)$$

不考虑风扇出口总温、总压沿半径方向的不均匀性,代入涵道比 B 的定义式,得到：

$$B = \frac{KA_{19} q(\lambda_{19}) \sigma_{NZ}}{\sigma_{L-H} \left(\dfrac{W_{a25} \sqrt{T_{t25}}}{p_{t25}} \right)} \qquad (3-36)$$

从式(3-36)可知,若外涵喷管处于临界或超临界状态,则 $q(\lambda_{19})$ 等于 1,高压压气机换算转速下降使高压转子共同工作点沿工作线下移时换算流量下降,发动机涵道比 B 增大;若外涵喷管处于亚临界状态,高压压气机换算流量下降时,$q(\lambda_{19})$ 也下降,涵道比 B 仍增大但趋势变缓。

由共同工作方程获得共同工作线的方法及步骤与双轴涡喷发动机相类似,可利用分排涡扇发动机设计点参数代入式(3-33)获得常数 C'_L,再利用风扇特性图和已绘有高压转子共同工作线的高压压气机特性、式(3-33)和式(3-36),迭代确定风扇特性图上的共同工作线。图 3-13 给出在风扇特性图上的低压风扇转子共同工作线。

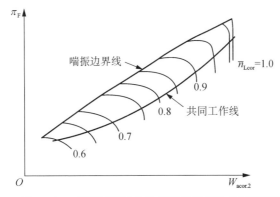

图 3-13 风扇特性图上的低压风扇转子共同工作线

6) 低压带增压级的双轴分排涡扇发动机低压转子共同工作方程

目前,大涵道比分排涡扇发动机普遍采用由图 3-14 所示的结构形式,图中给出该结构形式分排涡扇发动机特征截面编号。相对图 1-14 所示双轴分排涡扇发动机,图 3-14 给出的简图在低压压缩系统中增加了增压级,也称为低压压气机。图 3-14 所示结构形式的分排涡扇发动机低压转子共同工作方程将相对复杂,推导过程如下。

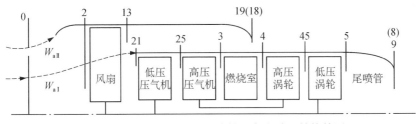

图 3-14 低压带增压级的分排涡扇发动机结构简图

由于低压压缩部件增加了低压压气机,因此式(3-30)表示的流量连续共同工作条件将改写为:

$$\pi_F \pi_{CL} \pi_{CH} = \frac{\sqrt{288}}{101325(1+B)K_g A_{NH}\sigma_{L-H}\sigma_B\sigma_{NH}} W_{acor.2}\sqrt{\frac{T_{t4}}{T_{t2}}} \quad (3-37)$$

根据风扇和低压压气机与低压涡轮的功率平衡的共同工作条件,并且忽略燃油流量,得到:

$$W_{a2}L_F + W_{a21}L_{CL} = W_{g45}L_{TL}\eta_{mL} \approx W_{a21}L_{TL}\eta_{mL} \quad (3-38)$$

用各部件的进口气流总温、压比和效率,并引入涵道比 B 表示风扇空气流量与内涵道空气流量的关系,式(3-38)改写为

$$(1+B)c_p T_{t2} \frac{(\pi_F^{\frac{\gamma-1}{\gamma}}-1)}{\eta_F} + c_p T_{t21} \frac{(\pi_{CL}^{\frac{\gamma-1}{\gamma}}-1)}{\eta_{CL}} = c_{pg} T_{t45} \left(1 - \frac{1}{\pi_{TL}^{\frac{\gamma_g-1}{\gamma_g}}}\right) \eta_{TL} \eta_{mL}$$

$$(3-39)$$

低压压气机进口气流总温 T_{t21} 可表示为

$$T_{t21} = T_{t2} \left[\frac{(\pi_F^{\frac{\gamma-1}{\gamma}}-1)}{\eta_F} + 1\right]$$

于是低压转子功率平衡方程式(3-39)可改写为

$$(1+B)T_{t2} \frac{(\pi_F^{\frac{\gamma-1}{\gamma}}-1)}{\eta_F} + T_{t2}\left[\frac{(\pi_F^{\frac{\gamma-1}{\gamma}}-1)}{\eta_F}+1\right]\frac{(\pi_{CL}^{\frac{\gamma-1}{\gamma}}-1)}{\eta_{CL}} =$$

$$\frac{c_{pg}}{c_p} T_{t45} \left(1 - \frac{1}{\pi_{TL}^{\frac{\gamma_g-1}{\gamma_g}}}\right) \eta_{TL} \eta_{mL} \qquad (3-40)$$

将式(3-21)代入式(3-40),得

$$(1+B)\frac{(\pi_F^{\frac{\gamma-1}{\gamma}}-1)}{\eta_F} + \left[\frac{(\pi_F^{\frac{\gamma-1}{\gamma}}-1)}{\eta_F}+1\right]\frac{(\pi_{CL}^{\frac{\gamma-1}{\gamma}}-1)}{\eta_{CL}} =$$

$$\frac{c_{pg}}{c_p}\frac{T_{t4}}{T_{t2}}\left[1-\left(1-\frac{1}{\pi_{TH}^{\frac{\gamma_g-1}{\gamma_g}}}\right)\eta_{TH}\right]\left(1-\frac{1}{\pi_{TL}^{\frac{\gamma_g-1}{\gamma_g}}}\right)\eta_{TL}\eta_{mL} \qquad (3-41)$$

令 $e_F = \pi_F^{\frac{\gamma-1}{\gamma}}$、$e_{CL} = \pi_{CL}^{\frac{\gamma-1}{\gamma}}$、$e_{TH} = \frac{1}{\pi_{TH}^{\frac{\gamma_g-1}{\gamma_g}}}$、$e_{TL} = \frac{1}{\pi_{TL}^{\frac{\gamma_g-1}{\gamma_g}}}$,并将式(3-37)和式(3-41)联立消去总温比项,之后将涵道比、风扇、低压压气机和高压压气机的参数移到公式左边,其他参数移到右边,得到带有低压压气机的分排涡扇发动机低压转子的共同工作线方程,即

$$\frac{W_{acor.2}}{\pi_F \pi_{CL} \pi_{CH}} \sqrt{\frac{(e_F-1)}{\eta_F} + \left[\frac{(e_F-1)}{\eta_F}+1\right]\frac{(e_{CL}-1)}{(1+B)\eta_{CL}}} = C_L'' \qquad (3-42)$$

$$C_L'' = \frac{101325 K_g \sigma_{L-H} \sigma_B \sigma_{NH} A_{NH}}{\sqrt{288}} \sqrt{\frac{c_{pg}}{c_p}[1-(1-e_{TH})\eta_{TH}](1-e_{TL})\eta_{TL}\eta_{mL}}$$

上式与式(3-33)对比,当低压压缩系统增加了低压压气机后,分排涡扇发动机低压转子共同工作方程式(3-42)更加复杂,影响低压转子共同工作的参数还将增加低压压气机的增压比和效率,但尽管如此,仍可采用本书中第6章给出的发动机共同工作点求解方法获得准确的发动机低压转子和高压转子的共同工作线,并可将

共同工作线表示在三个压缩部件特性图上。

3.1.4　双轴混排涡扇发动机部件共同工作

对于如图 1-17 所示的混合排气涡轮风扇发动机部件的共同工作,其中高压转子部件的共同工作与 3.1.1 节所述的完全相同,不再赘述。以下主要分析混合排气涡轮风扇发动机风扇转子共同工作的特点。

分析风扇转子共同工作方程和共同工作线的方法与 3.1.3 节关于分开排气涡扇发动机风扇转子共同工作的讨论相类似。

值得关注的是,由于混排涡扇发动机在低压涡轮后面为混合器,即使在尾喷管处于临界状态的情况下,混排涡扇发动机的低压涡轮膨胀比也不能保持不变,所以对于混合排气涡扇发动机而言,不能将低压涡轮膨胀比和效率作为常数处理。

将式(3-21)、式(3-30)和式(3-32)联立并进行整理,将风扇、高压压气机和低压涡轮的参数保留在左端,其他参数归结于右端常数中。于是得到混排涡扇发动机风扇转子共同工作方程如下:

$$\frac{W_{acor.2}}{\pi_F \pi_{CH}} \sqrt{\frac{e_F - 1}{\eta_F (B+1)(1-e_{TL}) \eta_{TL}}} = C'''_L \qquad (3-43)$$

$$C'''_L = \frac{101325 K_g \sigma_{L-H} \sigma_B \sigma_{NH} A_{NH}}{\sqrt{288}} \sqrt{\frac{c_{pg}}{c_p} [1-(1-e_{TH}) \eta_{TH}] \eta_{mL}} \qquad (3-44)$$

由式(3-43)可以看出:影响混排风扇转子共同工作线的主要因素除了涵道比 B 外,还有低压涡轮膨胀比和效率。

常数 C'''_L 确定了风扇特性上共同工作线的位置。影响 C'''_L 的主要因素有高压涡轮导向器喉道面积 A_{NH} 和高压涡轮膨胀比 π_{TH}。理论上高压涡轮导向器喉道面积 A_{NH} 是一个可调节的几何参数,可用于控制核心机的共同工作线,但因为喉道所处的环境温度太高,至今该可调机构未在工程实际中得到应用。因此,目前绝大多数发动机均采用不可调的涡轮导向器,发动机在高转速状态工作时,高压和低压涡轮导向器均处于临界或超临界状态,由式(3-11)知高压涡轮膨胀比 π_{TH} 保持不变。影响 C'''_L 的次要因素是燃烧室和高压涡轮导向器的总压恢复系数 σ_B 和 σ_{NH}、高压涡轮效率 η_{TH}、风扇转子的机械效率 η_{mL}、空气和燃气的比定压热容 c_p 和 c_{pg}。

以下分析的是影响混排涡扇发动机风扇转子共同工作的重要因素:涵道比 B 和低压涡轮膨胀比 π_{TL}。

1) 涵道比的影响

在涵道比 B 定义式中,参考图 1-17,内涵道流量可用高压压气机进口截面 25 的流量公式计算,外涵道流量用混合器外涵道进口截面 15 处的流量公式计算,计算公式如下:

$$W_{a25} = KA_{25} \frac{p_{t25} q(\lambda_{25})}{\sqrt{T_{t25}}} \qquad (3-45)$$

$$W_{a15} = KA_{15} \frac{p_{t15}q(\lambda_{15})}{\sqrt{T_{t15}}} \qquad (3-46)$$

风扇出口到混合器入口,气流在外涵道绝能流动,用 σ_{BP} 考虑气流在外涵道的总压损失,并且认为其等于常数,式(3-46)可以改写为

$$W_{a15} = KA_{15} \frac{\sigma_{BP}p_{t13}q(\lambda_{15})}{\sqrt{T_{t13}}} \qquad (3-47)$$

若不考虑风扇出口总温和总压沿半径方向的不均匀性,涵道比 B 的计算公式为

$$B = \frac{\sigma_{BP}A_{15}q(\lambda_{15})}{\sigma_{L-H}A_{25}q(\lambda_{25})} \qquad (3-48)$$

由此可见,混合排气涡扇发动机的涵道比与混合器外涵道进口和高压压气机进口处无量纲密流 $q(\lambda)$ 的比值有关。

随着飞行马赫数的增加,一方面速度冲压作用使风扇外涵道气流总压增加,无量纲密流 $q(\lambda_{15})$ 加大,另一方面使风扇出口气流总温增加,反映内涵道流通能力的无量纲密流 $q(\lambda_{25})$ 下降。因此,从式(3-48)可知,混排涡扇发动机的涵道比随飞行马赫数的增加而增大。

在飞行条件一定,发动机高低压转子转速降低时,反映内、外涵道流通能力的无量纲密流 $q(\lambda_{25})$ 和 $q(\lambda_{15})$ 均下降,但由于涡扇发动机内涵道总增压比和压缩部件级数较外涵道更大和更多,因此内涵流通能力较外涵道的下降得更大(参考图 3-5),随发动机转子转速的降低,涵道比将增大。

2) 低压涡轮膨胀比的影响

以平行进气式混合器为例,根据混合器进口处内涵道和外涵道气流的静压相等的条件,假定忽略从低压涡轮出口截面 5 到混合器内涵道进口截面 55 气流的流动总压损失,两个截面总压相等,可建立混合器的内、外涵道进口截面的无量纲密流 $q(\lambda_{15})$、$q(\lambda_{25})$ 和低压涡轮膨胀比 π_{TL} 之间的相互影响关系,推导如下:

$$p_{t13}\sigma_{BP}\pi(\lambda_{15}) = p_{t15}\pi(\lambda_{55}) \qquad (3-49)$$

由于

$$p_{t5} = p_{t25}\sigma_{L-H}\pi_{CH}\sigma_B/(\pi_{TH}\pi_{TL}) \qquad (3-50)$$

当假定风扇出口内、外涵道气流总压相等,式(3-50)经整理可得

$$\pi_{TL} = \frac{\sigma_{L-H}\sigma_B\pi_{CH}\pi(\lambda_{55})}{\sigma_{BP}\pi_{TH}\pi(\lambda_{15})} \qquad (3-51)$$

式中:参数组合 $\left(\dfrac{\sigma_B\pi_{CH}}{\pi_{TH}}\right)$ 是高压转子部件(称为燃气发生器)的增压比,用符号 π_{GAS}

表示。式(3-51)说明燃气发生器、低压涡轮和混合器之间是相互制约的,低压涡轮膨胀比 π_{TL} 的大小将受到高压转子部件增压比 π_{GAS}、气动函数 $\pi(\lambda_{55})$ 和 $\pi(\lambda_{15})$ 的影响。除此之外,制约 π_{TL} 的还有如下的共同工作关系。

根据低压涡轮导向器和混合器内涵道进口流量连续条件,写出流量连续公式并整理后得到:

$$\pi_{TL}\sqrt{1-(1-e_{TL})\eta_{TL}}=\frac{A_{55}q(\lambda_{55})}{\sigma_{NL}A_{NL}q(\lambda_{NL})} \qquad (3-52)$$

由此可见,低压涡轮膨胀比 π_{TL} 取决于混合器内涵道进口面积 A_{55}、低压涡轮导向器喉道面积 A_{NL}、无量纲密流函数比。发动机在高转速状态工作时低压涡轮导向器处于超临界状态,这时 $q(\lambda_{NL})$ 等于 1.0,若忽略 σ_{NL} 的变化,从式(3-52)可以看出:调节混合器内涵道进口面积 A_{55} 或者调节低压涡轮导向器喉道面积 A_{NL} 都可以影响低压涡轮膨胀比 π_{TL};混合器内涵道进口的速度系数 λ_{55} 变化也将影响 π_{TL}。对于几何面积不可调的发动机,速度系数 λ_{55} 减小时,$q(\lambda_{55})$ 减小,使得低压涡轮膨胀比 π_{TL} 降低。对于混排涡扇发动机,由于混合器沟通了内涵和外涵,内涵混合器进口压力的变化除了影响低压涡轮反压导致低压涡轮膨胀比 π_{TL} 变化外,还将通过外涵道影响风扇外涵的流动,导致风扇的转速、换算流量、增压比、效率等参数发生变化。反之,当风扇的参数发生变化,如风扇转速变化引起,风扇外涵的换算流量、增压比、效率等参数变化,也将通过外涵道影响低压涡轮出口反压变化,进而影响低压涡轮膨胀比 π_{TL} 发生变化。

3) 混合器及尾喷管参数的影响

混合器出口的气流参数除受到上游各部件工作状态的影响,还受到下游部件的制约,下面给出有关的关系式。

根据混合器和喷管流量连续(即 $W_{g6}=W_{g8}$),写出混合器出口截面和喷管喉道截面的流量公式,可得

$$K_g\frac{p_{t6}A_6q(\lambda_6)}{\sqrt{T_{t6}}}=K_g\frac{p_{t8}A_8q(\lambda_8)}{\sqrt{T_{t8}}}$$

将 $p_{t8}=\sigma_{NZ}p_{t6}$、$T_{t8}=T_{t6}$ 代入上式,经整理后得到喷管喉道面积对混合器流通能力的制约关系,即

$$q(\lambda_6)=\sigma_{NZ}q(\lambda_8)\frac{A_8}{A_6} \qquad (3-53)$$

式中:A_6 为混合器出口面积,通常是不可调的。

以下分析喷管处于两种不同工作状态的情况。

(1) 喷管处于临界或超临界工作状态。

喷管处于临界或超临界工作状态时,$\lambda_8=1.0$,$q(\lambda_8)=1.0$,由式(3-53)看出:

若尾喷管喉道面积 A_8 不可调(即 A_8 等于常数),则混合器出口速度系数 λ_6 保持不变,这个条件限制了混合器进口速度系数 λ_{55} 和 λ_{15} 的变化。

(2)喷管处于亚临界工作状态。

喷管处于亚临界工作状态时,$\lambda_8 < 1.0$,$q(\lambda_8) < 1.0$,由式(3-53)看出:$q(\lambda_6)$ 的变化除受尾喷管喉道面积 A 影响外,还与 $q(\lambda_8)$ 有关。为确定共同工作线,应增加一个共同工作方程,即在喷管亚临界时,喷管出口气流静压 p_{S9} 应等于大气压力 p_{S0}。飞行马赫数不同时,速度冲压比不同,会使喷管压比 π_{NZ} 不同。喷管在亚临界工作时,喷管压比 π_{NZ} 的变化会使 $q(\lambda_8)$ 发生变化,因此即使尾喷管喉道面积不变,风扇共同工作线将因飞行马赫数不同而在风扇特性图上处于不同位置。

由于混排涡扇发动机共同工作的影响因素众多,应采用本书第6章给出的发动机共同工作点求解方法求得准确的低压转子和高压转子的共同工作线。

对于混排涡扇发动机而言,调整尾喷管喉道面积 A_8 也将对风扇转子共同工作线位置产生影响。假定尾喷管处于临界或超临界工作状态时,式(3-53)可知:

$$q(\lambda_6) = CA_8 \tag{3-54}$$

式中:C 为常数。

尾喷管喉道面积 A_8 将改变 $q(\lambda_6)$。放大尾喷管喉道面积 A_8 使得 $q(\lambda_6)$ 增加,表示混合器下游流通能力提高,这将导致混合器进口的流通能力提高。混合器进口的流通能力提高:一方面,使低压涡轮后反压降低,低压涡轮膨胀比 π_{TL} 增大,有使风扇转子共同工作线向喘振边界线方向移动的趋势(与双轴涡轮喷气发动机的情况相类似);另一方面,将通过风扇外涵道,使风扇外涵道出口流通能力增加,反压下降,引起涵道比 B 增加[见式(3-48)],有使风扇转子共同工作线向远离喘振边界线方向移动的趋势。最终,放大尾喷管喉道面积 A_8 对风扇共同工作线到底产生何种影响,将取决于各部件的匹配情况。

4)不同类型发动机对低压转子共同工作线走向的影响

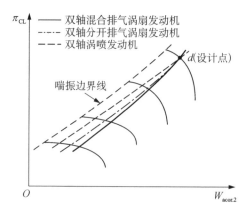

图3-15　设计点参数相同的不同类型发动机低压转子共同工作线的比较

图3-15表示同参数、不同类型发动机低压转子共同工作线位置的比较,图中的双轴混合排气涡扇发动机、双轴分开排气涡轮风扇发动机和双轴涡轮喷气发动机(涵道比为零的情况)为设计点参数相同的不同类型的发动机,在涡轮导向器和尾喷管均处于超临界工作状态条件下,低压转子共同工作线位置的比较。

由图3-15可以看出:相同设计点参数的分排涡轮风扇发动机与混排涡轮风扇发动机相比,混排涡轮风扇发动机低压转子共同工作线的走向最陡,即当飞行条件变化使得进口总温 T_{t2} 增加,低压转子相对换算转速 $\bar{n}_{Lcor}$ 下降时,风扇进口的换算流量 $W_{acor.2}$ 下降最缓慢,共同工作线离喘振边界线最远。其原因解释如下。

前面已经讲到,随着发动机进气总温 T_{t2} 的增加,混合排气涡轮风扇发动机的涵道比 B 增加较快(见式3-48),快于分别排气涡扇发动机的情况。物理意义上,随着进气总温 T_{t2} 的增加,外涵道与内涵道无量纲密流比增大,意味着内涵道流通能力下降更加显著,于是在风扇出口相对更多的气流流入外涵道,发动机的涵道比增加。双轴涡轮喷气发动机无外涵道($B=0$),高压压气机流通能力下降直接引起低压压气机进口的表征流通能力的参数 $W_{acor.2}$ 快速下降,故其共同工作线走向最为平坦;分别排气涡轮风扇发动机相当于在内涵道流通能力下降时,将风扇出口内涵道气流的部分气流放入外涵道,使风扇流通能力 $W_{acor.2}$ 参数下降减慢,故共同工作线下移,但当外涵喷管处于临界或超临界状态时,外涵道的流通能力受到了限制;对于混合排气涡扇发动机,外涵道出口及混合器外涵道进口截面处,气流通常处于亚声速流动状态,允许更多的无法进入内涵道的气流放入外涵道,涵道比 B 增加较快,使表征风扇流通能力的参数 $W_{acor.2}$ 下降更加减慢,因而混合排气涡扇发动机风扇转子的共同工作线进一步下移。

3.1.5　复燃加力发动机部件的共同工作

1) 复燃加力涡喷发动机

对于双轴涡喷发动机不加力时,根据低压涡轮与尾喷管流量连续的共同工作关系推导获得的式(3-25)得知:当给定尾喷管喉道面积,并且喷管及低压涡轮处于临界或超临界状态时,低压涡轮膨胀比近似保持不变。

但对于复燃加力双轴涡喷发动机而言,由于低压涡轮和喷管之间增加了加力燃烧室,所以低压涡轮和喷管流量连续的共同工作条件不同于式(3-25),其推导结果如下:

$$\pi_{TL} = \left[\frac{\sigma_{NZ} A_{8.ab} q(\lambda_{8.ab})}{\sigma_{NL} A_{NL} q(\lambda_{NL})} \frac{\sigma_{ab}}{\sqrt{\Delta_{ab}}} \right]^{\frac{2n_{TL}}{n_{TL}+1}} \tag{3-55}$$

$$\Delta_{ab} = T_{t7.ab} / T_{t5}$$

式中:Δ_{ab} 为加力燃烧室加热比。

比较式(3-25)和式(3-55),复燃加力时低压涡轮和喷管流量连续共同工作关系式中增加了加力燃烧室的总压恢复系数 σ_{ab} 和加热比 Δ_{ab}。结果表明:若要保持发动机加力接通时主机的工作参数与不加力时相一致,即保持高压、低压转子各部件的共同工作关系不变,则需要保持低压涡轮膨胀比 π_{TL} 相同,这就要求加力时将喷管喉道面积 A_8 放大。加力状态与不加力状态的喷管喉道面积比与加力燃烧室加热比 Δ_{ab} 的关系如下:

$$\frac{A_{8.\,ab}}{A_8}=\sqrt{\Delta_{ab}} \qquad\qquad (3-56)$$

式(3-56)的物理意义是明显的,即发动机接通加力后,尾喷管的进口总温由 T_{t5} 提高到 T_{t7ab},燃气比体积增加,如果喷管喉道面积 A_8 未能相应放大,则必然引起加力燃烧室内燃气质量堆积,涡轮出口反压增加,导致低压涡轮膨胀比 π_{TL} 减小,共同工作方程式(3-23)右端的常数 C_L 发生变化,引起主机各部件共同工作关系发生变化,将难以维持发动机原有工作转速,或为维持工作转速导致涡轮前温度增加,造成热端部件超温、压气机喘振等危险情况发生。因此,复燃加力发动机的尾喷管喉道截面面积必须是可调节的。

式(3-56)还表明:为了使发动机在复燃加力工作时保持加力燃烧室前各部件参数不变,高压、低压转子的共同工作线位置不因接通加力而发生变化,则需要保持低压涡轮膨胀比 π_{TL} 相同,因此复燃加力接通时应调节喷管喉道面积 A_{8ab} 随加热比 Δ_{ab} 成比例变化。当推油门从中间状态到小加力状态,再到最大加力状态时,加热比 Δ_{ab} 增大,应相应放大喷管喉道面积 A_{8ab}。

2) 复燃加力混排涡扇发动机

复燃加力混排涡扇发动机的加力燃烧室位于混合器和尾喷管之间,加力时导致混合器出口反压发生变化,这种变化不仅影响低压涡轮膨胀比,而且还会通过外涵道直接影响到风扇外涵道的工作。因此,与加力涡喷发动机相类似,为保证加力燃烧室前各部件的共同工作不要因接通加力而受到影响,复燃加力点燃的同时需要将尾喷管喉道截面积放大。

根据加力燃烧室工作时混合器和喷管流量连续条件,可得:

$$W_{g6}(1+f_{ab})=W_{g8}$$

$$(1+f_{ab})K'\frac{p_{t6}A_6q(\lambda_6)}{\sqrt{T_{t6}}}=K'\frac{p_{t8}A_8q(\lambda_8)}{\sqrt{T_{t8}}}$$

将 $p_{t8}=\sigma_{ab}p_{t6}$、$T_{t8}=T_{t7ab}$ 代入上式,经整理后得到加力时喷管喉道面积对混合器流通能力的制约关系,即

$$q(\lambda)=\frac{\sigma_{ab}\sigma_{NZ}q(\lambda_8)A_8}{A_6(1+f_{ab})\sqrt{T_{t7ab}/T_{t6}}} \qquad\qquad (3-57)$$

式中:T_{t7ab}/T_{t6} 是加力燃烧室出口和进口的总温比即为加热比 Δ_{ab}。比较式(3-48)和式(3-57)看出:加力时,$q(\lambda_6)$ 的影响因素增加了三个方面,即加热比 Δ_{ab}、油气比 f_{ab}、总压损失系数 σ_{ab}。即使不改变喷管喉道面积 A_8,只要减小加力燃烧室的供油量,使加热比 θ_{ab} 降低,也会导致混合器进口的流通能力提高、低压涡轮膨胀比 π_{TL} 增大和出口反压降低。加热比 Δ_{ab} 的变化还将通过外涵道影响风扇的工作,风扇增压比将降低,因此加热比 Δ_{ab} 承担相当于热节气门的作用。

3.2 发动机的控制规律

3.2.1 选择发动机控制规律的原则

发动机控制系统的地位是非常重要的,因为控制系统通过许多控制装置(如主燃油控制器、加力燃油控制器、可变几何部件的位置控制器等)实现发动机的控制规律,即在不同飞行条件、环境条件、油门位置下控制供给主燃烧室和加力燃烧室的燃油流量,此外还控制可调静子叶片、放气活门、可调的尾喷管面积,以及矢量推力喷口、涡轮叶尖间隙等。

发动机控制系统的主要功能(对于一台具体发动机,可能实现全部功能或剪裁其部分功能)如下:

(1) 通过控制燃油流量来控制发动机转速。

(2) 通过调节喷口喉道面积控制发动机压力比,该压力比定义为涡轮出口截面总压与风扇进口截面气流总压之比。

(3) 收扩喷口面积比 A_9/A_8 控制。

(4) 发动机加速和减速控制。

(5) 发动机起动控制。

(6) 风扇导流叶片和压气机静子叶片安装角控制。

(7) 涡轮叶尖间隙主动控制。

(8) 压气机级间放气控制。

(9) 内、外涵道变涵道面积控制。

(10) 冷却系统控制。

(11) 反推力控制。

(12) 矢量推力喷管控制。

(13) 涡轮叶片温度限制控制。

(14) 火焰探测和自动点火等控制。

(15) 失速/喘振保护控制。

(16) 发动机超温、超转、超压保护控制。

上述控制都有对应的控制规律,控制规律的选择是发动机总体性能设计的重要内容。选择控制规律有如下原则:

(1) 使发动机具有最好的稳态性能,推力和耗油率能满足飞机飞行任务和战技指标要求。

(2) 使发动机具有最好的过渡态性能,能迅速响应驾驶员的操纵指令。

(3) 保证发动机工作安全,避免超温、超转、推力摆动、转速摆动、风扇和压气机喘振、加力燃烧室振荡燃烧等。

(4) 控制系统实现的可能性和控制系统工作可靠性。

对于复燃加力发动机,其稳态性能控制规律可分为四种,最大状态和中间状态的控制规律是在保证发动机工作安全的前提下追求各自状态的推力最大。加力和不加力的节流状态控制规律也称为节流控制规律,它是为了在保证飞机需用推力的前提下追求低耗油率。

下面分别举例说明这四种稳态性能控制规律:

(1)最大状态(全加力)控制规律。在不同飞行条件下,油门置于最大状态位置时,被控参数按给定控制规律变化。

(2)中间状态控制规律(不加力最大)。在不同飞行条件下,油门置于中间状态位置时,被控参数按给定控制规律变化。

(3)加力节流状态控制规律。给定飞行高度和飞行马赫数,被控参数随油门位置(在加力域内)的变化规律。

(4)节流状态控制规律。给定飞行高度和飞行马赫数,被控参数随油门位置(在不加力域内)的变化规律。

对于不加力且几何不可调的发动机,只有燃烧室供油量一个控制量,所以只能有一个被控参数,如低压转子转速、高压转子转速、涡轮前总温、涡轮后总温和压气机出口压力等参数中的一个。当选定某个参数为被控参数并确定其控制规律后,其他参数均可由共同工作关系求出,即由发动机内部气动热力学关系决定。对于几何位置可调的发动机,每增加一个可调的几何位置,就可增加一个被控参数。

对于加力发动机的加力工作状态,除主燃烧室供油量作为控制量外,需要增加加力供油量为另一个控制量,因此有两个控制量,对应可有两个被控参数。除了上述可选择转速或温度作为被控制参数外,在加力状态下,增加的被控参数可选择加力燃烧室出口总温或总余气系数 α_{ab} 作为被控参数。

3.2.2　双轴大涵道比涡轮风扇发动机的控制规律

对于干线客机用大涵道比涡扇发动机,为满足不同飞行航段飞机对发动机的性能要求,通常选择风扇转速或发动机压比作为被控参数。

1)控制风扇转速的控制规律

对于大涵道比分排涡轮风扇发动机,推力主要由外涵道气流产生,风扇转速越高,通过风扇的空气流量越多,推力越大,通过控制风扇转速即可实现对发动机推力的控制。因此,可选择低压风扇转速作为被控参数,如 CF6、CFM56 发动机等。

当选择低压风扇转速作为被控参数,飞行条件变化时,控制系统通过调节燃烧室供油量达到控制低压风扇转子转速的目的。

当飞行条件变化使发动机进口总温增加而风扇换算转速下降时,低压压缩部件风扇和增压级消耗的功增加,为控制风扇物理转速,必须提高燃烧室出口总温 T_{t4} 以提高低压涡轮进口总温 T_{t45},使低压涡轮功增加以保持与低压压缩部件消耗的功相平衡。燃烧室出口总温 T_{t4} 提高将使高压涡轮功增加,因而高压转子转速增加,使发动机转差率 S 增加($S = n_H/n_L$),这样就使压缩部件各级进口相对气流的攻角偏离设计点的程度减轻。因此,前面级(风扇和增压级)和后面级(高压压气机)不协调的矛盾得以缓和,有利于压缩部件稳定工作。

2) 控制发动机压力比的控制规律

发动机压力比定义为低压涡轮出口气流总压与风扇进口气流总压之比,即 p_{t5}/p_{t2},用符号 E_{PR} 表示。由于发动机的推力随 E_{PR} 的增加而增加,控制 E_{PR} 也可达到准确控制推力的目的,尤其是采用 E_{PR} 控制规律可对因部件性能产生衰退造成的推力下降进行推力补偿。因此,对于大涵道比分排涡扇发动机,也可选择 E_{PR} 作为被控参数,如 PW4000 系列发动机等。

3.2.3　双轴混排加力涡轮风扇发动机的控制规律

对于超声速战斗机,具有最重要意义的是飞机的跨声速范围内随飞行马赫数的增加,发动机推力增加的程度和发动机能够提供飞机在最大超声速飞行中所需推力。现代军用加力涡扇发动机的稳态性能控制规律也分为四种,即最大状态(全加力)控制规律和中间状态(不加力最大)控制规律、加力节流状态控制规律和节流状态控制规律。被控参数可在 n_L、n_H、T_{t4}(或 T_{t5})、T_{t7ab}、p_{t3}/p_{t5}、p_{t6}/p_{t2}(混合器出口压力和风扇进口压力之比)等参数中进行选择。可调几何参数通常包括风扇进口导流叶片角度 α_F、高压压气机静子叶片角度 α_{CH}、尾喷管喉道面积、尾喷管出口面积等。

1) 中间状态控制规律

中间状态(不加力最大状态)控制规律的选取首先要保证发动机在各种飞行条件下能产生尽可能大的推力。

对于几何参数不可调发动机单变量控制规律可以是如下几种形式中的一种:

$$n_L = n_{Lmax} = 常数$$
$$n_H = n_{Hmax} = 常数$$
$$T_{t4} = T_{t4max} = 常数$$
$$n_{Lcor} = 常数$$

为实现上述控制规律,通常以主燃烧室燃油流量作为可控变量,通过调节燃油流量达到控制被控参数按给定规律变化的目的。

当选定了上述控制规律其中之一后,例如 $n_L = n_{Lmax} = 常数$,除 n_L 按给定值保持不变外,其余所有发动机参数将随飞行条件的变化而变化。随飞行条件的变化,如果涡轮前温度增加并超过涡轮叶片所能承受的最高温度,或者高压转子转速超过最高允许值,将威胁发动机的工作安全;如果涡轮前温度或高压转子转速降低,发动机的性能潜力未能得到充分发挥。

为适应超声速飞机飞行范围宽的特点,可采用组合控制规律,将发动机进口气流总温的高低分成若干段,每一段采用一种控制规律。如图 3-16 所示,当发动机进口气流总温低于 T_{t2a} 时,采用等换算转速控制规律,高压、低压转子转速和涡轮前温度均随进气总温的增加而增加;当发动机进口气流总温介于 T_{t2a} 和 T_{t2b} 时,采用等低压转子转速控制规律,低压转速保持不变,高压转子转速和涡轮前温度均随进气总温的增加而增加,使得这段推力的增加速率大,有利于机动飞行;当涡轮前温度达到或接近限制值,发动机进口气流总温介于 T_{t2b} 和 T_{t2c} 时,采用等涡轮前温度控制规律,随进口气流总温的增加,低压转子转速下降而高压转子转速继续上升;当高压转子转速上升到限制值,发动机进口气流总温高于 T_{t2c} 时,采用等高压转速控制规律,低压转子转速和涡轮前温度均随进气总温的增加而下降。

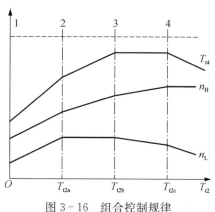

图 3-16 组合控制规律

对于尾喷管喉道面积可调的发动机,可增加一个可控变量,因此可以增加一个被控参数,实现双变量控制规律。例如,可能采用的控制规律为

$$n_L = n_{Lmax} = 常数$$
$$T_{t4} = T_{t4max} = 常数$$

在飞行条件变化时,通过调节主燃烧室燃油流量保持涡轮前温度等于给定值,通过调节尾喷管喉道面积改变低压涡轮膨胀比,以维持低压转子转速等于其给定值。该控制规律的优势在于实现对与发动机推力和工作安全密切相关的两个参数进行控制。

在宽广的飞行范围内,除了被控参数外,其他某些参数可能出现明显的增大以至于超过其极限值。一般应有如下限制:

(1) 结构强度的限制。

飞行条件和发动机参数改变时,发动机部件的结构强度需要有一定的安全系数。影响燃气涡轮发动机机械结构强度的代表性参数是转子物理转速,相应地有最大允许转速的限制。

(2) 热端部件最高燃气流总温的限制。

(3) 风扇和压气机稳定性裕度的限制。

一般涡轮风扇发动机在换算转速降低时,通过调节风扇和压气机静子叶片角度保证必要的稳定性裕度。在高空低速飞行时,由于进口气流总温 T_{t2} 太小,使换算转速 n_{Lcor} 增大而超过其最大允许值,会导致风扇和压气机效率急剧减小,同时存在风扇或压气机进入不稳定工作的危险,控制规律通常设定有最高允许换算转速限制。

(4) 压气机出口总温和总压的限制。

现代复燃加力混合排气涡轮风扇发动机的设计总增压比较高,而且飞行马赫数变化范围大,压气机出口气流总温和总压可能很高。当高压压气机出口气流总温超过后面级的叶片和盘的材料所能承受的最高气流总温时,需要对高压压气机出口气流温度加以限制。飞机在低空高速飞行时高压压气机出口气流总压较高,受燃烧室强度限制,有的发动机对高压压气机出口气流总压加以限制。

2) 最大状态控制规律

复燃混合排气涡轮风扇发动机的最大状态即全加力状态,其主机控制规律可与中间状态控制规律相同,加力燃烧室的燃油流量可作为调节量,因此可增加一个被控参数。例如,可采用的控制规律如下:

调节尾喷管喉道面积 A_{8ab} 控制风扇转速 $n_L = n_{Lmax} = $ 常数;

调节主燃烧室的燃油流量 W_f 控制涡轮前温度 $T_{t4} = T_{t4max} = $ 常数;

调节加力燃烧室的燃油流量 W_{fab} 控制总余气系数 $\alpha_\Sigma = \alpha_{\Sigma min} = $ 常数。

实践表明这种控制规律可以充分发挥发动机性能潜力,保证在任何飞行条件下得到最大可能的全加力推力。

最小总余气系数 $\alpha_{\Sigma min}$ 一般取为 1.15 左右,太小则难以保持稳定燃烧。对于复燃加力涡轮风扇发动机来说,总余气系数为

$$\alpha_\Sigma = \frac{W_{aI} + W_{aII}}{(W_f + W_{f\cdot ab})L_0} \tag{3-58}$$

式中:L_0 是理论空气流量,表示完全燃烧 1 kg 燃料从理论上需要的空气量,对于一定的燃料可认为其等于常数;W_{aI} 和 W_{aII} 是通过发动机内涵道和外涵道的空气质量流量,W_f 为主燃烧室供油量,这三个参数将随飞行条件的变化而变化,所以为了保持总余气系数 α_Σ 按规定控制规律变化,必须调节加力供油量 W_{fab}。但是,因为不易测量总余气系数,实际飞行中通常不进行发动机空气流量的测量,所以难以实现对总余气系数 α_Σ 的直接控制。实践中一般通过对组合参数(W_{fab}/p_{t3})的控制,间接地实现总余气系数 α_Σ 的控制。该组合参数与总余气系数的函数关系推导如下:

$$\alpha_\Sigma = \frac{W_{aI} + W_{aII}}{(W_f + W_{f\cdot ab})L_0} = \frac{1+B}{\left(\dfrac{W_f}{W_{aI}} + \dfrac{W_{f\cdot ab}}{W_{aI}}\right)L_0} = \frac{1+B}{\left(f_a + \dfrac{W_{f\cdot ab}}{W_{aI}}\right)L_0} \tag{3-59}$$

式(3-59)中通过发动机内涵空气流量 W_{aI},在忽略主燃烧室燃油流量情况下,可以近似表示为

$$W_{aI} = C\frac{p_{t3}}{\sqrt{T_{t4}}}$$

将上述内涵空气流量 W_{aI} 的表达式代入式(3-59),得到:

$$\alpha_\Sigma = \cfrac{1}{\left[\cfrac{f_a}{1+B} + C\cfrac{W_{f\cdot ab}\sqrt{T_{t4}}}{p_{t3}(1+B)}\right]L_0} \qquad (3-60)$$

式中:C 为常数。

式(3-60)表明影响总余气系数 α_Σ 的主要因素为

$$\frac{W_{f\cdot ab}\sqrt{T_{t4}}}{p_{t3}(1+B)} \qquad (3-61)$$

随着飞行条件的变化,只要保证式(3-61)表示的组合参数不变,就可以保证总余气系数 α_Σ =常数。

式(3-61)可以改写为

$$\frac{W_{f\cdot ab}}{p_{t3}} = C\frac{(1+B)}{\sqrt{T_{t4}}} \qquad (3-62)$$

一般说来,在给定油门杆位置情况下,涡轮前温度 T_{t4} 和涵道比 B 是发动机进口总温 T_{t2} 的函数,所以控制总余气系数 α_Σ 保持常数的加力供油量控制规律通常以下述形式给出:

$$\frac{W_{f\cdot ab}}{p_{t3}} = f(T_{t2}) \qquad (3-63)$$

本章重点讲述了航空燃气涡轮发动机各部件的共同工作和控制规律。发动机非设计点性能决定于各部件的共同工作和控制规律。研究发动机共同工作和控制规律的目的在于确定发动机过程参数随飞行条件、大气条件和油门位置变化的关系,使发动机能够在非设计状态,在确保发动机工作安全可靠的前提条件下尽可能发挥其性能潜力。

参 考 文 献

[1] 张津,洪杰,陈光. 现代航空发动机技术与发展[M]. 北京:北京航空航天大学出版社,2006.
[2] 廉筱纯,吴虎. 航空发动机原理[M]. 西安:西北工业大学出版社,2005.
[3] 索苏诺夫 Б А,切普金 Б М. 航空发动机和动力装置的原理、计算及设计[G]. 莫斯科国立航空学院,2003.

思 考 题

1. 什么是燃气涡轮发动机的共同工作? 研究共同工作的目的是什么?
2. 发动机部件的共同工作条件有哪些? 如何在部件特性图上给出共同工

作线?

3. 燃气涡轮发动机(局限于涡轮喷气和分排涡轮风扇发动机)在涡轮导向器和尾喷管处在临界或超临界状态时,为什么可以认为涡轮的膨胀比不变? 调节尾喷管或涡轮导向器临界截面面积对涡轮的膨胀比有何影响? 如果尾喷管处于亚临界状态时情况又是如何?

4. 对于双轴涡轮喷气发动机,如果适当关小低压涡轮导向器喉道面积(假设不影响涡轮效率),其他几何条件保持不变,在保持低压转子转速不变的情况下,发动机高压转子转速会如何变化? 为什么?

5. 大涵道比分排涡轮风扇发动机的风扇压比取值一般在什么范围,为什么? 画在风扇特性图上的工作线在高空巡航飞行状态和地面起飞状态有何区别? 为什么?

6. 对于单轴涡轮喷气发动机(相当于双轴涡轮喷气发动机的核心机),当发动机物理转速保持不变,飞行高度不变而飞行马赫数增加时,共同工作点如何移动? 压气机的耗功、稳定裕度和涡轮前温度如何变化?

7. 调整尾喷管临界面积对双轴涡轮喷气发动机低压转子的共同工作线的影响是什么? 为什么与对单轴涡轮喷气发动机共同工作线的影响相反?

8. 混排涡轮风扇发动机的涵道比随飞行马赫数的增加会如何变化?

9. 当涡轮导向器和尾喷管处于临界或超临界状态下时,为什么混合排气涡轮风扇发动机的低压涡轮膨胀比仍然随飞行条件的变化而变化?

10. 燃气涡轮发动机接通加力时为什么要调节尾喷管喉部面积? 如何调节? 如果不进行调节会有什么样的影响?

11. 设计发动机控制系统时,应考虑哪些发动机控制的功能需求?

12. 怎样选择大涵道比涡轮风扇发动机的稳态性能控制规律?

4　航空燃气涡轮发动机稳态特性

　　航空发动机在设计条件下所能达到的性能为设计点性能,而一台安装在飞机上使用的发动机必须在宽广的范围内工作,当发动机使用条件中的任何一个发生变化,发动机将偏离设计条件处于非设计点工作,其表现出的性能称为特性。通常将发动机性能参数随飞行条件、大气条件和发动机油门位置的变化关系称为发动机特性。当发动机处于平衡工作状态,参数不随工作时间变化称为发动机处于稳定工作状态,表现出的特性称为稳态特性;在发动机实际使用中,经常需要从一个稳定状态快速过渡到另一个稳定状态,在这种快速过渡过程中发动机的参数将随工作时间而变化的工作状态称为过渡工作状态,表现出的特性称为过渡态特性。本章将重点论述发动机的稳态特性。

　　航空发动机在稳定工作状态工作时,推力和耗油率随使用条件的变化称为稳态特性。使用条件包括发动机工作的外部条件(如飞行马赫数、飞行高度、大气温度和大气湿度等)和驾驶员移动油门使发动机处于各种不同的工作状态。最基本的稳态特性包括速度特性、高度特性和节流特性,它们分别反映飞行速度、飞行高度和油门位置对推力和耗油率的影响。发动机特性是飞机设计的原始数据之一,对飞机飞行性能具有决定性影响,也是评价发动机特性优劣的最重要依据。

4.1　发动机工作状态

　　发动机工作状态是指发动机起动后在各种负荷下运转的工作状态。飞行器的不同飞行航段对发动机推力(或功率)和耗油率的要求有所不同,因此要求发动机从最小可稳定工作状态到最大可稳定工作状态间,在任意能确保工作安全的状态下都能稳定工作。为了验收和检验发动机性能,以及对不同类型发动机性能进行对比,常设有若干个指定的工作状态,将这些状态称为规定状态。对用于超声速飞机的小涵道比涡扇发动机,常用的规定工作状态有:最大加力、最小加力、中间、最大连续、巡航、慢车等。驾驶员将通过操纵油门改变发动机的工作状态。对于不同的发动机,由于使用要求不同,规定状态的划分也不尽相同。例如,对用于亚声速商用飞机的大涵道比设计涡扇发动机,常用的规定工作状态有最大起飞、起飞、最大爬升、巡航、地面慢车等。对于装有反推力装置的发动机,还有反推力状态。对于安装多台发动机的民用飞机和直升机,有些发动机设有应急工作状态,以备一台发动机失效时,允许其余发动机在超过最大状态下运转,以保证飞行到最近机场安全着陆。下面以超声速飞机用小涵道比设计的涡轮风扇发动机为例介绍主要工作状态。

1) 最大加力状态

发动机产生最大推力的工作状态。对于复燃加力燃气涡轮发动机,最大推力的状态是全加力状态。发动机在最大状态时,涡轮前燃气温度、转速、空气流量、各部件的气动负荷、离心负荷和热负荷、加力发动机的加力温度都达到最大值,等于或接近于相应的最大允许值,故发动机在该状态下的连续工作时间受到限制,通常为10 min。此外,还限制这种最大负荷状态的累计总工作时间,通常不大于发动机总寿命的30%~35%。最大状态可用于起飞、作战、爬升,以及达到最大飞行马赫数或升限的飞行。

2) 最小加力状态

最小加力状态是复燃加力发动机加力燃烧室能稳定燃烧产生最小推力的工作状态。这时主机(包括压气机、主燃烧室和涡轮)的工作状态与最大加力状态相同或稍低,加力供油量最小,加力温度最低,以得到最小的推力。

3) 中间状态

对于复燃加力式发动机,该状态是不接通加力时产生的最大推力状态。对于无复燃加力的发动机,该状态是产生最大推力的工作状态。因为这时主机各部件(包括压气机、主燃烧室和涡轮)的气动负荷和热负荷达到或接近最大允许值,所以中间状态的连续工作时间和总工作时间一般也受到限制。

中间状态用于起飞、短时间爬升、加速和超声速巡航等。

4) 最大连续状态

发动机可以连续工作的最高推力工作状态。在这种状态下不限制发动机的连续工作时间,一般用于飞机长时间爬升和高速平飞。

5) 巡航状态

巡航飞行条件下发动机工作最经济的工作状态。工作时间不限,通常用于飞机长时间亚声速巡航飞行,是亚声速商用涡轮风扇发动机的主要工作状态。

6) 慢车状态

慢车状态是在地面或在给定的飞行速度下,发动机能稳定和可靠工作的最小推力工作状态,分地面慢车和飞行慢车状态。

地面慢车状态推力为中间状态推力的3%~5%,虽然地面慢车状态发动机的转速很低,但由于各部件效率低,为维持慢车转速所需涡轮前燃气温度却相当高,有的发动机也需要对其连续工作时间加以限制。慢车状态可用于地面滑行和下滑着陆。

应急状态是指发动机在有限时间内产生超过正常状态推力(或功率)的工作状态。对于安装有多台发动机的飞机,发动机常规定有最大应急状态和额定应急状态。在飞行过程中如出现一台发动机发生故障失效时，采用最大应急状态以保证继续起飞至安全降落，而额定应急状态则用以保证继续飞行至最近机场安全着陆。

带有反推力装置的发动机还设定有反推力的状态。反推力装置工作时，改变喷管排气流或风扇后外涵气流的排气方向，使之向前折转到大于 90°的角度（指反推状态排气流方向与非反推力状态排气流轴向方向之间的夹角）喷出，产生反推力。反推力状态广泛用于商用客机的着陆过程，以缩短着陆滑跑距离；有些歼击机也采用反推力装置来改善飞机机动性和缩短着陆滑跑距离。

4.2　燃气涡轮发动机稳态特性

燃气涡轮发动机的稳态特性包括速度特性、高度特性和节流特性。涡轮喷气发动机和涡轮风扇发动机统称为喷气式发动机，由于涡喷发动机稳态特性与小涵道比涡扇发动机稳态特性相类似，因此本节将以涡扇发动机为重点描述其稳态特性。

4.2.1　速度特性

在给定的飞行高度、发动机工作状态和控制规律条件下，发动机推力和耗油率随飞行马赫数（或飞行速度）的变化关系。发动机每个工作状态都有对应的速度特性。速度特性是飞机选择动力装置的重要依据之一。

现以一台小涵道比的混排双轴涡扇发动机为例，工作状态为中间工作状态，为讨论问题方便，选择其控制规律为

$$n_{\mathrm{L}} = n_{\mathrm{Lmax}} = 常数$$
$$T_{\mathrm{t4}} = T_{\mathrm{t4max}} = 常数$$

在一定飞行高度条件下，由下列式（4-1）和式（4-2）可知，随着飞行马赫数的增加，发动机进口气流总压 p_{t2} 和总温 T_{t2} 将随之提高。

$$p_{\mathrm{t2}} = \sigma_{\mathrm{i}} p_{\mathrm{t0}} = \sigma_{\mathrm{i}} p_{\mathrm{s0}} \left(1 + \frac{\gamma-1}{2} Ma_0^2\right)^{\frac{\gamma}{\gamma-1}} \tag{4-1}$$

$$T_{\mathrm{t2}} = T_{\mathrm{t0}} = T_{s_0} \left(1 + \frac{\gamma-1}{2} Ma_0^2\right) \tag{4-2}$$

随着飞行马赫数的增加，进气总温 T_{t2} 的增加使得高压、低压转子换算转速下降，发动机高压、低压转子共同工作点沿各自的共同工作线向左下方移动，发动机风扇和高压压气机的换算流量和增压比均降低。

计算和实验均证明：

根据第 3 章关于发动机共同工作的讨论，发动机总空气流量 W_{a} 取决于高压涡轮的流通能力，而在控制规律给定涡轮前温度的条件下高压涡轮的流通能力随高压涡轮进口气流总压 p_{t4} 成单调增加的变化关系。式（4-3）给出高压涡轮进口气流总压与飞行马赫数、速度冲压比和压缩部件内涵道总增压比的关系。

$$p_{t4} = \frac{p_{t4}}{p_{t3}} \frac{p_{t3}}{p_{t2}} \frac{p_{t2}}{p_{t0}} \frac{p_{t0}}{p_{s0}} p_{s0} = \sigma_b \pi_C \sigma_{in} \left[\left(1 + \frac{\gamma - 1}{2} Ma_0^2 \right)^{\frac{\gamma}{\gamma - 1}} \right] p_{s0} \qquad (4-3)$$

令速度冲压比 π_i 为

$$\pi_i = \frac{p_{t0}}{p_{s0}} = (1 + \frac{\gamma - 1}{2} Ma_0^2)^{\frac{\gamma}{\gamma - 1}}$$

尽管压缩部件增压比随飞行马赫数的增加而减小,式(4-3)表示由于速度冲压的作用,特别是超声速飞行以后,高压涡轮进口气流总压随飞行马赫数的增加将显著提高,所以总空气流量 W_a 随飞行马赫数的增加而增大,见图4-1。

随飞行马赫数的增加,尽管涡扇发动机内涵道和外涵道空气流量均增大,但因进气总温 T_{t2} 的增加使发动机高压、低压转子的换算转速减小,高压、低压转子的共同工作点沿各自的共同工作线向左下方移动。由于涡扇发动机内涵道为一个具有高设计增压比的压缩部件,随换算转速的下降,内涵道的换算流量(即流通能力)比外涵道的下降得更快(参考3.1.4节),因此随飞行马赫数的增加,发动机的涵道比 B 加大,见图4-2。

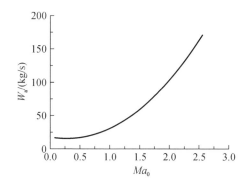

图4-1　空气流量随飞行马赫数的变化

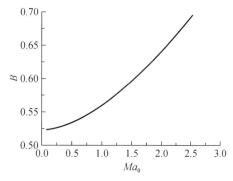

图4-2　涵道比随飞行马赫数的变化

进口气流总压 p_{t2} 增加使尾喷管进口气流总压增大,使得喷管压比增加,导致喷管出口的排气速度增大。遗憾的是排气速度 V_9 的增加程度却赶不上进气速度 V_0 的增加程度,加之发动机的涵道比增大,更使得排气速度与进气速度之差随飞行马赫数的增加而迅速减小,因此单位推力 F_S 随飞行马赫数的增加而快速减小,见图4-3。

发动机推力随飞行马赫数的变化取决于发动机单位推力与空气流量的乘积随飞行马

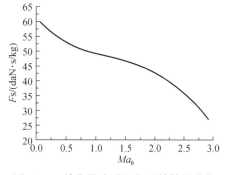

图4-3　单位推力随飞行马赫数的变化

赫数的变化,在两者共同作用下,随飞行马赫数的增加,小涵道比涡扇发动机的推力随飞行马赫数的变化趋势是先增大后减小,见图4-4(a)。耗油率变化的主要影响因素为单位推力,由于单位推力随飞行马赫数单调下降,因此耗油率单调增加,见图4-4(b)。

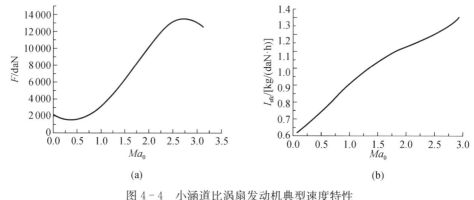

(a)　　　　　　　　　　　　　　　　(b)

图4-4　小涵道比涡扇发动机典型速度特性

尽管耗油率随飞行马赫数单调增加,并不意味随飞行马赫数的增加将导致发动机的经济性变差。因为在讨论速度特性时飞行马赫数是变化的,所以在这种情况下只能用总效率评价发动机的经济性。式(1-41)可改写为

$$I_{sfc} = \frac{3\,600 a_0 Ma_0}{\eta_0 H_f} \qquad (4-4)$$

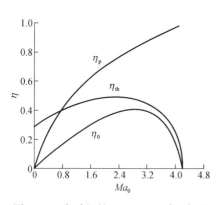

图4-5　发动机的 η_0、η_{th}、η_p 随飞行马赫数的变化关系

由式(1-39)知,发动机总效率 η_0 为热效率 η_{th} 与推进效率 η_p 的乘积,图4-5给出了这三个效率随飞行马赫数 Ma_0 的变化关系。

当飞行马赫数增加时,一方面速度冲压作用使热力循环的总增压程度(速度冲压比与压缩部件总增压比的乘积)增大,有利于循环热效率增加;另一方面速度冲压作用使发动机进气总温、压气机出口气流温度相应增加使循环加热量减少,而沿流程的流动损失并未成比例减少,使得排热损失在循环加热量中所占比例增大,又会使热效率下降。综合上述两方面的影响,在低飞行马赫数范围内时,循环加热量大且热力循环总增压比增大,有利因素起主要作用,热效率随飞行马赫数增加而增加;反之,超高声速($Ma_0>3$)飞行时循环加热量严重减小的不利因素起主要作用,热效率随飞行马赫数的增加而降低。推进效率取决于排气速度 V_9 与进气速度 V_0 的比值[见式(1-37)],随着飞行马赫数的增加,排气速度 V_9 与进气速度 V_0 的比值下降,推进效率随飞行马赫数的增加而增加。

综上所述,热效率和推进效率随飞行马赫数的变化特点最终决定了图4-5上总效率的变化曲线。在低飞行马赫数时,由于总效率随飞行马赫数的增加,使耗油率的增大趋势变缓;而在高飞行马赫数时,由于总效率随飞行马赫数的下降而使耗油率急剧增大。必须指出:在飞行速度变化时不能用耗油率作为判别发动机经济性的依据,而应以总效率作为判据。据此,可由图4-5看出:飞行马赫数在2.5~3.5的范围内时,小涵道比涡扇发动机总效率高,因此具有良好的经济性。

涡喷发动机速度特性曲线的变化趋势与小涵道比涡扇发动机相类似,但大涵道比涡扇发动机推力随飞行马赫数的变化趋势与小涵道比涡扇发动机有较大差别。图4-6给出不同设计涵道比涡扇发动机的速度特性。为了便于进行比较,图上还绘出了涡喷发动机的速度特性,即对应于设计涵道比等于零的情况。由图4-6看出:不同涵道比设计值对发动机的速度特性中推力随飞行马赫数的变化规律产生重大影响。因为随飞行马赫数的增加,涡扇发动机的涵道比将发生变化并随之增大(见图4-2),导致发动机单位推力降低,并且涵道比设计值越高,涵道比增加程度越大、单位推力下降得越剧烈,甚至改变了推力随飞行马赫数的变化趋势,大涵道比涡

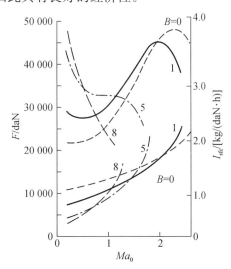

图4-6 不同设计涵道比涡扇发动机的速度特性

扇发动机随着飞行马赫数的增加,推力单调下降。涵道比设计值越大,随飞行马赫数的增加推力下降越快。另外,因为涵道比设计值越大,排气速度越低,推进效率越高,所以在亚声速范围内大涵道比涡扇发动机的耗油率低于小涵道比涡扇发动机。大涵道比涡扇发动机在亚声速飞行范围内具有优良的经济性,这也使它成为现代商用客机和亚声速运输机的主要动力装置。而小涵道比涡扇发动机更适合作为现代先进超声速战斗机的动力装置。

4.2.2 高度特性

在给定的飞行速度(或飞行马赫数)、发动机工作状态和控制规律下,分析发动机推力和耗油率随飞行高度的变化关系,发动机的每种工作状态都有对应的高度特性。图4-7给出发动机在中间状态工作时的典型高度特性。随着高度的增加,推力下降,耗油率也下降,但高度在11 km以上平流层内,如果不考虑雷诺数的影响,耗油率保持不变。上述参数随飞行高度的变化规律适用于各种类型的涡轮喷气和涡轮风扇发动机。高度特性是飞机选择动力装置的重要依据之一。

现以一台双轴涡扇发动机为例说明高度特性变化的原因,发动机工作状态为中间工作状态,控制规律仍选择为

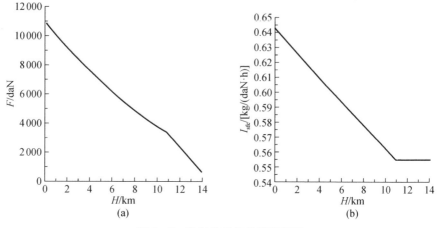

图 4-7　涡扇发动机的高度特性

$$n_{\mathrm{L}} = n_{\mathrm{Lmax}} = 常数$$
$$T_{\mathrm{t4}} = T_{\mathrm{t4max}} = 常数$$

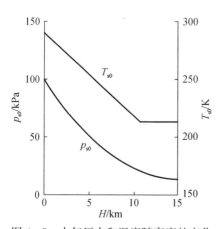

图 4-8　大气压力和温度随高度的变化

图 4-8 给出理论大气压力和温度随高度 H 的变化规律。由式(4-1)和式(4-2)看出：在给定的飞行马赫数下，进气总压 p_{t2} 和进气总温 T_{t2} 随飞行高度 H 的变化分别与大气压力 p_{s0} 和大气温度 T_{s0} 成比例。

飞行高度低于 11 km 时，随着飞行高度的增加，进气总压 p_{t2} 和进气总温 T_{t2} 均下降。进气总温 T_{t2} 的下降使得转子换算转速增加，发动机共同工作点沿共同工作线向右上方移动，发动机换算流量和增压比都会增大。

计算和实践均证明：

(1) 进气总压 p_{t2} 随飞行高度的增加而减小，导致沿发动机流路各截面的总压减小，高压涡轮进气总压 p_{t4} 的下降将成为发动机总空气流量 W_{a} 变化的决定性因素，因此进气总空气流量 W_{a} 随飞行高度的增加将迅速下降。

(2) 随飞行高度的增加，换算转速增加，共同工作点沿共同工作线向右上方移动，使压缩部件增压比增加，而大气压力减小使喷管压比 $p_{\mathrm{t9}}/p_{\mathrm{s0}}$ 增加，导致发动机排气速度 V_9 增大；相同飞行马赫数下，随飞行高度的增加，大气温度 T_{s0} 下降使 V_0 减小，因此发动机的排气速度与进气速度的差值增加，导致单位推力 F_{S} 随飞行高度的增加而增加。

图 4-9 和图 4-10 给出了发动机进气总空气流量 W_{a} 和单位推力 F_{S} 随飞行高度 H 的变化关系。

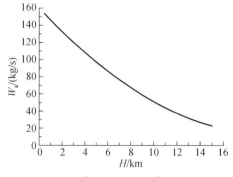

图 4-9　空气流量随飞行高度的变化

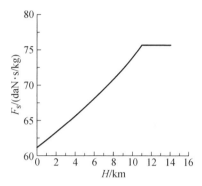

图 4-10　单位推力随飞行高度的变化

　　发动机推力等于总空气流量与单位推力的乘积,综合两者随飞行高度的变化,其中占主导作用的是空气流量随高度的快速下降,因此发动机推力随飞行高度的增加而迅速降低。正因如此,飞机所能达到的最高飞行高度受到一定的限制。

　　耗油率变化的主要原因是随着飞行高度的增加,发动机增压比增加,改善了热效率,使总效率提高,耗油率下降。除此之外,大气温度随高度变化,会改变气体比热容等物性参数,也会引起发动机耗油率随高度的增加(标准大气且高度在 11 km 以下)而下降。

　　飞行高度高于 11 km 且低于 24 km 时,大气进入平流层,理论上认为进气总温 T_{t2} 不再随飞行高度变化,转子换算转速不变,共同工作点位置不变,发动机换算流量和增压比均不再变化。因此,随着飞行高度的增加,单位推力 F_S 不变,进气总空气流量 W_a 随着大气压力的降低而成比例减小。单位推力 F_S 不再随高度变化,因此随高度增加推力 F 下降得更加剧烈。

　　发动机研制部门经常以速度-高度特性的形式提交发动机特性(见图 4-11 和图 4-12),以便全面评价发动机性能。速度-高度特性是在给定的发动机工作状态和控制规律下,发动机推力和耗油率随飞行高度和速度(或飞行马赫数)的变化关系。发动机每种工作状态都有对应的速度-高度特性。

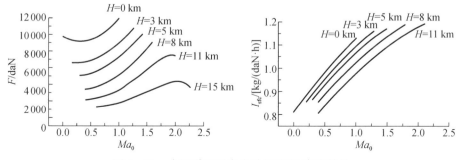

图 4-11　小涵道比涡扇发动机速度-高度特性

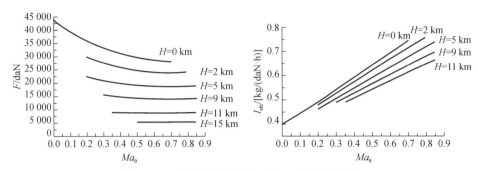

图 4-12　大涵道比涡扇发动机速度-高度特性

4.2.3　节流特性

节流特性是在给定的飞行条件和控制规律条件下,发动机推力和耗油率随油门位置的变化关系。对于大部分发动机不加力状态工作时,转速和油门有对应关系,因此节流特性也常被称为转速特性。

图 4-13 给出一台不加力式双轴涡扇发动机的节流特性。在不加力时,随着油门的减小,供油量即燃油流量 W_f 下降,高压、低压转子转速都降低,发动机共同工作点沿共同工作线向低换算转速方向移动,风扇增压比和压气机增压比均降低,导致压气机后沿气流流路各截面的总压下降,发动机总空气流量 W_a 和尾喷管排气总压 p_{t9} 下降。内外涵道空气流量均随转速的降低而减少,并且内涵道的空气流量减少得更加严重,结果随转速的降低,发动机涵道比增加(见图 4-14)。尾喷管排气总压 p_{t9} 下降和涵道比的增加使排气速度 V_9 减小,单位推力 F_S 下降。进气总空气流量和单位推力随着转速的降低均下降,导致推力 F 减小,如图 4-13 所示。

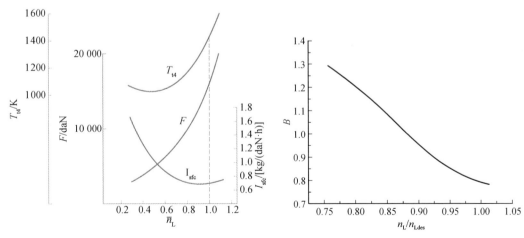

图 4-13　双轴涡扇发动机节流特性　　　　图 4-14　涵道比随转子转速的变化

图 4-13 还给出了发动机耗油率的变化规律,随着油门的减小,耗油率先稍有所降低而后迅速增加,有些发动机在接近最高工作转速时耗油率存在最低值。耗油率的变化原因是多方面因素综合而成,涉及的因素不仅包括发动机增压比、循环加热量和部件效率变化对热效率的影响,还包括进排气速度比值对推进效率的影响等。

从图 4-13 看出:当发动机从最大转速开始减少供油量时,涡轮前燃气温度 T_{t4} 随之下降;在低转速范围内,由于各部件工作状态远离设计状态,各部件效率大大下降,必须靠提高涡轮前燃气温度 T_{t4} 来维持低转速条件下的功率平衡,因此随转速降低涡轮前燃气温度呈现出先降低后快速提高的变化趋势。由此可见:慢车工作状态对应的发动机热端部件的工作温度较高,因此对有些发动机慢车工作状态的连续工作时间受到限制。

对于复燃加力发动机,在加力接通时还对应有加力节流特性。在加力状态下增大油门可使加力供油量增加,使加力温度提高、加力推力和加力耗油率均加大。复燃加力发动机不加力时的节流特性与不加力式发动机的相类似。复燃加力发动机的节流特性常表示为图 4-15 所示的形式,包括加力节流和不加力节流。图中横坐标表示的推力和纵坐标表示的耗油率均为相对于中间状态性能参数的比值。从飞行控制考虑,希望不加力的中间状态推力与最小加力状态推力之差尽可能小,实现此要求的困难在于加力燃烧室的燃油流量过小时将无法组织加力燃烧室的稳定燃烧过程。

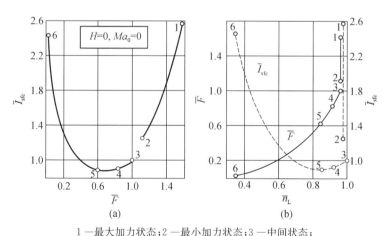

1—最大加力状态;2—最小加力状态;3—中间状态;
4—最大连续状态;5—巡航状态;6—慢车状态。

图 4-15 复燃加力发动机节流特性

4.3 影响发动机稳态特性的诸因素

在航空燃气涡轮发动机中,同一种类型发动机的速度特性、高度特性和节流特性的变化规律是类似的,但是发动机循环参数设计值不同、控制规律不同、大气条件变化等均将对发动机稳态特性产生较大影响。本节将进一步说明上述因素对发动机稳态特性的影响。

4.3.1　发动机参数设计值对速度特性的影响

涡扇发动机设计循环参数包括涡轮前燃气总温、压缩部件内涵总增压比、涵道比以及复燃加力涡扇发动机的加力燃烧室出口气流总温,设计参数取值不同将对发动机稳态特性产生影响,本节将以速度特性为例加以说明,其中有关不同设计涵道比对速度特性的影响,已在 4.2.1 节中描述,对此不再赘述。

图 4 - 16 和图 4 - 17 给出设计涡轮前气流总温 T_{t4d} 和压缩部件内涵道总增加比 π_{Cd} 对小涵道比涡扇发动机速度特性的影响,这两个设计参数取值不同时不影响发动机速度特性的变化规律。

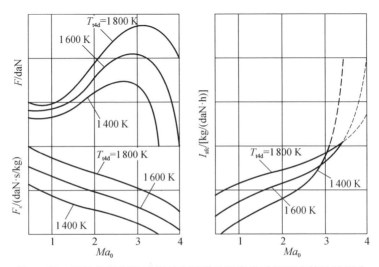

图 4 - 16　涡轮前温度设计值对小涵道比涡扇发动机速度特性的影响

由图 4 - 16 看出:在其他设计循环参数不变的条件下,高涡轮前温度设计值的发动机在所有的飞行马赫数范围内都具有更高的推力,但其耗油率也更高,只有达到很高的飞行马赫数后,高涡轮前温度设计值的发动机才有更低的耗油率。其原因在于:随着飞行马赫数的增大,燃烧室进口气流总温 T_{t3} 不断增加,在很高飞行马赫数下,只有更高设计涡轮前温度的发动机才能允许加入更多的循环加热量,使损失所占加热量的比例相对较小,热效率更高,因此有更低的耗油率。

由图 4 - 17 看出:高设计总增压比的发动机在低飞行马赫数时具有更高的推力和更低的耗油率;低设计总增压比的发动机在高飞行马赫数时表现出更优越的速度特性。

图 4 - 18 给出设计加力温度对复燃加力发动机速度特性的影响。为了便于进行比较,图上也绘出了不加力发动机的特性。由图 4 - 18 看出:在所有的飞行马赫数范围内复燃加力推力更大,飞行马赫数在低于 3 的范围内复燃加力耗油率更高,只有达到很高的飞行马赫数后复燃加力发动机才会有较低的耗油率。加力温度设

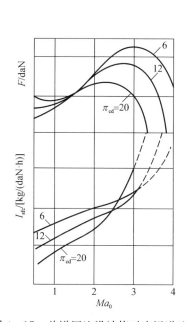

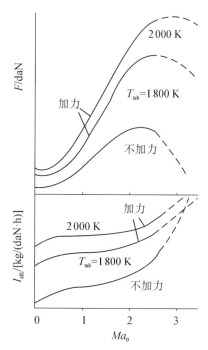

图 4-17 总增压比设计值对小涵道比涡扇发动机速度特性的影响

图 4-18 不同加力温度设计值的复燃加力发动机速度特性

计值越高,复燃加力发动机的推力越大,推力达到最大值所对应的飞行马赫数也更高。在马赫数低于 3 的飞行速度变化范围内,加力温度设计值越高,加力耗油率也越高。

4.3.2 发动机控制规律对稳态特性的影响

1) 控制规律的影响

以几何不可调双轴涡喷发动机为例,说明当发动机采用不同控制规律对速度特性和高度特性的影响。

对于几何不可调的双轴涡喷发动机被控参数就只能有一个,其典型的中间状态控制规律可采用两种:①n_L=常数;②n_H=常数。

图 4-19 给出上述前两种控制规律对高度特性的影响,比较的条件是两种控制规律都对应相同的涡轮前温度最高允许值 T_{t4max}。在低于 11 km 范围内,随着高度的增加,大气温度降低使发动机换算转速增加,高压压气机消耗的功相对增加,当采用第②种控制规律时,为维持高压转子转速必须提高涡轮前温度以增加高压涡轮功,低压涡轮功也因此增加而使得低压转子转速增加,所以推力随高度增加的下降相对缓慢,说明这种控制规律具有良好的高空特性,而低空时涡轮前温度较低且推力相对较小。

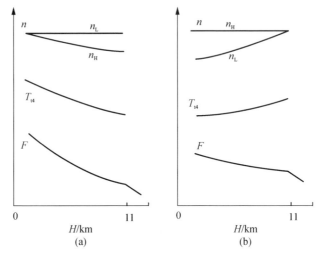

图 4 - 19　两种控制规律对双轴涡喷发动机高度特性的影响

(a) ①n_L＝常数　　(b) ②n_H＝常数

图 4 - 20 给出上述两种控制规律对速度特性的影响。比较的条件是两种控制规律都对应相同的涡轮前温度最高允许值 T_{t4max}。由图 4 - 25 可知:随着飞行马赫数的增加,第①种控制规律使得高压转子转速和涡轮前温度均随飞行马赫数的增大而增加,因此在高速下具有相对更高的推力。因为这种控制规律在最大飞行马赫数时达到涡轮前温度最高值,所以起飞时的涡轮前温度相对较低,对应的推力也小。第①种控制规律具有良好的高速性能。随飞行马赫数的增加,第②种控制规律使低压转子转速和涡轮前温度均下降,在低速时达到涡轮前温度最高值,因此低速时推力相对较高,但高速推力性能较差。

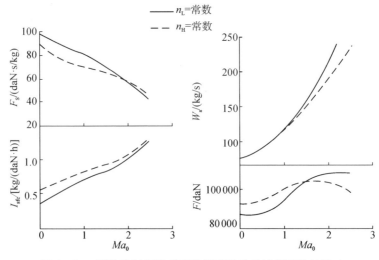

图 4 - 20　两种控制规律对双轴涡喷发动机速度特性的影响

图 4-21 和图 4-22 给出采用①n_L＝常数、A_8＝常数和②n_L＝常数、A_8＝$f(E_{PR})$两种控制规律条件下,复燃加力涡扇发动机中间状态和最大加力状态下速度-高度特性对比结果。图 4-21 和图 4-22 中,圆点符号表示按第①种控制规律控制发动机的特性结果,三角符号表示按第②种控制规律控制发动机的特性结果。

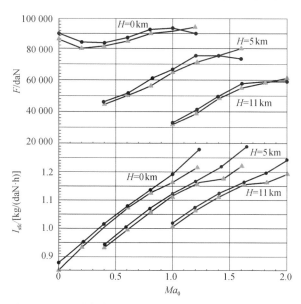

图 4-21 两种控制规律下中间状态速度-高度特性对比

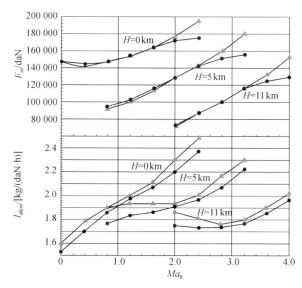

图 4-22 两种控制规律下最大加力状态速度-高度特性对比

从图 4-21 和图 4-22 中可以明显看出:按第①种控制规律,在高速飞行条件下,因发动机进口气流总温高,风扇消耗的压缩功相对低速飞行条件下有较大幅度提高,为维持风扇转速必须相应提高涡轮前温度,当上述变化导致涡轮前温度达到限制值风扇转速将难以维持而下降,进入发动机的空气流量减少使推力下降;而采用第②种控制规律后,发动机转速维持可以通过调节尾喷管喉道面积A_8,实现对低压涡轮膨胀比的调节来维持风扇转子的功率平衡,因此可以在保证涡轮前温度不超出限制值条件下维持较高的推力和较低的不加力耗油率,在高速飞行时可获得更高的推力。另外,当发动机排气温度一定时,发动机推力取决于尾喷管进口气流总压,也即取决于发动机压比,因此按第②种控制规律相当于控制发动机的推力。

　　2)可调几何部件对稳态特性的影响

　　现代航空发动机利用可调节几何部件来改进发动机特性,如广泛采用压气机中间级放气、可调导流叶片的风扇和可调静子叶片的压气机、可调喉道面积和出口面积的尾喷管等。控制这些可调几何部件的控制规律是发动机控制规律的重要组成部分。下面以发动机转速特性为例介绍典型可调几何部件对稳态特性的影响。

　　图4-23给出有中间级放气的压气机特性及共同工作线,图4-24给出中间级放气对发动机转速特性的影响。中间级放气是提高发动机在低换算转速工作时喘振裕度的一项有效措施。从图4-23看出,中间级放气后喘振裕度增加。但由于放气使一部分已消耗压缩功的气体放入外涵道或放出发动机体外,使进入涡轮做功的气流减少,导致发动机推力减少,耗油率增加(见图4-24)。

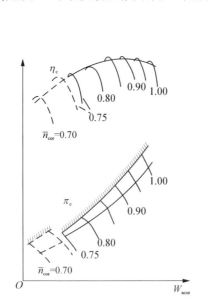

图4-23　有中间级放气的压气机特性
及共同工作线

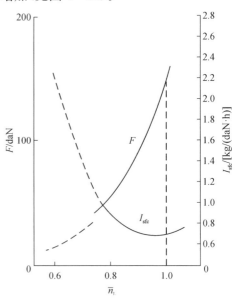

图4-24　中间级放气的发动机转速特性

　　图4-25给出混排涡扇发动机喷管喉道面积A_8调节对风扇转子共同工作线的影响。图中显示:放大喷管喉道面积,一方面造成风扇出口反压下降,风扇增压比降低,共同工作线下移;另一方面涡轮后反压降低,低压涡轮膨胀比增加,维持低压转

子功率平衡所需涡轮前温度降低。尾喷管排气流的总压和总温均下降,使得排气速度减小,推力降低(见图4-26)。由于放大喷管喉道面积使风扇转子共同工作线下移,增大了风扇的喘振裕度,特别是在低转速条件下放大尾喷管喉道面积还有利于改善发动机的起动性能和加速性能。

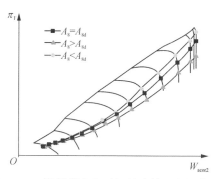

图4-25 混排涡扇发动机尾喷管面积调节
对风扇转子共同工作线的影响

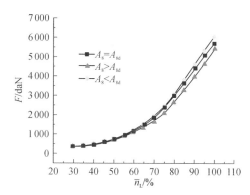

图4-26 混排涡扇发动机尾喷管面调节
对发动机推力的影响

风扇(或压气机)的可调静子叶片角度通常随风扇(或压气机)换算转速变化而调节。图4-27给出压气机可调静子叶片调节对共同工作线的影响,其中虚线表示静子叶片安装角度向转子叶片转动方向旋转后的共同工作线。从图中可以看出,静子叶片调节扩大了压气机在低换算转速条件下工作时的喘振裕度,并使压气机效率提高,换算流量减少。图4-28给出调节压气机静子叶片对节流特性的影响,图中虚线表示调节静子叶片角度后节流特性相对调节前的变化,调节使推力相对降低、耗油率相对增加。

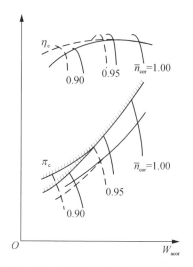

图4-27 压气机可调静子叶片调节
对共同工作线的影响

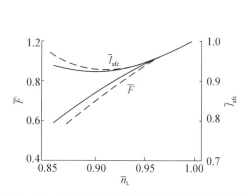

图4-28 调节压气机静子叶片对节流特性影响

4.3.3 大气温度和大气压力对稳态特性的影响[1,2]

发动机试验或工作时所处不同海拔高度和季节变化,都会使外界大气温度和大气压力发生变化。在不同大气温度和大气压力条件下,即使发动机转速相同,发动机推力会大不相同。图 4-29 给出大气温度对节流特性的影响。对于同样的发动机转速,大气温度 t_{s0} 增加使得压气机换算转速下降,导致压气机增压比和空气流量减小,发动机推力降低,耗油率增加。图 4-30 给出大气压力对节流特性的影响,其中:曲线 1 表示大气压力为 780 mmHg(1 mmHg=133.30 Pa);曲线 2 表示大气压力为 760 mmHg;曲线 3 表示大气压力为 730 mmHg。对于同样的发动机转速,因为大气压力 p_{s0} 下降,不会改变压气机换算转速和共同工作点,仅使空气密度下降,流量减少,所以发动机推力成比例降低,而耗油率不变。

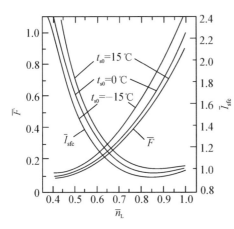

图 4-29 大气温度对节流特性的影响

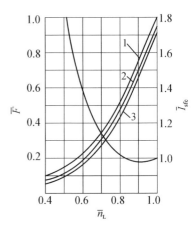

图 4-30 大气压力对节流特性的
影响

鉴于上述大气温度和大气压力对发动机性能的影响,在设计发动机时,必须考虑在炎热夏季高气温和高原机场低气压条件下飞机起飞时,发动机如何满足起飞推力需求的问题。例如,对于民航客机或货机,要求在热天起飞时发动机能产生足够的起飞推力,以便在客货源充足时都能实现满载起飞。显然采用保持转速恒定的控制规律是无法实现不同大气温度条件下起飞推力相等的控制,因为大气温度越高,推力越小。为此,民用客机涡扇发动机可采用如图 4-31 所示的最大起飞推力控制规律,随着外界大气温度的升高,将发动机设置在不同风扇转速,以保持起飞推力不变。随着外界大气温度的升高,排气温度也将升高,如图 4-32 所示,这将影响发动机热端部件的安全及寿命,因此当排气温度达到规定的最高允许值时,将控制发动机风扇转速随大气温度升高而下降,推力也相应降低。民航客机发动机设计时通常还要考核大气压力为 730 mmHg 条件下的起飞推力是否满足推力需求,其他用途的飞机发动机通常也需要考核高原条件下的起飞性能。

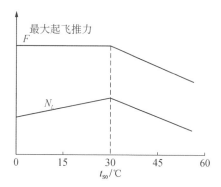

图 4-31　最大起飞推力和风扇转速
　　　　　随大气温度的变化

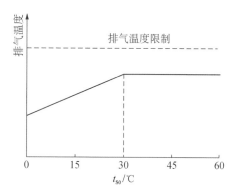

图 4-32　排气温度随大气温度的变化

4.3.4　湿度对稳态特性的影响

湿度表示空气中所含水蒸气的多少,一般用下列参数计量:

(1) 含湿量 d:每千克干空气中所含水蒸气的质量。

(2) 相对湿度 ψ:湿空气中实际所含水蒸气量与同温度下饱和水蒸气量之比。

相对湿度等于 0 表示为干空气;相对湿度等于 1 为饱和湿空气,表示在给定温度下水蒸气含量达到最大的状态,这种湿空气已不再具有吸收水蒸气的能力。

当相对湿度位于 0 到 1 之间时,湿空气是水蒸气和干空气的混合气体,所以湿度会影响空气热力性质。按混合气体定理可计算湿空气的气体常数 R_h、比热容比 γ_h 和比定压热容 c_{ph}。图 4-33 给出含湿量对气体热物性参数的影响,随着含湿量 d 的增大,气体常数和比定压热容增大,而比热容比减小。下式给出湿空气气体常数的计算公式,其他参数类似[8]。

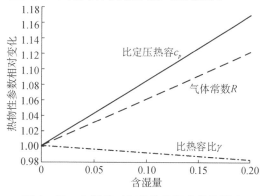

图 4-33　含湿量对气体热物性参数的影响

$$R_h = \frac{R_a + dR_s}{1+d} \tag{4-5}$$

在不同的情况下,湿度对风扇/压气机特性有两种不同影响[1,7]:

(1) 相对湿度位于 0 到 1 之间时,即使风扇/压气机叶片第一级周向速度保持不变的工作状态,由于湿度使气体常数和比热容比发生变化,引起式(2-11)表示的临界声速和式(2-10)表示的周向速度系数发生变化,进而将造成风扇/压气机特性的等换算转速线向换算流量和增压比较小的方向移动,如图 4-34 所示。图中"空心圆点"表示湿空气导致压气机特性线的变化。由图 4-34 还可看出湿空气还可能引

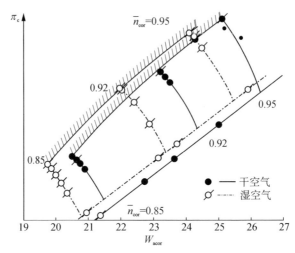

图4-34　湿空气导致压气机特性的变化

起风扇/压气机喘振边界线发生移动。

(2) 相对湿度等于1时,部分水蒸气在风扇/压气机前凝结,凝结放热使风扇/压气机进口气流总温高于发动机前进口气流总温,使前几级的换算转速下降,后几级的压缩过程与第(1)种情况相同。

雨天工作时,雨水与空气进入发动机气流通道,一部分雨水在压缩部件气流通道内蒸发吸热,使压缩过程变成放热压缩过程,风扇/压气机各级进口温度下降,使各级换算转速增加,前几级等换算转速特性线向换算流量较大的方向移动,共同工作线向增压比较小方向移动,后几级流通能力加大。

鉴于湿度对风扇/压气机特性和空气热力性质的影响,在同样的飞行马赫数和低压转速条件下,湿度增加使气体常数和比热容比增加,导致发动机空气流量减小,燃油流量减少,排气温度和压力均下降,这些因素的综合作用使推力减小,耗油率提高。如期望在潮湿的天气条件下发动机仍提供足够的推力,则需要相应增加发动机燃油流量,提高转子转速,会使耗油率进一步增加。表4-1给出不同给定条件下湿度引起发动机主要参数的变化趋势[2]。涡喷、涡扇发动机性能的湿度修正方法可参考文献[8]。

表4-1　发动机主要参数随空气湿度的变化趋势[3]

参数	相对变化	
	给定低压转子转速	给定推力
低压转子转速	—	增加
高压转子转速	—	增加
空气流量	下降	下降
燃油流量	下降	增加
推力	下降	—
耗油率	增加	增加

4.3.5　雷诺数对稳态特性的影响

随着飞行高度增加,大气密度下降,使得雷诺数 Re 降低。当雷诺数小于临界雷诺数时,零件表面附面层加厚,流动损失增加,发动机流通能力下降,使压缩部件效率和涡轮效率下降,进而导致发动机性能变差,因此应考虑在高空低速飞行时雷诺数降低对发动机性能的影响。

图 4 - 35 是雷诺数对压缩部件特性影响的示意图。图中虚线表示当雷诺数低于临界雷诺数时压缩部件特性线的变化,雷诺数下降使压缩部件特性上的等换算转速线移动,效率降低,换算流量移向更低换算流量方向,对风扇/压气机特性均造成不利影响。

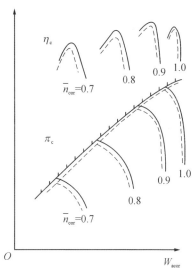

图 4 - 35　雷诺数低于临界值时对压缩部件特性的影响

图 4 - 36 表示雷诺数对涡轮特性的影响。该图给出 PW545 涡扇发动机低压涡轮相似流量和效率随雷诺数的变化[9]。对于控制规律为等转速控制的发动机而言,当雷诺数下降时,由于压缩部件效率和涡轮效率下降导致维持发动机工作转速所需涡轮前温度提高,共同工作线移向喘振边界线,喘振裕度减小。雷诺数降低造成部件效率和流通能力的下降,以及涡轮前温度的提高,综合结果导致推力下降,耗油率增加。图 4 - 37 给出 PW545 涡扇发动机高空低压缩部件效率和涡轮效率下降条件下特性实验结果[10]。

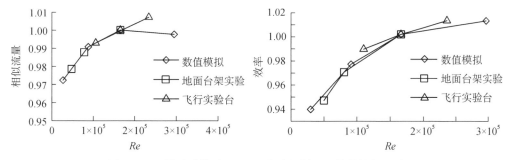

图 4 - 36　低雷诺数对 PW545 发动机低压涡轮特性的影响

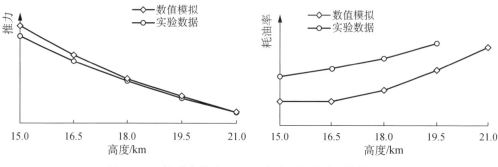

图 4 - 37 低雷诺数对 PW545 发动机的发动机特性影响

4.4 发动机的性能相似参数和台架性能换算

由 4.3.3 节知大气温度 T_{s0} 和大气压力 p_{s0} 对发动机特性产生不容忽视的影响,造成不同大气条件下地面试车实测发动机性能数据有很大差别,因此必须将不同大气条件下测得的发动机台架性能参数换算成海平面静止标准大气条件下的数据,然后根据换算得到的性能数据对发动机的性能进行评定和验收。

发动机性能参数的换算关系以发动机相似理论为基础,可用量纲分析方法导出发动机的相似参数[5],再以此为基础获得发动机台架性能换算公式。

4.4.1 性能相似参数

根据相似理论,对于几何相似或相等的燃气涡轮发动机,其工作状态相似的充分必要条件即相似准则为飞行马赫数和发动机转子换算转速分别为常数,即

$$Ma_0 = 常数, \quad n/\sqrt{\theta_2} = 常数$$

当发动机处于相似工作状态时,对应截面上同名物理量的比值保持不变,发动机的相似参数保持常数不变。

发动机主要相似参数如下:

推力相似参数

$$\frac{F}{p_{t0}} = 常数$$

耗油率相似参数

$$\frac{I_{sfc}}{\sqrt{T_{t0}}} = 常数$$

低压转速相似参数

$$\frac{n_L}{\sqrt{T_{t0}}} = 常数$$

高压转速相似参数

$$\frac{n_{\mathrm{H}}}{\sqrt{T_{\mathrm{t0}}}} = 常数$$

燃油流量相似参数

$$\frac{W_{\mathrm{f}}}{p_{\mathrm{t0}}\sqrt{T_{\mathrm{t0}}}} = 常数$$

空气流量相似参数

$$\frac{W_{\mathrm{a}}\sqrt{T_{\mathrm{t0}}}}{p_{\mathrm{t0}}} = 常数$$

可以利用相似参数表示发动机特性,并将速度特性、高度特性、节流特性表示在一张图上(见图 4-38),称为发动机的通用特性。

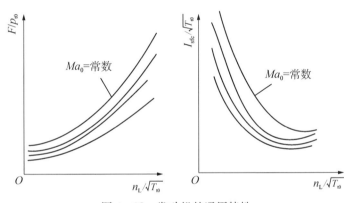

图 4-38　发动机的通用特性

4.4.2　台架性能换算

由 4.3.3 节知大气温度 T_{s0} 和大气压力 p_{s0} 会对发动机特性产生不容忽视的影响,造成不同大气条件下地面试车实测的发动机性能数据有很大差别,不能将这两个参数作为发动机性能评定和验收依据,因此必须将不同大气条件下测得的发动机台架性能参数换算成海平面静止标准大气条件下的数据,然后根据换算得到的性能数据对发动机的性能进行评定和验收。

国际标准大气条件:海平面静止状态,$T_{\mathrm{s0}} = 288\,\mathrm{K}$,$p_{\mathrm{s0}} = 101\,325\,\mathrm{Pa}$。

发动机在地面台架试车时,用下标"m"表示测得的周围大气温度、大气压力和发动机参数,利用下面传统的台架试车数据换算公式可将发动机实测参数换算到标准大气条件下的参数。

$$n_{\text{cor}} = n_{\text{m}} \sqrt{\frac{288}{t_{\text{s0m}} + 273}} \tag{4-6}$$

$$F_{\text{cor}} = F_{\text{m}} \frac{101\,325}{p_{\text{s0m}}} \tag{4-7}$$

$$I_{\text{sfccor}} = I_{\text{sfcm}} \sqrt{\frac{288}{t_{\text{s0m}} + 273}} \tag{4-8}$$

$$W_{\text{fcor}} = W_{\text{fm}} \frac{101\,325}{p_{\text{s0m}}} \sqrt{\frac{288}{t_{\text{s0m}} + 273}} \tag{4-9}$$

式中：t_{s0m} 为大气温度，℃；p_{s0m} 为大气压力，Pa。

实际上，大气温度的变化会影响气体热物性参数，如不考虑它们的变化，将影响试车数据换算的准确度，为此在传统方法基础上加以修改形成考虑温度影响的换算方法[11]。耗油率的换算公式形式如下：

$$I_{\text{sfccor}} = I_{\text{sfcm}} \left(\frac{288}{t_{\text{s0m}} + 273} \right)^{\alpha}$$

不同发动机的 α 不同，如：对于 JT15D 发动机，α 取 0.75；对于 CFM56 发动机，α 取 0.54。

其他相似参数也有类似的情况，排气温度换算公式和燃油流量换算公式为

$$T_{\text{t5cor}} = \frac{(t_{\text{t5m}} + 273)}{(t_{\text{s0m}} + 273)^{\beta}}$$

$$W_{\text{fcor}} = \frac{W_{\text{fm}}}{p_{\text{s0m}} (t_{\text{s0m}} + 273)^{\beta}}$$

如 JT9D 发动机，规定排气温度换算公式中的 β 取 1.017，燃油流量换算公式中的 β 取 0.584。

α 和 β 可通过对同一型号多台发动机的实测数据进行统计后确定，也可通过理论计算确定，或采用两者的综合。

参 考 文 献

[1] 张津，洪杰，陈光. 现代航空发动机技术与发展[M]. 北京：北京航空航天大学出版社，2006.

[2] Mattingly J D, Heiser W H, Pratt D T. Aircraft Engine Design [M]. 2nd ed. AIAA Education Serie, AIAA Inc., 2002.

[3] Walsh P P, Fletcher P. Gas Turbine Performance[M]. 2nd ed. England：Blackwell Science Ltd, 2008.

[4] Farokhi S. Aircraft Propulsion [M]. New Jersey：Wiley, 2008.

[5] 廉筱纯，吴虎. 航空发动机原理[M]. 西安：西北工业大学出版社，2005.

[6] 索苏诺夫 B A,切普金 B M. 航空发动机和动力装置的原理、计算及设计[G]. 莫斯科国立航空学院,2003.

[7] 尤·阿·李特维诺夫,弗奥·鲍罗维克. 航空涡轮发动机的特性和使用性能[M]. 陈炳慈,译. 北京:国防工业出版社,1986.

[8] 国防科学技术工业委员会. 涡喷涡扇发动机性能的湿度修正规范:GJB 359—1987[S]. 国防科学技术工业委员会,1988.

[9] Wyzykowski J, Adamczyk J. An Engine Research Program Focused on Low Pressure Turbine Aero Dynamic Performance [S]. ASME GT-2002 - 30004,2002.

[10] Wyzykowski J. Development and Testing of a Commercial Turbofan Engine for Altitude UAV Applications [S]. SAE 2001 - 01 - 2972,2001.

[11] 国防科学技术工业委员会. 涡喷涡扇发动机性能的温度修正规范:GJB 378—1987[S]. 国防科学技术工业委员会,1988.

思 考 题

1. 发动机的典型工作状态有哪些?

2. 什么是燃气涡轮发动机的速度特性、高度特性和节流特性?

3. 大涵道比分开排气涡轮风扇发动机速度特性有哪些特点? 为什么?

4. 设计增压比和设计涡轮前总温对燃气涡轮发动机的速度特性曲线有什么影响? 为什么?

5. 对于一台几何位置不可调节的双轴涡喷发动机,对应相同的涡轮前温度限制,对于两种控制规律:①控制低压转子物理转速不变;②控制高压转子物理转速不变。哪一种控制规律在高空状态下的推力更大? 为什么?

6. 对于涡轮喷气发动机,在低换算转速时对压气机进行中间级放气,对发动机的推力和耗油率有什么影响? 为什么?

7. 几何参数相似的涡轮喷气或涡轮风扇发动机状态相似的准则参数是什么?

8. 什么是发动机的相似工作状态? 在状态相似时发动机有什么特点?

9. 在什么条件下必须考虑雷诺数对发动机性能的影响? 为什么? 通常雷诺数是如何对发动机性能产生影响的?

5 航空燃气涡轮发动机过渡状态性能

5.1 概述

发动机从一个工作状态过渡到另一个工作状态的过程称为过渡工作状态(也称为非稳定工作状态或瞬态),其特点为发动机推力或功率和工作过程参数随时间变化,如发动机起动和停车过程、驾驶员推(收)油门杆使发动机加速(或减速)过程,以及接通加力或切断加力过程等。发动机过渡过程的性能指标是时间,如加速时间、起动时间等,对发动机的过渡过程有严格的性能指标和技术要求,发动机出厂时需要按照规定的技术指标进行检测和验收。

5.2 发动机的加减速过程

5.2.1 发动机加减速过程及其性能要求

发动机加速性是指发动机从规定的低推力(或低功率)状态过渡到规定的高推力(或高功率)状态的能力,用加速时间来衡量发动机加速性的好坏。加速时间越短,飞机机动性越好。国军标规定,快推油门杆使发动机从低推力状态(慢车)开始加速,完成95%推力变化所需的时间为加速时间。对于有两个各自独立转子的双轴涡喷或涡扇发动机,转子之间没有机械联系,而且开始加速时两个转子的转速也不相同,因此它们的加速时间是不相同的。通常,将时间长的转子加速时间作为发动机加速时间。对于加力涡喷或涡扇发动机,从慢车状态加速到最大状态的加速时间包括转子加速所需的时间和接通加力并从小加力达到全加力状态所需的时间。对于现代典型加力涡扇发动机,从慢车状态到最大状态的加速时间为7 s左右;从慢车状态到中间状态的加速时间为3~5 s。表5-1给出典型加力涡扇发动机的加速时间[1]。对于现代民用涡扇发动机,美国联邦航空管理局的适航条例要求[2]:在考虑最大允许的发动机功率提取和引气的前提下,从飞行慢车状态到95%最大推力状态的加速时间,在地面约为5 s,在4 500 m高空约为8 s。同时,民用飞机制造厂商一般规定,在整个起飞包线内,发动机从最小慢车加速到98%转速状态的加速时间一般小于15 s;在极限起飞高度条件下,加速时间不大于30 s。

表 5 - 1　典型加力涡扇发动机的加速时间（来源于文献[1]，减速定义见下段）

位置	飞行高度	飞行马赫数	开始状态	终止状态	加速时间
地面	0	0	慢车	最大加力推力的 95%	不大于 6 s
地面	0	0	慢车	中间状态推力的 95%	不大于 5 s
空中	低于 8 km		慢车	中间状态推力的 95%	不大于 5 s
空中	高于 8 km		慢车	中间状态推力的 95%	不大于 8 s
整个飞行包线范围			中间状态	最大加力状态	不大于 3 s

　　发动机减速性是指发动机从规定的高推力（或高功率）状态过渡到规定的低推力（或低功率）状态的能力，用减速时间来衡量发动机减速性的好坏。减速时间越短，飞机机动性越好。国军标规定，快收油门杆使发动机减速时，完成 95% 推力变化所需的时间为减速时间。对于加力涡喷或涡扇发动机，从最大加力状态减速到慢车状态的减速时间包括从全加力到小加力状态的时间、切断加力的时间和转子减速所需的时间。对于现代典型民用涡扇发动机，为了在飞机出现起飞中断事故后仍能保证在安全的距离内制动停稳，美国联邦航空管理局的适航条例同样对减速时间做出如下规定：当发动机从起飞推力状态减速到最小慢车时，推力减少 75% 所需的减速时间，在 4 500 m 高空不超过 7 s，在地面不超过 4.5 s。

5.2.2　发动机加减速过程的转子运动方程

　　发动机在加减速过程中转子运动方程可表述如下：

$$M_T - M_A - M_K = J_z \frac{d\omega}{dt} \tag{5-1}$$

式中：M_T 和 M_K 分别为涡轮和压气机的扭矩；M_A 为带动附件和克服转子运动摩擦所需的力矩；J_z 为转子转动惯量，$\frac{d\omega}{dt}$ 为角加速度。若用机械效率 η_m 表示（$1 - M_A/M_T$），则上式写成

$$M_T \eta_m - M_K = J_z \frac{d\omega}{dt} \tag{5-2}$$

　　由于功率 P 等于扭矩 M 和角速度 ω 的乘积，角速度 ω 可用转速 n 表示，即 $\omega = 2\pi n$，则用功率和转速表示的转子运动方程可写成

$$\Delta P_T = P_T \eta_m - P_K = 4\pi^2 J_z n \frac{dn}{dt} \tag{5-3}$$

　　由此可知，若涡轮剩余功率 $\Delta P_T > 0$，由式（5-3）看出 $\frac{dn}{dt} > 0$，表示发动机加速，转速增加。说明加速的条件是涡轮功率大于压气机功率。反之，若涡轮剩余功率

$\Delta P_{\mathrm{T}}<0$，则$\dfrac{\mathrm{d}n}{\mathrm{d}t}<0$，发动机减速，说明减速的条件是涡轮功率小于压气机功率。若涡轮剩余功率$\Delta P_{\mathrm{T}}=0$，则$\dfrac{\mathrm{d}n}{\mathrm{d}t}=0$，发动机转速不变，处于稳定工作状态，这就是前面所用的发动机稳定工作的功率平衡共同工作条件。

由式(5-3)可导出，从慢车转速n_{idle}加速到最大转速$n_{\max}$的加速时间t_{acc}的计算公式为

$$t_{\mathrm{acc}}=4\pi^{2}J_{\mathrm{Z}}\int_{n_{\mathrm{idle}}}^{n_{\max}}\frac{n\,\mathrm{d}n}{P_{\mathrm{T}}\eta_{\mathrm{m}}-P_{\mathrm{K}}} \tag{5-4}$$

5.2.3　发动机加减速过程的共同工作分析

图5-1给出单轴涡喷发动机加速和减速工作线的走向。由图中看出：加速时共同工作线移向喘振边界线；减速时则相反。由第3章介绍的发动机共同工作线走势影响因素分析可知，提高涡轮前温度，共同工作线移向喘振边界线。加速时，供油量增加，涡轮前温度上升，造成工作线移向喘振边界线；减速时正好相反。对于双轴涡喷发动机，在过渡过程中，高压压气机上加速工作线的走向与单轴相同；低压压气机的工作特点与单轴不同，图5-2给出低压压气机上的加速和减速工作线。低压压气机上共同工作线的走向不仅取决于涡轮前温度，还与高压和低压转子的转差率密切相关。转差率是指高低压转速的比值。转差率增加，高压压气机的抽吸能力增加，低压压气机的共同工作线移向稳态线下方；转差率减小，高压压气机的抽吸能力下降，低压压气机的共同工作线移向稳态线上方。低压转子开始加速时，转子还保持着稳态的转差率，涡轮前温度影响占主要因素，加速线向上移动；进一步加速时，高压压气机抽吸能力增强，转差率增加，加速线远离喘振边界线。减速过程则相反，低压压气机上的减速工作线会移向喘振边界线。因此，双轴发动机在减速时的减油速度也应加以控制，避免过高的减油速度引起低压压气机的喘振。

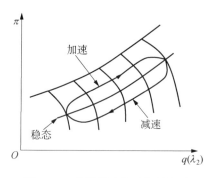
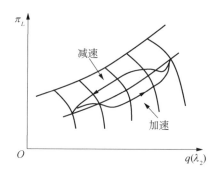

图5-1　单轴涡喷发动机的加速　　　　图5-2　双轴涡喷发动机低压转子
和减速工作线　　　　　　　　　加速和减速工作线

5.2.4 影响发动机加减速过程的因素

由公式(5-4)可知,影响发动机加速时间的主要因素是转子转动惯量 J_z、涡轮剩余功率 ΔP_T、起止转速变化范围 $n_{idle} \sim n_{max}$。为缩短发动机的加速时间,有效的措施包括减小转动惯量,增加涡轮剩余功率 ΔP_T 和提高慢车转速 n_{idle}。合理设计转子结构可减小转子转动惯量。提高涡轮前温度,放大喷管喉道面积 A_8 以增加涡轮膨胀比,可以增加涡轮功率,而调节压气机静子叶片可以减小压气机功率,这些方法均能增加涡轮剩余功率 ΔP_T。涡轮剩余功率 ΔP_T 还受到飞行高度和马赫数的影响,因此不同飞行条件下的加速时间不一样。在不加大慢车推力的条件下,提高慢车转速 n_{idle} 的常用措施是放大喷管喉道面积 A_8,这就是现代发动机在慢车状态通常采用大喷管喉道面积控制规律的原因。虽然上述措施能够缩短发动机的加速时间,实际加速过程还需要考虑压气机喘振、高空富油熄火和涡轮前温度过高的限制,5.2.5节将讨论这几个因素的影响。

除了上述主要因素之外,在加减速过程中出现的一些特殊物理现象也将影响到发动机的加减速过程,包括热燃气与发动机零部件之间的热交换、容积效应、间隙变化、多级压气机内的热交换、燃烧延迟、控制系统的迟滞现象等。

在过渡态过程,热燃气与发动机零部件之间的温差带来的热交换需要给予考虑。例如,发动机在慢车状态较长时间稳定工作后加速到最大推力状态,发动机零部件从热燃气中吸收的热量可占到供入发动机的燃油热能的 30% 左右[2]。如果发动机零部件中还包括换热器,由于热惯性的影响,发动机零部件的储热对过渡态性能的影响更为显著。

发动机的容积效应是指发动机在过渡态工作时气流处于非定常流动状态,发动机不再满足流量连续和能量守恒定律。换热器和管道部件由于容积较大,其容积效应将对发动机的过渡态性能产生二阶影响[2]。

在过渡过程中,发动机转子和机匣膨胀程度不同将产生部件间隙发生变化和密封间隙变化,这些变化将影响到发动机部件性能和稳定工作裕度。同样,动态过程中多级压气机间的热量交换将影响到压气机后面级的换算转速和流通能力从而对压气机的部件性能产生二阶影响。

5.2.5 发动机加减速过程对发动机工作稳定性的影响

发动机加减速过程对发动机工作稳定性的影响表现为如下两个方面:①共同工作线逼近或进入风扇或压气机的喘振或失速边界线;②主燃烧室油气比进入熄火边界。

1) 共同工作线逼近或进入风扇或压气机的喘振或失速边界线

如图5-1所示,与稳态工作线相比,高压压气机在正常加速过程中共同工作线更靠近压气机的喘振边界线。

如图5-2所示,与稳态工作线相比,在发动机减速过程,低压共同工作线更靠近喘振边界线。

发动机遭遇加速是指在高功率(推力)状态减速后迅速加速的过程。遭遇加速过程将使压气机喘振裕度减小,其中的原因可解释为:正常加速过程,发动机零部件从热燃气中吸收的热量相当于燃油系统提供热能的30%[2];在遭遇加速过程,由于热惯性,金属零部件没有足够的时间冷却到与低功率状态相对应的温度又重新开始加速过程,原有的储热将释放给工质,相当于增加供油量提高了涡轮前温度,因此共同工作线更贴近于喘振边界线。图5-3给出了遭遇加速过程对共同工作线的影响。

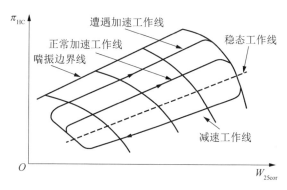

图5-3　遭遇加速过程对共同工作线的影响

　　为了避免发动机在加减速过程共同工作线进入风扇或压气机的喘振或失速边界线,发动机在稳态工作时要预留一定的喘振裕度。发动机喘振裕度的最小允许值因发动机的结构形式和使用要求而异,通常情况下,发动机所需的喘振裕度通过降稳因子的叠加获得,表5-2给出了在标准海平面最大推力条件下,不同降稳因子对典型民用涡扇发动机高压压气机稳态喘振裕度的影响[2]。由表5-2可知,高压压气机所需的总喘振裕度与各种降稳因子对喘振工作线和共同工作线的影响有关。各因子的确定性影响通过线性叠加获得,不确定偏差(正负偏差)通过先求平方和再开方获得。因此,喘振裕度总和为20%±4.4%,考虑到可能出现的最糟糕情况,高压压气机所需的喘振裕度为24.4%。

表5-2　不同因素对典型民用涡扇发动机高压压气机喘振裕度的影响

因素	需要预留的喘振裕度/%
新制造发动机共同工作线偏差影响	(0±1.5)
新制造发动机喘振边界线偏差影响	(0±4)
在役发动机性能衰减造成的共同工作线偏差	-2.0
在役发动机性能衰减造成的喘振工作线偏差	-4.0
控制系统燃油计量装置影响	(0±1.0)
雷诺数影响	-1.0
进气畸变影响	-1.0
过渡过程影响	-12.0
总和	(20±4.4)
所需的喘振裕度	24.4

在海平面最大推力状态,对于民用涡扇发动机的喘振裕度,一般要求风扇为
$10\%\sim15\%$,低压压气机为 $15\%\sim20\%$,高压压气机为 $20\%\sim25\%$;对于战斗机用
的加力涡扇发动机,喘振裕度相应增加 5%,即风扇为 $15\%\sim20\%$,低压压气机为
$15\%\sim20\%$,高压压气机为 $25\%\sim30\%$。

2) 主燃烧室油气比进入熄火边界线

贫油熄火是发动机在高空小马赫数快收油门减速过程中容易发生的燃烧不稳
定现象。在相同的换算转速条件下,与稳态相比,发动机在减速过程的供油量减少
$20\%\sim50\%$,油气比下降;而且,由此可知,在高空小马赫数工作条件下,发动机进口
总压下降,主燃区载荷大大增加,燃烧室的贫油边界线的油气比上升。因此,在高空
小马赫数工作条件下,发动机快收油门减速进入慢车状态之前通常容易发生贫油熄
火现象。在发动机的加速过程中一般不会出现富油熄火现象。其原因在于富油熄
火所需要的燃油流量通常要大于造成高压压气机喘振或发动机超温所需的燃油流
量。式(5-5)给出了主燃区载荷 L_c 的定义。

$$L_c = W_{a3}/[V_b p_{t3}^{1.8} \cdot 10^{0.00145 \cdot (T_{t3}-400)}] \tag{5-5}$$

式中:W_{a3} 为进入燃烧室的空气流量;V_b 为燃烧室的容积;p_{t3} 为燃烧室进口总压;
T_{t3} 为燃烧室进口总温。

主燃区载荷与该区化学当量比的关系如图 5-4 所示。

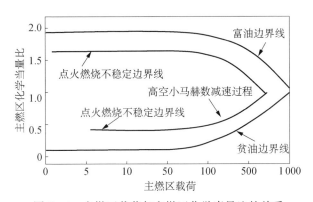

图 5-4　主燃区载荷与主燃区化学当量比的关系

5.2.6　发动机加减速过程的控制

对发动机加减速过程进行控制的目的主要有两个:①满足发动机加减速性能指
标要求,即加减速时间不能超过发动机出厂验收规定或适航规定的时间指标要求;
②保证发动机安全,即避免进入风扇、压气机的喘振边界线、超出主燃烧室的熄火边
界线和防止发动机过热等状况。除了上述使用要求外,民用涡扇发动机还要兼顾使
用寿命的需求。

发动机加减速过程控制规律的选择与发动机所采用的控制系统密切相关。与

机械液压控制系统相比,数字控制系统允许采用更为复杂的控制规律。常用的控制规律有两种:①发动机换算燃油流量表示为换算转速的函数关系式,简称换算燃油流量控制规律;②发动机换算转速变化率表示为换算转速的函数关系式,简称换算转速变化率控制规律。

换算燃油流量控制规律通常应用于液压控制系统对加减速过程的控制。图 5-5 给出了加减速过程换算燃油流量随换算转速变化的典型控制规律[2]。图 5-6 给出了相应的发动机加减速时间。由图 5-6 可知,采用如图 5-5 的控制规律,与经使用后性能发生退化并需要引气和功率提取的发动机(简称"旧发动机")相比,新出厂且无功率提取和引气的发动机(简称"新发动机")的加速时间更短,减速时间更长。以加速过程为例,其中的原因可解释为,在其他条件相同的前提下,加速时间的长短取决于燃油流量增量(即图 5-5 中加速燃油曲线与稳态燃油曲线的差值);相同换算转速下,"新发动机"所需的稳态燃油流量低于"旧发动机",因此加速过程新发动机燃油流量增量更大,加速时间更短。表 5-3 总结了加减速过程采用换算燃油流量控制规律,不同因素对压缩部件喘振裕度和加减速时间的影响。

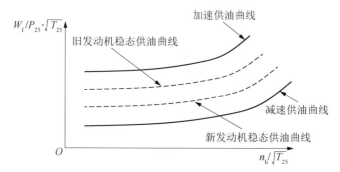

图 5-5 加减速过程换算燃油流量随换算转速变化的控制规律

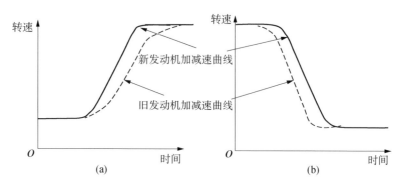

图 5-6 发动机加减速过程转速变化曲线(换算燃油控制规律)

(a) 加速过程 (b) 减速过程

表 5-3　加减速过程不同因素对压缩部件喘振裕度和加减速时间的影响

影响因素	加速时间	高压压气机喘振裕度	减速时间	低压压气机喘振裕度
性能衰减	增加	几乎不变	缩短	减小
功率提取	增加	几乎不变	缩短	减小
引气	增加	增加	缩短	几乎不变
飞行马赫数增加	缩短	增加	增加	增加

随着数字式控制系统的出现,换算转速变化率控制规律几乎取代了换算燃油流量控制规律。图 5-7 给出了加减速过程换算转速变化率 n_{Hdot} 随换算转速 n_{Hcor} 变化的典型控制规律。图 5-8 给出了相应的加速过程高压压气机过渡态共同工作线。表 5-4 总结了加减速过程采用换算转速变化率控制规律,不同因素对压缩部件裕度和加减速时间的影响。由表 5-4 可知,采用换算转速变化率控制规律进行加减速控制的优点在于,发动机性能衰减、功率提取和引气等因素不再影响到发动机的加减速时间。其缺点在于,如图 5-8 所示,发动机的性能衰减使得高压压气机的过渡态共同工作线更贴近喘振边界线。

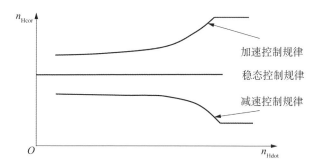

图 5-7　加减速过程换算转速变化率随换算转速的关系

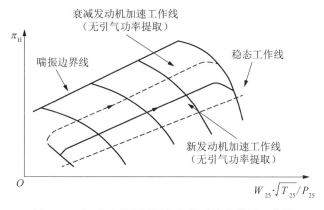

图 5-8　加速过程高压压气机的过渡态共同工作线

表 5 - 4　加减速过程不同因素对压缩部件裕度和加减速
时间的影响(换算转速变化率控制规律)

影响因素	加速时间	高压压气机喘振裕度	减速时间	低压压气机喘振裕度
性能衰退	不变	减小	不变	几乎不变
功率提取	不变	减小	不变	几乎不变
引气	不变	几乎不变	不变	增加
飞行马赫数增加	缩短	增加	增加	增加

5.3　发动机加力燃烧室接通和切断过程

5.3.1　发动机加力燃烧室接通和切断过程及对其性能的要求

加力状态主要用于紧急起飞、爬升、突破声障及超声速飞行与作战等,是提高军用飞行器推重比,改善其机动性的重要技术途径。加力燃烧室的过渡过程包括接通加力和切断加力,以及改变加力比。不同的加力比对应不同的加力状态,通常包含小加力状态、部分加力状态和最大加力状态。接通加力过程是发动机从中间状态向加力状态转变的过渡过程,切断加力过程即为接通加力过程的逆过程。对加力燃烧室的过渡过程性能的要求为,当油门杆在中间状态位置与不同加力状态位置之间移动时,要求加力控制系统保证可靠地、快速地接通或断开加力,准确快速地达到由油门杆位置确定的推力状态,并且不危及主机的稳定工作,即避免出现风扇或压气机的喘振,严重的超温和超转现象。

5.3.2　影响发动机加力燃烧室接通、切断过程的因素

加力过渡过程中,为了减少对主机的影响,应采取措施减轻风扇出口和涡轮后反压的突变与脉动。影响发动机加力燃烧室接通、切断过程的因素如下:

(1) 加力点火之前喷口喉道面积的变化。它需要有一个合理的预开值。喷口喉道面积预开值过小,会使风扇的喘振裕度减少;喷口喉道面积预开值过大,导致加力燃烧室压力和温度下降的扰动量大,点火可靠性变差,转子转速的变化率过大。

(2) 加力过程喷口喉道面积的变化。在所有的高度和马赫数条件下,加力状态下需要以喷口喉道面积为控制量,闭环调节涡轮膨胀比为常数以保证主机工作状态不受加力的影响。

(3) 加力燃烧室的供油方式,需要分区分压供油。在加力接通过程,按顺序分区供油可以避免区与区之间压力突升和保证加力推力增量最小,在整个加力范围内能够平稳地调整加力推力。加力断开过程与接通加力的过渡过程相反,按逆序逐区地断开,最后到中心的火焰熄灭切断加力。如此操作可避免区与区之间的压力突降和保证推力平稳的变化。

5.3.3　发动机加力燃烧室接通、切断过程对发动机稳定性的影响

发动机接通和切断加力过程是很复杂的。在接通加力时,喷口喉道面积是逐渐

放大的,而加力燃烧室点燃则在瞬间完成,造成发动机参数(如高低压转速等)摆动,所以关键问题是加力燃油流量、点燃时机和喷口喉道面积三者的匹配。

图 5-9 给出双轴加力涡喷发动机的加力接通和切断过程参数随时间变化的实验曲线。该图包括油门位置(P_{LA})、排气温度 T_{t5}、压气机出口温度 T_{t3}、主燃烧室燃油流量 W_f 和加力燃烧室燃油流量 W_{fab} 等。以发动机采用低压转速恒定控制规律为例,在加力接通时,如果加力点燃,喷管喉道面积 A_8 未及时打开,将使低压膨胀比 π_{TL} 下降,低压涡轮功减少,低压转速 n_L 降低,主燃油控制器感受到转速降低的信号后要增加供油量以保持转速,导致排气温度 T_{t5} 增高,甚至造成超温,危及发动机工作安全。反之,如果加力未点燃,而喷管喉道已经打开(A_8 增大),将使 π_{TL} 增加,低压涡轮功增加,会导致 n_L 瞬时升高,甚至造成超转,也危及发动机工作安全。

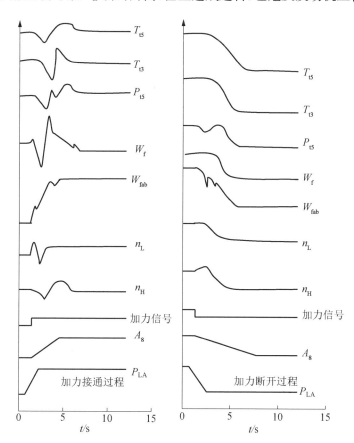

图 5-9　双轴加力涡喷发动机加力接通过程与切断过程参数随时间
　　　　变化的曲线

对于加力混排涡扇发动机,由于风扇通过外涵道和加力燃烧室相通,加力点燃或熄火造成的压力脉动会迅速传到风扇后,使风扇工作点改变,因此要求加力供油、点燃、喷口面积的匹配更加协调。接通加力和切断加力过程会通过风扇工作点的变化,影响超声速进气道在超声速飞行时的工作状态,也需对此加以考虑。

5.4　发动机地面起动和空中起动

发动机的起动包括地面起动和空中起动两种。地面起动过程需要借助辅助动力源或电力源带转起动;空中起动是在自转状态下起动,一般不需要借助动力源起动。下面将针对这两种起动分别介绍。

5.4.1　发动机地面起动

1) 发动机起动过程及对其性能要求

借助机械动力源或电气动力源,将发动机由地面静止工作状态加速到稳定的慢车工作状态,这一过程称为发动机地面起动过程。起动时间是衡量发动机起动性能的主要指标。然而,缩短发动机起动时间的同时又要受发动机失速、转速悬挂、发动机超温以及燃烧室熄火等因素的制约。

对于民用涡扇发动机,通常要求在标准海平面条件下,发动机的起动时间不超过1min;在起动包线的其他工作区域内,发动机的起动时间最多不超过2min;发动机起动时对应的最高海拔高度一般能达到5000m。然而,民航适航条例,例如美国联邦适航管理条例,一般不对其起动时间提出要求。取而代之的要求是,发动机应具备在制造商规定的飞行包线范围内,各种大气温度和对应的滑油温度条件下起动的能力,并且不会给发动机带来损伤。

对于现代歼击机用的军用涡扇发动机,在标准海平面条件下,地面起动时间一般要求10~20s,然后在慢车状态至少暖机1min,才允许将油门杆推向满推力位置。对于民用涡桨发动机,地面起动时间一般不超过1min。对于直升机用的涡轴发动机,发动机的地面起动时间一般都要求小于1min。

2) 起动机类型

航空燃气涡轮发动机在地面必须依靠起动机才能起动。对起动机的功能要求为,应保证发动机在规定的高度、温度、飞机引气和功率提取极限内,起动系统各部分(机械和电气)能按顺序完成各自的指令动作,从而将发动机无失速喘振、无超温、无故障地加速到慢车工作状态。

起动机的选择原则应根据发动机起动扭矩的要求和安装需求,由飞机和发动机部门共同决定。目前,常用的起动机包括电起动机、空气涡轮起动机、燃气涡轮起动机和火药涡轮起动机。

(1) 电起动机。

直流电起动机由直流串激电动机、操纵机构和离合机构所组成,利用地面电源或机上电源进行起动。它结构简单,维护、使用方便,但因受电起动功率重量比的限制,对转子质量惯性矩大的发动机不宜选用,主要运用于涡轮螺旋桨、小型喷气发动机和辅助动力转置。主要优点是起动扭矩不随转速变化,在高原和高温大气条件下,起动扭矩基本不受影响。

（2）空气涡轮起动机。

空气涡轮起动机以压缩空气为能源，由冲击式涡轮、减速器、离合器等部件组成。空气涡轮起动机产生的轴功率传给主发动机，完成对主发动机的起动。它的优点为重量相对轻、扭矩大、简单和使用经济，适用于大多数商用喷气发动机起动。缺点为空气涡轮起动机需要专门的气源装置（如气源车或压缩气瓶）；当飞机因故障降落在不具备这些专门装置的机场时，它就没有独立起动的能力，军用飞机发动机不宜选用。

（3）燃气涡轮起动机。

它本质上是一台小型的涡轴发动机。用地面电源或机上电源先起动燃气涡轮起动机，再由燃气涡轮起动机起动发动机，它融合上述两种起动机的优点，适用于各型军、民用发动机；其缺点是功率随大气条件变化而有较大变化。

（4）火药涡轮起动机。

通过火药（固体推进剂）燃烧产生的高温高压气体冲击起动机的涡轮产生扭矩，以此起动发动机，它结构简单、重量轻、发出功率大，能大幅度缩短起动时间。对要求应急独立起飞且不受大气环境条件影响的军用发动机、无人机发动机可选用，以提高飞机作战能力。由于火药燃烧产生的气体有毒，甚至会出现爆炸危险，其适用范围受到限制。

冲击起动是指某些涡轮喷气发动机不装起动机，但使用高压空气直接冲击涡轮叶片作为转动发动机的手段。对多发飞机的发动机，利用由第一台已起动起来的发动机引出的高压空气，通过一组导管直接冲击待起动发动机的涡轮叶片进行起动。依次类推，直至完成多台发动机的起动。它优点较突出，即减轻飞机总重，简化起动系统的传动、管路、线路等设计，但整架飞机总起动时间长，对单台起动时间长的大发动机不宜选用。

3）发动机地面起动步骤

在发动机地面起动时，驾驶员将油门手柄推至"慢车"位置，按下起动按钮后，自动起动装置按事先设定的时间顺序，完成下述发动机起动过程：

（1）起动机驱动发动机转子加速。

（2）燃烧室内供油点火。

（3）涡轮产生功率，起动机和涡轮共同驱动发动机转子加速。

（4）涡轮产生的功率大于发动机起动所需功率后，起动机断开，涡轮驱动转子加速到慢车状态，起动完成。

图 5-10 给出起动过程中起动机功率 P_{ST}、涡轮功率 P_T、压气机功率 P_K 随转速的变化关系。

起动时涡轮产生的功率取决于供油规律。应保证在涡轮不过热，压气机不喘振，燃烧室不熄火的条件下尽可能多供油，以增加涡轮剩余功率，缩短起动时间。

在发动机地面起动过程中，转速悬挂[3] 将影响发动机是否能成功起动，需要重

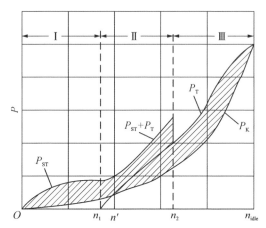

n_1—主燃烧室点燃的转速；n'—发动机涡轮输出功率等于压气机耗功及克服机械损失的最小转速，称之为平衡转速；n_2—起动机脱开的转速。

图5-10　起动过程中起动机功率、涡轮功率、压气机功率随转速的变化关系

点关注。转速悬挂是指起动机提供的起动功率和涡轮部件的输出功率仅能克服压气机的消耗功率和发动机的机械损失而几乎无法使转子加速。它分为热悬挂和冷悬挂。

热悬挂是指当发动机起动加速时，转速不上升或上升很慢，而发动机排气温度却急剧上升可能还有强烈振动的现象。造成发动机热悬挂的原因可统一归结为供转子加速的剩余功率不够但燃烧室的油气比过大。以下几种情况会造成发动机的热悬挂：①点火时供油过早，发动机转速太低，进入发动机的空气流量少，油气比过大造成发动机热悬挂；②起动过程供油量偏多，导致压气机喘振、转动阻力矩增大、进气量减少和油气比增加，从而造成起动热悬挂；③燃烧室的点火故障增加了点火时间或导致点火失败。发动机发生热悬挂后，切忌继续增加供油量，处置措施是马上停车。

冷悬挂是指当发动机起动和加速时，转速和排气温度都不上升或上升很慢的现象。造成发动机起动过程冷悬挂的原因包括起动机功率不足或起动过程供油量过低等。当发动机出现转速冷悬挂后，为避免发动机超温，通常仍是在较短的时间内中断起动过程。克服转速冷悬挂首先采取的技术措施是提高起动机的输出功率。如果上述技术措施失效，可以增加起动过程的供油量，但需要受到压气机失速和涡轮前温度超温的限制。

4）影响发动机地面起动过程的因素

（1）大气环境温度。

低温天气条件对发动机起动过程的影响较为复杂，因此在燃烧室设计、确定起动机功率和压气机低转速下，需要重点关注工作特性。与标准海平面条件相比，低

温天气发动机的起动时间较长,甚至达到正常条件下起动时间的两倍。低温天气条件下滑油黏性、燃油黏性、起动机输出功率、起动供油规律都将影响发动机的起动过程。随着环境温度的下降,发动机滑油黏性呈指数上升,轴承摩擦力矩增加,发动机起动时所需克服的阻力矩也相应增加。类似地,发动机燃油黏性也随环境温度的下降呈指数上升,对燃油的雾化质量产生不利的影响,从而影响发动机的点火和燃烧。低温条件对起动机的影响主要取决于选用的起动机类型和所安装的位置。低温天气条件下,只要不超过压气机的旋转失速边界和规定的燃烧室出口温度限制,适当增加起动供油量可缩短发动机的起动时间。

高温天气条件对发动机影响主要表现为,发动机进口温度增加时压气机耗功增加,受到起动机功率(有些类型的起动机,如燃气涡轮起动机,大气温度增加后输出功率明显下降)及涡轮前温度的限制,发动机起动过程中的剩余功率将减小,从而增加发动机的起动时间。高温天气起动时间变长是普遍现象。

(2) 大气环境压力。

高原起动时,随着环境压力的下降,燃烧室的点火难度增加,同时发动机的起动剩余功率下降,发动机的起动时间明显加长。因此,燃烧室设计时特别需要考虑高原低压条件下的起动问题,燃烧室部件试验和发动机台架试验时需要确定燃烧室能起动成功的最低大气环境压力。

(3) 可变几何面积影响。

a. 增加发动机喷口喉道面积,增大涡轮膨胀比,提高剩余功率,加速起动过程。

b. 压气机设置放气阀,压气机共同工作线下移,从而扩大压气机稳定工作裕度。

c. 关小压气机进口可调叶片角度的作用为上移发动机喘振边界线,扩大压气机稳定工作裕度,允许通过提高涡轮前温度来增大起动过程的涡轮功率。

(4) 起动过程供油规律。

在发动机的起动加速过程,发动机供油量的上限应避免发动机出现旋转失速和超温,下限应避免发动机出现转速冷悬挂,同时尽可能缩短发动机起动时间。图 5-11 给出了典型涡扇发动机的起动供油规律,通常由三段组成:"点火阶段平直线族控制规律""起动加速供油规律""慢车状态平直线控制规律"。横坐标为高压换算转速,纵坐标为换算燃油流量。"点火阶段平直线族控制规律"由一系列平直线组成,点火所需的换算燃油流量与当时的环

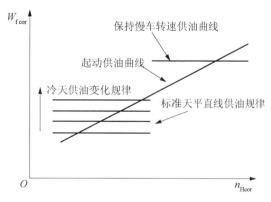

图 5-11 典型涡扇发动机的起动供油规律示意图

境温度成反比。根据经验,与标准大气条件相比,发动机在零下40℃时,起动所需的燃油流量需要增加5%～10%。在发动机的点火阶段,换算燃油流量取"点火阶段平直线控制规律"和"起动加速供油规律"中的较大值;当发动机接近起动过程的结束段,换算燃油流量取"起动加速供油规律"和"慢车状态平直线控制规律"中的较小值。

与发动机的加减速过程类似,起动过程也可采用"换算转速变化率控制规律",这种控制规律对发动机起动时间和工作稳定性的影响的分析方法与5.2.6节所述类似,这里不再赘述。

与遭遇加速类似,发动机地面起动过程中的"热起动"也会减小压气机的喘振裕度。一种常用的控制策略是,为了避免发动机发生喘振,发动机停车后通过排气热电偶的检测值来评估发动机是否冷却到可以再起动的状态。

5.4.2 发动机的风车工作状态和空中起动

5.4.2.1 发动机的风车工作状态

发动机风车工作状态简称风车状态。顾名思义,它是指发动机没有点火燃烧的情况下,有空气(风)吹过发动机而使转子转动的一种状态。对于航空发动机来说,在飞行中由于某种原因燃烧室熄火,但冲压空气流入发动机,吹动发动机转子上的叶片,发动机仍然转动,出现风车状态。由母机携带升空的在空中投放的无人机,在投放前,无人机上的燃气涡轮发动机一直处于风车状态。在风车状态下,发动机的旋转方向和正常工作的旋转方向相同。研究发动机风车工作状态主要目的:一是了解风车状态下发动机的主要参数,如转速、空气流量和燃烧室入口压力等与飞行条件的关系;二是分析风车状态下发动机的阻力。前者直接影响发动机可靠的空中起动,后者影响飞机的飞行。

风车状态远离设计工作状态,是个特殊复杂的工况。使发动机转动的能量来自冲压空气,所以风车状态下的发动机参数主要取决于飞机的飞行速度(飞行马赫数)。下面逐一讨论在风车状态下的发动机参数和飞行马赫数的关系。

1) 风车转速

由飞行速度转换成的冲压压力随飞行马赫数按以下关系变化:

$$\pi_R = (1 + 0.2Ma^2)^{3.5}$$

式中:π_R 为速度冲压压比。

从上式不难看出随飞行马赫数的增加,速度冲压压力迅速上升,涡轮可以有更大的膨胀比产生涡轮功带动压气机,所以风车转速随飞行速度的增加而增加。发动机类型不同,风车转速随飞行速度的变化各有特点。

对于涡喷发动机来说,在很低飞行速度飞行时,风车转速很低,压气机前几级可能出现很大的负攻角,以至于出现涡轮工作状态,压气机出口压力可以低于进口压力(压比小于1)。随着飞行速度的增加,压气机增压比逐渐大于1。2.1节轴流压气机在低转速的工作特点分析指出,对于双转子压气机来说,很低转速下,低压转子负荷高,高压转子由于流动趋于堵塞,负荷较低。因此,对于双转子涡轮喷气发动机,高压转子的风车转速明显高于低压转子的。

对于涡扇发动机,特别是大涵道比发动机,外涵道流动阻力相对内涵道要小得多,所以在风车状态下,大量空气从外涵道流过,设计涵道比为5～6的发动机,风车状态下涵道比可达80。风车状态下,风扇叶片处于大的负攻角状态工作,负荷极低,与涡轮喷气发动机相比风扇转子转速高,高压转子转速低。在高压压气机设计压比大致相同的情况下,涡扇发动机高压转子压比低于涡喷发动机压比。

涡桨发动机情况则完全不同,螺旋桨发动机有单轴结构和自由涡轮(动力涡轮)传动螺旋桨结构。对于单轴涡轮螺桨发动机,一旦在飞行中发动机熄火,螺旋桨将处于风车状态,产生极大阻力,使飞机无法操控,因此必须立即顺桨,即桨叶平行于飞行方向,螺旋桨和发动机一起停止转动。如因发动机故障而停车,顺桨使发动机停转可避免发动机二次损伤。对于带自由涡轮的涡桨发动机,当发动机熄火后必须立即顺桨,否则螺旋桨将带动自由涡轮超转而导致损坏。顺桨的同时也减小了发动机阻力。

2) 燃烧室进口气流参数

燃烧室进口气流参数主要取决于飞行马赫数。上节已经指出,风车状态下压气机的压比极低,所以燃烧室进口的压力取决于速度冲压压比和外界大气压力。由于压力低,空气流入燃烧室的速度相对于用起动机带转到同样转速时要高得多。压力低、流速高是风车状态的特点,对于起动点火是十分不利的。

3) 风车状态下的发动机阻力

流入发动机的空气,流过发动机各部件时,由于流动损失,其速度冲压压力逐渐损耗,尾喷管的膨胀比总是低于冲压压比,因此喷管出口气流速度总是低于飞行速度。根据动量守恒定律,在风车状态下,发动机的推力是负推力,即阻力。这部分阻力称为内流阻力。内流阻力近似和通过发动机的空气流量成正比,也就是说,随飞行速度的提高,内流阻力增加。

除内流阻力外,未流入发动机的空气,在进气道外,沿进气道外壁加速流动产生溢流阻力,对涡轮喷气发动机来说,这部分阻力为内流阻力的10%～20%。对于大涵道比涡扇发动机,进气道尺寸大,溢流阻力比涡喷发动机要大很多。设计涵道比为5的发动机,溢流阻力和内流阻力大致相等。

特别需要指出,涡轮螺旋桨发动机在风车状态的工作完全取决于螺旋桨桨叶角(桨距)。如果发动机在空中停车,桨叶角仍处在正常工作位置,螺旋桨产生的阻力可达到巡航推力的量级。在这样大的阻力作用下,飞机完全无法操控,所以涡轮螺旋桨发动机一旦发生空中停车,必须瞬间顺桨,使桨叶平行于飞行方向,阻力减到最小,发动机停止转动,避免造成二次损伤。自从涡轮螺旋桨发动机问世以来,曾数次因发动机空中停车后,螺旋桨不能瞬间顺桨而造成灾难性事故。

风车状态下发动机的工作与设计点完全不同。为了在风车状态下飞机能安全滑翔,发动机能可靠起动,发动机的某些参数,如风车转速、燃烧室进口压力、发动机阻力等是很关键的。为了能准确获得这些参数,一般要进行专门试验。

5.4.2.2 发动机的空中起动

发动机空中停车使飞机失去或部分失去动力,会对飞行安全构成严重威胁,所以将空中停车率作为衡量可靠性的重要指标。空中停车率定义为飞机每飞行 1000 h 发动机空中停车的次数。这项指标虽然已从最初的每飞行 1000 h 停车一次,降低到大约每 10^6 h 停车一次,但航空燃气涡轮发动机是一个工作条件苛刻、结构复杂的产品,由于设计、工艺、使用维护、工作条件等原因,空中停车仍然难以避免。为了飞行安全,发动机必须有停车后可靠起动的能力。与地面起动机带动的起动相比,空中起动的难点在于发动机在风车状态下,进入燃烧室的空气流速高,而压力、温度低,使燃油点燃和稳定燃烧十分困难。发动机从设计开始,就要对燃烧室的点火可靠性加以考虑,并在后续的部件和整机试验中加以验证、调整。一般要求发动机在空中起动时,60 s 内应达到慢车转速。

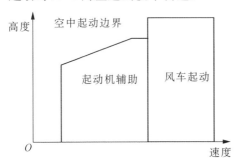

图 5 - 12 发动机空中起动边界

燃烧室熄火后,发动机进入风车工作状态。在风车状态下起动发动机不是在任何飞行条件下都可以成功的。图 5 - 12 所示为发动机完全冷却后空中可以起动的高度和飞行速度边界(起动包线)。从图上看出,起动可分成两种情况:①风车状态下起动;②起动机辅助起动。高度越高,燃烧室进口空气的压力和温度越低,燃烧室难以点燃,在图 5 - 12 上示出发动机可以起动的高度边界。这个高度一般为 8000~9000 m。图上右边界是发动机风车状态起动的最大速度边界。飞行速度过高,燃烧室进口气流速度过大,燃油与空气的混合气体难以点燃,或者即使点燃,火焰也难以稳定,发动机无法起动。与此情况相反,飞行速度过低,风车转速太低,如供油量低则有可能出现涡轮输出功不足,致使起动过程中出现转速悬挂,起动失败。如加大供油量又可能出现涡轮前温度太高或高压压气机失速。因此,飞行速度过低时,发动机无法在风车状态下起动。这就是风车状态下起动的最小速度边界。在飞行速度低于此边界后,发动机起动需要起动机辅助用以提高发动机的起动转速和起动加速能力。靠起动机辅助能可靠起动的飞行速度也有下限。飞行速度低于下限,则发动机转速过低,或者燃油泵压出的燃油压力过低,燃油无法雾化,难以被点燃,或者和风车状态在低飞行速度边界起动一样,发动机起动过程中出现转速悬挂,出现涡轮前温度过高和高压压气机失速等问题。

发动机空中起动是个复杂的过程,需要进行专门的部件和整机的模拟试验,以及飞行试验加以检验验证。经验证后的空中起动边界将不会像图 5 - 12 那样简单。

　　前已指出,图 5 - 12 所示的空中起动边界是指完全冷却的发动机的起动边界。刚刚停车还没有完全冷却的热发动机比较容易起动。为了飞行安全,在飞行中,一旦出现发动机熄火停车,如不是发动机本身故障原因造成的,可以将油门放到慢车位置立即起动。这种起动是由燃油控制系统自动完成的,称之为自动起动。发动机熄火,燃油控制系统接收到高压转子转速已降至慢车转速以下或转速与排气温度在非控制状态下迅速下降时,自动接通点火系统,进入起动状态。这种起动,由于发动机仍处于热状态,成功率非常高。

　　因为空中停车会严重危及飞机的飞行安全,所以还需要采取防止发动机熄火措施。当飞机遭遇恶劣天气,如大雨或强湍流,或准备发射武器(发射武器排出的热气可能造成流入发动机的气流产生严重温度畸变使发动机喘振熄火),这时驾驶员接通点火系统,燃烧室连续点火可有效地防止熄火。

参 考 文 献

[1] 申功璋,高金源,张津. 飞机综合控制与飞行管理[M]. 北京:北京航空航天大学出版社,2008.

[2] Walsh P P, Fletcher P. Gas Turbine Performance [M]. 2nd ed. England: Blackwell Publishing company, 2004.

[3] 张元. 发动机的启动悬挂问题的研究[J],航空维修与工程,2010(5):43 - 45.

思 考 题

1. 航空燃气涡轮发动机的过渡工作状态包括哪些工作过程?

2. 发动机的加速过程有哪些限制?

3. 说明影响单轴燃气涡轮发动机加速过程的因素和改善加速性能的措施。

4. 双轴燃气涡轮发动机加速过程中转差率如何变化? 为什么?

5. 简述燃气涡轮发动机地面起动过程。

6. 接通加力时,原则上尾喷管喉部截面面积应如何调节?

6 航空燃气涡轮发动机性能仿真

6.1 性能仿真模型的内容、分类和建模方法

　　航空燃气涡轮发动机性能仿真包括建立性能仿真模型和进行数值仿真试验两个步骤。航空燃气涡轮发动机性能仿真模型通过数学语言描述燃气涡轮发动机工作的物理过程。模型所描述的发动机对象既可以是处于设计阶段的"纸面发动机"，也可以是进入试验阶段或已经投入使用的"真实发动机"。类似于其他机械产品，航空燃气涡轮发动机的寿命周期包括市场调研、设计研发、制造、使用和报废回收等阶段。在发动机寿命周期的各个阶段，发动机性能仿真模型扮演着重要角色。在市场调研阶段，发动机性能仿真模型可预估新设计方案或改型方案给飞机带来的潜在性能收益，为发动机新产品的研发提供决策参考；在发动机设计、试验阶段，为了预计矛盾（例如，超声速民用客机设计时，涵道比的选取需要同时折中考虑地面噪声与超声速飞行性能的矛盾），判断发动机是否满足设计要求，必须建立发动机的性能仿真模型，以得到不同给定飞行条件下的发动机性能。在发动机的使用和维修阶段，发动机性能仿真模型是发动机健康管理系统的重要组成部分，是现代发动机由定期维修转变为视情维修，降低直接使用成本，保证发动机安全、可靠运行的重要手段。在发动机寿命周期的不同阶段，已知的原始数据不同，要求发动机性能仿真模型的仿真内容、计算精度、计算速度也相互各异，所以模型可以按复杂程度分为几种类型。下面介绍按复杂程度分类的四种燃气涡轮发动机性能仿真模型。

6.1.1 第Ⅰ类仿真模型

　　借助于表格或拟合关系式来描述发动机性能，将整个发动机作为一个"黑盒子"，模型中不描述各部件的工作情况，图 6-1 为其示意图。这一类模型更关注发动机外在性能特征而不是发动机各部件匹配的物理本质，对模型的实时性要求较高，例如应用于飞行模拟器的航空发动机系统建模[1]。

6.1.2 第Ⅱ类仿真模型

　　将发动机的每个部件作为一个"黑盒子"，只给出各部件特性，而不描述各部件内部详细工作情况。利用各部件共同工作条件确定发动机性能。6.2.1 节中介绍

图 6-1　第Ⅰ类仿真模型

的按部件建立的非线性稳态性能模型属于第Ⅱ类仿真模型。图 6-2 给出了单轴涡喷发动机第Ⅱ类仿真模型的建模流程图。

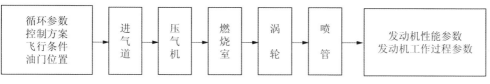

图 6-2　第Ⅱ类仿真模型

6.1.3　第Ⅲ类仿真模型

与第Ⅱ类仿真模型相比,相同点在于,发动机的性能参数和工作过程参数仍需要通过各部件的共同工作条件来确定。不同点在于,各个部件不再通过预存的特性图进行表征,而是通过数学方法建立部件几何流路尺寸、设计参数和特性之间的映射关系。部件模型的建模方法可以是一维,也可以是二维或三维。通常而言,部件模型建模的维数越高,所描述的发动机内部流动和各部件的匹配细节越详细,但建模所需提供的发动机几何流路尺寸也越详细。

6.1.4　第Ⅳ类仿真模型

该类模型基于计算流体力学理论,对航空发动机进行一维[2]、二维[3]或三维的整机建模研究,通过欧拉方程或纳维-斯托克斯(Navier-Stokes,NS)方程求解,来获取发动机整机各部件的流场参数和总体性能参数。文献[3]所描述的航空发动机整机二维仿真模型由带有黏性项的二维欧拉方程、燃烧模型和损失模型构成。利用任意曲线坐标系来适应复杂几何边界计算,采用隐式高阶精度 Godunov 格式求解非定常二维欧拉方程,能够获得发动机子午平面上的流动细节、各部件的特性参数和整机总体性能参数。

除了根据模型的复杂程度进行分类外,发动机性能仿真模型分类还可遵循其他原则。从描述的发动机工作状态考虑,发动机性能模型可分为稳态和动态两种模型;从仿真周期即完成每个工作点计算所需要的计算时间考虑,发动机仿真模型又可以分为实时模型和非实时模型。

从建立模型的方法考虑,发动机仿真模型可以划分为两种。一种称为分析法,即利用已知的基本物理规律,经过分析和演绎推导出数学模型;另一种称为总体法,它的特点是利用大量实验数据建立设计参数和性能参数之间的经验关系式,也可以利用部分已有的实验数据,构造系统数学模型,再经实验验证和修正来获得数学模型。对于一些难于进行实验的系统,则采用数据收集和统计归纳方法来建立数学模型。

6.2 发动机的非实时性能模型

发动机性能模型的实时性通过仿真周期来约定,当仿真周期小于发动机测量信号采样周期的 $1/n$ 时($n \geqslant 1$)时,可认为模型具有实时性。通常情况下,实时性要求模型在发动机的工作范围内完成任何单一工作点计算所需要的时间(一个仿真周期)通常要小于 $25\,\mathrm{ms}$[4,5]。发动机非实时性能模型更关注对发动机内部气动热力过程的精确描述,而实际仿真所花费的时间不作为主要问题考虑。

从产品设计的角度考虑,发动机非实时性能模型可分为设计点性能和非设计点性能两种。前者根据选定的设计点飞行条件和发动机设计参数,计算发动机性能参数、各主要截面的工作过程参数和几何尺寸。发动机非设计性能模型包括稳态和动态性能模型。发动机稳态性能模型用于计算给定飞行条件和油门位置下的发动机性能参数如推力或输出功率、单位耗油率、燃油流量和工作过程参数,如各部件进出口截面的总温、总压和流量等。发动机非实时动态性能模型的功能是计算油门位置改变后发动机性能参数和各截面气动热力参数随时间的变化规律。

6.2.1 按部件建立的非线性稳态性能模型

目前,在工业界应用最广泛的发动机稳态性能模型属于第Ⅱ类仿真模型,其特点主要基于如下几方面:①利用各部件特性,考虑了气体热力性质随气体成分和温度的变化;②可给定不同的发动机控制规律;③考虑了以下因素的影响,包括飞行高度、飞行马赫数、发动机转速或涡轮前温度,以及环境温度、湿度、雷诺数、冷却涡轮冷气量的引出和返回、飞机所需功率的提取等。

发动机稳态性能模型的各种计算方法在思路上是类似的,但是部件特性的表征方式、气体热力性质的计算方法和共同工作点的求解方法却各不相同。不失一般性,下面以双轴混排涡扇发动机为例,介绍一种常用的算法[6,7]。对于其他类型发动机,各部件的计算方法是相同的,区别在于共同工作方程和猜测的变量有所不同。

6.2.1.1 气体热力性质

气体的比热容和绝热过程指数是反映气体热力性质的重要参数,可表征为气体成分和温度的函数。由于气体在发动机通道里流动时其成分和温度均发生变化,为了准确计算发动机性能,有必要考虑气体热力性质的变化,一般简称为变比热容计算。需要说明的是,在高温条件下(一般大于 $2\,200\,\mathrm{K}$),热力过程中气体成分还与热离解现象有关。本节主要介绍气体温度低于 $2\,200\,\mathrm{K}$ 条件下的变比热容算法[7],高温热离解对气体热力性质的影响将放在 6.2.3 节 1)介绍。

变比热容算法应用化学反应计量法确定碳氢燃料燃烧后燃烧产物的化学成分,每种气体成分的比定压热容 c_p 分别表示为温度的函数(四次多项式)[7]。按照混合气体比热容计算求得气体比定压热容 c_p。

$$c_p = c_p(T, f_a) = \frac{1}{1+f_a}\left[\sum_{i=0}^{4} a_i T^i + f\left(\sum_{i=0}^{4} b_i T^i\right)\right] \tag{6-1}$$

式中：a_i、b_i 均为多项式系数，具体数值请参照文献[7]。

为了计算各部件中压力、温度和功的变化，引入焓差和熵函数的计算公式。焓差 Δh 由下式计算，即

$$\Delta h = \int_{T_1}^{T_2} c_p \mathrm{d}T = \frac{1}{1+f_a}\left\{\sum_{i=0}^{4}\frac{a_i}{i+1}(T_2^{i+1}-T_1^{i+1}) + f\left[\sum_{i=0}^{4}\frac{b_i}{i+1}(T_2^{i+1}-T_1^{i+1})\right]\right\}$$

$$\tag{6-2}$$

该式可以简单表示为 $\Delta h = \Delta h(T_2, T_1, f_a)$。

对于等熵过程，$\mathrm{d}s = 0$，则有

$$\int_{T_1}^{T_{2ad}} c_p \frac{\mathrm{d}T}{T} = \int_{p_1}^{p_2} R\frac{\mathrm{d}p}{p} = R\ln\frac{p_2}{p_1} \tag{6-3}$$

式(6-3)左端的积分是一个与熵有关的函数，称为熵函数 $\Delta\Psi$，它也是气体状态的函数。若用式(6-1)代入式(6-3)并积分，可得 $\Delta\Psi$ 的计算公式，将其表示为 $\Delta\Psi(T_{2ad}, T_1, f_a)$，最后可得

$$\Delta\Psi = \int_{T_1}^{T_{2ad}} c_p \frac{\mathrm{d}T}{T} = \Delta\Psi(T_{2ad}, T_1, f_a) = R\ln\frac{p_2}{p_1} \tag{6-4}$$

式中：气体常数 R 是气体成分的函数，单位是 J/(kg·K)，计算公式为

$$R = 8314/\mu \tag{6-5}$$

式中：μ 为相对分子质量。

相对分子质量计算公式为

$$\mu = \frac{1+f}{0.034522+0.035648f} \tag{6-6}$$

6.2.1.2 用变比热容法计算部件出口气流参数

在基于部件的性能模型中，需要依如下步骤计算沿流路各部件出口气流参数。

1) 压气机(风扇)出口气流参数

风扇和压气机同属旋转类压缩部件，其部件算法相同。下面以压气机部件为例，进行说明。若已知压气机(或风扇)进口气流参数 T_{t25}、P_{t25}，以及压气机增压比 π_K 和效率 η_K，计算出口气流参数 T_{t3}、P_{t3} 的方法如下。

由式(6-4)可求得等熵压缩时压气机出口总温 T_{t3ab}，压气机实际焓差 Δh_K 为

$$\Delta h_K = \frac{\Delta h(T_{t3ad}, T_{t25}, 0)}{\eta_K} \tag{6-7}$$

由式(6-2) $\Delta h_K = \Delta h(T_{t3}, T_{t25}, 0)$，可得到 T_{t3}。压气机出口总压为

$$p_{t3} = p_{t25}\pi_K \tag{6-8}$$

压气机功率为

$$P_k = W_{a25}\Delta h_k \tag{6-9}$$

2) 燃烧室出口气流参数

由于燃烧室总压恢复系数 σ_b 变化不大，在发动机性能计算时可近似取为定值，并且等于设计值。若已知燃烧室进口的总温 T_{t3} 和总压 P_{t3}，并给定出口总温 T_{t4}，所需的燃烧室油气比 f'_a 用能量守恒方程计算。

$$f'_a = \frac{\Delta h_a(T_{t4}, T_R) - \Delta h_a(T_{t3}, T_R)}{H_f \eta_b - \Delta h_b(T_{t4}, T_R)} \tag{6-10}$$

式中：Δh_a 为空气焓差，J/kg；Δh_b 为纯燃气的焓差，J/kg；T_R 为燃油进入燃烧室的温度，K；H_f 为燃油低热值，J/kg。

当燃烧室的进口温度小于 $2\,200\,K$ 时，燃油低热值可近似取定值。

因为从高压压气机出口抽出用于涡轮冷却的空气，所以进入燃烧室的空气流量 W_{a3} 小于压气机进口的空气流量 W_{a25}，对应内涵空气流量 W_{a3} 的油气比 f_a 为

$$f_a = W_f/W_{a3} = f'_a(1 - \upsilon_{cool}) \tag{6-11}$$

式中：υ_{cool} 为相对冷却气量，为从高压压气机出口抽取的涡轮冷却空气量与压气机进口气流量的比值。

主燃烧室的出口总压为

$$p_{t4} = \sigma_b P_{t3} \tag{6-12}$$

3) 涡轮出口气流参数

高压与低压涡轮算法相同，下面以高压涡轮为例，计算其出口气流参数。已知高压涡轮进口 T_{t4}、P_{t4}，以及效率和需要的高压涡轮功 Δh_T，可求得高压涡轮膨胀比 π_T 和高压涡轮出口气流参数 T_{t45}、p_{t45}。首先由 $\Delta h(T_{t4}, T_{t45}, f_{a4})$ 和 Δh_T 求得 T_{t45}，然后求等熵膨胀的高压涡轮功 $\Delta h_{Tad} = \Delta h_T/\eta_T$，再由 $\Delta h_{Tad} = \Delta h(T_{t4}, T_{t45ad}, f_{a4})$，求出 T_{t45ad}。由熵函数求得高压涡轮膨胀比，即

$$\pi_T = e^{\Delta\Psi(T_{t4}, T_{t45ad}, f_{a4})/R_g} \tag{6-13}$$

式中：R_g 为燃气气体常数，$J/(kg \cdot K)$；f_{a4} 为高压涡轮进口气流油气比。

高压涡轮出口总压 p_{t45} 和高压涡轮功率 P_T 的计算公式为

$$p_{t45} = p_{t4}/\pi_T \tag{6-14}$$

$$P_T = W_g \Delta h_T \tag{6-15}$$

4) 冷却气与主气流混合

高低压涡轮后冷却气流均与主气流混合,混合时假设主气流总压不变而总温改变。以高压涡轮为例进行说明。令混合后的截面为 M,见图 6-3。混合后的总温用 T_{t45M} 表示。计算 T_{t45M} 的公式可由能量守恒方程导出。已知混合前主流的流量 W_{g45} 和温度 T_{t5}、冷却气流的流量 W_{acol} 和温度 T_{t3},可求出 T_{t45M}。

$$\Delta h(T_{t5M}, 0, f_{a45}) = \frac{\upsilon_{col}\Delta h_a(T_{t3}, 0) + (1 - \upsilon_{col} + f_{a45})\Delta h(T_{t45}, 0, f_{a45})}{1 + f_{a45}}$$

$$(6-16)$$

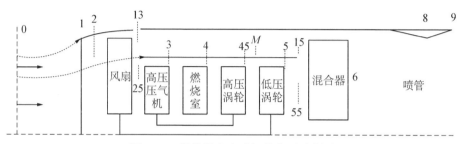

图 6-3 混排涡扇发动机的截面示意图

5) 混合器外涵道入口气流参数

混合器外涵道入口总压的计算公式为

$$p_{t15} = (1 - \overline{\Delta p}_{bp})p_{t2} \tag{6-17}$$

式中:$\overline{\Delta p}_{bp}$ 为风扇外涵道总压损失系数。

混合器外涵道入口的总温与风扇出口的总温相同。

6) 混合器出口气流参数

若已知混合器内涵道进口面积、外涵道出口面积和混合器出口面积,混合器出口气流参数可用流量连续、能量守恒、动量守恒方程计算求得。计算步骤如下。

由连续方程,计算混合室出口燃气流量为

$$W_{g6} = W_{g5} + W_{a15} \tag{6-18}$$

根据能量守恒方程,计算混合器出口气流总温为

$$T_{t6} = (W_{g5}c_{pg}T_{t5} + W_{a15}c_pT_{t15})/c_{pg}W_{g6} \tag{6-19}$$

根据动量守恒方程,利用下列公式(6-20)~式(6-25)联合计算混合器出口气流总压 p_{t6}:

$$\sqrt{\frac{k+1}{2k} \cdot R \cdot T_{t6}} \cdot W_{g6} \cdot z(\lambda_6)$$

$$= \sqrt{\frac{k+1}{2k} \cdot R \cdot T_{t5}} \cdot W_{g5} \cdot z(\lambda_5) + \sqrt{\frac{k+1}{2k} \cdot R \cdot T_{t15}} \cdot W_{a15} \cdot z(\lambda_{15})$$

$$(6-20)$$

$$q(\lambda_5) = W_{g5}\sqrt{T_{t5}}/A_5 K_g p_{t5} \tag{6-21}$$

$$p_{s15} = p_{s5} = p_{t5}\pi(\lambda_5) \tag{6-22}$$

$$\pi(\lambda_{15}) = p_{s15}/p_{t15} \tag{6-23}$$

$$p_{t6id} = \frac{Z(\lambda_5) + BZ(\lambda_{15})\sqrt{\dfrac{T_{t15}}{T_{15}}}}{(1+B)\sqrt{\dfrac{T_{t6}}{T_{t5}}}} \tag{6-24}$$

$$p_{t6} = p_{i6id}\sigma_6 \tag{6-25}$$

式中:p_{t6id} 为未考虑掺混损失的混合器出口总压,Pa;$Z(\lambda)$ 为冲量函数;σ_6 为混合器的总压恢复系数,可取值为 0.98。

7) 加力燃烧室出口气流参数

若已知加力燃烧室进口总温 T_{t6}、总压 p_{t6}、燃油温度 T_R、燃气流量 W_{g6}、加力燃烧室燃烧效率 η_{ab} 和主燃烧室油气比 f_a,要求加力燃烧室出口总温达到给定的 T_{t7},可用下列公式计算所需的加力燃烧室油气比:

$$f_{aAB} = \frac{\Delta h_a(T_{t7}, T_R) + \Delta h_b(T_{t7}, T_R)f_a - (1+f_a)\Delta h(T_{t6}, T_R, f_a)}{H_u\eta_{ab} - \Delta h_b(T_{t7}, T_R)} \tag{6-26}$$

式中:f_a 为油气比,由式(6-11)求得。

加力时的总油气比 f_{az} 由公式(6-27)获得:

$$f_{az} = (W_f + W_{fAB})/W_a \tag{6-27}$$

出口总压 p_{t7} 用下式计算:

$$p_{t7} = \sigma_{ab}p_{t6} \tag{6-28}$$

$$\sigma_{ab} = \sigma_{abD}\sigma_{abH}$$

式中:σ_{ab} 为加力燃烧室总压恢复系数;σ_{abD} 为流动损失引起的总压恢复系数;σ_{abH} 为热阻损失引起的总压恢复系数。

当不开加力时,该总压恢复系数只考虑 σ_{abD},当加力燃烧室打开时,该总压恢复系数应包括流阻和热阻两项损失。

8) 喷管出口气流参数

喷管进口总温 T_{t7}、总压 p_{t7} 和大气压力 p_0 为已知,首先由式(6-29)求出喷管等熵完全膨胀时的喷管出口静温 T_{9ad}:

$$\Delta\Psi(T_{t7}, T_{9ad}, f_{az}) = R_g\ln(p_0/p_{t7}) \tag{6-29}$$

喷管中焓降为

$$\Delta h_{Nad} = \Delta h(T_{t7}, T_{9ad}, f_{az}) \tag{6-30}$$

喷管等熵完全膨胀时的喷管出口速度由下式计算：

$$V_{9ad} = \sqrt{2\Delta h_{Nad}} \tag{6-31}$$

若要估算喷管有损失时完全膨胀的喷射速度 V_9，可引入喷管速度损失系数 Ψ_{NZ} 来修正 V_{9ad}，一般取值为 $0.98 \sim 0.99$。

$$V_9 = \Psi_{NZ} V_{9ad} \tag{6-32}$$

6.2.1.3 确定共同工作点

3.1 节对发动机部件的共同工作关系进行了较为详细的理论推导，并给出了一种确定发动机共同工作点的迭代试凑方法。为了简化计算，这种迭代试凑方法将众多参数近似视为常数，例如将工质的比热容和气体常数近似视为常数。为能够更准确地确定发动机的共同工作点，本节将通过数学建模方式给出一种更精确的确定发动机共同工作点的方法。图 6-4 给出确定双轴混排涡扇发动机稳态共同工作点的示意图，其中：$W_{gcor41c}$ 为高压涡轮计算的换算流量；$W_{gcor41m}$ 为高压涡轮特性图中查得的换算流量；$W_{gcor46c}$ 为低压涡轮计算的换算流量；$W_{gcor46m}$ 为低压涡轮特性图中查得的换算流量。

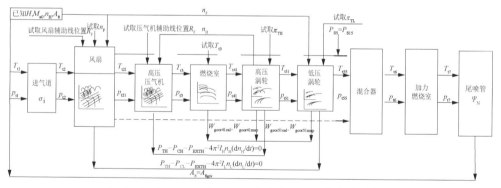

图 6-4　确定双轴混排涡扇发动机共同工作点的示意图

由于各部件在工作中相互制约和采用变比热容计算方法，使某些确定部件工作状态的参数不能直接求出，这时需要先试取一个数值进行计算。例如，当已知高压压气机进口 T_{t21}、p_{t21} 和转速 n_H 时，可以确定压气机特性上的换算转速线，但压气机在此换算转速线上的工作点无法确定，若试取一个换算流量，就可以确定压气机工作点并求得出口气流参数。这个试取值是否合适，可由各部件间必须满足的共同工作条件和选定的控制规律进行检查。在确定发动机的共同工作点时，需要对多个参数进行试取，因而也需要相应数量的检查方程。

求解发动机共同工作点的基本方法可归纳为，为求得满足发动机部件特性和部件之间的流量连续、功率平衡、压力平衡等共同工作条件的共同工作点，可先取一组试取值,进行沿流路各部件的气动热力计算。然后利用共同工作条件作为检查方程,若试取值满足检查方程,则用试取值所算出的工作参数和性能参数为共同工作点上的参数;否则就重新给定试取值,一直迭代到满足收敛条件为止。

对于双轴混排涡扇发动机模型,试取 6 个参数,试取值向量 $\boldsymbol{X}$ 为风扇压比、压气机压比、低压转子转速、燃烧室出口总温、高压涡轮换算流量、低压涡轮膨胀比。6 个检查方程如下。

(1)低压转子功率平衡检查方程。

$$P_{TL}\eta_{mL} - P_F = Z_1 \tag{6-33}$$

(2)高压转子功率平衡检查方程。

$$P_{TH}\eta_{mH} - P_K = Z_2 \tag{6-34}$$

(3)高压涡轮流量连续检查方程,即根据试取参数算出高压涡轮进口换算流量 $\left(\dfrac{W_{g41}\sqrt{T_{t41}}}{P_{t41}}\right)_c$,应和高压涡轮特性图中查得的换算流量 $\left(\dfrac{W_{g41}\sqrt{T_{t41}}}{P_{t41}}\right)_m$ 相等。

$$\left(\frac{W_{g41}\sqrt{T_{t41}}}{P_{t41}}\right)_c - \left(\frac{W_{g41}\sqrt{T_{t41}}}{P_{t41}}\right)_m = z_3 \tag{6-35}$$

(4)低压涡轮流量连续检查方程,即根据试取参数算出的低压涡轮进口换算流量 $\left(\dfrac{W_{g46}\sqrt{T_{t46}}}{P_{t46}}\right)_c$,应和低压涡轮特性图中查得的换算流量 $\left(\dfrac{W_{g46}\sqrt{T_{t46}}}{P_{t46}}\right)_m$ 相等。

$$\left(\frac{W_{g46}\sqrt{T_{t46}}}{P_{t46}}\right)_c - \left(\frac{W_{g46}\sqrt{T_{t46}}}{P_{t46}}\right)_m = z_4 \tag{6-36}$$

(5)混合器静压平衡检查方程。

$$P_{55\,I} - P_{15\,II} = z_5 \tag{6-37}$$

(6)喷管流量连续检查方程,即算出的喷管喉道截面积 A_{8cal} 应和控制规律给定的面积 A_{8giv} 相等。

$$A_{8cal} - A_{8giv} = z_6 \tag{6-38}$$

求发动机共同工作点就是求满足共同工作条件的试取值向量 $\boldsymbol{X}$。与 6 个检查方程相对应的残差向量为 $\boldsymbol{Z} = (z_1, z_2, \cdots, z_6)^T$。残差向量 $\boldsymbol{Z}$ 是试取值向量 $\boldsymbol{X} = (x_1, x_2, \cdots, x_6)^T$ 的函数,即 $\boldsymbol{Z} = F(\boldsymbol{X})$,由沿流路的气动热力计算求得。采用 Newton-Raphson 方法求解使 $\boldsymbol{Z} \to 0$ 的试取值 $\boldsymbol{X}$,即求解方程组 $F(\boldsymbol{X}) = 0$。发动机非线性方程组数值求解[6]算法如下:假定已经进行了 k 次迭代,已求出第 k 次试取值向量 $\boldsymbol{X}^{(k)} = (x_1^{(k)}, x_2^{(k)}, \cdots x_6^{(k)})^T$ 和残差向量 $\boldsymbol{Z}^{(k)} = (z_1^{(k)}, z_2^{(k)}, \cdots z_6^{(k)})^T$,则求第 $k+1$ 次试取值向量 $\boldsymbol{X}^{(k+1)}$ 为

$$X^{(k+1)} = X^{(k)} - A^{-1}Z^{(k)}$$

式中：$A = \begin{bmatrix} \dfrac{\partial z_1}{\partial x_1} & \dfrac{\partial z_1}{\partial x_2} & \cdots & \dfrac{\partial z_1}{\partial x_6} \\ \dfrac{\partial z_2}{\partial x_1} & \dfrac{\partial z_2}{\partial x_2} & \cdots & \dfrac{\partial z_2}{\partial x_6} \\ \vdots & \vdots & & \vdots \\ \dfrac{\partial z_6}{\partial x_1} & \dfrac{\partial z_6}{\partial x_2} & \cdots & \dfrac{\partial z_6}{\partial x_6} \end{bmatrix}$，为雅可比（Jacobi）矩阵。 (6-39)

以新的试取值重新进行计算，一直到残差 $|z_i| \leqslant \varepsilon (i=1, \cdots, 6)$，求得共同工作点为止。这时对应的发动机流程的各部件参数就是共同工作点上的参数。ε 可取 10^{-4}。

对于双轴分排涡扇发动机，猜测的变量个数和共同工作方程的个数与双轴混排涡扇发动机相同，不同点在于，混合器内外涵道静压平衡方程（式 6-37）换成了外涵道空气流量连续方程，即计算的外涵道喷管喉道面积 $A_{\text{II}8\text{cal}}$ 应和给定的 $A_{\text{II}8}$ 相等，如下式所示。

$$A_{\text{II}8} - A_{\text{II}8\text{cal}} = 0 \qquad (6-40)$$

对带增压级的双轴分排涡扇发动机，试取的变量增加一个，即增压级的压比。检查方程也相应增加一个，即增压级物理流量 W_{ab} 与高压压气机物理流量 W_{ac} 连续：

$$W_{\text{ab}} - W_{\text{ac}} = 0 \qquad (6-41)$$

与双轴的发动机相比，单轴或三轴结构的试取变量与检查方程将相应地减小或增加。鉴于篇幅，这里不再赘述。

6.2.1.4 确定发动机推力、耗油率和燃油流量

利用上一节的数值迭代算法一旦确定出发动机的共同工作点，发动机各部件进出口截面的气动热力参数也同时获得。利用这些热力参数，即可以计算出该工作点对应的推力 F、燃油流量 W_{f} 和耗油率 I_{sfc}。燃烧室燃油流量 W_{f} 可用下式计算：

$$W_{\text{f}} = 3\,600 W_{\text{a}} f_{\text{a}} \qquad (6-42)$$

对于混合排气涡扇发动机，总空气流量 $W_{\text{a}} = W_{\text{aI}} + W_{\text{aII}}$，混排涡扇发动机的推力计算公式为

$$F = W_{\text{g}9} V_9 - W_{\text{a}} V_0 + A_9 (p_{\text{s}9} - p_{\text{s}0}) \qquad (6-43)$$

式中：$W_{\text{g}5}$ 为涡轮出口燃气流量；W_{aII} 为发动机外涵空气流量；$W_{\text{a}\Sigma}$ 为发动机内外涵道总空气流量；W_{g} 为混合排气喷管出口截面的总燃气流量。

耗油率为

$$I_{\text{sfc}} = 3600 W_{\text{f}}/F \qquad\qquad (6-44)$$

对于分开排气涡扇发动机,总的推力由外涵道和内涵道的推力之和构成:

$$F = W_{g9} V_9 + (p_{s9} - p_{s0}) A_9 + W_{a\text{II}} V_{19} + (p_{19} - p_{s0}) A_{19} - W_{a\Sigma} V_0 \qquad (6-45)$$

分开排气涡扇发动机的耗油率计算与式(6-44)相同。

6.2.1.5 确定发动机的稳态共同工作线

当飞行条件及发动机的控制规律发生改变后,利用上述共同工作点的迭代求解

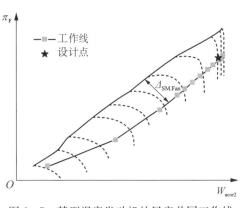

图6-5 某型涡扇发动机的风扇共同工作线

方法,将能自动匹配出一系列的发动机共同工作点。这些工作点的集合组成了发动机的共同工作线。图6-5给出了利用基于部件的非线性稳态性能模型计算获得的一个发动机风扇部件的共同工作线。由图还可知,利用该稳态模型还能够预估出发动机在任一工作点工作时对应的风扇喘振裕度 $\Delta_{\text{SM, Fan}}$。

此外,利用部件法建立的非线性稳态性能模型,还能够定量开展部件可调几何单一调整及组合调整对发动机共同工作线的走势分析。

6.2.2 按部件建立的非线性动态性能模型

发动机动态性能模型的任务是计算发动机过渡工作状态下气流参数和性能参数随时间的变化关系。文献[8]提供了一种发动机加(减)速过程的计算方法,其特点是把动态过程作为准稳态过程处理,即用转子运动方程代替稳态性能计算中的功率平衡方程,其他关系式仍沿用稳态性能计算公式。

动态性能模型基于6.2.1节所述的发动机稳态性能计算模型的全部内容,只是增加了反映发动机动态过程的三个微分方程和求导数子程序,这就使该模型既可计算发动机稳态性能,又能计算动态性能。计算动态性能必须输入下列数据:①进行发动机设计点性能计算所需的全部数据;②飞行马赫数、飞行高度和大气条件(包括非标准大气条件);③部件特性;④转子惯性矩 I;⑤引气和功率提取量;⑥发动机动态过程的供油规律和可调几何的控制规律;⑦时间步长。此外,如果需要更精确的模拟发动机过渡态性能,还需要提供如下参数:①发动机各部件的流道尺寸及容积,以考虑部件的容积效应;②发动机各部件的质量、材料、热物性参数、换热面积等,以考虑发动机部件的过渡态换热;③各转动部件叶尖间隙变化与效率的关系,以考虑间隙变化对过渡态性能的影响。

发动机的加、减速过程中,涡轮必须有剩余功率 ΔP_{T},因此动态模型中必须用转子运动微分方程代替稳态计算中的转子功率平衡方程。转子运动方程为

$$P_{\text{T}} = P_{\text{K}} + P_{\text{EXT}} + 4\pi^2 In \frac{\mathrm{d}n}{\mathrm{d}t} \qquad (6-46)$$

式中：P_{EXT} 为功率提取量，kW；$4\pi^2 In \dfrac{\mathrm{d}n}{\mathrm{d}t}$ 为转子惯性项，kW；I 为发动机转子的转子惯性矩，kg·m^2。

上式在稳态性能计算时，$\dfrac{\mathrm{d}n}{\mathrm{d}t} = 0$，式（6-46）就变成功率平衡方程。

对于部件容积效应，现以压气机为例推导动态计算所用的连续方程和能量方程。

假设把压气机分成两个部分 $1-2'$ 和 $2'-2$，如图 6-6 所示。

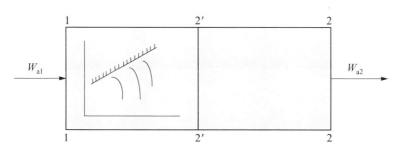

图 6-6　动态计算所用的压气机模型

第一部分为基本部分，假设它只有对气流加能量的作用而无容积积聚作用。根据已知的 1 截面参数和部件特性可求出 $2'$ 截面的气流参数，所用的部件特性和稳态时一样，因此气体在 $1-2'$ 的流动就按稳态流动来计算。第二部分为容积室，假设它是无叶片的空腔，在其中不对气流加能量，仅有容积积聚作用。气体在容积室 $2'-2$ 内进行非定常流动，容积室内气体密度将随时间变化，其关系式为

$$W_{\text{a2}} = W_{\text{a2}'} - \frac{V_{\text{c}}}{\gamma R T_{\text{s2}}} \frac{\mathrm{d}p_{\text{s2}}}{\mathrm{d}t} \qquad (6-47)$$

式中：V_{c} 为压气机容积，m^3。

上式右端最末项为动态项。

能量方程也用类似方法处理。在非定常流中能量的积聚由两项组成，一项反映内能变化引起的能量积聚；另一项由质量积聚而引起，其关系式为

$$W_{\text{a2}} h_{\text{2t}} = W_{\text{a2}'} h_{\text{2t}'} - (W_{\text{a2}'} - W_{\text{a2}}) u_2 - \frac{p_{\text{2s}} V_{\text{c}}}{R T_{\text{2s}}} \frac{\mathrm{d}u_2}{\mathrm{d}t} \qquad (6-48)$$

式中：u_2 为容积中气流的内能，J/kg。

以上三个微分方程中的导数为

$$\frac{\mathrm{d}y}{\mathrm{d}t} = \frac{y_i - y_{i-1}}{\Delta t} \qquad (6-49)$$

式中: y_i 为现在计算时刻的变量值; y_{i-1} 为上一时刻的变量值; Δt 为时间步长, s。

图 6 - 7 给出了考虑发动机各部件容积效应的双轴混排涡扇发动机过渡态工作点确定流程。

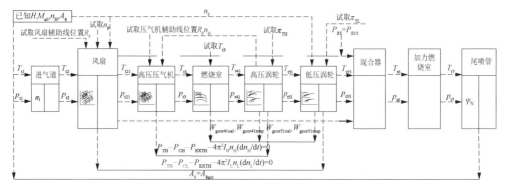

图 6 - 7　双轴混排涡扇发动机过渡态工作点确定流程

6.2.3　发动机非实时性能模型的发展和改进

现代高性能飞行器对发动机的性能、稳定性、可靠性和耐久性等方面都提出了很高的要求,这些要求往往是相互矛盾的。例如:提高性能的措施常使喘振裕度减小;增加涡轮前温度和转速可使发动机推力加大,但对可靠性和耐久性不利;对敏捷性的要求导致要求发动机推力响应速度快,影响发动机过渡过程的稳定性;使用矢量喷管后,战斗机过失速机动造成大攻角,以及由此引起的发动机进口流场严重畸变,影响发动机的稳定裕度。为了提高基本模型的逼真度并扩展其功能,10 余年来,许多研究着重于基本模型的改进,下面将逐项加以说明。

1) 高温下化学离解的影响

第五代战斗机用发动机的涡轮前温度将达到 2000 K 以上,加力燃烧室的温度也在 2000 K 或以上。高温条件下,热力过程中气体成分随温度的变化与热离解现象有关。因此,工质热物性参数的计算除了需要考虑随气体温度的变化以外,还要考虑气体成分变化的影响,即需要考虑高温下工质发生化学离解后组分变化对气体热力学性质的影响。CEA[9](chemical equilibrium and applications)程序可用于计算高温下化学离解后,反应物发生化学反应达到化学平衡时生成物的浓度,并确定化学反应生成物的热力学性质和输运性质,包括扩散、黏性及热传导等。图 6 - 8(a)~(d)分别表示采用变比热容算法和考虑热离解的化学平衡两种不同算法对燃气比焓和比熵的影响[8]。图中: h_e 和 s_e 分别为采用化学平衡算法计算的比焓和比熵; h 和 s 分别为采用传统变比热算计算的比焓和比熵; $\Delta h/h$ 为采用两种不同算法计算的比焓相对误差; $\Delta s/s$ 为采用两种不同算法计算的比熵相对误差;计算时气体的进口总压为 0.1 MPa,油气比分别为 0.03 和 0.06。由图 6 - 8(a)和(b)中可以看出:燃气温度在 1500 K 以下时,比焓的相对误差非常小;燃气温度高于 1500 K 时,比焓的相对误差迅速增大,在2 600 K时,其误差在油气比为0.03和0.06条件下分别达到10.6%和16.6%。比熵相对误差随温度的变化趋势与比焓基本一致[见图6-8(c)和(d)]。对比$f_a=0.03$和$f_a=0.06$的计算结果可以发现:油气比越大,采用变比热容算法及考虑热离解的化学平衡算法的计算值相差越大。这说明,油气比越大,燃气的热离解程度也就越大。因此,对于有加力的发动机(油气比为0.06左右)性能的计算中若忽略热离解,则会对计算结果产生较大的影响。

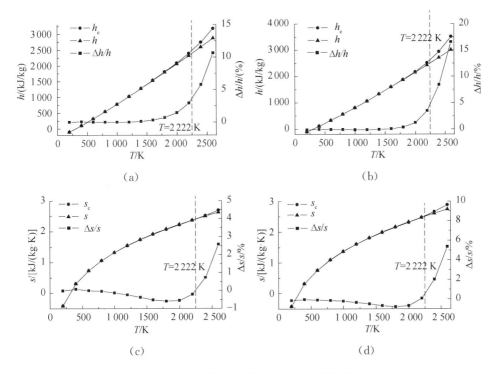

图6-8　不同算法对燃气比焓和比熵的影响

(a) 比焓$h(f_a=0.03)$　(b) 比焓$h(f_a=0.06)$　(c) 比熵$s(f_a=0.03)$　(d) 比熵$s(f_a=0.06)$

2) 发动机过渡过程中热交换和间隙变化的影响

考虑发动机过渡过程中热交换和间隙变化对部件特性和发动机动态性能的影响[8,10,11]所包括的主要问题有:①由于流过发动机的工质和零部件温度不同而造成瞬时热交换,导致发动机在低工况较长时间稳定工作后加速和从高工况减速后迅速加速的两种加速过程有差异;②考虑过渡过程中转子和机匣热膨胀不同所产生的部件间隙和密封间隙的变化,以及由此产生的对部件性能的影响[10,11]。

计算方法是在每个部件子程序中增加换热计算,考虑流过发动机工质与发动机零部件的瞬时热交换,估计这种热交换对叶尖间隙和密封间隙的变化,再用经验公式计算间隙变化对部件效率的影响,同时也计算密封间隙变化对冷却气流量的影响,进而计算这些因素对发动机性能的影响。图6-9给出加速过程计算结果和试验数据的比较,说明考虑热交换和间隙变化可更好地模拟实际试车数据。

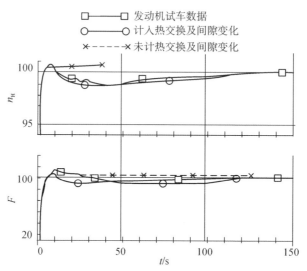

图6-9　加速过程考虑热交换和间隙变化对计算结果的影响

3) 进气畸变的影响

为了考虑进气畸变对发动机性能的影响,文献[12]给出一种常用的做法。首先,需要一个根据进气畸变条件计算压缩系统特性的模型,然后再和其他部件匹配计算发动机共同工作点和发动机性能参数。其次,需要一个方法或准则来判断此工作点是否超出稳定性边界。已经发展考虑进气畸变对压缩系统影响的模型大致可分为两类:一种以试验数据为基准;另一种以简化假设为基础,这些假设将使理论分析成为可能[13]。在进气畸变条件下的平行压气机理论是一个很有用的工具[13],它说明畸变,特别是周向畸变(包括压力和温度)以何种方式影响压气机稳定性。最简单的平行压气机模型是把压气机分成两个子压气机,一个对应进口低总压区,一个对应进口高总压区。由于实际进气道的出口流场图谱不能简单地用低压、高压两个扇区来描绘,因此建立了有重要意义的、更复杂的平行压气机模型,该模型允许把压气机分成更多的子压气机(如30~40个),平行压气机各子区的物理转速相等,总温均等。总压分布由已知畸变谱确定,压气机出口静压采用均等假设。图6-10给出用复杂平行压气机模型的计算结果和已知数据的比较,由比较结果可知,复杂模型更符合实际情况[12]。

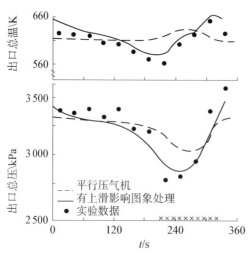

图6-10　复杂平行压气机模型计算结果比较

6.3 发动机的实时性能模型

发动机性能模型的实时性通过仿真周期来约定。一般情况下，实时性要求模型在发动机的工作范围内完成任何单一工作点计算所需要的时间（一个仿真周期）要小于 25 ms[4]。发动机实时仿真模型是实现数字化控制所必需的也是研究、设计和试验验证发动机数字式控制系统或机械液压式控制系统功能和性能的有效手段。建立准确可靠的发动机实时数学模型是进行发动机实时仿真、进行发动机数字控制系统研究和设计，实现各种先进控制模式的基础。根据不同的功能和用途，现将介绍两种建立发动机实时性能模型的方法。

6.3.1 按部件建立的非线性稳态和动态性能实时模型

航空发动机是一个高度非线性的动力系统，其数学模型可根据气流通过各部件时所应遵循的气体动力学和工程热力学原理，用一系列的非线性代数和微分方程来描述。模型的精度取决于这些方程能否完全且精确地描述发动机工作的实际物理过程。然而，一个详细的基于部件的发动机性能仿真模型往往是高度非线性的，求解计算量非常大，这给实时仿真带来了很大困难。为了实现非线性的实时模型，有必要在现有的硬件资源条件下对模型进行适当的简化处理，建立简化的基于部件的实时模型[5,14,15]。基于部件的实时模型建模方法与基于部件的非实时模型相同，但忽略了一些次要的气动热力特性。同时，在算法上采用了一些近似和简化的方法，以减少计算量。对基于部件的详细模型简化时，一般会涉及：①非实时详细发动机模型所考虑的动态响应因素为转子惯性、燃烧室热惯性、控制系统动态性能、容积的蓄质和蓄能效应。在进行实时模拟时，可以仅考虑转子的转动惯性影响而忽略发动机的蓄质和蓄能效应。这种忽略对模型精度的影响在大多数应用场合是可以接受的。对于热端部件金属储热效应在建模中考虑与否应视具体情况而定。②进行实时模拟可以对发动机的部件特性进行一些合理的、特殊的简化处理，这样虽然对模型的计算精度有所影响，但模型的计算精度仍在要求的精度限制范围之内，而模型的计算速度却有明显的提高。如 20 世纪 80 年代中期，美国用于电调的某型发动机实时模型就是采用了风扇和高压压气机特性的线性化处理方法[16]。③进行发动机的实时模拟时为了节省时间，可采用定热物性参数的假定。为提高模型的计算精度，才采用变比热容计算，例如取各截面的比热容为对应截面的油气比和温度的函数。④降低计算复杂性和减少计算量。如将压气机的温比近似成压比的分段线性函数，避免幂指数运算。⑤采用 Newton-Raphson 法求解代数方程组时，尽可能减少循环迭代次数，甚至只迭代一次，其条件是初次假设值必须非常接近方程组的解，也可采用改进的牛顿-拉夫森（Newton-Raphson）算法[16]。

用作发动机控制的实时模型要求其完成一个工作点计算的时间应不大于真实发动机运行的时间。基于部件的实时模型简化到什么程度，取决于模型应用场合对计算速度和精度的要求。例如，在发动机/控制系统半物理仿真试验中使用的实时模型对仿真时间要求较高,一般一个工作点计算不超过 25 ms,但模型计算精度控制在 5% 以内即可接受。采用线性化、简化部件特性、减少共同工作方程等简化方法建立的发动机实时仿真模型不能完全反映发动机各部件的工作状态。对于需要进行长时间、大范围(高度、油门和马赫数)飞行模拟的多变量控制发动机对象,还必须考虑累积误差的影响。例如,适用于综合飞行/推进控制系统研究需要的实时仿真模型必须详细和真实地描述发动机对象,即要保留决定发动机状态的全部部件特性和所有共同工作方程,迭代求解每个时刻的发动机状态以消除累积误差的影响,保证在发动机整个使用范围内和整个仿真过程中的精度。

通过迭代求解发动机状态,可以消除累积误差的影响,但同时大量地增加了计算量。为了达到实时,只能加快每个部件的计算速度和提高仿真模型的收敛性。例如,在进行双轴混排加力涡扇发动机的实时仿真过程中,文献[5]采用了如图 6-11 所示的需要迭代求解的基于部件的实时稳态和过渡态性能仿真建模流程。这个仿真模型考虑了全部部件特性、所有共同工作方程(6 个)。为了加快计算时间,文献[5]采用以下简化算法:①采用平均变比热容法来计算部件的气动热力过程(即各部件采用平均比热容来计算,即各截面的比热容为对应截面的油气比和温度的函数)。②分析了各部件算法对仿真精度和计算时间的影响,改进了部件算法,加快了沿发动机流路的计算速度。③将高压压气机转速、喷管喉道面积拟合为油门位置和发动机进气总温的函数,提高求解非线性方程组所需初始值的逼近度,加速仿真模型的收敛。

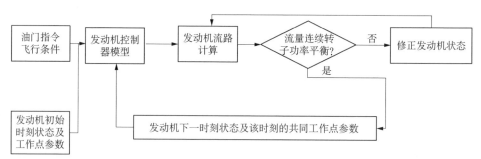

图 6-11　需要迭代求解的基于部件的实时仿真模型建模流程示意图

表 6-1 列出在一个 PⅡ450 计算机上,利用简化算法的模型计算时间比较,比较的时间是计算一次发动机流路参数所用的平均时间[5]。从表中可以看出:采用平均变比热容算法及燃烧室、混合器和喷管的简化算法后,计算一次发动机流路的平均时间从 1.653 ms 下降为 0.542 ms,计算速度提高了 2 倍。统计表明,表 6-1 中所示的实时仿真模型在 PⅡ450 计算机上计算一个工作点的时间少于 24 ms,保证了仿真的实时性。建立实时仿真模型后,需要验证实时仿真模型的实时性,并且比较仿真模型实时化前后的仿真精度。图 6-12 给出了实时和非实时过渡态仿真模型在加速过程中的高低压转速仿真结果对比,在数值和趋势上完全一致,表明仿真模型的实时化并没有损失仿真精度。

表 6-1 采用不同简化算法的模型计算时间

模 型	平均 变比热容	简化 燃烧室	简化 混合器	简化 喷管	计算一次发动机流路 所用平均时间/ms
非实时仿真模型 I					1.653
非实时仿真模型 II		√			1.525
非实时仿真模型 III	√	√			1.457
非实时仿真模型 IV	√	√	√		0.649
实时仿真模型	√	√	√	√	0.542

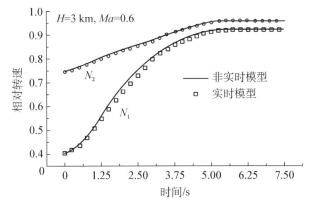

图 6-12 实时和非实时过渡态仿真模型在加速过程中
的高低压转速仿真结果对比

此外,常用的基于部件的实时仿真模型还采用不迭代求解(开环)的方式来达到实时,图 6-13 描述了开环基于部件的实时仿真模型的建模思路。它的基本思想为:首先,通过初始条件算出各个部件出口的气动参数,由这些气动参数可以求得风扇和压气机的喘振裕度、高低压转子转速、压气机部件增压比和涡轮膨胀比对时间步长的变化率;其次,根据给定的时间步长,就可以求出下一时刻发动机压缩部件的压比和高低压转子的转速;最后,根据发动机进口总温及上一时刻高低压转速的转速,通过发动机控制器计算下一时刻的发动机的供油量,就可以求出对应于下一时

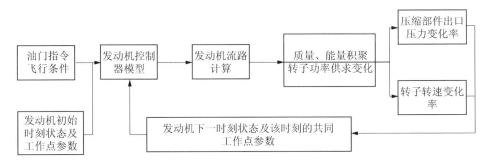

图 6-13 开环基于部件的实时仿真模型建模思路

刻的发动机各个截面的参数。循环上述步骤,就能获得各时刻发动机各截面的气动热力参数,从而实现发动机本身的过程仿真。这种仿真方法优点是仿真时间较短,不足在于无法通过闭环方式消除累积误差,是发动机起动过程常用的一种实时建模方法。图 6-13 中,发动机的燃烧室、外涵道和加力燃烧室部件考虑了质量和能量积聚对发动机过渡态过程气动参数的影响。

6.3.2　状态向量模型[17,18]

当采用现代控制理论和大多数的控制设计工具进行发动机控制器设计时,往往需要以状态方程形式表示的线性发动机模型,该种模型也称状态向量模型。状态向量模型是在飞行包线内选定的发动机工作点附近的线性模型,用状态方程和输出方程来表示,即

$$
\begin{cases}
\Delta X = A \Delta X + B \Delta U + F \Delta Z \\
\Delta Y = C \Delta X + D \Delta U + G \Delta Z
\end{cases}
\tag{6-50}
$$

式中:X 为状态向量;U 为控制向量;Y 为响应向量;Z 为干扰向量;A、B、C、D、F、G 均为动态系数矩阵。

模型中动态系数矩阵的确定通常以精确的发动机气动热力非线性模型为基础,常用基于工作点附近泰勒级数展开的小扰动方法,逐个求出矩阵中的每个元素,并采用非线性回归、分段线性化、曲线拟合等方法把状态向量模型扩展到可模拟加减速等过渡过程以至全飞行包线。模型中动态系数矩阵的确定也可采用基于模型输出和作为参考值的实际输出间的误差最小化的系统辨识法[18]。

6.3.3　基于统计数据和发动机部件匹配关系的性能实时模型

该类模型本质上属于第 I 类仿真模型,它忽略了发动机内部的工作过程,仅关注发动机的外在性能特征,在实时性和工程化方面具有良好的可操作性,广泛应用于飞行模拟器的发动机建模[1]。建模的基本方法是基于发动机各部件共同工作关系,在对大量发动机试车数据进行统计分析的基础上利用相似参数表示发动机的综合特性。例如,发动机在稳定工作状态时,发动机性能参数如推力 F、燃油流量 W_f 和耗油率 I_{sfc} 随飞行高度、飞行马赫数、非标准大气温度、油门位置、战斗/训练状态指令和控制规律的多种因素影响。显然难于直接建立性能参数与上述 7 个影响因素之间的多元函数关系,需要利用相似参数的表征方式来简化性能参数与影响因素之间的函数关系。例如,通过对一台涡喷发动机的控制规律、各部件间的共同工作关系及大量的实验数据研究发现,发动机的相似推力和相似单位耗油率可以表征为换算转速和飞行马赫数的函数(见图 6-14)。该类建模方法基于数据拟合的思想,因此需要大量的试车数据以满足仿真精度要求。实际建模过程中,试车数据往往不能满足飞行模拟机所要求的飞行状态和参数范围。通常的做法是首先需建立基于部件的非实时详细性能仿真模型,利用已有数据来校核和修正模型,再用此非实时的详细性能仿真模型来补充所缺的试车数据[1]。

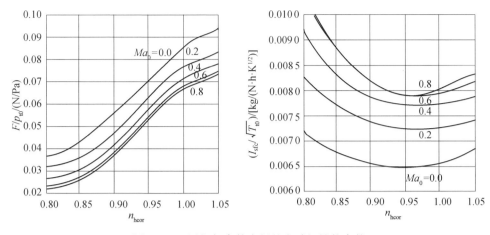

图 6 - 14   用相似参数表征的发动机性能参数

6.4   发动机性能仿真技术的发展

在航空发动机的研制发展过程中,工程技术人员需要根据研究的需要随时调整发动机的仿真模型。然而,航空发动机本身是一种非常复杂的机械,每次都重新建立一个满足精度要求又适合研究目的的模型是一个工作量很大的工作。面向对象的编程技术在发动机性能建模中的应用能够使得工程技术人员从烦琐、复杂而且可靠性低的底层编程工作中解放出来,把更多的精力投入到有关航空发动机的研究中[19,20]。

发动机试车或装机飞行过程中记录的测量数据蕴含了丰富的发动机个体性能差异信息和不同使用阶段的性能衰减信息。充分利用这些信息对发动机模型进行辨识能够提高发动机模型精度,是实现飞行中推进系统优化、发动机健康管理和发动机故障诊断及自适应控制的基础[18,21,22]。

高性能计算技术及现代通信技术的结合将促使发动机性能仿真技术向可缩放的高逼真度发动机数值仿真技术方向发展。该项技术通过多学科耦合技术,把发动机在流体力学、传热学、燃烧学、结构力学、材料科学、控制、工艺等研究成果融合在一起,利用灵活的变维度算法对不同风险级别的技术进行不同精度的分级验证,将有效缩短航空发动机的研制周期,节约设计和试验验证费用,降低研制风险。

现分别对发动机性能仿真技术的上述三个发展方向进行简要介绍。

6.4.1   面向对象编程技术在建模中的应用

建立航空发动机性能模型通常采用面向过程和面向对象这两种程序代码设计方法[19,20]。采用面向过程的程序设计方法构建不同类型的发动机模型时,需要根据发动机各部件不同的组合方式,对各个气路部件的气动热力计算进行重新编排组织,对源代码的任意一点进行调整,都要求程序员对源代码的整体有着深刻的认识,这使多样化的发动机模型构建工作成为一项费时费力的工作。利用面向对象的程序设计方法进行发动机建模时,不再单纯地从代码的第一行一直编到最后一行,而是考虑如何创建对象,利用对象来简化程序设计,提供代码的可重用性。同时,采用面向对象的程序设计方法能够为不同目的程序开发人员和使用人员提供不同的接口,使程序开发和应用具有效率高、灵活可靠、扩展性好、针对性强的特点[19,20]。

　　利用面向对象的程序设计方法进行发动机建模时,首先,需要建立航空发动机的基本类库。根据发动机各个部件的特点,可以把不同类型的航空发动机抽象成由不同管道部件、旋转部件和机械部件组成、相互之间存在气动联系和机械联系的热力循环机械。图 6-15 给出了航空发动机的部件类构成及派生关系。

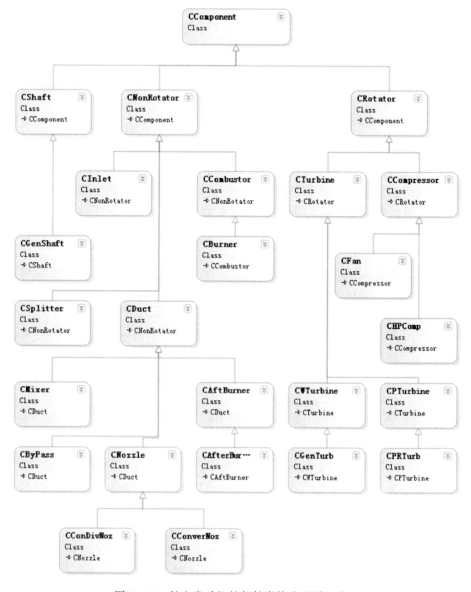

图 6-15　航空发动机的部件类构成及派生关系

子类从父类派生而来,子类具有延用父类特征的能力。如果父类特征发生改变,则子类将继承这些新特征。在所建立的各部件类中,基类(CComponent)可分为转动(CRotator)、非转动(CNonRotator)和机械传动(CShaft)三大类部件。转动部件类可派生为风扇(CFan)、压气机(CHPComp)和涡轮(CTurbine)等;非转动部件类可派生为进气道(CInlet)、燃烧室(CBurner)、加力燃烧室(CAfterBurner)、外涵道(CByPass)、分流环(CSplitter)、混合器(CMixer)、尾喷管(CNozzle)等;机械传动部件即为轴(CGenShaft);根据同一类部件功能的多样性,部件类还可以进一步派生,例如,喷管可派生为收敛和收扩喷管两种类型。图 6-15 中用到的部件类名称及功能详见表 6-2。

表 6-2 航空发动机部件对象模块中各类的主要功能

类名	主要内容和功能
CComponent	封装关键字——端口映射、部件所含端口数目和部件序列。
CShaft	封装转速、机械效率、功率提取、齿轮传动比等属性和计算功率平衡的方法。
CRotator	封装了用于描述转动部件通用结构和性能的属性。
CNonRotator	封装了用于描述非转动气路部件通用结构和性能的属性。
CCompressor	封装了描述压气机(或风扇)通用特性的属性和气动热力过程计算方法。
CTurbine	封装了描述涡轮部件通用特性的属性和气动热力过程计算方法。
CCombustor	封装了描述燃烧室通用特性的属性和气动热力过程计算方法。
CDuct	封装了描述管道通用性能的属性和气动热力过程计算方法。
CNozzle	封装了描述喷管通用性能的属性和气动热力过程计算方法。
CInlet	进气道部件对象类,用于计算通用进气道的性能和气动热力过程。
CHPComp	压气机部件对象类,用于计算通用压气机(或风扇)的性能和气动热力过程。
CFan	风扇部件对象类,用于计算通用风扇的性能和气动热力过程。
CWTurbine	涡轮部件对象类,用于计算通用涡轮(部件特性为换算转速、换算流量、比功、效率)的性能和气动热力过程。
CPTurbine	涡轮部件对象类,用于计算通用涡轮(部件特性为换算转速、换算流量、膨胀比、效率)的性能和气动热力过程。
CBurner	燃烧室部件对象类,用于计算通用燃烧室的性能和气动热力过程。
CAfterBurner	加力燃烧室部件对象类,用于计算通用加力燃烧室的性能和气动热力过程。
CByPass	外涵道部件对象类,用于计算通用外涵道的性能和气动热力过程。
CMixer	混合器部件对象类,用于计算通用混合器的性能和气动热力过程。
CSplitter	分流环部件对象类,用于流路复杂的航空发动机性能仿真模型,它的功能是把一股气流分成两股,同时计算分流总压损失。使用 CSplitter 类会使普通发动机仿真模型的流路计算复杂,因此在设计仿真系统时,增加了直接连接两个部件的气路端口的功能。
CGenShaft	轴部件对象类,用于传递功及计算转子的功平衡。
CConverNoz	收敛喷管部件对象类,用于计算通用收敛喷管的性能和气动热力过程。
CConDivNoz	收扩喷管部件对象类,用于计算通用收扩喷管的性能和气动热力过程。

其次,为了实现发动机各部件间的数据通信,发动机各部件类之间可采用端口字典加双端口/联结器数据通信模式[20]。利用双端口/联结器数据通信模式把各部件组合在一起形成的双轴混排加力涡扇发动机模型如图6-16所示。图中,大方框表示部件对象,大方框中的小方框表示端口,箭头表示联结器。小方框中的字符 I 代表输入端口,B 代表引气(或加气)端口,O 代表输出端口,T 代表换热器端口,这四种端口都为气路端口,M 代表机械端口。

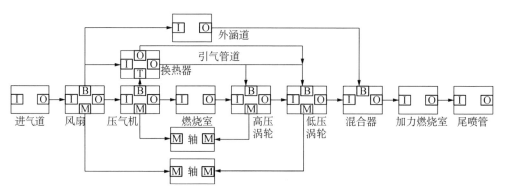

图6-16　双端口/联结器数据通信模式在双轴混排加力涡扇发动机上的应用

最后,建立详细模拟发动机的非实时稳态仿真模型。发动机稳态性能模型的组成如图6-17所示,由设计点性能计算和非设计点性能计算两部分组成。

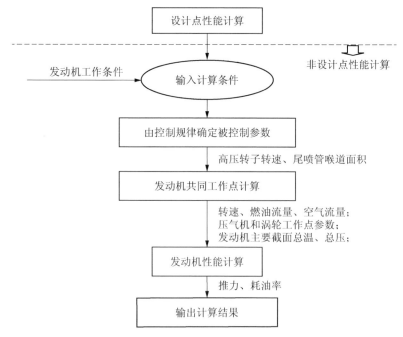

图6-17　发动机稳态性能模型的组成

在设计点计算时,部件的性能参数是选定的。在非设计点计算时,部件的性能参数是待求量,需要试给能够决定发动机状态的向量 X,通过共同工作点计算获得部件性能参数,然后计算发动机工作过程参数及推力、耗油率。

在已建好的可靠性高、具有可扩展性的发动机基本类库的基础上,利用双端口/联结器数据通信模式还能方便地构建出其他结构类型的发动机。图 6-18 给出了利用双端口/联结器数据通信模式构建的涡轴发动机性能仿真模型的示意图。

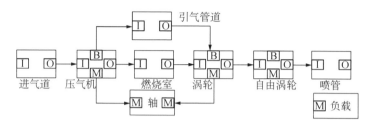

图 6-18　双端口/联结器数据通信模式在涡轴发动机上应用

6.4.2　基于测量数据的发动机自适应数学模型

基于测量数据的发动机自适应数学模型由基于部件特性的数学模型(第Ⅱ类)发展而成,利用积累的发动机试车或发动机装机飞行过程中记录的测量数据对模型进行辨识,从而反映发动机不同个体的性能差异和发动机在寿命周期不同使用阶段的性能衰减,它是提高发动机模型精度的一项有效的技术手段,是实现飞行中推进系统优化、发动机状态管理和发动机故障诊断及自适应控制的基础。

在基于部件的发动机数学模型中,所采用的部件特性与实际发动机的部件特性往往存在差异,造成发动机的实际特性和模型输出特性不一致。引起这些差异的原因可归结为:

(1) 发动机因制造、装配、调整和控制系统都有公差,促使各发动机之间性能出现差异。

(2) 发动机在不同的使用阶段,因正常磨损使间隙变大,叶片上积垢改变了叶片形状等,使得部件性能出现衰减。

(3) 部件损坏,如外来物打伤部件等。

发动机的上述差异会在发动机试车或发动机装机飞行过程中记录的测量数据中有所反映,发动机模型自适应的过程就是利用测量数据中蕴含的偏差信息来更新发动机模型。其基本思路如下:首先,根据发动机的结构和设计参数,建立基于部件特性的发动机性能仿真模型;其次,利用发动机性能仿真模型,把部件性能参数,如部件效率、流通能力作为可调参数,而把发动机试车中和装机飞行中获得转子转速、燃油流量、沿发动机气路各截面的总温、总压等作为监视参数;辨识的过程就是采用相应的辨识算法修正发动机各部件特性,使修正的发动机模型计算出的结果与监视参数之差最小。目前,文献上公布的用于基于部件发动机性能模型辨识的算法包括加权最小二乘估值算法[22]和遗传算法[23]等。

随着可以控制多个发动机变量的全权限数字电子发动机控制(FADEC)系统的出现,以自适应数学模型为基础的性能寻优控制系统得以发展,目的是优化飞机机体/推进系统的准稳态匹配性能。该系统在 NASA 的 F－15 HIDEC 研究机上试飞验证了下列优化模式[18]:①保持同样推力下使燃油流量最小;②保持同样推力下使高压涡轮前温度最低;③在最大工作状态(全加力)或军用状态下使推力最大;④敏捷减速。一个典型的性能寻优控制系统算法流程图如图 6－19 所示,它由模型辨识、推荐系统建模和优化计算 3 个部分组成。其中的模型辨识过程就是发动机数学模型的自适应过程。它利用卡尔曼滤波器对 5 个部件偏差参数(低、高压涡轮效率,风扇和高压压气机流通能力,高压涡轮流通能力)进行估值[24],使得发动机模型能够利用实际发动机在飞行中的测量参数偏差更新发动机模型,以反映各台发动机之间的差别。

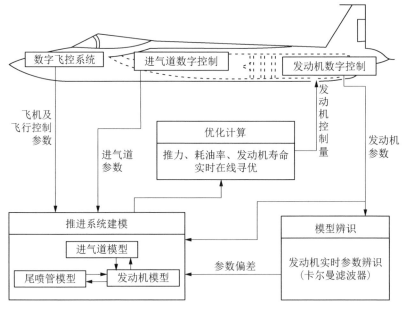

图 6－19　性能寻优控制系统算法流程图

6.4.3　可缩放的高逼真度发动机性能数值仿真技术

发动机性能仿真除按 6.1 节的分类方法外,还可从维度的角度进行划分。按这种方法,航空发动机稳态和过渡态性能仿真技术主要可分为零维、一维、准三维(二维)和三维。零维仿真技术主要利用发动机各部件共同工作关系与部件特性来求解发动机的稳态特性和过渡态特性,它属于 6.1 节提到的第Ⅱ类模型的范畴。这种模型的优点在于它能够快速计算出发动机各个典型截面的气动热力参数和发动机性能参数。但是,这种模型的仿真精度依赖于部件特性数据库。世界各大发动机厂商在长期的发动机研制过程中积累了丰富的发动机部件特性数据库和大量实验数据,因此该种仿真技术仍广泛用于快速获取发动机的稳态和过渡态特性。

一维或二维(准三维)的发动机数值仿真技术主要是通过一维或二维欧拉方程、部件损失模型、旋转部件落后角模型和一些经验系数来进行发动机的稳态和过渡态仿真,它属于6.1节提到的第Ⅳ类模型的范畴。俄罗斯中央航空发动机研究院(CIAM)为了支持涡轮发动机计算机试验技术(CT3)计划的研究,开发了燃气轮机计算机仿真系统(Computer Gas Turbine Engine Simulator,CGTES)[25]。CGTES是专为航空发动机开发的一个独立的计算体系,包括一系列高精度的计算程序(一维、S1流面、S2流面和三维),它可对整机及其部件流道的流动情况进行计算,并考虑了黏性损失、泄漏、引气、抽气及间隙的影响。这个仿真系统可计算发动机的稳态参数,也可扩展到非定常的过渡态计算。程序的运行控制通过专用的任务输入系统实现,后处理包括通用软件界面及三维彩色可视化界面。这一类仿真技术的精度很大程度上依赖于损失模型和经验系数的选择,因此对专家经验的依赖性较强。

三维发动机数值仿真技术是指可直接对发动机从进口到出口的三维流场进行全流场模拟(也称第Ⅳ类模型),对旋转部件特别是热端部件可以进行温度场与应力场的模拟,它还可以与控制系统数值仿真相结合进行发动机过渡态仿真。三维发动机整机数值仿真技术可以详细描述各部件之间的关联与影响,分析压气机出口流场对燃烧不稳定的影响,分析燃烧室出口温度不均匀对涡轮可靠性的影响,同时也可对多种场进行耦合分析等。然而,这种仿真技术所需要的时间成本和技术成本很高。特别是,对于三维非定常流动的精确求解,则仍需要在以下两方面做出努力:如何降低计算量、减少获得收敛解的时间;如何从海量计算结果中提取能够指导工程设计的有价值信息。

先进动力装置除高性能要求外还必须降低寿命期成本,但是许多先进技术的成本是不可接受的,因而严重地影响着发动机研制费用。成本过高的一个重要原因是必须进行大量的、大型的零部件试验。面对市场不断提出的缩短航空发动机研制周期,降低费用,提高性能的要求,NASA联合航空工业界、大学及相关政府机构,提出建立推进系统数值仿真平台NPSS[26]。该平台旨在利用高性能计算技术及现代通信技术把推进系统在相关学科(包括流体力学、传热学、燃烧学、结构力学、材料科学、控制、工艺等)的研究成果集成一个复杂的数值仿真系统,采用能够自由缩放变维度仿真算法和学科耦合技术,深入揭示发动机内的复杂流动和各部件的相互关系,实现了整机的详细仿真模拟。图6-20给出了基于NPSS框架的高精度部件的仿真流程图[27]。该平台的终极目标是打破传统航空发动机从概念设计、初步设计到详细设计漫长而反复的设计流程,在设计的初始阶段就能利用灵活的变维度算法对不同风险级别的技术进行分级验证,即对高风险的关键技术提供高精度的流体——固体耦合分析,对风险级别低的技术只需要提供一般精度的仿真验证,以期在设计的初始阶段就能降低整机设计中不确定因素,尽可能减少昂贵的重复设计工作及试验验证工作量,提高研制效率。表6-3给出了图6-20中的英文名词翻译。

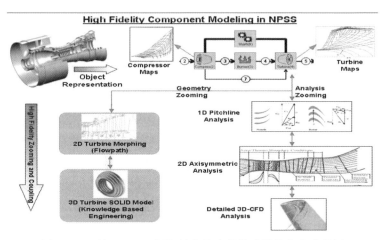

图 6‑20　基于 NPSS 框架的高精度部件建模的仿真流程图

表 6‑3　图 6‑20 中的英文名词翻译

英文名词	中文名称
High Fidelity Component Modeling in NPSS	基于 NPSS 的高精度部件建模
Object Representation	仿真对象表述
Compressor Maps	压气机特性图
Turbine Maps	涡轮特性图
High Fidelity Zooming and Coupling	高精度缩放及耦合技术
Flow path	流路
2D Turbine Morphing	涡轮二维形变分析
3D Turbine Solid Model	涡轮三维实体建模
Knowledge Based Engineering	知识工程
Geometry Zooming	几何缩放
Analysis Zooming	缩放分析
1D Pitchline Analysis	一维分析(沿额线方向)
2D Axisymmetric Analysis	二维轴对称分析
Detailed 3D CFD Analysis	三维详细计算流体力学分析

NPSS 大致包括 5 种关键技术,具体介绍如下:

(1) 标准数据接口。

(2) 使用灵活的、模块化的面向对象的程序结构。

(3) 按需要的精度对发动机特定的物理过程进行综合的、不同复杂程度的仿真和分析。

(4) 多学科综合技术。

(5) 高性能的并行、分布式计算技术。

根据 2004 年公布的文献资料,经过十几年的发展,NPSS 仿真平台初步实现了零维、一维、三维设计的缩放功能。通过了 GE90-94B 高涵道比涡扇发动机实例验证[28]，如图 6-21 所示，零维模型主要部件的特性是利用一维平均技术对三维基于部件的仿真结果进行处理后的特性；同时，零维模型进行部件匹配后的部件截面参数又成为进行三维部件设计的边界条件。表 6-4 给出了图 6-21 中的英文名词翻译。

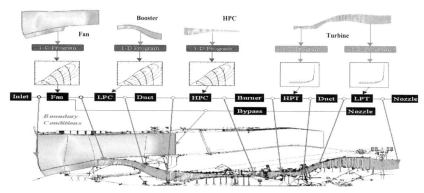

图 6-21　基于 NPSS 系统仿真平台的 GE90-94B 的全机数值模拟

表 6-4　图 6-21 中的英文名词翻译

英文名词	中文名称	英文名词	中文名称
Inlet	进气道	Bypass	外涵道
Fan	风扇	HPT	高压涡轮
Booster	增压级	LPT	低压涡轮
HPC	高压压气机	1D Program	一维程序
LPC	低压压气机	Boundary Conditions	边界条件
Duct	过渡段		

由于多学科耦合及数据层交换的高度复杂性，在公开文献中还未看到 NPSS 实现灵活自由的低维与高维之间的缩放和基于全三维模型的部件匹配验证。

参 考 文 献

[1] 陈敏,唐海龙,张津.某型双轴加力涡扇发动机实时性能仿真模型[J].航空动力学报,2005,20(1):13-17.

[2] 昌中宏,朱之丽,唐海龙.航空发动机一维数值仿真[J].北京航空航天大学学报,2009,35(5):523-526.

[3] 曹志鹏,刘大响,桂幸民,等.某小型涡喷发动机二维数值仿真[J].航空动力学报,2009,24(2):439-444.

[4] Roth S P, Celiberti L A. Micro-computer/Parallet processing for real time testing of gas turbine control system [R]. AIAA-87-1962,1987.

[5] 从靖梅,唐海龙,张津. 面向对象的双轴混排加力涡扇发动机详细非线性实时仿真模型研究 [J]. 航空动力学报,2002,17(1):65 - 68.

[6] Koenig R W, Fishbach L H. GENENG - A program for calculating design and off-design performance for turbojet and turbofan engines [R]. NASA TND-6552, 1972.

[7] 童凯生. 航空涡轮发动机性能变比热计算方法[M]. 北京:航空工业出版社,1991.

[8] Khalid S J, Hearne R E. Enhancing dynamic model fidelity for improved prediction of turbofan transient performance [C]. 16th Joint Propulsion Conference, 1980.

[9] 潘率诚. 高推重比航空发动机循环参数选择与优化[D]. 北京:北京航空航天大学,2010.

[10] Maccallum N R L. Thermal influences in gas turbine transients-effects of changes in compressor characteristics [R]. ASME 79 - GT - 143, 1979.

[11] Pilidis P, Maccallum N R L. A study of the prediction of tip and seal clearances and their effects in gas turbine transients [R]. ASME - 84 - GT - 245, 1984.

[12] Kowalski E D. A computer code for estimating installed performance of aircraft gas turbine engines [R]. Vol. Ⅰ, Final Report, NASA CR-159691, 1979.

[13] Longley J P, Greitzer E M. Inlet distortion effects in aircraft propulsion system integration [R]. AGARD-LS-183, 1992.

[14] 刘尚明,王雪瑜,朱行健. 双轴涡喷发动机的实时数字模拟[J]. 航空动力学报,1991,6(3):254 - 258,286.

[15] 刘燕,刘伟,陈辅群,等. 双轴涡喷发动机性能实时模拟简化模型[J]. 航空动力学报,1994,9 (4):357 - 360.

[16] Ball N H, Hickcox T E. Rapid evaluation of propulsion system effect [R]. Vol. Ⅳ, Library of Configurations and Performance Maps, ADB031555,1978.

[17] 赵连春,杰克·马丁利. 飞机发动机控制——设计、系统分析和健康监视[M]. 张新国,译. 北京:航空工业出版社,2011.

[18] 申功璋,高金源,张津. 飞机综合控制与飞行管理[M]. 北京:北京航空航天大学出版社,2008.

[19] 唐海龙,张津. 面向对象的航空发动机性能仿真程序设计方法研究[J]. 航空动力学报,1999,14(4):421 - 424.

[20] 唐海龙,张津. 数据通信模式及其在面向对象的航空发动机性能仿真系统中的应用[J]. 航空动力学报,2000,15(3):298 - 302.

[21] Orme J S, Conners T R. Supersonic flight test results of a performance seeking control algorithm on a NASA F-15 aircraft [R]. AIAA 94 - 3210.

[22] 朱之丽,孟凡涛. 模型辨识法诊断发动机故障的分析[J]. 北京航空航天大学学报,2003,29(5):398 - 401.

[23] Li Y G, Pilidis P. GA-based design-point performance adaptation and its comparison with ICM-based approach [J]. Applied Energy, 2010,87(1):340 - 348.

[24] Zhang J, Tang H L, Shen G Z, et al. Propulsion performance diagnostics and optimization based on estimation of measurement biases and hybrid optimization [J]. Proceedings of the IMechE Part G: Journal of Aerospace Engineering, 2011,225(G7):821 - 830.

[25] Semkin N D, Piyakov A V, Voronov K E, et al. A linear accelerator for simulating micrometeorites [J]. Instruments and Experimental Techniques, 2007,50(2):275 - 281.

[26] Dean P P, James L F. Engine system performance of pulse detonation concepts using the NPSS program [R]. AIAA 2002 - 3910, 2002.

[27] Sampath R, Irani R, Balasubramaniam M. High fidelity system simulation of aerospace vehi-

cles using NPSS [C]. 42nd AIAA Aerospace Science Meeting and Exibit，2004.

[28] Joseph P，Veres J A，Reed R R，et al. Multi-fidelity simulation of a turbofan engine with results zoomed into mini-maps for a zero-D cycle simulation [R]. ASME - GT2004 - 53956，2004.

思　考　题

1. 航空燃气轮发动机性能仿真模型主要分为几类？各自有什么特点？
2. 发动机实时仿真模型的性能要求有哪些？有哪些实现途径？
3. 使用面向对象编程技术的航空发动机性能模型有什么优势？

7 涡轮轴和涡轮螺旋桨发动机

7.1 引言

20 世纪 30—40 年代是航空活塞式发动机的全盛时期。活塞式发动机加上螺旋桨,构成了所有战斗机、轰炸机、运输机和侦察机的动力装置;活塞式发动机加上旋翼,构成所有直升机的动力装置。在两次世界大战的推动下,航空活塞式发动机不断改进完善,得到迅速发展,第二次世界大战结束前后达到其技术顶峰。发动机功率从近 10 kW 提高到 2 500 kW 左右,功率重量比从 0.11 kW/kg 提高到 1.5 kW/kg。第二次世界大战期间有名的"野马"战斗机,在安装梅林发动机后的飞行高度超过 12 000 m,最高速度超过 700 km/h,接近了螺旋桨飞机的速度极限。

与活塞式发动机相比,涡轮轴(以下简称涡轴)和涡轮螺旋桨(以下简称涡桨)发动机具有重量轻、体积小、功率大、振动小,易于起动,便于维修和操纵简单等一系列优点,因此得到迅速发展与广泛采用。20 世纪 50 年代中期,涡轴发动机开始用作直升机的动力,法国透博梅卡公司研制的功率为 405 kW 的阿都斯特 2 涡轴发动机成功用于"云雀"2 直升机上。目前,涡轴发动机的功率重量比达到了约 7 kW/kg,功率需求为 300 kW 以上的直升机基本都使用涡轴发动机。涡桨发动机和涡轴发动机的工作原理基本相同,低速飞行条件下比涡喷和涡扇发动机耗油率低、经济性好、起飞推力大,因此在一定飞行速度内得到相当大的发展。目前,涡桨发动机在中小型运输机和通用飞机上有着广泛应用。

7.2 涡轴和涡桨发动机的类型

从结构形式上,涡轴或涡桨发动机可以分为单轴式(见图 7-1)或自由涡轮式(见图 7-2)。单轴式发动机涡轮、压气机和旋翼(或螺旋桨)在一根轴上,涡轮膨胀功包含了压气机需要的压缩功和旋翼(或螺旋桨)需要的轴功率。由于发动机转速和旋翼(或螺旋桨)转速保持一定的转速比,当旋翼(或螺旋桨)转速确定时,通过调节供油改变发动机涡轮前温度来满足飞机的功率变化需求,在飞行条件不变的条件下,共同工作点会沿等换算转速线上下移动(见图 7-3)。由于功率变化时转速可以不变,这种结构发动机具有优良的加速性,但压气机、涡轮难以在全工况范围内都匹配在高效率区工作。

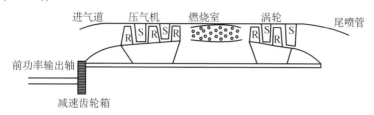

R—转子；S—静子。

图 7-1　单轴式涡轴或涡桨发动机

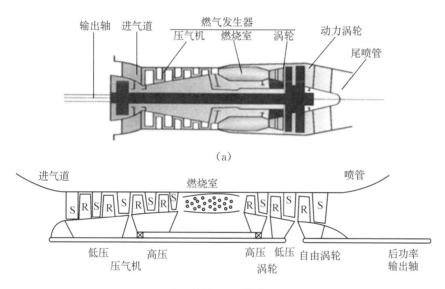

（a）

R—转子；S—静子。

（b）

图 7-2　自由涡轮式涡轴或涡桨发动机

（a）单转子燃气发生器　（b）双转子燃气发生器

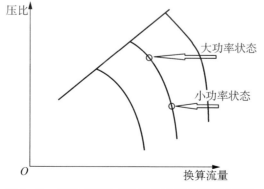

图 7-3　单轴式涡轴或涡桨发动机功率状态变化

自由涡轮式是目前广为应用的结构形式,发动机由燃气发生器(核心机)和装在低压轴上的自由涡轮(或动力涡轮)构成,燃气发生器可以是单转子或双转子,燃气发生器产生高温高压燃气,自由涡轮膨胀功用于给旋翼(或螺旋桨)提供轴功率。这种发动机结构比单轴式灵活,所要求的起动装置功率较小,但是加速性相对较差。

此外,从轴功率输出形式上,涡轴或涡桨发动机还可分为功率前输出[见图 7 - 2 (a)]或功率后输出[见图 7 - 2(b)]的结构形式。

7.3 涡轴和涡桨发动机的工作原理

7.3.1 涡轴发动机的工作原理

涡轴发动机的工作过程为:首先通过进气道吸入空气,空气进入压气机增压,增压后的空气进入燃烧室与燃油混合燃烧,产生高温高压燃气,燃气在涡轮中膨胀做功,膨胀功一部分带动压气机压缩空气,一部分输出轴功率以驱动直升机旋翼(尾桨),做功以后的燃气在扩张型尾喷管中减速扩压,最后排入外界大气。

图 7 - 4 为描述涡轴发动机工作过程的理想循环图。图中:E_{k0} 为速度冲压的空气动能;E_{k9} 为喷管出口燃气带走的动能;L_c 为压气机压缩功;L_T 为用于平衡压气机压缩功的部分涡轮膨胀功;L_{net} 为涡轮传递给功率输出轴的膨胀功。由于直升机不需要涡轴发动机产生推力,为了获得尽可能大的输出轴功率,涡轴发动机的喷管往往设计成扩张型,喷管排气速度很低,可以根据直升机布局的需要安排喷管的排气方向。在涡轴发动机性能计算中,一般只计算输出轴功率,不考虑排气速度的影响,而是否考虑进气冲压作用与涡轴发动机在直升机上的安装方式有关。

7.3.2 涡桨发动机的工作原理

涡桨发动机的工作过程为:首先通过进气道吸入空气,空气进入压气机增压,增压后的空气进入燃烧室与燃油混合燃烧,产生高温高压燃气,燃气在涡轮中膨胀做功,带动压气机压缩空气并输出轴功率以驱动螺旋桨。做功以后的燃气在尾喷管中膨胀加速,最后排入外界大气。图 7 - 5 为描述涡桨发动机工作过程的理想循环图。

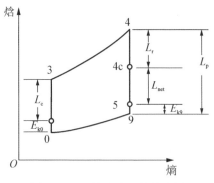

图 7 - 4 涡轴发动机的热力循环

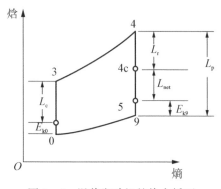

图 7 - 5 涡桨发动机的热力循环

由于涡桨发动机用于固定翼飞机,并且飞行速度相对旋翼飞机更高,一般采用收敛型喷管,以产生可利用的推力,同时有利于改善发动机的安装性能。对于同参数的涡轴和涡桨发动机,涡桨发动机的排气动能略大于涡轴发动机的排气动能,而输出轴功率略小于涡轴发动机的输出轴功率。

7.3.3 涡轴和涡桨发动机的功分配

对于涡桨和涡轴发动机,也存在可用功在排气动能和输出功率之间的分配问题。

对于不需要利用排气推力的涡轴发动机,应尽可能把可用功率分配给输出轴,但要为克服排气阻力留有一定的总压差。为了减轻喷管重量和考虑红外隐身(如采用波瓣型喷管增强热排气和外界大气的掺混,会导致喷管总压损失加大)需求,还需适当提高排气喷管进口总压。

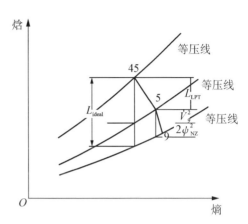

图 7-6 涡桨发动机产生可用功的实际膨胀过程

对于涡桨发动机,实际过程中涡轮效率、传动系统机械效率、螺旋桨效率和喷管速度系数都小于 1,参考图 7-6,其理想循环功可以描述为

$$L_{\text{ideal}} = L_{\text{net}} + E_{k9} = \frac{L_{\text{LPT}}}{\eta_{\text{LPT}}} + \frac{V_9^2}{2\psi_{\text{NZ}}^2} C_{\text{oe}} \tag{7-1}$$

式中:L_{ideal} 为理想循环功;L_{LPT} 为自由涡轮功;η_{LPT} 为自由涡轮效率;V_9 为喷管排气速度;ψ_{NZ} 为喷管速度系数;C_{oe} 为焓熵图上考虑等压线不平行引起的喷管理想热力过程和实际热力过程之间的动能差。

对于涡桨发动机,发动机进口单位质量空气流量产生的推力 F_{Ts} 为

$$F_{\text{Ts}} = F_{\text{ps}} + F_{9s} = \left(L_{\text{ideal}} - \frac{V_9^2}{2\psi_{\text{NZ}}^2} C_{\text{oe}} \right) \eta_{\text{LPT}} \eta_{\text{m}} \frac{\eta_{\text{B}}}{V_0} + (V_9 - V_0) \tag{7-2}$$

式中:F_{ps} 为发动机进口单位质量空气流量对应的螺旋桨拉力;F_{9s} 为发动机进口单位质量空气流量对应的喷管排气推力;η_{m} 为传动机械效率;η_{B} 为螺旋桨效率;V_0 为飞行速度。

对 V_9 求偏导数,求得使 F_{Ts} 最大的 $V_{9\text{opt}}$ 为

$$V_{9\text{opt}} = \frac{V_0 \psi_{\text{NZ}}^2}{\eta_{\text{LPT}} \eta_{\text{m}} \eta_{\text{B}} C_{\text{oe}}} \tag{7-3}$$

因此,飞行速度越快,喷管速度系数越高,涡轮效率、传动效率和螺旋桨效率越低时应根据高效利用能量的原则,选择更高的排气速度。实际参数选择时,可以选

择比理想 $V_{9\text{opt}}$ 更高一些的排气速度,以减轻涡轮和喷管重量,并兼顾飞机的高速性能;也可以选择比理想 $V_{9\text{opt}}$ 低一些的排气速度,着重考虑飞机的起飞和低速性能。

7.3.4　旋翼和螺旋桨

旋翼和螺旋桨的桨叶弦线都与旋转平面有一个倾角,称为桨叶角(见图7-7)。相对气流速度和桨叶弦线之间的夹角称为攻角,为了获得高的桨效率,桨叶和相对气流速度之间需要保持合适的攻角。桨叶角随着叶高是变化的,越靠近叶尖,桨叶切线速度越大,桨叶角越小,一般把叶高75%处的桨叶角定义为整个螺旋桨的桨叶角。

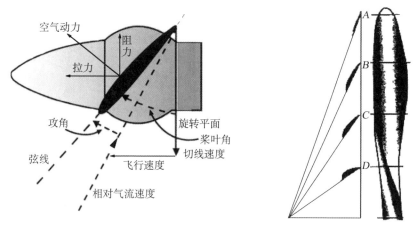

图7-7　桨叶角和攻角

同一片桨叶旋转一圈所形成的螺旋的距离,称为桨距。桨叶的角度越大,桨距也越大,与旋转平面角度为0°时,桨距也为0。桨距的"距",就是桨叶旋转形成的螺旋的螺距,桨距分为几何桨距和有效桨距(见图7-8)。几何桨距指在不可压缩的介质中,直升机的旋翼或固定翼飞机的螺旋桨旋转一周,飞机向上或向前移动的距离。有效桨距指桨叶旋转一周,飞机向上或向前移动的实际距离。两者之间的差值为滑流(slipstream)效应引起的滑距,滑距反映了桨叶对所流过空气的压缩程度。

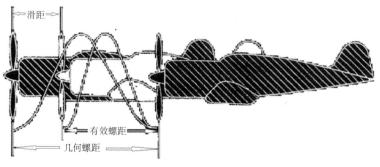

图7-8　桨距

　　桨距越大,桨叶旋转一周飞机前进的距离越长。桨距一定,转速越高,单位时间内飞机前进的距离也越长。如滑流和飞行速度保持不变,螺旋桨转速不变时,随着桨叶角的增加,单位时间内螺旋桨排出的空气质量增加,螺旋桨拉力增大;如桨叶角不变,随着螺旋桨转速的上升,单位时间内螺旋桨排出的空气质量增加,螺旋桨拉力也增大。

　　旋翼和螺旋桨(本小节中,以下统称为桨)可分为定距桨和变距桨。定距桨是工作过程中桨叶角不能变的桨,又可细分为固定桨距的桨和地面可调桨距的桨。固定桨距的桨在组装完成后,桨叶角将不再变化。固定桨距的桨是为某一给定的飞机和发动机而设计的,以在设定飞行速度和转速条件下获得最高的桨效率,设定条件的变化会导致飞机性能的下降。地面可调桨距的桨则可根据飞机飞行条件,在地面对桨叶角进行调整,工作过程中桨叶角仍然不可变。变距桨的桨叶角可随着飞行状态的改变而变化,通过桨叶角的变化来获得最佳的桨叶攻角(见图7-9),以获得高的桨效率。如起飞时,变小桨叶角(变小距),提高转速,桨叶负荷小,转速高,能产生最大拉力(桨叶气动力轴向分力大);高速巡航时,变大桨叶角(变大距),降低转速,匹配合适的气流攻角以提高效率,并且切线速度的减小还有利于降低噪声。

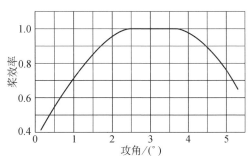

图 7-9 桨效率和攻角的关系

　　固定桨距的桨一般应用于小型、低速、短航程或低空飞机,变距桨由于其适用范围更宽而得到更广泛的应用。

7.4 涡轴和涡桨发动机的特性

7.4.1 涡轴发动机的特性

1) 涡轴发动机的主要性能参数

涡轴发动机的主要性能参数有轴功率 P、单位功率 P_s 和耗油率 I_{sfc}:

$$P = W_g \times L_{LPT} \times \eta_m$$
$$P_s = P/W_2$$
$$I_{sfc} = \frac{3\,600 \times W_f}{P}$$

式中:W_g 为自由涡轮进口燃气流量;η_m 为功率输出轴机械效率;W_f 为燃油流量;W_2 为发动机进口空气流量。

　　影响发动机性能的循环参数主要有增压比和涡轮前温度,但发动机尺寸、材料许用温度、冷却损失、部件效率等技术水平约束对涡轴发动机性能参数也有很大的影响,循环分析必须考虑这些影响,如图7-10所示。

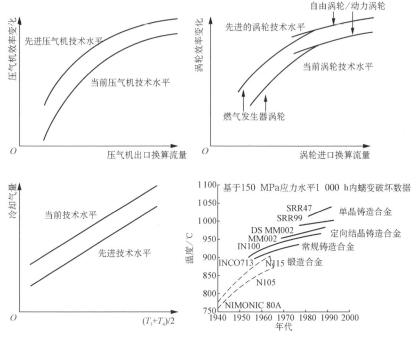

图 7-10　对涡轴发动机性能参数影响显著的约束边界

　　图中,压气机出口换算流量和涡轮进口换算流量代表了压气机出口尺寸和涡轮进口尺寸。这两个参数越小,表示压气机出口叶片和涡轮进口叶片越短,边界层和叶尖间隙占叶片高度的相对比例增大,同时加工精度引起的叶型损失增加,这些尺寸效应导致压气机和涡轮部件效率降低。

　　在图 7-11 中,空心三角符号代表部件效率给定、冷气量给定条件下的循环分析结果,实心方点表示考虑多种约束条件下的循环分析结果。对比可知,在给定的

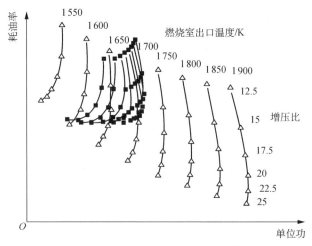

图 7-11　不同约束条件下的循环分析结果对比

技术水平条件下,由于尺寸效应和冷却损失等的影响,当循环参数高到一定程度时,进一步提高循环参数对涡轴发动机性能的影响不明显。

2) 涡轴发动机的典型工作状态

一般而言,涡轴发动机有巡航、最大连续、起飞、应急(单发失效)等规定工作状态,对于不同用途的涡轴发动机,各工作状态之间的功率比例不尽相同,如表 7 - 1 和图 7 - 12 所示。

表 7 - 1　典型涡轮轴发动机在不同状态下的功率

工作状态		功率/kW		
		MTR390 - 2C 型	MTR390E 型	Makila 2A 型
应急(单发失效)	30 s(1)	1160	1322	1758
	2.5 min(2)	1027	1171	1660
	30 min 或持续单发失效(3)	958	1094	1573
正常工作	起飞(5 min)(4)	958	1094	1303
	最大连续状态(5)	873	1000	1303

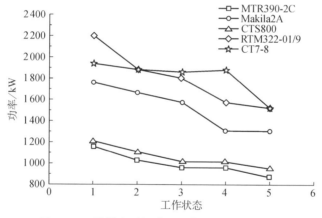

图 7 - 12　涡轴发动机典型工作状态对应的功率

3) 涡轴发动机和旋翼的匹配工作

直升机一般有一个旋翼和一个尾桨,旋翼旋转产生升力以克服直升机重力及获得所需的推进力和操纵力,尾桨产生侧力来形成偏航力矩,两者都通过传动机构与涡轴发动机相连,涡轴发动机与直升机旋翼不仅有性能参数(功率)的匹配关系,而且有机械参数(转速)的匹配关系。直升机的飞行条件、状态是不断变化的,如起飞、悬停、爬升、巡航、下滑、着陆等,各种不同的飞行状态,直升机需用功率是不一样的,因而需要不断地改变发动机的工作状态,以满足直升机的工作要求。直升机旋翼系统升力由总距和转速来确定,可由驾驶员改变其中任一个参数或同时改变两者来获得所需升力。旋翼的惯性很大,因此不能迅速加速或减速,如果在飞行中直升机需要迅速地改变升力,最好通过快速改变总距来实现。

旋翼转速可以是单一的值,也可根据不同的飞行状态选择不同的值。直升机的最佳旋翼转速取决于前飞速度、飞行高度和直升机飞行重量等,通常情况下要求直升机具有旋翼转速的选择能力,以提高直升机的性能、经济性和安全性。使用不同旋翼转速对直升机的飞行性能及安全性有着不同的影响,需要综合考虑发动机功率、转速的性能匹配及使用安全问题。如,直升机前飞过程中,不同桨叶方位角(见

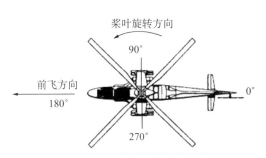

图 7-13　直升机旋翼的桨叶方位角

图 7-13)的旋翼工作状态不同[1],在桨叶方位角在 0°和 180°时相当于悬停工作状态,在 90°时相当于前飞状态的前行区,在 270°时相当于前飞状态的后行区。桨叶方位角不同,桨叶剖面的相对来流不同,气流相对速度不同,桨叶剖面攻角也不同,随着桨叶的旋转,桨距呈周期性变化。在桨叶方位角 270°附近为直升机前行状态的桨叶后行区,桨叶剖面相对来流相对速度低,桨叶剖面攻角大。为避免后行桨叶失速,通常在高的前飞速度下要求高的旋翼转速;当着陆或接近障碍物机动飞行时,希望旋翼有高的转速或大的惯性,以满足必要的自转下滑要求(在发动机故障时)或提高抗突风影响的能力;在巡航状态则选择低的旋翼转速,以减小噪声和振动,有些发动机(如 GE 公司的 T700)设计时将该使用状态作为某些部件(如自由涡轮)的气动设计点,以改善直升机的巡航经济性。选择不同的旋翼转速飞行,会相应增加驾驶员的操纵负担,并增加传动附件的设计难度。通常旋翼转速的可选范围不大,很少超过 15%。

直升机需用功率主要包括旋翼需用功率、尾桨需用功率、附件传动功率和传动耗损功率等。旋翼需用功率占直升机需用功率的极大部分,是全机需用功率的主体,当旋翼转速一定时,旋翼的需用功率近似与桨距成正比。通常涡轴发动机的涡轮和尾喷管几何不可调,发动机可用功率变化要通过供油量的调节来实现,当飞行条件确定时,一定的供油量对应着一定的发动机功率。

图 7-14 为典型直升机—涡轴发动机综合控制系统的全权限数字式控制方案[1],主要控制输入有旋翼转速、总距、发动机工作状态。

在综合控制系统设计中,为减轻驾驶员操作负担,采用了自动保持旋翼恒转速的自动调节系统和总距-油门联动操纵方式。当选定旋翼转速后,对于以下情况:①总距改变引起旋翼需用功率发生变化;②总距不变但由于飞行姿态、飞行速度变化引起旋翼需用功率发生变化;③外界突风干扰等。控制系统将通过恒转速调节系统自动改变发动机的输出功率(调节燃油流量改变发动机的状态),有利于提高发动机的功率响应以保持旋翼转速恒定。

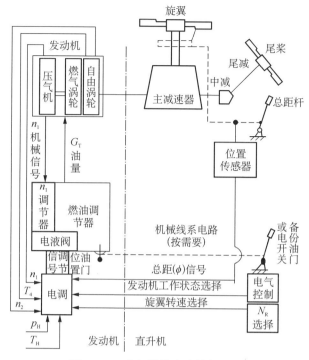

图 7-14 全权限数字式控制方案

发动机工作状态一般对应停车、慢车和飞行 3 个状态,也可在"停车"前增设一档"冷转"(冷运转、假起动)。

对于双发或多发直升机,为使主减速器尽可能在均载状态下工作,同时避免不同性能衰减程度发动机在使用中超温,有些发动机控制系统还具有双发/多发扭矩/温度配平控制功能。扭矩配平使每台发动机输入主减速器的扭矩相等,温度配平则使每台发动机自由涡轮前燃气温度相等。

4) 典型涡轴发动机的特性

涡轴发动机的特性分为节流特性、高度特性、速度特性和温度特性,涡轴发动机的节流特性为发动机主要性能参数随发动机燃气发生器转速的变化关系,高度特性为在给定控制规律、飞行速度和大气条件(标准大气或非标准大气)下,发动机主要性能参数随飞行高度的变化关系,速度特性为在给定控制规律、飞行高度和大气条件(标准大气或非标准大气)下,发动机主要性能参数随飞行速度的变化关系,温度特性为在给定控制规律和高度速度的条件下,发动机主要性能参数随大气温度的变化关系。

典型涡轴发动机的节流特性如图 7-15 所示,随着转速的增加,空气流量、增压比和涡轮前温度上升,循环功和循环热效率提高,发动机的输出轴功率单调增大,耗油率单调减小。但在发动机大功率状态(如最大应急状态),可能会由于发动机换算转速很高,压气机匹配工作点效率较低,引起随转速的增加,耗油率变化趋平或略有回升。

　　图 7 - 16 为考虑进气冲压作用的典型自由涡轮式涡轴发动机高度-速度特性,控制规律为保持燃气发生器换算转速不变,限制参数为燃气发生器物理转速。从图 7 - 16 可知,在保持燃气发生器换算转速不变的条件下,随着高度的增加,环境温度降低,沿发动机流程的温度降低,而自由涡轮转速不变,在自由涡轮换算转速增加以及物性参数变化的共同影响下,耗油率降低;由于空气密度降低,发动机空气流量减小,输出轴功率降低。随着飞行速度的增加,由于进气冲压作用,发动机循环增压比提高,热效率提高,耗油率降低;空气流量增大,输出轴功率增加。

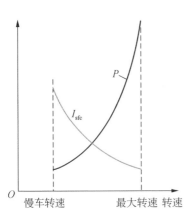

图 7 - 15　典型涡轴发动机的节流特性

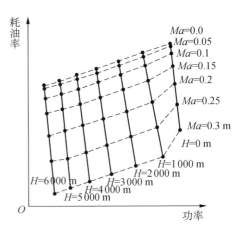

图 7 - 16　典型涡轴发动机的高度-速度特性

7.4.2　涡桨发动机的特性

1) 涡桨发动机的主要性能参数

　　区别于涡轴发动机,涡桨发动机的尾喷管一般为收敛喷管,涡桨发动机在输出轴功率的同时,还会产生一定的推力。因此,除轴功率 P 和耗油率 I_{sfc} 外,涡桨发动机的性能参数还包括喷气推力 F_9,如将喷气推力产生的推进功折算为轴功率与输出轴功率叠加得到当量功率 P_e 和相应的当量耗油率 I_{sfce}。

$$P_e = P + \frac{F_9 \times V_0}{\eta_B}$$

$$I_{sfce} = \frac{3\,600 \times W_f}{P_e}$$

　　式中:V_0 为飞行速度;η_B 为螺旋桨效率。

　　其中,F_9 的计算与喷管安装角和发动机进气方式有关。

　　循环参数和技术约束对涡桨发动机性能的影响与涡轴发动机相同,这里不再赘述。

2) 涡桨发动机的典型工作状态

　　由于安装于固定翼飞机,涡桨发动机具有起飞、最大起飞、巡航、最大巡航、最大爬升等规定工作状态。一般而言,最大起飞状态的功率为起飞状态功率加 5%～

10％，最大爬升状态功率为起飞功率的 90％～100％。

此外，俄罗斯习惯于把涡桨发动机的状态按功率百分比定义为100％额定功率、80％额定功率、60％额定功率等。

3）涡桨发动机和螺旋桨的匹配工作

发动机和螺旋桨的性能匹配关系可用图 7-17[2]描述。该图是一定几何参数的螺旋桨特性，可用来分析发动机和螺旋桨的性能匹配。

进距比 J 的定义为 $J = \dfrac{V_0}{nD}$

功率系数的定义为 $\dfrac{P}{\rho n^3 D^5}$

式中：n 为转速；P 为发动机功率；D 为螺旋桨直径；V_0 为飞行速度。

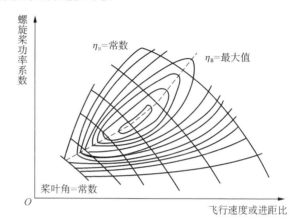

图 7-17　发动机和螺旋桨的性能匹配关系

在某一恒定转速下，可根据起飞、爬升、巡航等状态算出对应的进距比，再算出对应状态的功率系数，从而可在曲线图上找出对应的效率，再按此效率计算飞机在起飞、爬升、巡航等状态下的拉力。往往需要通过桨叶角、n、V_0 等其他参数进行优化以使涡桨发动机和螺旋桨匹配在高效率工作区，获得好的性能并满足各状态的拉力需求。由于发动机和螺旋桨参数及控制密切相关，螺旋桨和发动机往往是配套设计的。

与旋翼飞机不同，螺旋桨只产生拉力，升力是由飞机的固定机翼产生的，因此涡桨发动机及螺旋桨和飞机的耦合作用相对较小。但涡桨发动机与螺旋桨同样存在功率匹配和转速匹配的关系，因此推进系统的控制包含有发动机燃油控制器和螺旋桨控制（通称为调速器），图 7-18 为 PT6 发动机/螺旋桨的综合控制示意图，控制器主要功能是功率控制和螺旋桨控制。

螺旋桨控制器（调速器）具有恒速调节、转速设定、顺桨和自动顺桨、桨叶角控制和反桨操纵、空中低桨距保护、桨距锁定等功能或其中的部分功能，主要是转速设定和恒速控制功能。

恒速调节主要通过改变桨距来平衡螺旋桨和发动机输出轴功率，从而达到设定的转速。转速设定由驾驶员操纵舱内的功率控制杆（状态杆）来实现，功率控制杆（状态杆）的每个设定位置就对应调速器的一个平衡转速位置，状态的选择与使用条件有关，如：起飞时可选大转速，以获得发动机的大功率，满足拉力的需要；巡航时根据需用功率可选小转速，降低转速还可以降低噪声，增加乘坐舒适度；当飞机通过大城市上空时可选更低的转速，以使飞行噪声降至最低，从而满足城市限定的噪声标准。当发动机发生空中故障或失火时，驾驶员通过操纵顺桨组件，使桨叶处于顺桨

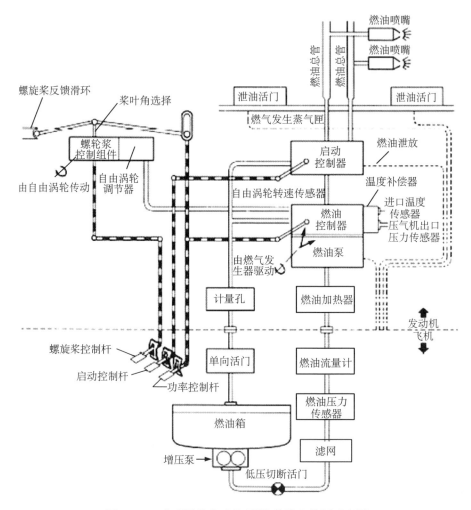

图 7 - 18　典型涡桨发动机/螺旋桨综合控制示意图

位置,减小螺旋桨阻力,以保证飞机的安全飞行。自动顺桨是当发动机功率突然下降,或螺旋桨超过极限转速,或负拉力过大等情况时,传感器自动接通电路,控制发动机先停车,螺旋桨再顺桨。具有自动顺桨功能的涡桨发动机在起飞条件下,如果一台发动机发生故障使功率遭受重大损失时,在发动机控制器、发动机自动顺桨装置和螺旋桨控制器的共同控制下,故障发动机的螺旋桨自动顺桨,非故障发动机的功率则自动上调。顺桨后还可以回桨,即将螺旋桨退出顺桨位置,在地面回桨至起动角,也就是最小桨叶角,在空中回桨至起动所需的转速。回桨的作用是为了发动机故障排除后能进行重新起动。桨叶角控制和反桨操纵机构通过机械连杆与发动机燃油调节器、驾驶舱功率杆连在一起。它的主要功能是当飞机返场进入下滑、进场、着陆、地面刹车阶段时,由驾驶员通过操纵功率杆而直接控制桨叶角[3](见图 7 - 19),以获得合适的拉力或负拉力。

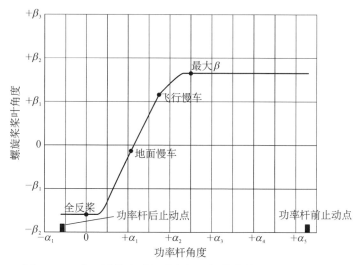

图 7-19 典型涡桨发动机功率杆和螺旋桨桨叶角的对应关系

4) 典型涡桨发动机的特性

涡桨发动机的特性与涡轴发动机类似,高度-速度特性与具体控制规律有关。如某单轴涡桨发动机,采用等功率调节和等涡轮后温度调节两种供油规律进行调节,在高度为 3 000 m 以下时,保持涡桨发动机的功率等于某一常数,在高度大于 3 000 m 时保持发动机涡轮前温度不变,燃油控制器总是按两种调节规律计算得出的较小供油量来供油。

根据以上控制规律,涡桨发动机的速度特性如图 7-20,高度特性如图 7-21。

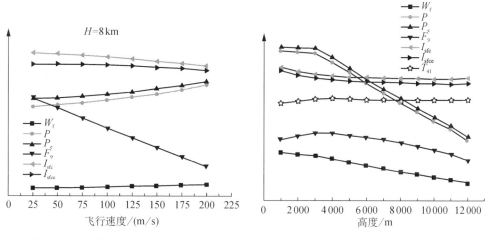

图 7-20 某涡桨发动机速度特性   图 7-21 某涡桨发动机高度特性

在保持高度不变的条件下,随着飞行速度的增加,空气的速度冲压作用使发动机空气流量增大,总增压比提高,燃油流量增大,导致发动机输出轴功率增加,耗油率降低。随着飞行速度的增加,发动机的进排气速度差减小,喷管排气推力单调降低。

在保持飞行速度不变的条件下,在飞行高度由0增加到3 000 m时,为了保持发动机输出轴功率,涡轮前温度逐渐升高,发动机单位功率增加,耗油率降低,喷管排气推力增大。当涡轮前温度达到限定值后,随着高度的上升,大气压力和密度降低,发动机空气流量减小,发动机输出轴功率开始降低;随着高度的上升,大气温度降低,压气机换算转速增加,发动机压比提高,单位工质在燃烧室的加热量增大,使发动机循环热效率有提高的趋势。但高度上升导致雷诺数减小,发动机各部件效率开始降低,在一定程度上抵消了增压比提高和加热量增大带来的好处,耗油率变化规律为缓慢降低逐步趋平。在高度超过11 km后,由于大气温度保持不变,在低雷诺数的影响下,发动机的耗油率开始升高。

参 考 文 献

[1]《飞机设计手册》编委会. 飞机设计手册:第19分册[M]. 北京:航空工业出版社,2005.
[2] C. M. 斯辽赫钦科. 空气喷气发动机原理[M]. 王振华,陆亚钧,等译. 北京:国防工业出版社,1982.
[3]《飞机设计手册》编委会. 飞机设计手册:第13分册[M]. 北京:航空工业出版社,2006.

思 考 题

1. 试比较涡轮螺旋桨发动机、涡轮轴发动机与涡轮喷气发动机、涡轮风扇发动机各自的性能特点和优缺点。

2. 试说明涡轮轴发动机、涡轮螺旋桨发动机共同工作的特点。

3. 试说明涡轮轴发动机、涡轮螺旋桨发动机与涡轮喷气发动机、涡轮风扇发动机的速度高度特性有什么不同?

8 航空燃气涡轮发动机安装性能

8.1 发动机非安装性能和安装性能的概念

8.1.1 推进系统的组成

发动机设计和制造部门所提供的发动机尚未安装在飞机上时,处于非安装状态,其推力称为非安装推力,用符号 F 表示,耗油率称为非安装耗油率,用符号 I_{sfc} 表示。

当发动机在飞机上安装后,飞机进气道、发动机和排气装置组成推进系统。整个推进系统所能提供的推力称为发动机安装推力或推进系统推力,飞机部门常称为可用推力,用符号 F_A 表示,耗油率称为安装耗油率或推进系统耗油率,用符号 I_{sfcA} 表示。

8.1.2 发动机非安装性能和安装性能

发动机性能描述了发动机推力和耗油率等性能参数随飞行条件、大气条件及油门位置等的变化关系。非安装性能对应非安装推力和非安装耗油率,安装性能则对应安装推力和安装耗油率,下面进一步讨论这些性能参数。

在 1.3.1 节已定义了发动机非安装推力 F 和安装推力 F_A,并分别推导了它们的计算公式,式(1-21)给出了涡喷发动机非安装推力 F 的计算公式,即

$$F = W_{g9}V_9 + (p_{s9} - p_{s0})A_9 - W_a V_0 \tag{8-1}$$

式(1-20)给出发动机翼吊布局安装时的安装推力计算公式(截面符号参见图 8-1),即

$$F_A = W_{g9}V_9 + (p_{s9} - p_{s0})A_9 - W_a V_0 - \int_0^1 (p_s - p_{s0})\mathrm{d}A - \int_1^9 (p_s - p_{s0})\mathrm{d}A$$

$$\tag{8-2}$$

对比式(8-1)和式(8-2),分析非安装推力 F 和安装推力 F_A 的区别。式(8-2)等号右侧的前 3 项和式(8-1)在形式上是相同的,但在量值上是不同的,这是由于发动机安装后飞机进气道和排气装置改变了气流流过发动机时的流动损失

和喷管膨胀程度,导致安装前后的排气速度 V_9、排气压力 P_{s9}、空气流量 W_a、燃气流量 W_{g9} 不同。为了表示出这些参数的区别,将安装后的参数加下标"R",因此可将式(8-2)改为

$$F_A = W_{g9,R} V_{9,R} + (p_{s9,R} - p_{s0}) A_9 - W_{a,R} V_0 - \int_2^1 (p_s - p_{s0}) dA - \int_1^9 (p_s - p_{s0}) dA \tag{8-3}$$

式(8-3)等号右侧的前 3 项用 F_R 表示,见式(8-4),称为安装后发动机的内推力,用来度量安装后内流的动量变化。

$$F_R = W_{g9,R} V_{9,R} + (p_{s9,R} - p_{s0}) A_9 - W_{a,R} V_0 \tag{8-4}$$

式(8-3)等号右侧的后 2 项已在 1.3.1 节中分别定义为附加阻力 X_a 和压差阻力 X_p,其表达式分别为

$$X_a = \int_0^1 (p_s - p_{s0}) dA \tag{8-5}$$

$$X_p = \int_1^9 (p_s - p_{s0}) dA \tag{8-6}$$

1.3.1 节已说明附加阻力 X_a 是由于进行推力公式推导时,控制体前端界面取在远前方未受扰动的 0 截面,将 0 截面到发动机进口 1 截面之间气流的动量变化也计入了推力而造成的。实质上附加阻力 X_a 是推力公式中多算的推力,应扣除。

发动机在安装条件下,外表面的压力 p_s 不同于大气压力 p_{s0},由此造成的压差阻力 X_p,也应从非安装推力中扣去。有时将压差阻力分解为 3 项阻力,写成如下形式:

$$X_p = \int_1^9 (p_s - p_{s0}) dA = \int_1^I (p_s - p_{s0}) dA + \int_I^N (p_s - p_{s0}) dA + \int_N^9 (p_s - p_{s0}) dA \tag{8-7}$$

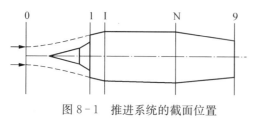

图 8-1　推进系统的截面位置

图 8-1 给出式(8-7)中所用各截面的位置。式(8-7)右端第 1 项为进气道外阻力 X_{inp},第 3 项为喷管/后体阻力 X_{NZ}。中间项是推进系统中段外表面的压差阻力,由于其形状接近圆柱体,外表面在轴向的投影面积接近于零,压差阻力很小,故忽略不计。通常也可将附加阻力和进气道外阻力合并,称为进气道溢流阻力 X_{SP},即

$$X_{SP} = X_a + X_{inp} \tag{8-8}$$

对于装有放气系统和附面层泄除系统的超声速进气道,进气道阻力 X_{in} 还应包括放气阻力 X_{BP} 和附面层泄除阻力 X_{BL}。最后,进气道阻力 X_{in} 可由下式计算:

$$X_{in} = X_{SP} + X_{BP} + X_{BL} \tag{8-9}$$

综上所述,安装推力 F_A 的一般计算式表述为

$$F_A = F_R - X_{in} - X_{NZ} \tag{8-10}$$

式中:X_{in} 为进气道阻力;X_{NZ} 为喷管/后体阻力。

由此可见,发动机安装所造成的推力损失 ΔF 为非安装推力 F 和安装推力 F_A 之差,可以用下列公式计算:

$$\Delta F = F - F_A = (F - F_R) - X_{in} - X_{NZ} \tag{8-11}$$

式(8-11)给出影响安装推力损失 ΔF 的主要因素:①式(8-11)右端第1项,安装使内流损失增加引起推力损失;②安装造成的进气道阻力 X_{in} 和喷管/后体阻力 X_{NZ}。

总结计算非安装推力 F 和安装推力 F_A 的具体算法差异如下:

(1) 计算非安装推力 F 时,进气道总压恢复系数 σ_{in} 按标准曲线或标准公式确定,或令 $\sigma_{in}=1.0$。计算安装推力 F_A 时,σ_{in} 用进气道和发动机匹配后的实际值。

(2) 计算非安装推力 F 时,通常按喷管完全膨胀和给定的排气速度损失系数计算。计算 F_A 时,按喷管实际的喉道面积、出口面积和喷管压比计算喷管膨胀程度,并采用安装后的实际喷管推力系数 C_F 来计算喷管损失。

(3) 考虑飞机从发动机引气和提取功率的影响。

(4) 安装推力 F_A 计入了进气道阻力 X_{in} 和喷管/后体阻力 X_{NZ}。

在1.3.3节定义耗油率为发动机燃油流量 W_f 与推力 F 之比。非安装耗油率 I_{sfc} 为非安装状态的燃油流量 W_f 与非安装推力 F 之比。安装耗油率 I_{sfcA} 为安装后的燃油流量 W_{fA} 与安装推力 F_A 之比。

发动机性能参数除推力和耗油率外,还有燃油流量和空气流量。为计算飞机性能,需要安装推力和安装燃油流量。为设计飞机进气道,应考虑发动机对空气流量的需求,以使飞机进气道的供气量和发动机的需气量相匹配。

必须指出,计算飞机性能时,必须使用发动机安装推力和安装耗油率,即推进系统性能。显然,为改进飞机性能,提高推进系统性能是一个重要方面,包括提高非安装性能和降低安装损失,为此应采用飞机/发动机一体化的设计方法,由飞机设计者和发动机设计者共同努力实现。

8.1.3　发动机在飞机上的安装

发动机安装位置的选择需要和飞机气动布局综合考虑,取决于飞机类型和飞行任务需求。下面分别简述发动机在亚声速飞机和超声速飞机上的安装。

1) 发动机在亚声速飞机上的安装

亚声速客机和运输机广泛采用涡扇发动机作为动力,最常见的安装方式是短舱式安装,即发动机安装在独立的短舱内,通过挂架将发动机短舱安装在飞机上。在这种情况下,推进系统和飞机的界面清楚,安装推力的计算和分析比较方便。

短舱安装位置有多种,最广泛采用的是短舱安装在机翼下方,简称翼吊安装,如以高涵道比涡扇发动机为动力的美国波音 B747 客机和近年投入航线营运的欧洲空中客车公司的世界最大客机 A380。我国研制的 70 座支线客机 ARJ21 则将短舱安装在后机身两侧。

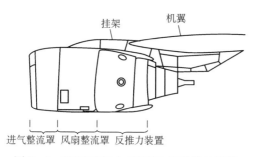

图 8-2　B737 飞机上 CFM56 发动机的安装简图

图 8-2 给出了 B737 飞机上 CFM56 发动机的安装简图。由图上看出:发动机短舱通过挂架固定到机翼上,它由进气整流罩、风扇整流罩和反推力装置组成,为发动机外部提供光滑的气动表面。图 8-3 给出了发动机短舱剖面示意图,可以看出:该短舱的进气道采用流线型的短通道使得流动损失很小,意味着安装造成的发动机性能损失很小。

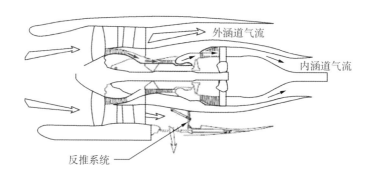

图 8-3　发动机短舱剖面示意图

短舱设计时应考虑以下问题:

(1) 短舱位置必须不造成进气道过多的流动损失,进口气流的流场畸变足够小,以保证发动机压缩部件高效稳定工作。喷管排出的热燃气不得伤及飞机及其控制面。

(2) 必须在整个飞行包线范围内,满足发动机空气流量的需求。

(3) 短舱的阻力尽可能小。

(4) 留出足够的空间安装发动机附件。

(5) 具有安装反推力装置及其相关系统的条件。

(6) 为了满足规定的噪声标准,应留有足够的地方敷设声学衬垫,但要求对发动机内部气流流动损失及短舱外形的影响要小。

（7）在安全性设计方面，要求考虑以下问题。短舱内各个区域的通风，并将温度控制在附件工作允许的范围内；设置防火隔墙、火警探测和灭火系统。

（8）良好的维修可达性。

对于早期研制的亚声速喷气战斗机，飞行马赫数接近 0.9，采用涡喷发动机为动力，发动机安装在机身内，机头进气或机身腹部进气。

2）发动机在超声速飞机上的安装

对于超声速飞机，绝大部分将发动机安装在机身内，发动机的外表面不再暴露在大气环境中，与机身系统构成一体，使得安装推力的计算和分析变得复杂。8.4 节将讨论发动机安装推力与飞机阻力的划分。

上节给出亚声速飞机短舱设计应考虑的问题，也可以适用于发动机安装在机身内的超声速飞机，但要更加复杂。其原因如下：①超声速飞机的飞行包线更宽广，进气道需要将迎面超声速来流转变为发动机内部的亚声速气流，为此不得不通过一道或多道激波，造成进气道流动损失增加和出口流场畸变程度变得严重。战斗机进行大攻角机动飞行时甚至可造成严重的进气道出口流场畸变，由此必须考虑发动机稳定性控制问题。这些都使得超声速进气道和发动机之间的性能匹配问题复杂化。将在 8.5.2 节专门讨论这些问题。②超声速战斗机均采用具有几何可调喷管的发动机，有些飞机还将可调的喷管鱼鳞片安置在机尾外，导致发动机喷管的调节影响到机尾外形。对于装有矢量喷管的飞机，喷管偏转使飞机后体形状变化更大，矢量喷流和飞机绕流产生强烈干扰，其干扰范围不仅限于尾部，甚至扩展到机翼翼面。③还应考虑飞机进气道到发动机进口和加力燃烧室出口到喷管进口的连接管道设计，既要考虑结构安排，也要考虑流动损失小和流场均匀。

鉴于在发动机安装布局时需要考虑以上诸多问题，根据超声速飞机的不同飞行任务，发动机的安装位置多种多样，下面介绍一些超声速战斗机的发动机安装实例，供读者参考。例如：我国自行研制的歼-8Ⅱ超声速歼击机，最大飞行马赫数超过 2.0，两台加力涡喷发动机左右并排安装在机身内；法国轻型超声速战斗机幻影 2000，最大飞行马赫数为 2.3，动力装置为一台加力涡扇发动机，安装在机身内，发动机所需的空气流量由机身两侧的进气道供给，可调喷管的鱼鳞片伸出机尾；美国轻型战斗机 F-16，最大飞行马赫数为 2.0，动力装置为一台加力涡扇发动机，安装在机身内，采用腹部进气的安装设计。这种机身遮蔽的安装方式可使进气道进口处于机身激波后的气流中，进气道进口的马赫数低于飞行马赫数，从而减少了进气道的激波损失和流动损失，同时也改善了机动飞行时攻角对进气道性能的不利影响；美国第四代超声速战斗机 F-22，装有两台推重比为 10 的一级小涵道比加力涡扇发动机，左右并排安装在机身内，对机身、发动机和机翼三者采用融合设计，以减小阻力和提高隐身性能，两个进气道分别安装在机身侧下方，发动机具有矢量喷管。

8.2　进气道的内、外流特性

进气道在推进系统中是一个重要的组成部分,特别是超声速飞机的进气道,当飞行马赫数达到2.5时,等熵压缩的速度冲压比可达17:1,也就是说比这种工作状态下的压气机压比可能高出一倍,推进系统的推力约有四分之三以上是由进气道提供的,进气道成为主要增压部件。对进气道的一个要求是内流损失要小,以使发动机单位推力高和耗油率低。另一个要求则是进气道的出口流场均匀(包括流场随空间和时间的变化都要小),以保证风扇和(或)压气机稳定工作。进气道本身是个增压部件,它也不应产生不稳定工作。同时,进气道又是飞机的一个组成部分,因此其外部阻力应该较小。某些超声速进气道在跨声速下工作时,其外部阻力造成的安装损失可达非安装推力的20%~30%。内流损失小和外部阻力低,这两个要求往往是互相矛盾的,进气道的设计应是这两个矛盾要求的最有利的折中。除上述要求外,进气道重量、雷达波反射面积和强度,以及噪声抑制等方面的要求在设计时也不容忽视。

进气道可分为亚声速进气道和超声速进气道。下面按其工作特点分别说明这两种进气道的内流和外流特性。

8.2.1　亚声速进气道特性

亚声速进气道的形状如图8-4所示。这种进气道在超声速下也可以使用,只是因进气道前生成激波而造成总压损失较大。为了不致误认为亚声速进气道只能在亚声速工作,所以这种进气道又称皮托式进气道。这种进气道结构简单,在亚声速和跨声速范围内都有良好的内、外流特性,和发动机匹配良好,几何尺寸不需调节,适用于飞行马赫数不超出1.5~1.6的范围。因为飞行马赫数大于1.6时,在亚声速进气道前方的正激波强度过强,造成进气道的总压损失大大增加,所以应采用超声速进气道。但是,有些飞行马赫数在1.6以上的战斗机,飞行任务主要是中低空机动作战,也采用这种结构简单,不需要几何调节的皮托式进气道。其原因在于:实现战斗机中低空机动飞行需要发动机提供很大的推力,能满足这个推力要求的发动机,在高空最大马赫数飞行时,所能提供的非安装推力往往是有富余的。更何况可以采用机身遮蔽或机翼遮蔽的安装方式,使得大马赫数飞行时的进气道总压损失减小。8.5.4节给出了不同进气道对安装推力的影响。

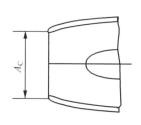

图8-4　亚声速进气道

1）亚声速进气道的内流特性

亚声速进气道内流特性的性能指标用进气道总压恢复系数 σ_{in} 表示，即

$$\sigma_{in} = \frac{p_{t2}}{p_{t0}} \qquad (8-12)$$

式中：p_{t2} 为进气道出口总压；p_{t0} 为发动机远前方总压。

进气道的总压损失越大，进气道总压恢复系数 σ_{in} 越小。σ_{in} 的大小与进气道进口前"自由"流管的形状有关，如图 8-5 所示，图中 V_0 为远前方未受扰动的气流速度；V_1 为进气道进口的气流速度，与进气道的流通能力有关，而进气道的流通能力受到其后方部件的制约。引入流量系数 φ 来描述进气道进口前流管的形状。φ 定义为远前方未受扰动处气流流管面积 A_0 与进气道进口面积 A_C（也称捕获面积）之比，即

$$\varphi = \frac{A_0}{A_C} \qquad (8-13)$$

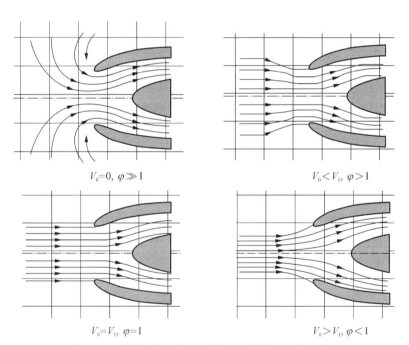

$V_0=0, \varphi \gg 1$　　　　　$V_0 < V_1, \varphi > 1$

$V_0 = V_1, \varphi = 1$　　　　　$V_0 > V_1, \varphi < 1$

图 8-5　不同飞行速度下亚声速进气道的空气流动图

由图 8-5 看出：当 $V_0 < V_1$ 时，$A_0 > A_C$，$\varphi > 1$，亚声速飞机在低速飞行时属于这种情况。在静止时，$V_0 = 0$，发动机工作造成进气道出口的负压，将进气道外面四周的空气吸入，使 $\varphi \gg 1$；当 $V_0 = V_1$ 时，$A_0 = A_C$，$\varphi = 1$；亚声速飞机在大部分飞行时，$V_0 > V_1$ 时，$A_0 < A_C$，$\varphi < 1$。

亚声速进气道的内流特性可以表述为进气道总压恢复系数 σ_{in} 随飞行马赫数 Ma_0 和流量系数 φ 的变化关系。图 8-6 给出一个亚声速进气道的内流特性，该进

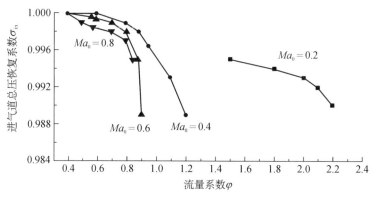

图 8-6　亚声速进气道的内流特性

气道为皮托式,翼吊安装,几何不可调,其设计点的飞行马赫数为 0.8[1]。

从图 8-6 看出:在飞行马赫数不同时,流量系数变化的范围不同。低飞行马赫数时,流量系数量值大,变化范围宽。在流量系数 $\varphi<1$ 的范围内,飞行马赫数为 0.4 时具有较高的进气道总压恢复系数。对于进气道内流特性上的每一条等飞行马赫数线,只有满足进气道与发动机流量连续的点才是进气道和发动机的共同工作点,称为相匹配点。当飞机沿航线飞行时,对于每个飞行马赫数都有一个相匹配点,参考文献[1]给出了图 8-6 所示进气道内流特性上相匹配点的进气道总压恢复系数 σ_{in} 和流量系数 φ,见表 8-1。

表 8-1　皮托式亚声速进气道内流特性上相匹配点性能

Ma_0	φ	σ_{in}
0.2	2.07	0.9924
0.4	0.89	0.9975
0.6	0.82	0.9975
0.8	0.77	0.9972

参考文献[1]也给出了另外一种"下巴"式亚声速进气道的特性,是美国亚声速轻型攻击机 A-7 的进气道,进气口在机头下方,发动机安装在机身内。表 8-2 给出了该进气道内流特性上相匹配点的进气道总压恢复系数 σ_{in} 和流量系数 φ。

表 8-2　"下巴"式亚声速进气道内流特性上相匹配点性能

Ma	φ	σ_{in}
0.26	1.78	0.943
0.40	1.12	0.965
0.60	0.84	0.963
0.80	0.74	0.964

　　比较表8-1和表8-2可知：在亚声速飞机的主要飞行范围内，进气道总压恢复系数 σ_{in} 基本不变，在发动机性能计算时，可取 σ_{in} 为定值，但其数值应有差异，受到亚声速进气道的形式和发动机安装方式的影响。超声速下工作时还要再乘以正激波的总压恢复系数 σ_S，飞行马赫数为 1.3～1.4 时，$\sigma_S=0.96～0.98$。

　　2）亚声速进气道的外流特性

　　进气道的外流特性是指进气道外流阻力的变化规律。由于亚声速进气道没有放气系统和附面层泄除系统，显然不存在放气阻力 X_{BP} 和附面层泄除阻力 X_{BL}。由式（8-9）和式（8-8）可知：亚声速进气道的外流阻力由附加阻力 X_a 和进气道外阻力 X_{inp} 两部分组成。如果流过亚声速进气道时外流无分离［见图8-7(a)］，认为空气是理想无黏性流体，并假设进气道后的发动机短舱有很长一段平直段，按图8-8的控制表面，动量方程具有以下形式：

$$p_{s0}A_{0E} - p_{s0}A_{IE} + \int_0^1 p\,dA + \int_1^1 p\,dA = W_{aE}(V_I - V_0) \tag{8-14}$$

　　沿控制表面积分一周得到：

$$\int p\,dA = 0 = p_{s0}A_{0E} - p_{s0}A_{1E} + \int_0^1 p_{s0}\,dA + \int_1^1 p_{s0}\,dA \tag{8-15}$$

式中：A_{0E} 和 A_{IE} 为控制表面进口和出口横截面积；V_0 和 V_I 为控制表面进口和出口气流速度；W_{aE} 为进入控制区的空气流量。

　　式（8-14）与式（8-15）相减得到：

$$\int_0^1 (p - p_{s0})\,dA + \int_1^1 (p - p_{s0})\,dA = W_{aE}(V_I - V_0) \tag{8-16}$$

　　因为假设空气为理想无黏性流体，I 截面后为圆柱段，故 $V_I=V_0$。式（8-16）等号左侧两项是附加阻力 X_a 和进气道压差阻力，后者也称为进气道外阻力 X_{inp}，化简后得到：

$$X_a + X_{inp} = 0 \tag{8-17}$$

　　式（8-17）表示在无分离无黏性流体流过进气道时，附加阻力和进气道外表面上产生的吸力互相抵消。如果流过进气道前缘附近的气流发生分离［见图8-7(b)］，则吸力变小，吸力不能抵消阻力。对于合理的亚声速进气道设计，在其主要飞行条件（如巡航等）下，不允许在进气道的唇口和（或）外表面出现气流分离，因此通过该处的吸力可以抵消大部分附加阻力，在估算亚声速进气道阻力时可以取进气道阻力 X_{in} 为零。

　　图8-5表示飞行速度对流入进气道的空气流管形状的影响。从图上可以看出：当 $V_0=V_1$ 时，$A_0=A_C$，$\varphi=1$，附加阻力为零。亚声速进气道的设计，希望在亚声速范围（$0.2<Ma_0<0.9$）内飞行时，进气道进口截面 1-I（见图8-8）的马赫数 Ma_1 能保持为 0.4～0.6。

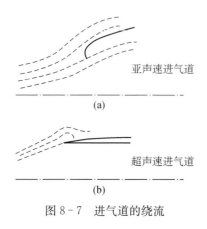

图 8-7　进气道的绕流

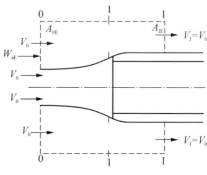

图 8-8　进气道计算的控制表面

进气道附加阻力可用附加阻力系数 C_{Xa} 表示为

$$C_{Xa} = \frac{X_a}{0.5\rho_0 V_0^2 A_C} \tag{8-18}$$

式中:X_a 为进气道附加阻力;ρ_0 为大气密度;V_0 为远前方来流速度;A_C 为进气道捕获面积。

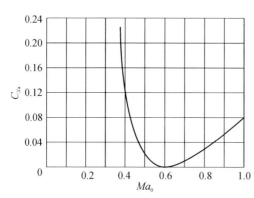

图 8-9　亚声速进气道的附加阻力系数

图 8-9 表示了进气道设计马赫数 $Ma_{1,d} = 0.6$ 时,附加阻力系数 C_{Xa} 随飞行马赫数 Ma_0 的变化规律。

对于附加阻力和进气道外表面上产生的吸力无法互相抵消的情况,需要估算亚声速进气道的外流阻力。可以通过计算流体的分析方法或(和)试验方法来得到所需数据,但这些计算方法和试验设备都是十分复杂的。参考文献[2]给出一种简单的亚声速进气道阻力的估算方法和计算公式,其思路是假定出现大量分离以致附加阻力完全不能被抵消,以附加阻力的量值作为进气道阻力,显然这种算法给出了亚声速进气道在"最坏"情况下的阻力。

8.2.2　超声速进气道特性

超声速进气道要求从亚声速飞行到超声速飞行都有令人满意的特性并能和发动机匹配工作。由于飞行速度变化范围大,超声速进气道在设计和使用中遇到的问题也比亚声速进气道复杂。在超声速飞行时,为满足发动机风扇进口是亚声速气流的要求,只有通过一道或多道激波才能使超声速的来流滞止为亚声速。按激波系的位置,进气道可分为外压式、混压式和内压式三种(见图 8-10)。

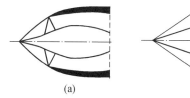 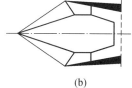 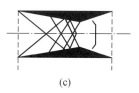

图 8-10 超声速进气道类型

(a) 外压式 (b) 混压式 (c) 内压式

图 8-10(a)表示外压式超声速进气道,其特点为激波在进气道外,气流经过激波的滞止是在进气道外完成的。图 8-11 表示一种外压式超声速进气道的组成及其激波系,包括两道斜激波和一道结尾正激波,称为三波系外压式进气道。气流经激波的压缩是个非等熵过程,伴随着总压下降,因此激波是造成超声速进气道总压损失的重要原因之一。由图 8-11 可以看出:在结尾正激波后有亚声速扩压器,它的流动损失是造成超声速进气道总压损失的另一个重要原因。同时,超声速来流绕过进气道外罩会生成进气道外罩激波,波后气流压力增加,使得作用在进气道外表面上的压力大于大气压力,产生进气道外阻力 X_{inp},见 8.1.2 节。进气道外罩激波的强度取决于飞行马赫数和进气道外罩的唇口斜角 α(见图 8-12)。显然,在给定的飞行马赫数下,唇口斜角 α 越大,外罩激波越强,激波后的压力越高,进气道外阻力越大。为了改进超声速进气道的内、外流特性,既要求减小进气道总压损失,又不能使进气道外阻力过大,在设计时要精心组织和设计激波波系,以获得一个最有利的折中。增加斜激波数目,使每道激波的波强减小,可以降低气流的总压损失。理论上可以组织无穷多道激波形成一个等熵压缩,实际上由于斜激波数目增加,气流多次转折,转折角大,会使进气道唇口斜角加大,唇口所产生的激波增强,进气道外阻力增加。经验证明:唇口斜角 α 从 10° 增加到 20°,超声速下的外阻力可增加60%。一个四波系(三个斜激波和一道正激波)的进气道,飞行马赫数为 2.2~2.3时,能获得最高总压恢复系数的最有利转折角为 28°~30°,但考虑到避免外阻力过大,常把转折角控制在 20°~22°。多波系进气道内每道激波的波强大致相等时,可使总压损失最小。考虑到在较低的超声速马赫数飞行时,第一道斜激波不脱体,理论上所对应的第一级的锥角(或楔角)较小,但往往因结构强度的原因不得不选取

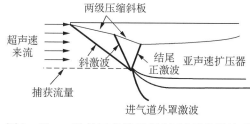

图 8-11 一种外压式超声速进气道及其激波系

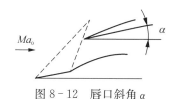

图 8-12 唇口斜角 α

更大一些的角度。外压式进气道结构简单,工作稳定性好,飞行马赫数在2.5以下的战斗机大多采用这种形式的进气道。由于外压式进气道损失较大,对于超声速巡航的运输机和轰炸机,只有在巡航马赫数小于2.0的情况下才使用外压式进气道。

图8-10(c)表示内压式进气道,其特点为气流的压缩在进气道内部进行。这种进气道类似于一个倒拉瓦尔管。从进气道进口到喉道的型面设计原则上可使气流的压缩非常接近等熵压缩,而进气道的外表面可平行于来流方向。在设计状态下,内流损失和外阻力都非常小。但在非设计状态下,激波一旦被推出进气道外,生成一道正激波,波阻损失非常大。另一个问题是飞行马赫数从低于设计马赫数逐渐提高,直至达到设计飞行马赫数,如不采取调节措施,激波将总是停留在进气道外,即无法起动,因此这类进气道使用较少。

介于外压和内压两种进气道之间的是混压式进气道,见图8-10(b),其特点为气流的压缩一部分在进气道外进行,另一部分在进气道内进行。因此,与外压式进气道相比,具有总压损失和外流阻力都较小的优点。为了使波系稳定必须有一套控制机构,增加了控制的复杂性,也增加了进气道的重量,只有在飞机马赫数较高且基本上是定马赫数飞行的飞机上使用才能显示其优越性。美国SR-71高空高速侦察机和XB-70轰炸机上使用了这种进气道。

进气道的几何形状有轴对称进气道和二元进气道之分。长方形的二元进气道多安装在机身两侧,腹部或机翼下方。有些战斗机采用机身遮蔽或机翼遮蔽进气道的安装布局,使进气道处于机身或机翼激波后的流场中,降低了进气道前的气流速度,同时提高了气流压力,从而得到较高的总压恢复和较低的畸变度,并使进气道面积较小,外部阻力也较低。另外,来流的进气方向因有机身的整流作用,受飞机攻角变化的影响较小,改善了机动飞行时进气道的攻角特性。长方形进气道还便于调节。这些优点使这种二元进气道获得广泛应用。

8.2.2.1 超声速进气道的内流特性

超声速进气道内流特性的性能指标也是总压恢复系数σ_{in},其定义见式(8-12),它反映气流流过超声速进气道时总压损失。在超声速飞行时,总压损失包括激波损失和流动损失。

在设计超声速进气道时,首先选择设计马赫数Ma_{0d}和设计状态的激波系结构等气动参数,然后根据所选的设计状态参数和相配的发动机的空气流量需求确定超声速进气道几何尺寸。超声速进气道的设计马赫数可取为超声速巡航或最大飞行马赫数,设计状态流量系数$\varphi_d = 0.95 \sim 0.97$,设计初始阶段可取为1。发动机的空气流量需求取为在进气道设计状态下发动机最大工作状态的空气流量。当已确定几何尺寸的超声速进气道在非设计状态工作时,即飞行马赫数Ma_0不等于Ma_{0d}或发动机油门位置改变,发动机流通能力改变,造成结尾正激波的位置变化,而前者还会造成斜激波波系形状和强度改变,这些都会导致进气道总压恢复系数σ_{in}改变。

超声速进气道的内流特性可用进气道总压恢复系数σ_{in}随飞行马赫数Ma_0和

流量系数 φ 的变化关系表示(见图 8-13)。进气道流量的定义见图 8-14,图中用远前方未受扰动处的气流流管面积来形象地描述超声速进气道的流量分配。在图 8-14 中,A_C 表示进气道捕获面积,反映进气道唇口前沿的迎面面积。表 8-3 给出远前方气流流管面积及其对应流量的定义,它们之间有下列关系,即

$$A_0 = A_{01} - A_{0BL} = A_{0E} + A_{0BP}$$

$$A_{0SP} = A_C - A_{01}$$

$$\varphi = A_0/A_C$$

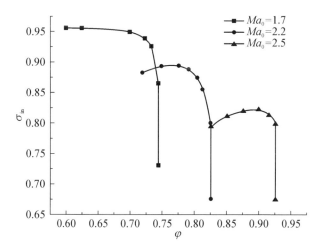

图 8-13 超声速进气道的内流特性

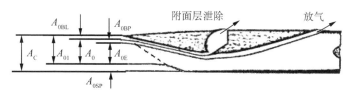

图 8-14 超声速进气道流量定义图

表 8-3 远前方气流流管面积及其对应的流量

远前方气流流管面积	对应的流量	远前方气流流管面积	对应的流量
A_{01}	进入进气道的流量	A_{0BP}	放气流量
A_{0SP}	溢流流量	A_{0E}	进入发动机的流量
A_{0BL}	附面层泄除流量	A_0	进气道可用流量

上述关系式表明:进入进气道的流量减去附面层泄除流量才是进气道可用流

量。对于有放气系统的进气道,大部分的进气道可用流量进入发动机,小部分流量经放气系统放出机体外。对于没有放气系统的进气道,则进气道可用流量等于进入发动机的流量。

在给定飞行高度 H 和飞行马赫数 Ma_0 的条件下,可以利用气体动力学的流量公式进行远前方气流流管面积 A 和其对应流量 W_a 之间的转换,即

$$W_a = m \frac{p_{t0} A q(Ma_0)}{\sqrt{T_{t0}}} \tag{8-19}$$

式中: Ma_0 为飞行马赫数; T_{t0} 和 p_{t0} 为远前方气流的总温和总压; $q(Ma_0)$ 为飞行马赫数 Ma_0 的流量函数; m 为由空气热力性质确定的常数。

超声速进气道和发动机共同工作需要满足流量连续条件。这个条件使进气道的工作状态可分为亚临界、临界和超临界三种。图 8-15 表示了在相同飞行马赫数下这三种状态的激波结构。从图上看出:进气道的工作状态是由结尾正激波的位置决定的。对于临界工作状态,正激波正好位于唇口处,通常喉道也是在这个截面。这时进气道出口,即风扇进口处的换算流量可写为 $(W_{aE} \sqrt{\theta_{t2}} / \delta_{t2})_{cr}$。

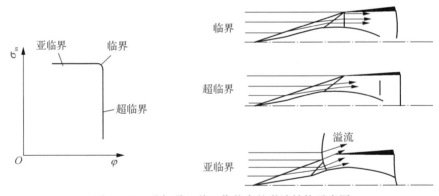

图 8-15　进气道三种工作状态的激波结构示意图

若发动机的工作状态改变(如油门位置或飞行条件改变),使发动机需用换算流量 $(W_{aE} \sqrt{\theta_{t2}} / \delta_{t2})$ 改变,进而影响结尾正激波的位置。若 $(W_a \sqrt{\theta_{t2}} / \delta_{t2}) < (W_a \sqrt{\theta_{t2}} / \delta_{t2})_{cr}$,正激波被推到唇口外,称为亚临界状态。与临界状态相比,如飞行马赫数不变,流入进气道的气流仍经过一道斜激波和一道正激波,其强度不变,所以总压恢复系数变化不大,但是流量系数下降。正激波前移到一定程度会出现低周期的压力振荡现象,称为进气道喘振,是一种不稳定现象,可引起结构损坏,压气机喘振,燃烧室熄火等,因此使用中不允许进气道发生喘振。若 $(W_{aE} \sqrt{\theta_{t2}} / \delta_{t2}) > (W_{aE} \sqrt{\theta_{t2}} / \delta_{t2})_{cr}$,正激波移到下游位置,称为超临界状态。这时流量系数不变,只是超声速气流在进气道喉道后方的扩张通道中继续膨胀加速,使结尾正激波前的马赫数增加,正激波强度增大,总压恢复系数下降。在严重的超临界情况下,正激波太强,可能引起管壁附面

层分离,轻则使进气道出口流场不均匀,流场畸变度增加,严重时气流可产生振荡,其频率比喘振频率高,称为痒振。实际使用中痒振也是不被允许的。当飞行马赫数改变时,超声速进气道斜激波的波角改变引起流量系数改变,激波强度改变造成总压恢复系数 σ_{in} 改变,图 8-13 表示出飞行马赫数对进气道特性的影响。

8.2.2.2　超声速进气道的外流特性

超声速进气道的外流特性是进气道阻力 X_{in} 随飞行马赫数 Ma_0 和流量系数 φ 的变化。8.1.2 节的式(8-9)已经定义了超声速进气道阻力及其各分量,即进气道阻力 X_{in} 由溢流阻力 X_{SP}、放气阻力 X_{BP} 和附面层泄除阻力 X_{BL} 三部分组成。为了计算方便,常用阻力系数 C_X 表示,一般表达式为

$$C_X = \frac{X}{0.5\rho_0 V_0^2 A_C} \tag{8-20}$$

式中:X 为阻力;ρ_0 为大气密度;V_0 为远前方来流速度;A_C 为进气道捕获面积。

定义进气道阻力系数 C_{Xin} 时,令式(8-20)中的 $X = X_{in}$。使用同样的算法,分别将 $X = X_{SP}$,或 $X = X_{BP}$,或 $X = X_{BL}$ 代入式(8-20),可以得到溢流阻力系数 $C_{X.SP}$,或放气阻力系数 $C_{X.BP}$,或附面层泄除阻力系数 $C_{X.BL}$。

下面进一步说明这三种阻力。

溢流阻力由附加阻力和进气道外阻力两部分组成(见 8.1.2 节)。在 8.2.1 节的 2)中,已经证明:亚声速进气道的这两部分阻力,在亚声速飞行时有可能互相抵消。但超声速进气道由于使用了尖唇口,气流绕流尖唇口常会在进气道外表面分离,而在超声速工作时唇口附近有激波出现,这些都造成进气道外表面的压力分布不是吸力而是阻力,不可能与附加阻力抵消。图 8-16 表示了在给定飞行马赫数时附加阻力和进气道外阻力,以及两者之和——溢流阻力。

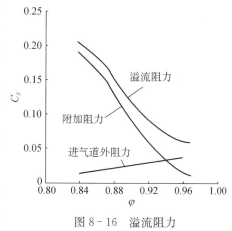

图 8-16　溢流阻力

式(8-5)给出附加阻力 X_a 定义,表示为

$$X_a = -\int_0^1 (p_s - p_{s0}) dA$$

图 8-17 给出二元进气道在超声速飞行时空气流管表面上的压力分布,只要按具体的激波系结构计算出沿空气流管的压力分布,并按上式积分,即可计算出附加阻力。对于二元进气道在超声速下工作时,用这种方法计算附加阻力是十分方便的。

超声速进气道在亚声速或跨声速工作时,附加阻力更难计算,主要靠实验求得。图 8-18 是一个典型的二元进气道的附加阻力系数的实验曲线。轴对称进气道由于流动的三元性,其计算比较复杂。与二元进气道相比附加阻力较小,这是其优点之一。实用上估算三元进气道附加阻力时可借用图 8-18 曲线,将查出的值减小 $10\%\sim20\%$。

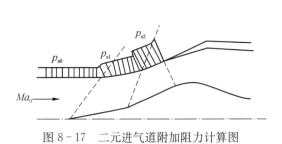

图 8-17　二元进气道附加阻力计算图

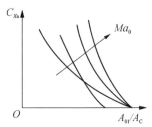

图 8-18　二元进气道的附加阻力
的实验曲线

超声速进气道在流量系数 $\varphi<1$ 时产生溢流。造成溢流的原因有两种:①进气道在临界或超临界状态下工作时,由于飞行马赫数改变使斜激波离开唇口,造成斜激波后的超声速气流溢流,称为超声速溢流;②进气道在亚临界状态工作时,由于发动机节流使结尾正激波前移并离开唇口,造成正激波后的亚声速气流溢流,称为亚声速溢流。

两种溢流阻力不仅与飞行马赫数有关,还与溢流量有关,因为溢流量直接影响进气道外罩上的压力分布。图 8-19 表示了一个典型的溢流阻力特性曲线。它的

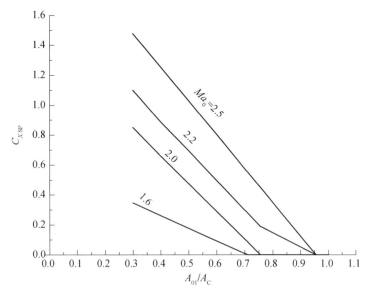

图 8-19　溢流阻力系数 $C_{X.SP}$ 随飞行马赫数 Ma_0 和
捕获流量系数 A_{01}/A_C 的变化关系

纵坐标是溢流阻力系数 $C_{X.SP}$，横坐标是进入进气道气流的流管面积 A_{01} 和捕获面积 A_C 之比，称为捕获流量系数。由图上看出：溢流量越大，即捕获流量系数 A_{01}/A_C 越小，使得进气道溢流阻力系数增加。影响溢流阻力的主要因素是飞行马赫数和捕获流量系数。而影响捕获流量系数的因素包括飞行条件、发动机油门位置、轴对称进气道锥体或二元进气道楔体(斜板)形状、唇口形状、外罩形状等。

超声速进气道发生溢流，表明进气道的供气量大于发动机的需气量，溢流造成溢流阻力，在亚临界状态出现严重溢流的情况会使内流损失增加，甚至引起进气道喘振。为了协调进气道与发动机在流通能力上的矛盾，可在进气道的亚声速扩压段设置放气门，在发动机需用流量小于进气道可提供的可用流量时，多余的空气可从放气门排出(见图 8-14)。当多余空气从放气门放出时，其气流的速度和方向都与来流不同，造成一部分动量变化；另外，放气门打开，在放气门上形成压差阻力。放气阻力即由动量阻力和放气门阻力两部分组成。图 8-20 表示放气阻力系数 $C_{X.BP}$ 随飞行马赫数 Ma_0 和放气流量系数 A_{0BP}/A_C 的变化关系。由图上看出：放气流量系数 A_{0BP}/A_C 越大，进气道放气阻力系数越大。

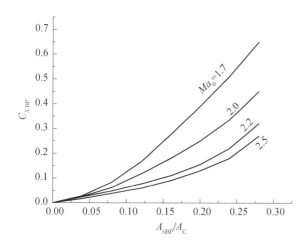

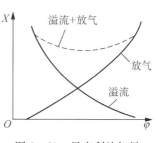

图 8-20　放气阻力系数 $C_{X.BP}$ 随飞行马赫数 Ma_0 和放气流量系数 A_{0BP}/A_C 的变化关系

图 8-21　最有利放气量

当进气道供气能力大于发动机需用流量时，为保持进气道有良好的外流特性，应对多余的空气进行最有利的处理。一种极端的情况是不放气，多余气量全部溢流，这样做的后果是溢流阻力很大。另一种情况是溢流量为零，全部多余流量进入进气道后由放气门放出，显然这种情况放气阻力很大。因此，恰当地选择放气量和溢流量可使总阻力最小(见图 8-21)。放气门的调节不仅可使进气道外阻最小，而且当发动机需用流量过小(例如发动机停车)，进气道发生喘振时，打开放气门可使进气道退出喘振。利用放气门调节进气道是一个常用的手段。

超声速进气道，特别是马赫数在 2 以上飞行的进气道，必须考虑附面层的控制。

激波和附面层的相互干扰,会造成附面层严重分离。因此,附面层控制对减小进气道的内流损失,扩大进气道稳定工作范围和减小进气道出口流场畸变度等方面,都有明显效果。一般常用的,也是最简便的附面层控制方法是将附面层内的低能量气流经多孔壁或附面层泄除缝隙排入大气。和放气阻力类似,这部分附面层泄除的气流排入大气也会产生动量阻力和附面层泄除门阻力。这两种阻力之和称为附面层泄除阻力,是保证进气道有效工作必须付出的代价。阻力的大小与附面层泄除量有关。图 8-22 表示附面层泄除阻力系数 $C_{X.BL}$ 随飞行马赫数 Ma_0 和附面层泄除流量系数 A_{0BL}/A_C 的变化关系。由图上看出:附面层泄除流量系数 A_{0BL}/A_C 越大,附面层泄除阻力系数 $C_{X.BL}$ 越大。

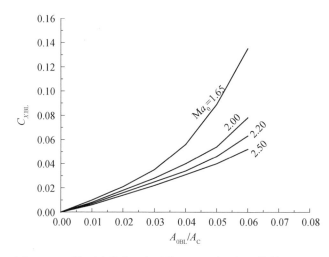

图 8-22　附面层泄除阻力系数 $C_{X.SP}$ 随飞行马赫数 Ma_0 和
附面层泄除流量系数 A_{0BL}/A_C 的变化关系

8.3　喷管的内、外流特性

　　发动机的高温燃气通过喷管排出机体之外,有些飞机将喷管扩张段的鱼鳞片伸出机尾,使它成为机身后体的一部分,所以喷管和飞机后体有着密切关系,在分析安装性能时必须加以考虑。喷管对现代飞机特别是高速飞机的性能影响很大,因而喷管形成了一个相当复杂的可调的排气系统,其重量当然也相当可观。在 2.5 节中,已经对喷管的功能、类型、主要性能参数、喷管的不同工作状态和喷管出口气流参数计算进行了详细的阐述,本节只讨论与安装性能分析有关的喷管内流特性和外流特性。

8.3.1　喷管的内流特性

　　喷管内流特性的性能参数可用流量系数 C_D 和推力系数 C_F 表示,见 2.5.1 节3)。

　　为了简化喷管的结构,往往采用锥形收敛段。气体在锥形喷管内膨胀时,在喉道截面上的气流流场是不均匀的,声速线实际位置在喉道的下游,其位置与喷管压

比 π_{NZ} 有关。由于喉道截面的气流速度达不到声速,喉道的流通能力实际上低于理想堵塞流量(喉道为声速的流量),导致流量系数 $C_D < 1$。图 8-23 给出收敛喷管的声速线位置,横坐标 X/R 为距喷管出口截面的相对轴向距离,纵坐标 r/R 为喷管出口截面的相对半径。图 8-24 给出喷管流量系数 C_D 的变化曲线,C_D 取决于喷管压比 π_{NZ}、喷管收敛段的半锥角 θ_N 和喷管收缩比 A_8/A_7。流量系数 C_D 可用来确定实际的喉道面积。

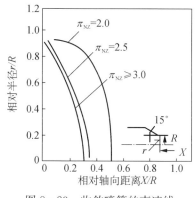

图 8-23 收敛喷管的声速线

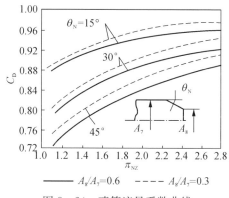

图 8-24 喷管流量系数曲线

在 2.5.1 节 3)定义推力系数 C_F 为实际总推力与理想等熵完全膨胀产生的总推力之比。因为气流在喷管中的实际流动并非理想等熵的,存在黏性摩擦阻力损失,出口气流方向也不全是轴向,喷管的工作状态经常也不是完全膨胀的,所以推力系数 C_F 反映喷管的流动损失、气流非轴向流动(有径向和角向分速)的动量损失、不完全和过渡膨胀带来的损失、喷管可调鱼鳞片的漏气损失等。图 2-25 给出了收敛-扩张喷管的推力系数 C_F 随喷管压比 π_{NZ} 和喷管面积比 A_9/A_8 的变化曲线,其中:A_9 为喷管出口面积,A_8 为喷管喉道面积,$A_9/A_8 = 1$ 的曲线对应收敛喷管。

8.3.2 喷管的外流特性

喷管的外流阻力是作用在喷管/后体外表面上的压差阻力,称为喷管/后体阻力,式(8-7)给出了喷管/后体阻力的定义。与进气道一样,喷管的外流摩擦阻力计入飞机阻力。如图 8-25 所示,喷口 S 点附近实际上总有气流的分离区。亚声速无黏流绕过喷口时 S 点应为驻点,驻点附近形成高压区与喷管前面一段的低压吸力形成的阻力对消,其结果和亚声速进气道类似,阻力为零。实际流动时,由于附面层在接近 S 点处分离,因而不能形成高压区,这就是产生外流阻力的原因。

在计算这部分阻力时,选择一个参考状态,参考状态下的阻力计入飞机极曲线。其他工作状态与参考状态的阻力之差或称为阻力的增量计入推进系统的阻力,计算安装推力时从发动机推力中扣除。图 8-26 是喷管的外流特性,表示为喷管/后体阻力系数增量 $\Delta C_{X.NZ}$ 随飞行马赫数 Ma_0 和机身最大面积 A_{10} 和喷管出口面积 A_9

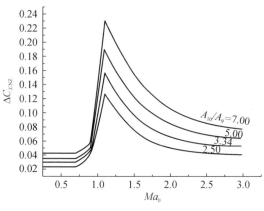

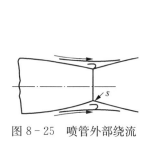

图 8 - 25　喷管外部绕流　　　　　图 8 - 26　喷管/后体阻力特性

之比的变化曲线。$\Delta C_{X.NZ}$ 的定义为:

$$\Delta C_{X.NZ} = \frac{\Delta X_{NZ}}{0.5\rho_0 V_0^2 A_{10}} \qquad (8-21)$$

式中:ΔX_{NZ} 为喷管/后体阻力增量。

　　喷管外壁的压力分布除与后体外表面的形状有关外,还与飞行马赫数和喷管出口压力有关,后者是发动机设计参数、发动机工作状态和飞行马赫数的函数。计算不同飞机/发动机的安装性能时,应具备符合喷管实际情况的阻力系数曲线才能精确估算喷管外流阻力。如为双发并排于机身之内,喷管的阻力还与两台发动机间的相对距离有关,这种结构方案喷管阻力的计算可参考有关文献。

8.4　发动机安装推力与飞机阻力的划分

　　推进系统是由进气道、发动机和喷管三大部件组成的。考虑了进气道和喷管的内流损失和外流阻力后的推力及耗油率等性能称为推进系统性能,即发动机安装性能。进气道和喷管的内、外流特性除与它们本身的几何形状和飞行马赫数有关外,还与发动机工作状态有关。因此,它们的外流特性不能靠简单的风洞吹风试验确定。同时,进气道和喷管又是飞机机体的组成部分,特别是发动机安装在机身内时。基于上述两方面原因,进气道和喷管的外流阻力该如何划分,是作为飞机阻力计入飞机极曲线,还是直接从发动机非安装推力中扣除以获得发动机安装推力,应该有明确的规定。实践证明,正是由于计算时界线划分不明确,有时出现阻力被遗漏,也有时被重复计算,其结果是飞行性能估算不准。当按照飞行性能优劣选取或评定发动机最有利循环参数时也必将造成错误。因此,飞机设计从一体化观点出发,对于各种划分应像记"分类账"一样,在飞机阻力和安装推力之间有个科学的、明确的划分办法。对于发动机安装在机身内的战斗机和带有矢量喷管的推进系统,飞机机体和推进系统的耦合关系更为复杂,因此推力和阻力的划分也成为一个复杂问题。

本节以一架超声速战斗机为例,阐述了推力和阻力划分的考虑,介绍一种广泛采用的划分方法以及与其对应的安装推力计算方法。

飞机水平飞行时,沿飞行方向的所有力应分别归入推力或阻力,只要把这些作用力全部考虑到了,如何划分并不是关键。各种类型飞机/发动机设计,可以有不同的划分方法,由飞机/发动机设计人员协商确定。划分时主要遵循的原则如下:

(1) 便于在方案论证中对各种方案进行比较。

(2) 阻力的划分应便于在试验中测量和记录。

实际上,现在应用的所有系统,基本飞机结构的气动阻力试验是在进气道和排气系统参考条件下进行的,如采用带通流通道的飞机模型进行风洞试验,用来测定全机阻力,模型中没有发动机。在分开的进气道和排气系统试验中,更真实地模拟部件的几何特征和流动条件,这时可以测得真实条件下的阻力相对于气动参考条件的阻力增量。传统上,已标准化地把推进系统的内推力(见 8.1.2 节)计入安装推力,把气动参考条件下的机体外部阻力计入飞机阻力。对于上述的阻力增量,是计入安装推力,还是计入飞机阻力,则比较灵活。一种方法是将它们全部计入安装推力,但不利于对机体和推进系统的气动设计质量分别做出评价。

参考文献[3,4]推荐了一种推力和阻力的划分方法,其特点是把与发动机工作状态有关的阻力增量计入安装推力;与发动机工作状态无关的阻力增量计入飞机极曲线。由于发动机工作状态与油门位置是对应关系,因此以为把阻力增量划分为与油门有关和与油门无关两类。根据阻力获取的方法不同,定义了气动参考状态、基准状态、实际工作状态三种状态。

(1) 气动参考状态:在一定条件下的飞机全机气动阻力风洞试验状态。在该条件下飞机模型具有进气道和喷管,但没有发动机,这种试验称为通流试验,飞机模型后体的锥角较小以控制分离的发生,允许和真实喷管/后体外形不完全相同等,试验所获得的飞机极曲线和真实飞机的极曲线还有相当大的差别。将这种试验状态称为"气动参考状态",用下标"R"表示。

(2) 基准状态:选定发动机的一个重要工作状态,一般取最大工作状态作为基准,放气门和附面层泄除门关闭,在专门的进气道和排气系统试验装置中进行试验,真实地模拟选定状态的进气道和喷管/后体几何形状和飞行条件,测定进气道和喷管/后体的阻力。这种试验称为"基准状态"试验,得到"基准状态"的阻力特性。将这种试验状态称为"基准状态",用下标"B"表示。也可以在飞机模型上安装发动机"模拟器",模拟发动机的实际工作状况,利用飞机风洞试验设备进行"基准状态"试验。必须指出:在"基准状态"试验时,发动机只保持在一个选定的基准工作状态,不模拟发动机油门位置变化引起的工作状态改变,所以"基准状态"的阻力特性与油门无关。

(3) 实际工作状态:模拟发动机油门位置变化,即改变发动机工作状态,按控制规律改变进气道和喷管/后体的外形(如放气门和附面层泄除门打开、喷管喉道和出口面积改变等),在进气道和排气系统试验中模拟使用中会遇到的流动条件(如不同飞行马赫数下收油门使发动机节流造成进气道亚声溢流等),这种试验称为"实际工作状态"试验,得到"实际工作状态"的阻力特性。将这种试验状态称为"实际工作状态",用下标"S"表示。必须指出:"实际工作状态"的试验模拟了发动机油门位置的变化,所以"实际工作状态"的阻力特性与油门有关。

下面以进气道外阻力 X_{inp} 为例说明上述三种状态的应用。式(8-7)给出进气道外阻力 X_{inp} 的定义,即

$$X_{inp} = \int_1^1 (p_s - p_{s0}) \mathrm{d}A \tag{8-22}$$

式中:p_s 为进气道外表面的实际静压;p_{s0} 为大气压力。

进气道外表面的实际静压 p_s 的分布取决于飞行马赫数和进气道的工作状态。当进气道在临界或超临界状态工作时,超声速气流绕流进气道外罩生成斜激波,作用在外表面上的压力是斜激波后的压力,其大小取决于飞行条件和进气道的几何形状,与发动机油门无关。在亚临界状态工作时,结尾正激波脱体,作用在外表面上的压力是脱体波后的压力,其大小除与飞行条件和进气道的几何形状有关外,还与发动机油门有关。为了便于安装推力和阻力划分,并考虑到上述三种试验状态的试验条件不同,所获取的数据不同,可将上式改写成如下形式:

$$X_{inp} = \int_1^1 (p_{s,S} - p_{s,B}) \mathrm{d}A + \int_1^1 (p_{s,B} - p_{s,R}) \mathrm{d}A + \int_1^1 (p_{s,R} - p_{s0}) \mathrm{d}A \tag{8-23}$$

式中:$p_{s,S}$ 为实际工作状态的进气道外表面静压,也就是式(8-22)中的进气道外表面的实际静压 p_s;$p_{s,B}$ 为基准状态的进气道外表面静压;$p_{s,R}$ 为气动参考状态的进气道外表面静压。

分析式(8-23)的右端各项,第3项是气动参考状态的进气道外阻力,是在全机阻力试验中获得的,属于全机阻力的一部分,当然应纳入飞机极曲线。第2项是基准状态相对于气动参考状态的进气道外阻力增量,它与油门无关,用来修正气动参考状态的阻力特性,这项也应划入飞机极曲线。第1项是实际工作状态相对于基准状态的进气道外阻力增量,它与油门有关,所以这部分进气道外阻力增量在安装推力计算时加以考虑。

按照这个思路,整个进气道阻力将分为两部分。一部分是与油门有关的,即实际工作状态相对于基准状态的进气道阻力增量 $\Delta X_{in,S-B}$ 计入安装推力,包括对应的进气道外阻力和附加阻力,以及超声速进气道的放气阻力和附面层泄除阻力,因为只有在"实际工作状态"试验时才打开放气门和附面层泄除门。另一部分是与油门无关的,即基准状态相对于气动参考状态的进气道阻力增量 $\Delta X_{in,B-R}$,包括对应的进气道外阻力和附加阻力,计入飞机极曲线。

对于喷管/后体阻力的处理方法和进气道的处理方法类似,选择一个气动参考状态,气动参考状态的喷管/后体阻力是在全机阻力试验中获得的,纳入飞机极曲

线。选择喷管面积最大的工作状态为基准状态。基准状态与气动参考状态的阻力增量 $\Delta X_{NZ, B-R}$ 与油门无关,计入飞机极曲线。在喷管"实际工作状态"试验中,模拟发动机工作状态改变引起的喷管面积和喷管压比的变化,实际工作状态相对于基准状态的喷管/后体阻力增量 $\Delta X_{NZ, S-B}$ 与油门有关,计入安装推力。

一般气动参考状态飞机的操纵面都处于中立位置,没有配平阻力,基准状态下由于发动机工作的影响可能对飞机产生气动力矩,因而操纵面处于工作位置而产生配平阻力。

下面给出飞机水平飞行时作用在飞行方向的所有力的合力 F_Σ 的计算公式:

$$F_\Sigma = (F_R - \Delta X_{in, S-B} - \Delta X_{NZ, S-B} - \Delta X_{T, S-B}) -$$
$$(X_R + \Delta X_{in, B-R} + \Delta X_{NZ, B-R} + \Delta X_{T, B-R}) \tag{8-24}$$

式中:F_R 为推进系统内推力,其计算公式见式(8-4),考虑了进气道和喷管的实际内流损失和发动机引气、功率提取;$\Delta X_{in, S-B}$ 为实际工作状态相对于基准状态的进气道阻力增量,它与油门有关;$\Delta X_{NZ, S-B}$ 为实际工作状态相对于基准状态的喷管/后体阻力增量,它与油门有关;$\Delta X_{T, S-B}$ 为实际工作状态相对于基准状态,由于发动机油门改变造成的飞机配平阻力增量,这部分阻力一般很小;X_R 为飞机在气动参考状态下的全机阻力;$\Delta X_{in, B-R}$ 为基准状态相对于气动参考状态的进气道阻力增量,它与油门无关;$\Delta X_{NZ, B-R}$ 为基准状态相对于气动参考状态的喷管/后体阻力增量,它与油门无关;$\Delta X_{T, B-R}$ 为基准状态相对于气动参考状态的配平阻力增量。

由式(8-24)可以看出,安装推力 F_A 和反映在极曲线中的机体阻力 X 可分别表示为

$$F_A = F_R - \Delta X_{in, S-B} - \Delta X_{NZ, S-B} - \Delta X_{T, S-B} \tag{8-25}$$

$$X = X_R + \Delta X_{in, B-R} + \Delta X_{NZ, B-R} + \Delta X_{T, B-R} \tag{8-26}$$

如果用推力系数 C_F 计算 F_R,并按照8.1.2节的规定,将安装后的参数加下标"R",则有

$$F_R = C_F W_{g9, R} V_{9i} - W_{a, R} V_0 \tag{8-27}$$

式中:V_{9i} 为利用安装后的排气温度和喷管压比计算得到的理想等熵完全膨胀条件下的排气速度;$W_{g9, R}$ 为安装后的喷管出口的燃气流量;$W_{a, R}$ 为安装后的进口空气流量。

对于安装多台发动机的飞机,若各发动机进气道的工作条件不同,应分别求得各进气道的总压恢复系数后,再计算各发动机安装后的内推力。

这种划分方法的优点在于可使飞机设计人员和发动机设计人员职责分明。发动机设计人员必须考虑进气道-发动机-喷管的性能匹配,设计目标由追求发动机性能好变成追求推进系统性能好。例如:选择循环参数和控制规律时要考虑所对应的发动机需用流量是否和进气道的可用流量匹配,如何才能得到最高的进气道总压恢复系数和最小的进气道阻力(包括亚音溢流阻力、放气阻力、附面层泄除阻力)等;选

择喷管面积的控制规律时要考虑对喷管/后体阻力的影响等。8.5.3节将介绍与此划分方法配套的安装性能计算方法。

8.5 发动机安装性能

本节将在发动机稳态性能数学模型,以及上述进气道和喷管/后体特性的基础上,讨论进气道-发动机-喷管/后体的性能匹配问题,并给出计算安装性能的方法[5,6],其总框图见图 8-27,该图表明了发动机安装后进气道-发动机-喷管/后体性能匹配的计算流程。

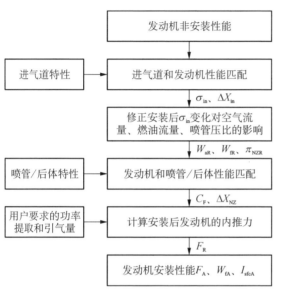

图 8-27 进气道-发动机-喷管/后体的性能匹配

发动机非安装性能可由常用的各种发动机稳态性能数学模型求得。必须指出:在非安装性能计算时,应对飞行包线内各种不同飞行马赫数、飞行高度和发动机工作状态的组合进行计算,得到许多点的非安装性能计算结果,生成一个非安装性能输出数据表。其中,必须包括安装性能计算需要用到的下列参数:飞行马赫数 Ma_0 和飞行高度 H、发动机工作状态、发动机换算空气流量 $W_{aE}\sqrt{\theta_{t2}}/\delta_{t2}$、喷管进口总温 T_{t7}、喷管膨胀比 π_{NZ}、喷管喉道面积 A_8、喷管出口面积 A_9、非安装推力 F 和燃油流量 W_f,以及计算发动机非安装性能时所用的进气道总压恢复系数 σ_{in0} 和喷管推力系数 C_{F0}。安装性能计算需要用到的进气道和喷管/后体特性可以直接来自数据库,也可以用计算求得,此外还需要用到进气道捕获面积 A_C 和机身最大面积 A_{10},若没有这些数据,可以由估算求得。

发动机配上飞机进气道后,导致进气道的总压恢复系数 σ_{in} 改变,造成沿发动机流路的总压、流量和喷管压比随 σ_{in} 成正比变化。喷管压比的改变使得发动机和喷管/后体的性能匹配点改变,喷管推力系数相应变化。发动机的安装不会改变进气总温,所以风扇和压气机的换算转速和共同工作点不变,发动机沿流路的总温将和安装前一样。基于安装所引起的发动机流路中的气流参数变化,以及用户提取功率和引气的要求,使得发动机的空气流量和燃气流量、排气速度改变,导致安装后的内推力 F_R 和非安装推力 F 完全不同。为了计算安装性能,除考虑安装对内推力的影响外,还需要计入进气道-发动机-喷管/后体性能匹配后的阻力。

图 8-27 所示的安装性能计算流程适用于亚声速飞机和超声速飞机,但由于进

气道和发动机性能匹配,以及发动机和喷管/后体性能匹配的具体计算差别较大,下面将分别进行阐述。

8.5.1　亚声速飞机的发动机安装性能

主要用于民航客机及运输机的亚声速飞机大都采用翼吊布局,皮托式进气道,发动机和短舱组成一体,采用收敛喷管而且几何不可调节,没有放气和附面层泄除装置,所以没有放气阻力和附面层泄除阻力。下面说明这种安装形式的安装性能。

1) 确定亚声速进气道捕获面积 A_C

皮托式进气道的捕获面积 A_C 也是进气道的喉道,其截面用"1"表示。在亚声速范围($0.2 < Ma_0 < 0.9$)内飞行时不允许在该截面出现堵塞现象,该处的马赫数 Ma_1 必须小于1,通常为 $0.4 \sim 0.6$。确定进气道捕获面积 A_C 的原则是:选择需要最大捕获面积的飞行条件和发动机最大工作状态为设计点,在此条件下的发动机流量即为进气道的需用流量,再选择喉道设计马赫数,就可以计算出设计点的进气道喉道面积。为防止气动和机械的原因限制气流的流动,以及附面层厚度等原因,应在计算的喉道面积基础上适当放大。

2) 确定总压恢复系数和进气道阻力

在8.2.1节1)中,已给出亚声速飞机沿航线飞行时进气道与发动机相匹配点的性能,即进气道总压恢复系数 σ_{in} 随飞行马赫数 Ma_0 的变化关系(见表8-1和表8-2)。将这些数据绘成曲线,只要输入飞行马赫数 Ma_0,即可从曲线上查出进气道总压恢复系数 σ_{in}。

对于亚声速进气道的溢流阻力,在8.2.1节2)中已经从理论上证明:在无分离无黏性流体流过进气道时,附加阻力和进气道外表面上产生的吸力互相抵消,即溢流阻力为零。参考文献[5]认为在低马赫数飞行时,如 $Ma_0 < 0.6$,可以忽略进气道阻力,即计入安装性能的进气道阻力增量 ΔX_{in} 为零。如果流过进气道前缘附近时气流发生分离,则吸力变小,吸力不能抵消阻力。图8-28给出一个亚声速进气道

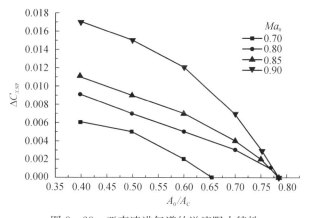

图8-28　亚声速进气道的溢流阻力特性

的溢流阻力特性[1]，它表示实际工作状态相对于基准状态的进气道溢流阻力系数增量 $\Delta C_{X.SP}$ 随飞行马赫数 Ma_0 和流量系数 A_0/A_C 的变化关系。由图 8-28 看出：飞行马赫数越低，溢流阻力越小。利用图 8-28 可以确定溢流阻力系数增量 $\Delta C_{X.SP}$，并按式(8-28)计算溢流阻力增量 ΔX_{SP}。对于没有放气阻力和附面层泄除阻力的亚声速进气道，溢流阻力就是进气道阻力，这时计入安装性能的进气道阻力增量 ΔX_{in} 可按下式计算：

$$\Delta X_{in} = \Delta X_{SP} = 0.5\rho_0 V_0^2 \Delta C_{X.SP} A_C \tag{8-28}$$

3) 修正 σ_{in} 和 C_F 对发动机内推力 F_R 的影响

由于进气道和发动机匹配后的进气道总压恢复系数 σ_{in} 不同于 σ_{in0}，用修正因子 R_σ 来修正 σ_{in} 对空气流量 W_a、燃油流量 W_f、喷管压比 π_{NZ} 的影响，并用下标"R"表示安装后的参数。修正因子 R_σ 由下式计算：

$$R_\sigma = \sigma_{in}/\sigma_{in0} \tag{8-29}$$

修正公式如下：

$$W_{aR} = W_a R_\sigma \tag{8-30}$$

$$W_{fR} = W_f R_\sigma \tag{8-31}$$

$$\pi_{NZR} = \pi_{NZ} R_\sigma \tag{8-32}$$

因为进气道总压恢复系数 σ_{in} 的改变会影响到喷管压比 π_{NZ}，所以实际的喷管推力系数 C_F 将不同于 C_{F0}。2.5.2 节 1)的图 2-25 给出收敛喷管推力系数与喷管压比 π_{NZ} 的关系曲线，根据安装后的 π_{NZR} 查图 2-25，可以得到安装后的喷管推力系数 C_F。

既然安装后的进气道总压恢复系数 σ_{in} 和喷管推力系数 C_F 不同于非安装时的值，表明推进系统内流损失已经改变，再考虑用户的提取功率和引气，因此必须计算此条件下的内推力 F_R，见式(8-3)。计算时仍然采用发动机性能计算程序计算 F_R，只需要将输入的非安装性能所对应的进气道总压恢复系数 σ_{in0} 和喷管推力系数 C_{F0} 换成安装后的 σ_{in} 和 C_F，并计入用户的提取功率和引气即可。因为提取功率和引气会影响喷管压比，所以应检查程序计算的喷管压比 π_{NZ} 和用式(8-32)修正的 π_{NZR} 的差别，若差别大，则用 π_{NZ} 重新查图 2-25 求出 C_F，再重新计算 F_R。

4) 估算喷管/后体尺寸

为了确定喷管/后体阻力，需要 A_9 和 A_{10} 的值。喷管出口面积 A_9 可以由发动机性能计算程序求得。参考文献[2]提出估算 A_{10} 的方法。参考文献[7]给出了分排涡扇和混排涡扇发动机短舱的几何关系，是另一种估算 A_9 和 A_{10} 的方法。

5) 确定喷管/后体阻力

根据飞行马赫数 Ma_0 和面积比 A_{10}/A_9，由喷管/后体阻力特性图(见图 8-26)

可以查出喷管/后体阻力系数增量 $\Delta C_{X.NZ}$。喷管/后体阻力增量 ΔX_{NZ} 用下式计算：

$$\Delta X_{NZ} = 0.5\rho_0 V_0^2 \Delta C_{X.NZ} A_{10} \tag{8-33}$$

参考文献[7]认为：对于大涵道比的混排涡扇发动机，风扇整流罩很短，内涵道整流罩伸在风扇整流罩外，后体阻力中应考虑外涵道气流对内涵道整流罩和外挂梁造成的阻力。

6）确定安装性能

安装推力 F_A、安装燃油流量 W_{fA} 和安装耗油率 I_{sfcA} 由下列公式计算：

$$F_A = F_R - \Delta X_{in} - \Delta X_{NZ} \tag{8-34}$$

$$W_{fA} = W_{fR} = W_f R_\sigma \tag{8-35}$$

$$I_{sfcA} = W_{fA}/F_A \tag{8-36}$$

8.5.2 超声速进气道与发动机的性能匹配

超声速进气道的性能对工作条件的变化非常敏感。超声速进气道与发动机若匹配不合理：一方面使进气道总压损失加大，严重时进气道会产生工作不稳定现象；另一方面使进气道出口流场产生严重畸变，影响发动机增压系统的工作稳定。因此，进气道和发动机的匹配有着特殊重要的意义。

进气道和发动机的性能匹配可概括为流量匹配和流场匹配。亚声速进气道的匹配比较简单。亚声速飞行时发动机的扰动可以传到上游，也就是说，远前方的气流可根据发动机需要的流量调整其流场，自动适应发动机的需要。超声速进气道在超声速飞行的条件下工作则不然，流量的不匹配会导致激波结构改变，内流损失和外流阻力增加，甚至造成不稳定工作等不良后果，本节讨论超声速进气道与发动机的性能匹配问题。

图 8-29 是典型的飞行包线。边界 A 表示飞机的最小飞行速度，为了获得足够升力，飞机要在大攻角下飞行，可能使来流在进气道唇口处发生分离引起进气畸变。超声速进气道为减小超声速下的阻力，唇口钝度（唇口圆角）一般是很小的。从进气道设计角度考虑，唇口形状的选择应是阻力和大攻角工作时的畸变程度的最有利折中。从发动机设计考虑，其压气机应有足够的抗畸变能力，发动机共同

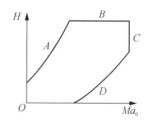

图 8-29 典型的飞行包线

工作线的位置选择应考虑留有足够的稳定工作裕度。在飞机设计一开始就应协商确定进气道出口允许的流场畸变度。B 和 C 两边界的交点是最大飞行马赫数，一般以这一点作为进气道的设计点。进气道几何形状和捕获面积主要根据这时的设计飞行条件和发动机最大工作状态的需用空气流量确定。当超声速进气道在不同于设计飞行条件下工作时，激波波角的改变使进气道的供气量改变；当发动机的工作状态不同于设计点的最大状态和（或）飞行条件改变，会使发

动机的流通能力改变,即发动机的需气量改变。若进气道供气量和发动机需气量的变化不一致,出现进气道和发动机的流量不匹配问题,造成进气道阻力增大或进气道总压损失增加。另一问题是流场匹配问题。在飞行包线范围内的某些工作点上,特别是作战机动飞行的工作区域,进气道可能在很大的攻角或侧滑角下工作,进气道出口流场将发生畸变。从发动机的稳定工作考虑,进气道特性及其与发动机匹配的好坏直接影响飞机的机动性。

　　1) 进气道与发动机的流量匹配

　　进气道与发动机流量匹配实质上是进气道的可用流量(供气量)和发动机需用流量(需气量)的供需匹配问题,它们必须满足流量连续这个共同工作条件。

　　进气道可用流量 $W_{a, in}$ 一般常用自由流面积 A_0 或流量系数 $\varphi(=A_0/A_C)$ 来描述,即

$$W_{a, in} = m \frac{p_{t0} A_0 q(Ma_0)}{\sqrt{T_{t0}}} = m\varphi \frac{p_{t0} A_C q(Ma_0)}{\sqrt{T_{t0}}} \tag{8-37}$$

式中: T_{t0} 和 p_{t0} 为远前方气流的总温和总压; $q(Ma_0)$ 为飞行马赫数的流量函数; A_C 为捕获面积,是进气道的几何尺寸; m 为由空气热力性质确定的常数。

　　流量系数 φ 描述了进入进气道气流的流动状态,它由飞行条件和进气道设计的激波结构和几何尺寸确定。

　　下面说明确定超声速进气道捕获面积 A_C 的方法。对于 A_C 不可调节的进气道,根据所选进气道设计点的飞行条件,设计的流量系数,并令 $W_{a, in}$ 和发动机最大工作状态的空气流量相等来确定 A_C。关于设计点流量系数的选择,由图 8-13 给出的超声速进气道的内流特性可知:进气道在临界工作状态附近工作时,总压恢复系数 σ_{in} 较高,流量系数 φ 较大。进气道的设计状态选在稍低于临界状态,即处于亚临界工作状态,据此原则选择设计流量系数。显然,对于进气道设计点,进气道可用流量和发动机需用流量是匹配的。但是,当超声速进气道处于不同于进气道设计点的飞行条件和发动机工作状态的情况,固定的捕获面积 A_C 限制了进气道能提供的可用流量,不可能总和发动机需用流量完全相等,出现供需矛盾。另外一种确定捕获面积 A_C 的方法是选择飞行包线内多种飞行高度和马赫数的组合,按上述方法计算各种组合对应的捕获面积 A_C,从中选出最大的 A_C 作为进气道捕获面积的设计值,这样可避免在有些飞行条件下进气道出现超临界工作状态。不论采用哪种方法确定的捕获面积 A_C,只要不可调节,都会存在进气道/发动机流量供需矛盾问题。

　　发动机需用流量取决于发动机设计参数、控制规律和使用条件,后者包括飞行高度 H、飞行马赫数 Ma_0、油门位置(可用发动机转速表示,如低压转子转速 n_L)和非标准大气条件等。对于一台已有的发动机,其需用流量特性可用共同工作线上的换算流量参数来描述,即发动机换算流量 W_{aEcor} 是飞行马赫数 Ma_0 和换算转速 n_{Lcor} 的函数,下面给出换算流量 W_{aEcor} 和换算转速 n_{Lcor} 的定义,即

$$W_{aEcor} = \frac{W_{aE}\sqrt{\theta_{t2}}}{\delta_{t2}} = f(Ma_0, n_{Lcor}) \qquad (8-38)$$

$$n_{Lcor} = \frac{n_L}{\sqrt{\theta_{t2}}} \qquad (8-39)$$

式中:W_{aE} 为发动机风扇进口的空气流量,即发动机需用流量;θ_{t2} 为风扇进口总温比,定义为风扇进口总温 T_{t2} 与海平面静止条件标准大气温度(288 K)之比;δ_{t2} 为风扇进口总压比,定义为风扇进口总压 p_{t2} 与海平面静止条件标准大气压力(101 325 Pa)之比;n_L 为低压转子转速。

当已知飞行高度 H、飞行马赫数 Ma_0、非标准大气条件时,可求得远前方气流的总温 T_{t0} 和总压 p_{t0}。由于风扇进口总温 T_{t2} 等于远前方气流的总温 T_{t0},可求得风扇进口总温比 $\theta_{t2}(=T_{t2}/288)$。根据油门位置和控制规律可知低压转子转速 n_L,根据式(8-39)计算换算转速 n_{Lcor},从关系式(8-38)查出发动机换算流量 W_{aEcor},这就是进气道/发动机流量匹配中发动机的需用换算流量。从式(8-38)可知:若要根据发动机换算流量 W_{aEcor} 求得发动机需用流量 W_{aE},必须首先计算出风扇进口总压 p_{t2} 和总压比 $\delta_{t2}(=p_{t2}/101\,325)$。必须指出:风扇进口总压 p_{t2} 与进气道总压恢复系数 σ_{in} 有关,只有完成进气道和发动机的共同工作计算后,才能最终确定进气道总压恢复系数 σ_{in} 和发动机需用流量 W_{aE}。

对于没有放气系统的进气道,进气道和发动机流量连续的共同工作条件为进气道可用流量 $W_{a,in}$ 和发动机需用流量 W_{aE} 相等。为了突出进气道和发动机共同工作的主要概念,简化公式推导,本节只是分析没有放气系统的情况,并将在 8.5.3 节 2)中给出有放气系统的进气道和发动机共同工作的算法。

根据发动机需用换算流量 W_{aEcor} 的定义,进气道和发动机流量相等的共同工作条件,可得:

$$W_{aEcor} = \frac{W_{aE}\sqrt{\theta_{t2}}}{\delta_{t2}} = \frac{W_{a,in}\sqrt{T_{t2}/288}}{p_{t2}/101\,325} \qquad (8-40)$$

式(8-40)中的进气道可用流量 $W_{a,in}$ 用式(8-37)代替,可得:

$$W_{aEcor} = m\varphi\frac{p_{t0}A_cq(Ma_0)}{\sqrt{T_{t0}}}\frac{\sqrt{T_{t2}/288}}{p_{t2}/101\,325} \qquad (8-41)$$

由于风扇进口总温 T_{t2} 等于远前方气流总温 T_{t0},进气道总压恢复系数 σ_{in} 为风扇进口总压 p_{t2} 和远前方气流总压 p_{t0} 之比,整理后可得进气道和发动机流量连续的共同工作方程,即

$$\sigma_{in} = \varphi\frac{A_cq(Ma_0)}{W_{aEcor}}\left(m\frac{101\,325}{\sqrt{288}}\right) \qquad (8-42)$$

对于一个已知的进气道和发动机,当飞行高度 H、飞行马赫数 Ma_0 和发动机油

门位置确定时,式(8-42)右端的发动机需用换算流量 W_{aEcor}、捕获面积 A_C、流量函

数 $q(Ma_0)$ 均为已知值,$\left(m\dfrac{101\,325}{\sqrt{288}}\right)$ 为常数,只有进气道总压恢复系数 σ_{in} 和流量系

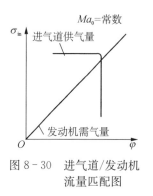

图8-30　进气道/发动机
流量匹配图

数 φ 未定,所以式(8-42)是一条通过原点的直线,它表示了在进气道特性上符合发动机需用换算流量的发动机共同工作线,它与进气道特性线的交点就是进气道/发动机的共同工作点(见图8-30),所对应的 σ_{in} 和 φ 即为满足进气道/发动机流量匹配的进气道参数。图8-30上的共同工作点表示进气道处于超临界工作状态,这并不是进气道的最佳工作点。期望的工作点是稍低于临界状态的亚临界工作状态。为了保证进气道稳定工作,共同工作点不应超出进气道的喘振边界和痒振边界。下面将讨论如何实现进气道/发动机流量的良好匹配。

　　为了解决超声速进气道/发动机流量供需矛盾问题,可以从两方面着手:一方面是采用可调节的进气道,改变进气道的供气能力来适应发动机的流量需求;另一方面是改变发动机的设计方案和控制规律来适应进气道的供气能力。下面将从这两方面进行阐述。

　　首先讨论如何改变进气道的供气能力来适应发动机的流量需求。发动机要求进气道提供给发动机需用的空气流量,并希望总压损失小,流场均匀。为了使超声速进气道在各种使用条件下均满足这些要求,应采用几何形状可调节的进气道。可调进气道调节部位的选择取决于进气道形式。对于外压缩面的调节,二元外压式进气道常采用带铰链的斜板(见图8-31);轴对称的进气道则使用可移动的中心锥。图8-31给出二元外压式进气道的一种调节方案,通过带铰链的斜板调节斜板角度

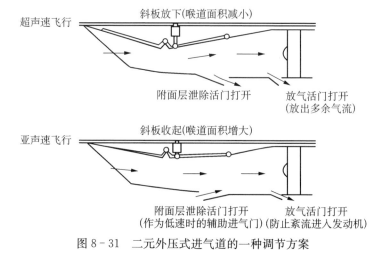

图8-31　二元外压式进气道的一种调节方案

和喉道面积,该进气道具有放气活门和附面层泄除活门,图中说明了它们在超声速和亚声速飞行时所起的作用不同。对于内压式的进气道,为了解决起动问题,需要调节喉道面积。内压式进气道起动后不允许出现亚临界工作状态,因此为了和发动机需用流量相匹配,不得不在发动机进口前设置放气装置,放出那些进入了进气道而发动机又不需要的流量。有些外压式的进气道也采用放气装置作为调节斜板或中心锥的辅助手段。也可采用可调的进气道唇口和外罩,以改变捕获面积 A_c,进而改变进气道的供气能力。对于混压式的进气道可以综合选用外压式和内压式的调节部位。调节措施增加了结构复杂性,也增加了进气道重量,实用上不可能采取太复杂的调节方案。

　　如果进气道是可调节的,则对应于不同的调节位置可得出不同的进气道供气量曲线,图 8-32 给出了 Ma_0 为常数的条件下,二元外压式进气道斜板角度 β_c 对进气道可用流量特性的影响,图中"K"表示流量特性上的最佳工作点。若给定飞行条件和发动机工作状态,可以确定发动机的需用流量。利用图 8-30 的进气道/发动机流量匹配方法,将这个需用流量和图 8-32 上不同斜板角度 β_c 的供气流量曲线匹配,可以得到不同的进气道/发动机共同工作点,从中选出靠近最佳共同工作点所对应的斜板角度 β_c 作为在此给定条件下的进气道调节位置。进气道与发动机的流量匹配需要考虑飞行包线内的各工作点,图 8-30 只表示了一个工作点的匹配情况,所以对各种飞行条件和油门位置都需要进行类似于图 8-30 的流量匹配分析,以确定可调节进气道在各种情况下的调节位置并总结成进气道的控制规律。图 8-33给出一种超声速进气道的典型控制规律,其斜板角度 β_c 作为压气机增压比 π_c 的线性函数,图上标出了超声速进气道的喘振和痒振边界线,也表示出超声速进气道的稳定工作范围 ΔL。

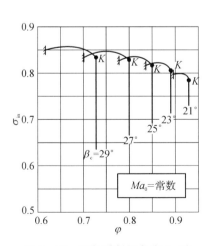

图 8-32　进气道斜板角度 β_c 对
可用流量特性的影响

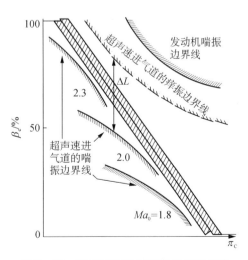

图 8-33　超声速进气道的典型控制规律

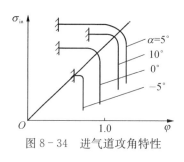

图 8-34　进气道攻角特性

在飞行马赫数和进气道调节位置不变的条件下,飞机攻角 α 变化将影响进气道可用流量特性。进气道在飞机上布局不同,攻角影响也不同。图 8-34 给出一种进气道攻角特性的示意图,图中显示正攻角大时,或在较大负攻角时,进气道总压恢复系数 σ_{in} 减小并且进气道稳定裕度降低。在研究飞行/推进综合控制时,必须考虑攻角变化对进气道/发动机匹配的影响。

必须指出,不论采用何种方法来确定外压缩面的控制规律,都可以得到两方面的结果:一方面是改进了进气道的内流特性;另一方面是进气道仍会在一些非设计状态出现可用流量大于需用流量的情况,富余的流量在进气道唇口前溢流,造成溢流阻力。因此,在优选外压缩面的控制规律时,既要比较各种控制规律在内流特性上的改善,也要计算各种控制规律下的进气道溢流阻力,并进行比较和评估。

放气装置的作用是为富余流量提供一条出路,经过它的富余流量可以当作冷却用的次流,也可以直接排到机身外面去。放气装置设置在发动机进口前,可采用放气环或放气门的形式。在 8.2.2 节 2)指出了处理富余流量的方法,恰当地选择放气量和溢流量可使进气道总阻力最小(见图 8-21)。根据这个指导思想,放气装置控制规律选择的关键是选择放气/溢流方案,即确定不同马赫数下的相对放气量,并确定需要放气的最小飞行马赫数。改变放气量不仅影响进气道阻力大小,也影响到进气道工作点的位置和总压恢复系数的大小,也要考虑结构复杂性和进气道重量增加的代价。为综合考虑放气量选择对推进系统性能的影响,根据飞行任务不同,可以用安装推力最大或安装耗油率最小为目标来优选放气量。

在起飞/着陆时,由于飞行速度低,进气道的流量系数相当大,也就是气流将绕进气道的唇口进入,这种绕流常引起气流在唇缘内侧分离,使总压损失增大,进气流场畸变严重。另一方面,起飞/着陆时进气道喉部是限制进气量和影响进气损失的重要因素,为此通常需要将进气道喉部面积通过调节放至最大(见图 8-31),这样既可防止喉部堵塞,又可使喉部气流马赫数降低而减少总压损失。除此之外,为减少气流绕唇口的流动损失,通常采用辅助进气门的办法,辅助进气门一般设置于进气道唇口后,采用辅助进气门可显著地减少进气道总压损失。研究表明:当飞行马赫数为 0~0.12 时,采用辅助进气门可将进气道总压恢复系数从 0.80 左右提高至 0.95,甚至可达 0.97。通常辅助进气门靠压差自动开启,一般在飞行马赫数大于 0.5 时自动关闭。

在高亚声速和跨声速范围内飞行时,超声速进气道的进气量主要受喉道面积及喉道马赫数的限制。如果进气量不足,则在进气道亚声速扩压段生成激波,使总压损失增加,严重影响飞机在高亚声速和跨声速范围内的加速性能。通常调节进气道喉部面积以解决该工作状态下的流量匹配。有些情况下可以在跨声速飞行时应用发动机的自动调节系统降低发动机的换算转速,使发动机所需流量与进气道提供的流量相适应,以取得较好的推进系统总体性能。

　　飞行中可能发生发动机空中停车事故,这时发动机所需流量远小于进气道提供的流量,如果这时飞行马赫数较大,则会造成进气道喘振,对飞机结构和发动机的再点火造成不利影响,因此通常采用旁路放气方案,将多余气流排入大气,有时也可采用调大进气道压缩面角度,增加溢流的方案,使进气道的流量系数减小,以满足流量匹配要求。

　　以上讨论说明,工作范围宽广的超声速进气道必须是可调的。进气道的控制系统一般是由进气道几何形状调节系统、放气和附面层泄除系统和一些必要的传感器等组成。超声速巡航的飞机需要更为复杂的控制系统;短时间做超声速飞行的轻型战斗机则可只采用一项或两项调节措施。由此可见:良好的进气道/发动机流量匹配可使安装损失减少,发动机安装推力增大或安装耗油率减小,它是研究推进系统性能必须关注的问题。为实现流量匹配首先要进行气动力计算,进气道/发动机匹配性能预估,最终需通过模型试验、匹配试验和飞行试验予以验证。

　　下面讨论改变发动机的设计方案和控制规律来适应进气道的供气能力的问题,实质上是改变发动机需用流量的问题。正如本书第 1 章到第 4 章所阐明的内容,不同的发动机类型、设计参数、部件特性和控制规律都会使发动机具有不同的共同工作线和特性,如 4.3.1 节讨论的发动机设计参数对稳态特性影响;4.3.2 节讨论的发动机可调几何和控制规律对稳态特性影响等。显然,前面所讨论的发动机特性主要是推力和耗油率特性,但造成它们变化的主要原因之一是发动机的流量特性,即本节所关心的发动机需用流量特性。

　　下面举例说明发动机需用流量的变化:图 8-35 给出了一台单轴发动机的压气机增压比设计值 π_{cd} 不同时,发动机的压气机特性和共同工作线[8]。从图上可以查出发动机换算流量 $W_{aE,cor}$ 和相对换算转速 $\bar{n}_{cor}$,并将其绘成如图 8-36 所示的发动机需用流量特性。

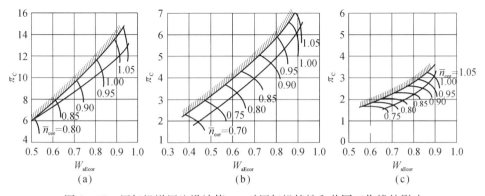

图 8-35　压气机增压比设计值 π_{cd} 对压气机特性和共同工作线的影响

(a) $\pi_{cd}=12$　(b) $\pi_{cd}=6$　(c) $\pi_{cd}=3$

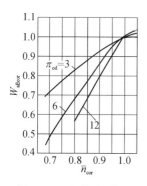

图 8-36 压气机增压比设计值 π_{cd} 对发动机需用流量特性的影响

图 8-35 和图 8-36 表明:压气机增压比设计值不同,压气机特性不同,共同工作线的斜率不同,因而发动机需用流量特性不同。图 3-8 表示调节喷管喉道面积 A_8 对共同工作线的影响,说明不同喷管喉道面积对应不同的共同工作线位置,即需用流量特性不同。此例子只说明调节 A_8 可以改变发动机需用流量,实际上发动机还有很多可调几何部件,改变它们的可调几何位置都会影响到发动机需用流量特性。

如果在推进系统的设计阶段,就已确定了进气道方案及其特性,有可能需要对发动机的设计进行调整,改变发动机需用流量特性,以适应已知进气道的可用流量特性。

下面介绍进气道影响发动机设计的两个例子[9]。前面已经指出:进气道是以某一个最重要的飞行状态作为设计点。图 8-37 表示了以最大飞行马赫数为 3 作为进气道设计点时进气道与发动机的流量匹配情况。该图说明在飞行马赫数 $Ma_0 = 3$ 时,进气道的可用流量与发动机的需用流量相等。但在 $Ma_0 < 3$ 时,进气道的可用流量大于发动机的需用流量,可采用进气道溢流或(和)放气来实现两者的流量匹配。对于某些空战战斗机,主要的性能是跨声速机动性,为使推进系统在这种飞行状态下有很好的性能,进气道的设计点可以选在跨声速的某一飞行马赫数,使得在此跨声速设计马赫数下,进气道的可用流量与发动机的需用流量相等(见图 8-38)。在高马赫数飞行时,随着发动机循环参数和控制方案的不同,发动机需用流量可能大于(发动机 A)也可能小于(发动机 B)进气道的可用流量。为了使流量匹配,可在发动机控制方案上采取措施,例如在一定范围内调节涡轮前温度和喷管喉道面积等。为了满足飞机跨声速机动性要求,必须使这时的发动机可用推力满足飞机过载要求,按此原则来确定发动机尺寸。按照跨声速条件定尺寸的发动机,在高马赫数下飞行时发动机的可用推力是足够有余的。因此,如果在高马赫数下出现发动机需用流量超过进气道可用流量的情况,则可采取降低发动机转速的办法减少发动机流量,使发动机在节流状态下工作。反之,如果在高马赫数下进气道可用流量大于发动机需用流量,则可采用放气的办法来使两者流量匹配。若是进气道可用流量太大,可以考虑缩小进气道尺寸,以降低高马赫数下的进气道供气量,但却会造成在跨声速或亚声速下进气道供气量之不足,可以用打开辅助进气门来弥补。总之,进气道和发动机应同步设计以便互相协调。

另一个例子是变循环发动机。11.5 节专门阐述了变循环发动机的发展和技术优势,并重点分析了双外涵变循环发动机和三外涵自适应变循环发动机。分析结果表明:变循环发动机比常规的涡喷和涡扇发动机更能适应进气道的可用流量变化,从而改善了发动机的安装性能。

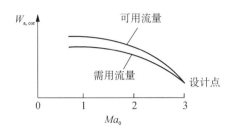

图 8-37　进气道设计马赫数为 3 时,进气道与发动机的流量匹配情况

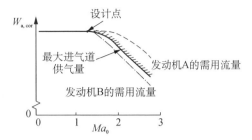

图 8-38　进气道设计马赫数为跨声速时,进气道与发动机的流量匹配情况

2) 进气道与发动机的流场匹配

超声速进气道出口截面上的流场畸变是不可避免的,包括压力畸变和温度畸变。进气畸变对推进系统性能和发动机稳定工作范围均会带来影响,设计发动机时必须考虑两者间的流场匹配。尤其是随着飞机飞行范围和机动能力的扩大,高机动条件将使进气道出口流场更容易产生强烈压力畸变,如 F-111、F-16、F-15 等战斗机在研制中均遇到了进气道/发动机的流场匹配问题。引起进气压力畸变的主要原因如下:

(1) 飞机以大攻角或大侧滑角飞行,进气道唇口气流分离。

(2) 进气道内管路弯曲、扩张、支板绕流形成气流分离和旋涡等。

(3) 机身和机翼附面层进入进气道。

(4) 超声速进气道中激波和附面层相互干扰引起的气流分离和流场不均匀。

(5) 进气道不稳定流动下呈现的非定常流动。

(6) 飞机侧风起飞。

(7) 在地面工作时地面涡影响进气道的进气流场。

发射武器或使用反推力装置使热的喷气尾流被吸入进气道是引起温度畸变的主要原因。

进气道出口流场畸变有稳态畸变(流场在空间的分布不均)和动态畸变(流场随空间位置和时间变化)之分。有进气压力畸变时,压气机(风扇)进口速度场不均匀,速度小的区域,气流相对于叶片的攻角增大。一方面使压气机(风扇)容易发生喘振,造成喘振边界线向右下方移动;另一方面由于不均匀流动在压缩过程中逐渐拉平,增加了附加损失,同时过大的攻角会导致叶型损失增加,这些原因都使压气机(风扇)的增压比、效率和流通能力下降,图 8-39 给出压力畸变对压气机特性的影响。进气畸变所引起的压气机特性的变化,会导致发动机共同工作线变化,图 8-40给出在 60°扇形范围内周向压力畸变对单级压气机共同工作线的影响。从图上看出:畸变造成的低压区使共同工作线上移。进气压力畸变除影响压气机稳定工作外,还可能激起叶片振动。畸变经过压气机后不可能完全衰减,因而可造成燃烧室

出口温度场不均,影响涡轮叶片寿命。进气压力畸变对压气机工作稳定性的影响是个十分复杂的物理过程,至今对其还缺乏深入的了解。解决进气道与发动机的流场匹配的问题,应从减小进气道出口流场畸变和扩大发动机对进气畸变的容忍能力这两方面考虑。从进气道设计来说,可采取合理组织激波系,精心设计进气道与发动机的流量匹配,避免激波和附面层的强烈干扰,防止机体附面层进入进气道并及时泄除进气道内产生的附面层等措施。从发动机设计来说:一方面从压气机设计入手,如恰当地选择级负荷、稠度和选用小展弦比的叶片等措施扩大喘振裕度;另一方面则在发动机设计时,恰当地选择涡轮导向器面积和喷管喉道面积,以调整发动机共同工作线的位置,留出足够的喘振裕度。后一措施总是使发动机性能下降,只是在不得已时才考虑采用。发动机的旋转件和静止零件设计时还要使其自振频率远离进气道喘振和痒振频率,以免在工作条件下发生共振,损坏发动机零部件。

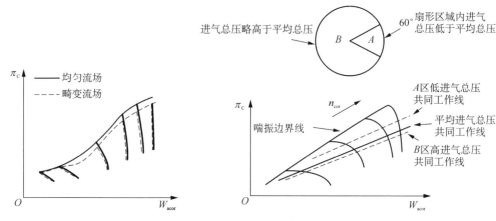

图 8-39　压力畸变对压气机特　　　图 8-40　周向压力畸变对单级压气机共同工作线的影响
　　　　　性的影响

　　总之,进气压力畸变既使得压气机喘振边界线下移,又使得共同工作线上移,两者都造成喘振裕度减小。在发动机设计时应充分评估进气畸变对发动机稳定性的影响。实际上,进气畸变只是影响发动机稳定性的主要因素之一,还有许多其他因素,图 8-41 给出了影响喘振裕度的各种因素[9]。图中的名义喘振边界线和名义共同工作线是指在发动机所有的几何尺寸都符合名义值,实现了名义的控制规律,进口流场为均匀流场,没有进气畸变的情况。从图 8-41 可以看出:除进气畸变外,影响发动机喘振裕度的其他主要因素包括发动机质量衰退和控制容差,以及发动机过渡状态。发动机质量衰退和控制是指零部件存在制造公差,不符合名义值,实现的控制规律也和名义控制规律有差异,使用后发动机部件性能发生衰减。在这些因素中,进气畸变、发动机质量衰退和控制容差既使得喘振边界线下移,也使得共同工作线上移,而发动机过渡状态只影响共同工作线。第 5 章证明了发动机过渡状态(如加速和减速等)的共同工作线将偏离稳态,很多过渡过程都造成共同工作线上移。发动机设计时必须对全部因素进行评定,以保证发动机在最恶劣的工作条件下仍有一定的剩余喘振裕度。

进气道和发动机的匹配不只影响飞机性能,还直接影响飞行安全。因此,设计过程中要花很大工作量不断进行协调,而且还需要进行大量的试验、试飞和验证工作。

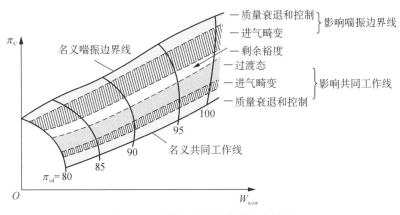

图 8-41　影响喘振裕度的各种因素

8.5.3　超声速进气道-发动机-喷管的性能匹配与安装性能计算

超声速进气道-发动机-喷管的性能匹配与安装性能的计算流程见图 8-27,下面重点说明超声速飞机不同于亚声速飞机的发动机安装性能计算问题。

1) 确定超声速进气道捕获面积 A_C

在 8.5.2 节 1)进气道与发动机的流量匹配中,给出了确定捕获面积 A_C 的原则,即选择进气道的设计飞行条件,并由发动机流量特性上求出发动机最大状态的换算流量 W_{aEcor},再从进气道的内流特性上选择稍低于临界状态的亚临界工作状态为设计点,对应的进气道总压恢复系数和流量系数分别用 σ_{ind} 和 φ_d 表示,利用进气道和发动机流量连续的共同工作方程(8-42),可以得到计算捕获面积 A_C 的公式:

$$A_C = \frac{\sigma_{ind} W_{aEcor}}{\varphi_d q(Ma_0)\left(m\dfrac{101\,325}{\sqrt{288}}\right)} \qquad (8-43)$$

若考虑到飞机冷却气量的要求,应适当放大捕获面积。

对于不同的飞行马赫数、飞行高度和发动机工作状态,按式(8-43)确定的捕获面积是不同的,这就意味着要实现进气道和发动机流量完全匹配,必须有完全无级可调的捕获面积,在目前是很难实现的。对于捕获面积不可调的进气道,应在飞行包线范围内选择最大的捕获面积作为捕获面积的设计值。对于捕获面积可调的进气道,一般采用捕获面积 A_C 只随飞行马赫数 Ma_0 变化的控制方案。每个飞行马赫数 Ma_0 对应的捕获面积 A_C 也按式(8-43)计算,但应取该飞行马赫数 Ma_0 下最大的捕获面积 A_C 作为控制值。

2) 超声速进气道和发动机性能匹配计算

在图 8-27 所示的进气道-发动机-喷管的性能匹配的计算流程中,进气道和发动机性能匹配计算是已知进气道内流特性,在给定的飞行马赫数 Ma_0、飞行高度 H、发动机换算空气流量 W_{aEcor}、捕获面积 A_C、附面层泄除流量系数 A_{0BL}/A_C、放气流量系数 A_{0BP}/A_C 的条件下,确定进气道的流动状态,包括流量系数 A_0/A_C、捕获流量系数 A_{01}/A_C、发动机流量系数 A_{0E}/A_C,并进一步计算进气道总压恢复系数 σ_{in} 和溢流阻力系数 $C_{X.SP}$、附面层泄除阻力系数 $C_{X.BL}$、放气阻力系数 $C_{X.BP}$,最后求得进气道阻力增量 ΔX_{in}。

(1) 外压式进气道性能计算。

首先由进气道/发动机共同工作条件和超声速进气道内流特性(见图 8-13)确定流量系数 φ。对于有放气系统的进气道,两者匹配必须满足的流量关系为

$$\varphi = \frac{A_0}{A_C} = \frac{A_{0E}}{A_C} + \frac{A_{0BP}}{A_C} = \frac{\sigma_{in} W_{aEcor}}{\left(m \dfrac{101\,325}{\sqrt{288}}\right) A_C q(Ma_0)} + \frac{A_{0BP}}{A_C} \qquad (8-44)$$

式(8-44)中的放气流量系数 A_{0BP}/A_C 可以采用经验数据,参考文献[1]的表 7 给出了推荐数据表,也可以采用其他放气/溢流方案(详见下一节)。用迭代法从式(8-44)和超声速进气道内流特性求解进气道和发动机的匹配工作点,得到匹配点的进气道总压恢复系数 σ_{in} 和流量系数 A_0/A_C。检查匹配点是否超出了内流特性的喘振边界和痒振边界,若超出边界,则应采取措施改进发动机和进气道的匹配,如改变进气道和(或)发动机的控制规律等。

附面层泄除流量系数 A_{0BL}/A_C 由进气道设计给出,参考文献[1]提供了参考数据表。捕获流量系数 A_{01}/A_C 可用下式计算,即

$$\frac{A_{01}}{A_C} = \frac{A_0}{A_C} + \frac{A_{0BL}}{A_C} \qquad (8-45)$$

利用已求得的捕获流量系数 A_{01}/A_C、放气流量系数 A_{0BP}/A_C、附面层泄除流量系数 A_{0BL}/A_C,以及输入的 Ma_0,可由图 8-19、图 8-20 和图 8-22 分别求得溢流阻力系数 $C_{X.SP}$、放气阻力系数 $C_{X.BP}$、附面层泄除阻力系数 $C_{X.BL}$。进气道阻力增量 ΔX_{in} 由下式确定:

$$\Delta X_{in} = 0.5\rho_0 V_0^2 (C_{X.SP} + C_{X.SP} + C_{X.BL}) A_C \qquad (8-46)$$

式中:ρ_0 为大气密度;V_0 为飞行速度。

必须指出:若以无溢流状态作为计算溢流阻力的基准状态,则应计入超声速溢流造成的阻力。

(2) 混压式进气道性能计算。

混压式进气道起动后结尾正激波进入进气道内,进气道处于超临界工作状态。混压式进气道在正常工作时,不允许进入亚临界工作状态。因此,混压式进气道的算法和外压式进气道模型完全不同,它是首先在进气道的内流特性上选择匹配点,以接近临界状态的超临界状态为佳,因为这时的进气道总压恢复系数 σ_{in} 较高。由匹配点可以得到进气道总压恢复系数 σ_{in} 和流量系数 A_0/A_C,用与外压式进气道模型相同的方法确定附面层泄除流量系数 A_{0BL}/A_C。发动机流量系数 A_{0E}/A_C 由下式计算,即

$$\frac{A_{0E}}{A_C} = \frac{\sigma_{in} W_{aEcor}}{\left(m\dfrac{101\,325}{\sqrt{288}}\right) q(Ma_0) A_C} \qquad (8-47)$$

若 $A_0/A_C > A_{0E}/A_C$,表示有富余气量,为保证混压式进气道处于起动状态,就必须将富余气量通过放气系统全部放出,其放气量应为

$$\frac{A_{0BP}}{A_C} = \frac{A_0}{A_C} - \frac{A_{0E}}{A_C} \qquad (8-48)$$

若 $A_0/A_C < A_{0E}/A_C$,表示进气道供气量不足,当然不必再放气,即 $A_{0BP}/A_C = 0$,同时只有降低进气道总压恢复系数 σ_{in} 来满足共同工作条件,所以令 $A_{0E}/A_C = A_0/A_C$,并将其代入式(8-44),即可求得相应的 σ_{in}。以上计算确定了混压式进气道的流动状态,然后采用外压式进气道性能计算同样方法计算进气道阻力增量 ΔX_{in}。必须强调:此算法只适用于起动后的混压式进气道。

3) 放气/溢流方案选择

采用不同的放气/溢流方案将得到不同的安装性能[见8.2.2节2]。参考文献[5]提供5种放气/溢流方案可供考虑,即

(1) 富余气量全部溢流,即 $A_{0BP}/A_C = 0$。

(2) 当飞行马赫数大于某给定值时,打开放气门,放走全部富余气量。

(3) 采用参考文献[5]中表7给出的放气量推荐数据表。

(4) 以进气道阻力最小为目标优选放气量。

(5) 以安装耗油率最小为目标优选放气量。

图8-42给出三种放气/溢流方案对安装推力的影响。由图看出:不放气方案在飞行马赫数 Ma_0 小于1.5时有最大的安装推力,而进气道阻力最小方案只在大飞行马赫数时才有最大安装推力。由此可知:应根据对推进系统的要求来选择放气/溢流方案。

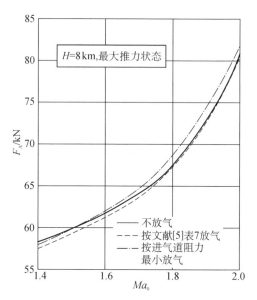

图 8 - 42　三种放气/溢流方案对安装推力的
影响

4）修正进气道总压恢复系数 σ_{in} 和喷管推力系数 C_F 对发动机内推力 F_R 的
影响

本节修正进气道总压恢复系数 σ_{in} 和喷管推力系数 C_F 的方法，以及计算发动机
内推力 F_R 的算法与 8.5.1 节 3）相同。

5）确定喷管/后体阻力

一般根据飞行马赫数 Ma_0 和面积比 A_{10}/A_9，由喷管/后体阻力特性图（见
图 8 - 26）可以查出喷管/后体阻力系数增量 $\Delta C_{X.NZ}$。必须指出：超声速飞机的发动
机大都采用可调节的收敛-扩张喷管，确定喷管/后体阻力的算法和亚声速飞机是不
同的。

如果所使用的喷管/后体阻力特性图是实际工作状态相对于气动参考状态的喷
管/后体阻力系数增量 $\Delta C_{X.NZ\Sigma}$，则根据飞行马赫数 Ma_0 和面积比 A_{10}/A_9 由
图 8 - 26 查出的喷管/后体阻力系数增量是 $\Delta C_{X.NZ\Sigma}$。8.4 节指出：它包含基准状态
相对于气动参考状态的喷管/后体阻力系数增量（与油门无关，计入飞机极曲线，用
$\Delta C_{X.NZR}$ 表示）和实际工作状态相对于基准状态的喷管/后体阻力系数增量（与油门
有关，计入发动机安装性能，用 $\Delta C_{X.NZ}$ 表示）。为了求得计算安装性能所需的喷管/
后体阻力系数增量 $\Delta C_{X.NZ}$，应先求出基准状态相对于气动参考状态的喷管/后体阻
力系数增量 $\Delta C_{X.NZR}$。一般以最大的喷管出口面积 A_{9max} 为基准状态，所以根据飞
行马赫数 Ma_0 和面积比 A_{10}/A_{9max}，可从图 8 - 26 查出 $\Delta C_{X.NZR}$。计入发动机安装
性能的喷管/后体阻力系数 $\Delta C_{X.NZ}$ 应由下式确定：

$$\Delta C_{X.NZ} = \Delta C_{X.NZ\Sigma} - \Delta C_{X.NZR} \tag{8-49}$$

喷管/后体阻力增量 ΔX_{NZ} 由下式计算:

$$\Delta X_{NZ} = 0.5\rho_0 V_0^2 \Delta C_{X.NZ} A_{10} \qquad (8-50)$$

6）确定安装性能

安装推力 F_A、安装燃油流量 W_{fA} 和安装耗油率 I_{sfcA} 的算法和 8.5.1 节 6）相同。

8.5.4　安装性能计算举例

应用上述推进系统性能数学模型,举例计算了发动机的非安装性能和安装性能,分析各种因素对推进系统性能的影响[4]。计算时采用同一台双轴加力涡喷发动机,最大推力状态的控制方案为 $n_L=$ 常数、$\pi_T=$ 常数、$A_{9ab}=$ 常数;中间推力状态的控制方案为 $n_L=$ 常数、$A_9=$ 常数。计算非安装性能时取 $\sigma_{in0}=0.97$,按收敛喷管确定推力系数 C_{F0}。进气道选自参考资料[2],是四波系二元外压式进气道,可调楔角。

1）飞行条件和发动机工作状态对安装推力的影响

采用捕获面积 A_C 不可调的进气道控制方案,$A_C=0.326\,5\ m^2$。进气道设计点为飞行高度 $H=11\ km$,飞行马赫数 $Ma_0=2.0$。图 8-43 表示飞行高度 H、飞行马赫数 Ma_0、发动机低压转子转速 n_L 对安装推力 F_A 的影响,图上标明了非安装推力 F、安装推力 F_A、安装后发动机的内推力 F_R、安装造成的进气道阻力增量 ΔX_{in} 和喷管/后体阻力增量 ΔX_{NZ}。图中非安装推力 F 和安装后发动机的内推力之差 $(F-F_R)$,表示安装后的进气道总压恢复系数 σ_{in} 和喷管推力系数 C_F 不同于非安装时的 σ_{in0} 和 C_{F0} 所造成的推力损失。从图上看出:随着飞行马赫数的增大,激波损失增加,$(F-F_R)$ 和 ΔX_{in} 均增大。中间推力状态的 A_9 比最大推力状态小,故其喷管/后体阻力比最大推力状态(全加力)增大一倍多,是低超声速飞行时安装损失的主要因素。减小发动机转速将使进气道阻力和喷管/后体阻力均增大。计算表明:在某些飞行条件下安装损失可达发动机非安装推力的30%以上,所以通过改善进气道-发动机-喷管的匹配来提高安装性能是大有潜力的。

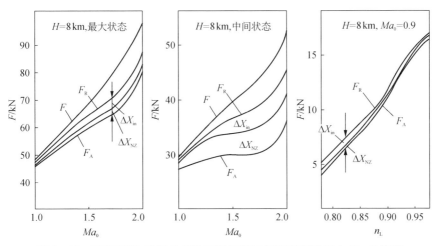

图 8-43　飞行高度、飞行马赫数和低压转子转速对安装推力 F_A 的影响

2）捕获面积 A_C 的选择对安装推力的影响

A_C 选择不当会造成较大的安装损失。在8.5.4节1）的例子中，进气道和发动机相匹配的捕获面积 $A_C=0.3265\,\mathrm{m}^2$。若放大捕获面积，将使富余气量增加，溢流阻力增加，安装推力减小。图8-44给出放大捕获面积达到 $A_C=0.5407\,\mathrm{m}^2$ 时对安装推力 F_A 的影响。由图上看出：这样放大捕获面积使得安装推力大大下降，而且出现进气道喘振。

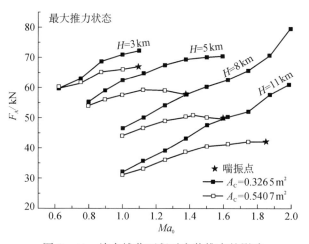

图8-44　放大捕获面积对安装推力的影响

3）不同进气道对安装推力的影响

若用这台发动机和不同进气道匹配，安装推力会有很大差别，图8-45给出三种进气道和发动机匹配的安装推力比较，表8-4列出三种进气道特点[1]。从图上看出：正激波进气道在低速时具有良好的性能，但在高速下安装推力 F_A 急剧下降。采用进气道 TMIB3 可在最大推力状态得到最大的安装推力 F_A。

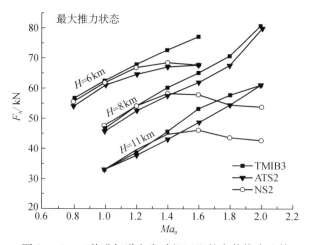

图8-45　三种进气道和发动机匹配的安装推力比较

表 8 - 4 三种进气道特点

序号	进气道	设计马赫数	特　　点
1	NS2	2.0	正激波进气道
2	ATS2	2.0	四波系二元外压式进气道，可调楔角
3	TMIB3	2.5	三波系半圆外压式进气道，可调楔角

参 考 文 献

[1] Ball N H, Hickcox T E. Library of configurations and performance maps [G]. ADB031555, 1978.

[2] Mattingly J D, Heiser W H, Pratt D T. Aircraft Engine Design [M]. 2nd ed. Washington DC: AIAA Inc. , 2002.

[3] G. C. 奥茨. 燃气涡轮发动机气动热力学理论及其应用(下册)[M]. 张逸民，沈炳正，李燕生，等译. 北京: 国防工业出版社,1992.

[4] 陈大光，张津. 飞机-发动机性能匹配与优化[M]. 北京: 北京航空航天大学出版社,1990.

[5] Ball N H, Hickcox T E. Rapid evaluation of propulsion system Effect [R]. Vol. I , Final Report，ADB031629,1978.

[6] Kowalski E D. A computer code for estimating installed performance of aircraft gas turbine engines [R], Vol. I , Final Report, NASA CR - 159691；Vol. II , "User's Manual", NASA CR - 159692；Vol. III , "Examplesl", NASA CR - 159693,1979.

[7] Jenkinson L R, Simpkin P, Rhodes D. Civil Jet Aircraft Design [M]. Washington DC: AIAA Inc. , 1999.

[8] Шляхтенко С М. Теория и расчет воздушно-реактивных двигателей [M]. МОСКВА МАШИНОСТРОЕНИЕ, 1987.

[9] G. C. 奥茨,等. 飞机推进系统技术与设计[M]. 陈大光,等译. 北京: 航空工业出版社,1992.

思 考 题

1. 发动机非安装性能与安装性能有何区别？
2. 发动机的工作对进气道有什么要求？
3. 简述亚声速进气道的内、外流特性。
4. 简述超声速进气道的内、外流特性。
5. 简述尾喷管的内、外流特性。
6. 实现进气道-发动机-尾喷管的良好匹配有几种实现途径？

9 飞机/发动机性能匹配与优化

9.1 飞机对发动机的性能要求

对于超声速军用飞机/发动机而言，需要在更多的飞行条件下进行优化，如待机和侦察、超声速突防、跨声速作战等。不同飞行条件对发动机提出不同要求，如巡航经济性、不加力推力、加速性等。美国空军和海军的使用经验表明，飞机在和平时期的值班循环比设计飞行任务循环所占比重更大，因此和平时期的使用影响也需要在设计中予以考虑。一些更高的要求，如在有限长度的跑道或被破坏的跑道上的短距起降要求、红外和雷达隐身要求、提升空战能力和减小敌方地空导弹发射窗口的超声速巡航要求，使得军用飞机/发动机的匹配变得更为复杂。

对民用飞机/发动机而言，经济性一直是最主要的评估指标。近年来，环保要求日益变得重要，加上安全性、可靠性、维修性等要求使飞机和发动机设计中需要考虑的因素变得非常复杂。即便对于经济性而言，使用不同的经济性评价指标也会对飞机和发动机的优化设计构成不同的影响，比如：如果按轮挡燃油最小进行飞机和发动机的优化，结果是飞机巡航速度、推重比和翼载（飞机起飞总重/机翼面积）要低一些；如果按直接运营成本或寿命周期成本最小优化，则巡航速度、推重比和翼载要更高一些。随着飞机航程的增加及燃油价格的上涨，燃油费用占总费用的比例增大，按照轮挡燃油或直接运营成本（或寿命周期成本）最小优化的结果会渐趋一致。

开展航空发动机设计和研制时，首先需要确定包括发动机性能、安装尺寸和重量、稳定性、寿命、安全性、经济性、适用性、维修性等一系列的设计要求。由于发动机产品的各项设计要求之间联系紧密且相互制约，需要在飞机飞行任务和评价指标驱动的设计决策过程中，由飞机使用部门（特别是军方用户）、飞机设计部门和发动机设计部门经过多次的协调，共同研究确定。在西方国家，这一过程通常划分为招标申请（RFP）、联合概念定义（JCDP）、联合定义（JDP）三个阶段。其中，发动机的性能要求包括发动机在典型高度和速度条件下的特性、工作包线、起动性能和起动包线、加减速性能、引气和功率提取等。

9.1.1 典型军用飞机要求和任务剖面

军用飞机的要求包括作战半径、载弹量、持续和瞬时过载能力、单位剩余功率、加速时间、最大飞行马赫数和动压头、起飞降落距离、实用升限、性能提升空间等,其主要评价指标有寿命周期成本、起飞总重和飞机的潜在(备用)作战任务性能等。

例如,典型前线战斗机的作战任务包括空对空、作战巡逻、空对地、全天候攻击(低速)等,但为了减少飞机种类和投资,通常也会对同一飞机提出更多的任务要求,特别是作为海军舰载机使用时,需要增加舰载起飞拦截、全天候攻击(高速)和反潜作战等任务。图 9-1 给出了空军作战飞机和海军作战飞机的一些典型任务剖面[1]。

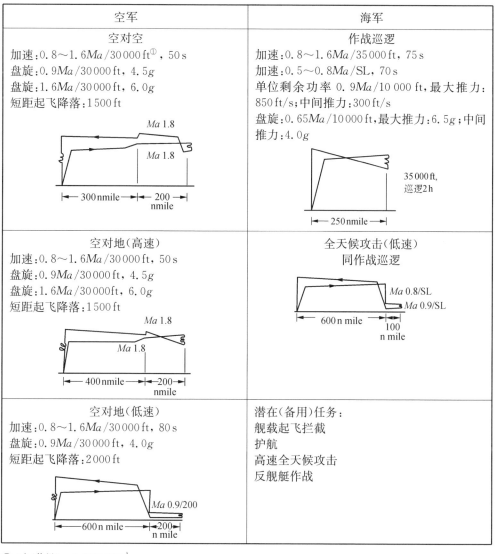

① 1 ft(英尺)=3.048×10⁻¹ m。

图 9-1　典型前线战斗机的作战任务

9.1.2　典型民用飞机要求和任务剖面

民用飞机的要求包括航程、商载、平衡场长、爬升末端推力、一台发动机不工作时爬升梯度、排放和噪声、飞机性能增长空间等。其主要评价指标有初始投资、直接运营成本、每座公里(或百公里)成本、燃油消耗量和每座公里(或百公里)燃油消耗量、购买成本、寿命周期成本、起飞总重等。

典型的民用飞机任务剖面如图 9-2 所示。

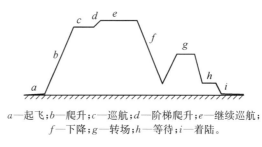

a—起飞;b—爬升;c—巡航;d—阶梯爬升;e—继续巡航;
f—下降;g—转场;h—等待;i—着陆。

图 9-2　典型的民用飞机任务剖面

9.1.3　典型军用飞机和民用飞机的使用包线

飞机的飞行任务也可以按照等效飞行包线表示,飞行包线决定了发动机的使用包线,发动机的设计使用包线应该大于飞机飞行包线。图 9-3 表示典型军用飞机和典型民用飞机的飞行包线。由于速度冲压的作用,发动机的使用包线必须考虑冷天和热天的影响,美军标 210A 规定,在海平面,热天的定义为标准大气温度+17.2℃,冷天定义为标准大气温度−36.1℃。图 9-4 表示了冷天、热天和标准天大气温度条件下发动机使用包线差别[1]。

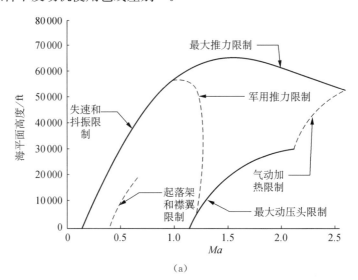

(a)

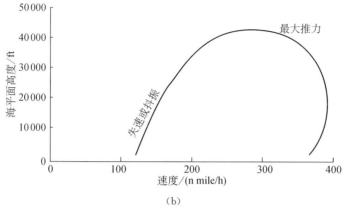

(b)

图 9-3 典型的飞行包线

(a) 军用飞机 (b) 民用飞机

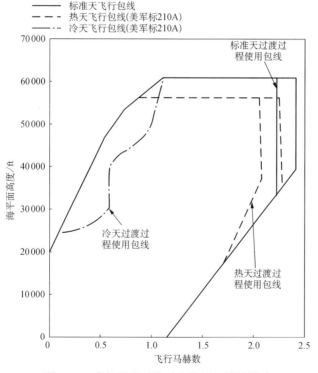

图 9-4 大气温度对发动机使用包线的影响

9.2 飞机/发动机一体化设计技术的发展

美国空军、波音公司、麦道公司于 20 世纪 70 年代最早开始研究飞机/发动机一体化问题,目前均已用于实际的设计、分析之中。如波音公司的多变量的飞机/发动机设计参数选择的优化系统[2],美国 NASA 提出的超高效航空发动机技术计划(UEET)[3],英国克兰菲尔德大学的技术经济性和风险分析系统 TERA[4]。

我国于20世纪70年代末开始了解、研究飞机/发动机一体化技术,在这方面北航开展较早,80年代初率先将此理论应用于无人驾驶飞机和歼击机发动机循环参数优选,以及飞机方案论证的研究,并于90年代开发了一套综合考虑飞机/发动机性能、尺寸和重量的一体化优化分析程序[5]。空军工程大学、西北工业大学和国内一些其他的研究机构也在飞机/发动机一体化技术方面取得了一定的研究成果[6]。

从目前公开发表的文献来看,NASA 的 Langley 研究中心开发的飞行优化系统[7](flight optimization system,FLOPS)最具有代表性。该系统开发于20世纪70年代末,经过不断发展和完善,目前已经包含了以下功能模块,可以满足飞机/发动机初步和概念设计阶段的需要。

(1) 重量和尺寸估算模块。

(2) 飞机气动性能计算模块。

(3) 发动机循环分析模块。

(4) 进排气系统模块。

(5) 任务分析模块。

(6) 起飞和着陆模块。

(7) 噪声评估模块。

(8) 成本分析模块。

(9) 程序控制模块。

该系统可以根据飞行任务要求同时对飞机和发动机设计参数进行优化,具有飞机/发动机一体化分析与优化设计的能力。该系统问世以来得到不断应用与发展,该系统目前在关于超声速客机、环保飞机和多用途先进经济可承受涡轮发动机(VAATE)计划中自适应发动机的研究工作中得到了广泛应用。

9.3 飞机/发动机性能匹配与优化

在飞机技术的发展过程中,发动机性能的提高对飞机性能的改进一直起着最为关键的作用。同时,发动机方案的选择又应根据飞机飞行任务和战术技术指标的要求来确定。现代战斗机要求有良好的机动性和加速性,应具备持续超声速巡航能力、短距起降能力、良好的隐身性能及大的作战半径,同时又要有较低的成本。现代民用飞机需要综合考虑安全性、经济性、舒适性和环保性的要求,这些要求往往密切关联又相互制约。为此,在概念研究和方案设计时,应全面考虑各种的影响因素,采用系统工程方法,按照任务要求和评价指标驱动设计的原则,将飞机和发动机作为一个整体来进行匹配研究,从而得出满足飞行任务和评价指标的最佳飞机/发动机设计方案。典型运输型飞机/发动机的一体化优化流程如图9-5所示[8]。

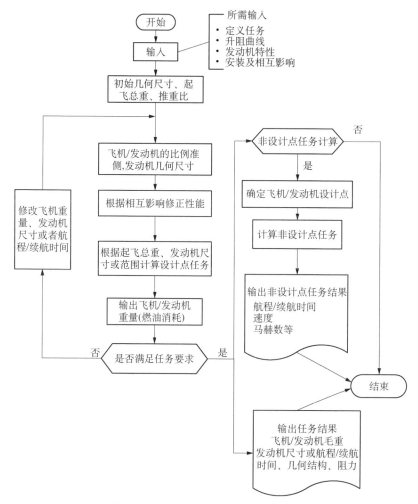

图 9-5 飞机/发动机的一体化优化流程

9.3.1 飞机性能模型

要开展飞机/发动机性能匹配分析,需要建立飞机性能模型。由于飞机和发动机都是非常复杂的系统,因此有必要对飞机的性能计算模型进行适当简化,目前普遍的做法是将飞机看成一个质点,认为全部飞机的质量集中在质心上,假设作用于飞机上的力都交汇于质心上且没有力矩(见图 9-6),根据牛顿第二定律可列出下列方程式。

用动量定理描述的飞机质心运动方程为

$$m \frac{\mathrm{d}V}{\mathrm{d}t} = Y + F_A + X + W \tag{9-1}$$

式中:F_A 为推力;X 为阻力;W 为重力;Y 为升力。

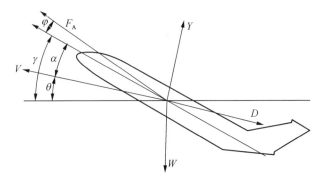

图 9-6　飞机垂直平面内作用在飞机上的力

沿运动方向方程为

$$m\frac{\mathrm{d}V}{\mathrm{d}t} = F_A\cos(\alpha + \varphi_E) - X - mg\sin\theta \qquad (9-2)$$

沿法向方程为

$$mV\frac{\mathrm{d}\theta}{\mathrm{d}t} = Y - mg\cos\theta + F_A\sin(\alpha + \varphi_E) \qquad (9-3)$$

式中：m 为飞机质量；F_A 为可用推力；φ_E 为发动机推力线与飞机轴线的夹角。

　　一般发动机推力线和发动机轴线是重合的，故 $\varphi_E = 0$，φ_E 称为发动机安装角。具有推力换向装置的发动机 φ_E 可以大于 90°。但一般的飞机在大多数飞行条件下，飞机攻角和发动机安装角 φ_E 都不大，近似计算可将上面两式简化为

$$m\frac{\mathrm{d}V}{\mathrm{d}t} = F_A - X - mg\sin\theta \qquad (9-4)$$

$$mV\frac{\mathrm{d}\theta}{\mathrm{d}t} = Y - mg\cos\theta \qquad (9-5)$$

升力 Y 和飞机的重力之比称为过载 n_f，即

$$n_f = Y/mg \qquad (9-6)$$

将式(9-6)代入式(9-5)可得：

$$\frac{\mathrm{d}\theta}{\mathrm{d}t} = \frac{mg}{V}(n_f - \cos\theta) \qquad (9-7)$$

　　式(9-4)、式(9-5)和式(9-7)为飞机性能计算的基本公式，其中的变量有 5 个，即 V，F_A，X，n_f 和 θ。因此，为了求解还需要增加一些方程式。可利用的方程如下。

　　发动机可用推力为

$$F_A = f(V, H, n) \qquad (9-8)$$

飞机阻力为

$$X = C_x q_0 S \tag{9-9}$$

阻力系数(极曲线)为

$$C_x = f(C_y, Ma_0) \tag{9-10}$$

爬升率为

$$V_y = \frac{\mathrm{d}H}{\mathrm{d}t} = V\sin\theta \tag{9-11}$$

平飞速度为

$$V_x = \frac{\mathrm{d}s}{\mathrm{d}t} = V\cos\theta \tag{9-12}$$

式中:H 为飞行高度;S 为机翼面积;n 为发动机转速;s 为水平距离。

　　式(9-8)~式(9-12)又增加了 5 个方程式,但变量也增加了 5 个,即 C_x、C_y、n、s、H。为了求解除必须给定初始条件外,还需要补充两个条件。一般是规定发动机工作状态(可用转速或油门位置表示)和飞机控制方案,如规定 $Ma = f(H)$ 或规定过载 n_f 等。上述方程是非线性的,原则上可用数值法求解,从给定初始值开始,逐步进行计算。一个航段计算完毕,其结果又是下一个接续的航段的初始值。组成一个飞行任务的各个航段逐次计算完毕,即可求得每个航段的性能和总航程、总耗油量等。这样一个飞行任务的计算很费机时,实用上,特别是方案设计阶段,因需要计算大量方案进行优化,常采用一些半经验或近似计算方法以节省机时。

9.3.2　飞机各基本航段性能计算

　　基本性能是指飞机做直线定常运动或准定常运动的性能。这些性能参数包括:最大平飞速度 $V_{\max}$(或最大平飞马赫数 $Ma_{0\max}$);最小平飞速度 $V_{\min}$;爬升率 V_y;航迹倾角 θ;理论静升限 $H_{\max}$;实用静升限 $H_{s\max}$;爬升时间 t 和水平飞行距离 s 等。

　　飞机做直线定常运动,则 $\mathrm{d}V/\mathrm{d}t = 0$、$\mathrm{d}\theta/\mathrm{d}t = 0$,因而式(9-4)、式(9-5)可简化为

$$F_A = X + mg\sin\theta \tag{9-13}$$

$$Y = mg\cos\theta \tag{9-14}$$

　　可以看出在飞机做定常运动时,推力主要用来克服飞机阻力,如航迹倾角 θ 较大,发动机推力还要平衡一部分飞机重力。

　　下面是几种典型的飞行段的性能计算。

1)等速平飞

　　这个计算主要用来确定飞机在不同高度上飞行的最大与最小平飞速度。最大与最小平飞速度往往是确定飞机/发动机方案时的约束条件之一。

对于等速平飞,航迹角 $\theta=0$,可用推力用于克服飞机阻力,升力则完全用于平衡飞机重力,即

$$F_A = C_x q_0 S \qquad (9-15)$$

$$mg = C_y q_0 S \qquad (9-16)$$

将上两式相除得

$$\frac{mg}{F_A} = \frac{C_y}{C_x} = K \qquad (9-17)$$

式中:K 为升阻比,是评价飞机气动特性好坏的重要标志之一。这个值越大,表示一定质量的飞机,在一定速度下飞行时需用推力越小,每个飞行马赫数下都可找到一个对应的$(C_y/C_x)_{max}$,如图 9-7 所示。飞机选在 K_{max} 下飞行其需用推力最小,这个飞行速度(或飞行马赫数)称为最有利的飞行速度。

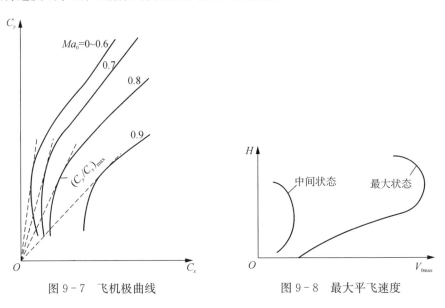

图 9-7 飞机极曲线　　　　　图 9-8 最大平飞速度

从式(9-16)可以看出,在某一高度上维持水平等速飞行,必须满足需用推力等于可用推力的条件。各高度上飞机最大平飞速度有所不同,在某高度上会达到最大值(见图 9-8)。随高度的增加,最大飞行速度与最小飞行速度逐渐接近,最后,在某一高度上最大、最小平飞速度相等[见图 9-3(a)]。这个高度是飞机做定常飞行时理论上可达到的最大高度,称之为理论静升限,很明显,再增加高度,需用推力在任何飞行速度下总大于可用推力,飞机不可能维持水平等速飞行。

等速水平飞行的航程、航时和燃油消耗量的计算,在飞机续航性计算中占有很重要的地位,因为它代表巡航性能。所谓飞机续航性是指从起飞到着陆将可用燃油耗尽的总航程和总航时。一般燃油量按容积计算,可用燃油量 V_{fA} 可表为

$$V_{fA} = V_z - (V_{TL} + V_{PS} + V_R) \tag{9-18}$$

式中：V_z 为总装油量；V_{TL} 为起飞、着陆用油；V_{PS} 为邮箱内无法用尽的余油；V_R 为备份油。

备份油一般为总油量的 $5\%\sim10\%$，歼击机约为 7%。式(9-18)括号内的燃油量约为总油量的 20%。各航段的航程、航时和燃油消耗量分别求和可得总航程、总航时和总燃油消耗量。各段的计算将分别在各航段的性能计算中讲述。

飞机进入巡航段后，由于燃油不断消耗，飞机质量随之不断减轻，故巡航可能有以下三种情况：

（1）高度 H 为常数的定高巡航，发动机油门位置不变，飞机巡航速度不断增加。

（2）飞行速度或飞行马赫数不变的等速巡航，飞行高度随飞机的质量下降而上升（发动机油门仍保持不变）。

（3）定高、等速巡航。这时发动机油门必须不断变化，操纵比较复杂，需要有自动油门装置。

一般说巡航时飞行速度、高度都可能不断变化，为计算方便，可将一个巡航段离散成数个小巡航段，每个小航段上可视为等速水平飞行。因此，巡航航程、航时和燃油消耗量可按下述方法计算。

i 至 $i+1$ 段航程 Δs_{ci} 为

$$\Delta s_{ci} = \int_i^{i+1} V dt \tag{9-19}$$

飞机质量 m 随燃油不断消耗而下降，所以有

$$\frac{dm}{dt} = -I_{sfcA} F_A / 3600$$

式中：I_{sfcA} 为安装耗油率，$kg/(N \cdot h)$。

将上式代入式(9-19)，考虑到 $F_A = X$、$Y = mg$，则有

$$\Delta s_{ci} = \int_{m_{i+1}}^{m_i} \frac{3600 V Y}{I_{sfcA} X g} \frac{dm}{m}$$

在每个小巡航段可认为 $I_{sfcA} =$ 常数，$Y/X = K =$ 常数，故有

$$\Delta s_{ci} = 3600 \frac{V}{I_{sfcA}} \frac{K}{g} \ln\left(\frac{m_i}{m_{i+1}}\right) \tag{9-20}$$

巡航段总航程 s_c 为

$$s_c = \sum \Delta s_{ci} \tag{9-21}$$

从式(9-20)可以看出：飞机升阻比 K 越大，则消耗一定燃料所能得到的航程

越长。另外,V/I_{sfcA} 实际代表推进系统总效率,这个比值越大则航程越长。常把 (VK/I_{sfcA}) 称为航程因子或燃油效率。图 9-9 表示了最有利的巡航马赫数和最有利的发动机巡航状态。图 9-10 表示巡航马赫数一定时,有一个最有利的巡航高度。综合两个图可以看出,在每个高度上都有一个最有利的巡航马赫数。

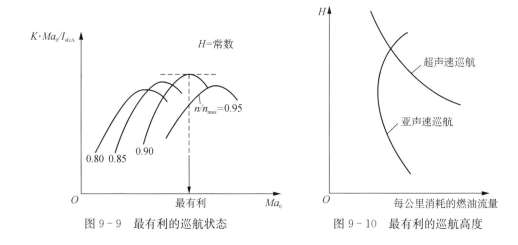

图 9-9　最有利的巡航状态　　　　　图 9-10　最有利的巡航高度

规定巡航航程 s_c 后,将其离散为若干个等速平飞巡航段,每个巡航段上燃油按质量计算的消耗量 Δm_{fi} 可按下式计算,其式为

$$\frac{m_i}{m_{i+1}} = e^{\left[\frac{I_{sfcA}g}{3\,600VK}\Delta s_{ci}\right]} \qquad (9-22)$$

$$\Delta m_{fi} = m_i - m_{i+1}$$

总的巡航燃油消耗量 m_f 为

$$m_f = \sum \Delta m_{fi} \qquad (9-23)$$

巡航航时的计算公式为

$$\Delta t_{ci} = \frac{3\,600K}{I_{sfcA}g} \ln \frac{m_i}{m_{i+1}} \qquad (9-24)$$

总航时的计算公式为

$$t_c = \sum \Delta t_{ci} \qquad (9-25)$$

航程最长和航时最长是两个概念,各对应一种飞行状态,获得最大航时的飞行速度接近于最有利飞行速度,待机时可用这个飞行状态。

2) 爬升或下滑

飞机的爬升或下滑并不一定遵循等速直线运动规律,而是根据飞行任务要求选择爬升方案,如爬升时间最短或爬升过程最省油等。一般说飞机爬升时飞行速度随飞行高度呈一定规律的变化。为了计算简便并保证足够精度,可将一个爬升段离散为 5~10 个等速爬升段(见图 9 - 11)。

经过这样处理,每个爬升段上有

$$\frac{\mathrm{d}V}{\mathrm{d}t}=0, \quad \frac{\mathrm{d}\theta}{\mathrm{d}t}=0$$

式(9 - 4)可写成:

$$F_A - X = mg\sin\theta \tag{9-26}$$

此式表示发动机推力除用于克服飞机阻力外还有一部分用于克服飞机重力在航迹方向上的分量。式(9 - 26)中($F_A - X$)称为剩余推力 ΔF。每个高度上总有一个飞行速度使剩余推力最大,这时航迹倾角 θ 最大。这个飞行速度称为陡升速度 V_θ。这个速度接近于最有利飞行速度。当要求在最短的水平距离内上升到较高的高度时可使用这个速度爬升。图 9 - 12 表示了陡升速度。

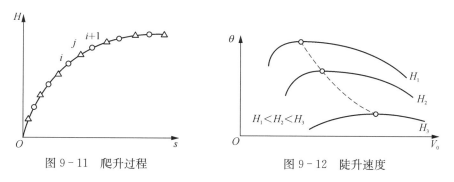

图 9 - 11　爬升过程　　　　　　　　图 9 - 12　陡升速度

如果要求在最短时间内爬升到一定高度则应使用最大爬升率爬升。爬升率 V_y 定义为每秒上升的高度,即

$$V_y = \frac{\mathrm{d}H}{\mathrm{d}t} = V\sin\theta$$

将式(9 - 26)代入上式得

$$V_y = \frac{\Delta FV}{mg} \tag{9-27}$$

式中:ΔFV 为剩余功率;而 $\Delta FV/mg$ 为单位剩余功率。在飞机性能分析中,单位剩余功率是一个重要的设计指标,优化过程也常用它作为一个约束条件。后续的讨论中还将用到单位剩余功率的概念。在每个飞行高度上可选出一个飞行速度使爬升率最大 $V_{y\max}$。这个飞行速度称为快升速度 V_{mc}(见图 9 - 13)。一般 $V_{mc} > V_\theta$。

实用上还可采用最小耗油量的爬升,即上升到一定高度消耗的燃油最少。燃油

的消耗使飞机质量不断减小,上升单位高度消耗的燃油量可表示为

$$\frac{\mathrm{d}m}{\mathrm{d}H} = -\frac{I_{\mathrm{sfcA}}F_{\mathrm{A}}}{3600V\sin\theta} = -\frac{I_{\mathrm{sfcA}}F_{\mathrm{A}}mg}{V(F_{\mathrm{A}}-X)3600} \tag{9-28}$$

图 9-14 表示了爬升时耗油量曲线。从图上可以看出,在每个高度上都有一个飞行速度可使耗油量最小。

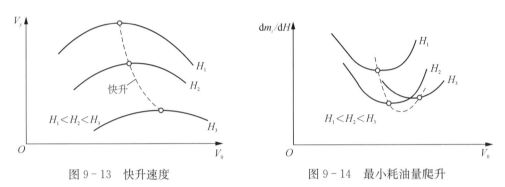

图 9-13 快升速度   图 9-14 最小耗油量爬升

实际上还可以有其他爬升方案,例如,在每个高度上都达到最有利的巡航速度爬升等,这里不再赘述。不过从上面讨论可以看出,无论哪一种爬升规律,飞行速度都随高度变化,因此并不符合等速爬升的假设。按式(9-26)计算爬升性能将会带来一定误差,为了提高计算精度,可将整个爬升段离散成 5~10 个小爬升段(见图 9-11);这时,一般可认为每个小爬升段上的航迹角为常数,即 $\mathrm{d}\theta/\mathrm{d}t \approx 0$(对战斗机的机动飞行不能采用这种方法)。而允许飞行速度有变化,即 $\mathrm{d}V/\mathrm{d}t \neq 0$。式(9-4)等号两端都乘以飞行速度 V 并加以整理后可得

$$V_y = \frac{(F_{\mathrm{A}}-X)V}{mg} - \frac{\mathrm{d}(V^2/2)}{g\,\mathrm{d}t} \tag{9-29}$$

按定义 $V_y = \mathrm{d}H/\mathrm{d}t$,上式可改写为

$$V_y\left[1 + \frac{\mathrm{d}(V^2/2)}{g\,\mathrm{d}H}\right] = \left[\frac{(F_{\mathrm{A}}-X)}{mg}\right]V = V_y^{\cdot} \tag{9-30}$$

与式(9-27)的爬升率相比,$V_y^{\cdot}$ 是飞行速度不变时的爬升率,与考虑速度变化的爬升率 V_y 相比,差一个修正项 $[1 + \mathrm{d}(V^2/2)/(g\,\mathrm{d}H)]$。这一项的倒数称为加速因子,用 x 表示,即:

$$x = \frac{1}{1 + \dfrac{\mathrm{d}(V^2/2)}{g\,\mathrm{d}H}} \tag{9-31}$$

$$V_y = xV_y^{\cdot} \tag{9-32}$$

不难看出,如为等速爬升,则 $x=1$,表示全部剩余功率用于增加飞机势能。如飞行速度随高度增加而下降,则 $x>1$,这时 $V_y>V_y'$,表示在爬升时有一部分动能转换为势能。当飞行速度随高度增加而增加时,$x<1$,$V_y<V_y'$。

非等速爬升时航迹倾角可按下式计算,即

$$\theta = \arcsin\left\{\frac{F_A - X}{mg\left[1 + \dfrac{\mathrm{d}(V^2/2)}{g\,\mathrm{d}H}\right]}\right\} \tag{9-33}$$

当给定爬升段飞行速度 V 随高度 H 的变化规律时,可按式(9-30)和式(9-33)计算爬升率和航迹倾角。根据快升、陡升或耗油量最小的爬升规律,飞行速度都是高度的函数,这时可先按式(9-26)、式(9-27)计算,求出各飞行高度上按指定规律爬升时的飞行速度,然后用式(9-32)和式(9-33)对爬升率和航迹倾角进行修正。

爬升段的航时、航程和燃油消耗量的计算。参见图 9-11,一个小爬升段,高度上升 ΔH_j 所需的航时 Δt_j 可写为

$$\Delta t_j = \frac{m_j g\left(\dfrac{\Delta V_j}{g} + \dfrac{\Delta H_j}{V_j}\right)}{F_{Aj} - X_j} \tag{9-34}$$

式中:F_{Aj}、X_j、V_j 为第 j 个爬升段内 F_A、X、V 的平均值。开始计算时,飞机质量 m_j 可取为该爬升段开始时的飞机质量 m_i。

第 j 段内燃油消耗量 Δm_{fj} 的计算公式为

$$\Delta m_{fj} = F_{Aj} I_{sfcAj} \Delta t_j / 3\,600 \tag{9-35}$$

式中:I_{sfcAj} 为第 j 段的平均耗油率。

飞机平均质量 m_j 为

$$m_j = m_i - \frac{\Delta m_{fj}}{2} \tag{9-36}$$

如计算出的 m_j 与式(9-34)中使用的 m_j(在该式中认为 $m_j=m_i$)相差太大,则应通过迭代修正式(9-34)。

飞完第 j 段时的飞机质量 m_{i+1} 为

$$m_{i+1} = m_i - m_{fj} \tag{9-37}$$

第 j 段的水平距离,即航程 Δs_j 为

$$\Delta s_j = V_j \Delta t_j \tag{9-38}$$

爬升率 V_{yj} 为

$$V_{yj} = \frac{\Delta H_j}{\Delta t_j} \tag{9-39}$$

爬升段总航时 t 为

$$t = \sum_{j=1}^{n} \Delta t_j \qquad (9-40)$$

总航程 s 为

$$s = \sum_{j=1}^{n} \Delta s_j \qquad (9-41)$$

总燃油消耗量 m_f 为

$$m_f = \sum_{j=1}^{n} \Delta m_{fj} \qquad (9-42)$$

但飞机并不能无限爬升。随飞行高度的增加,单位剩余功率不断下降。当等速爬升的爬升率 V_y 降到 5 m/s 时,这个高度称为飞机的实用升限。爬升率 V_y 为零,亦即发动机最大状态可用推力等于需用推力的高度称为理论静升限。

3) 飞机的机动飞行

飞机的机动性是指飞机改变飞行状态的能力。战斗机,特别是空战战斗机,机动性往往是最关键的性能指标,能满足这个指标的发动机,一般都能保证最大飞行速度、升限等的要求。为了分析方便,可将机动飞行分为在竖直平面内的机动飞行,如水平加速、爬高或俯冲等;以及在水平平面内的机动飞行,如最典型的盘旋。

(1) 水平加速。

这种机动称为速度机动。为了便于对比各机种,一般规定一个通用的加速时间,例如:从 $0.7V_{max}$ 加速到 $0.97V_{max}$,或规定在一定高度上从马赫数 0.8 加速到 1.6 所需的时间。加速性是个性能要求,加速过程不一定是飞行任务剖面中的一个飞行任务段,因此在分析计算中往往不计算这个过程的航程。

水平飞行时 $\theta = 0$,运动方程式可写为

$$m \frac{dV}{dt} = F_A - X \qquad (9-43)$$

$$Y = mg \qquad (9-44)$$

式(9-43)可写为

$$\frac{d(V^2/2)}{dt} = \frac{(F_A - X)V}{m}$$

上式等号右方为单位剩余功率,在水平加速时它代表飞机的速度机动性,它的绝对值越大表示飞机的速度机动性越好(单位剩余功率为负时代表减速)。

衡量飞机加(减)速性能优劣的指标是加(减)速的时间 t,具体为

$$t = \int_{V_1}^{V_2} \left(\frac{m}{F_A - X} \right) dV \qquad (9-45)$$

积分号内的飞机质量 m,可用推力 F_A 和飞机阻力 X,它们都是飞行速度 V 的函数,所以式(9-45)的积分最好采用数值法。将一个加速过程离散为若干个分段,每个分段飞行马赫数的增量建议取为 0.05 或 0.1(见图 9-15)。离散后的加速过程可按下列步骤计算。

马赫数为

$$Ma_j = Ma_0 + \sum_{i=1}^{j} \Delta Ma_i - \frac{\Delta Ma_j}{2}$$

$$(9-46)$$

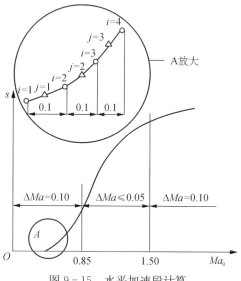

图 9-15 水平加速段计算

飞机质量为

$$m_j = m_0 - \sum_{i=1}^{j-1} (\Delta m_{fi}) \quad (9-47)$$

式中:m_0 为加速段开始时的飞机质量。

式(9-47)中的飞机质量 m_j 实际上是第 j 段开始时的飞机质量。

第 j 段的加速时间为

$$\Delta t_j = \frac{\Delta V_j m_j}{F_{Aj} - X_j}$$

$$(9-48)$$

F_{Aj} 和 X_j 都是飞行速度的函数,可按第 j 段开始和终了的飞行速度求出 F_{Ai}、F_{Ai+1} 和 X_i、X_{i+1},然后取其平均值。

第 j 段燃油消耗量为

$$\Delta m_{fj} = I_{sfcAj} F_{Aj} \Delta t_j / 3600$$

$$(9-49)$$

第 j 段航程为

$$\Delta s_j = V_j \Delta t_j$$

$$(9-50)$$

加速时间为

$$t = \sum_{j=1}^{n} \Delta t_j$$

$$(9-51)$$

加速段总航程为

$$s = \sum_{j=1}^{n} \Delta s_j$$

$$(9-52)$$

（2）跃升或俯冲。

这类机动飞行的目的是迅速改变高度,所以称为高度机动。在这个机动过程中飞行速度和航迹倾角随时间的变化都较大,因此不能用式(9-26)和式(9-27)表示。精确计算应按式(9-2)、式(9-3)用数值法,给定时间步长逐步求解。为了避免求解过程的不收敛,要求时间步长很小,造成计算机时太长,下面介绍一种工程近似方法。

假设 $F_A = X$,按跃升过程中机械能守恒。从高度 H_1 跃升到高度 H_2 的机械能守恒公式为

$$gH_1 + \frac{V_1^2}{2} = gH_2 + \frac{V_2^2}{2}$$

或

$$\Delta H = H_2 - H_1 = \frac{1}{2g}(V_1^2 - V_2^2) \tag{9-53}$$

从式(9-53)可明显看出,从最大飞行速度 V_{max} 达最大值的高度(见图9-8)上以 V_{1max} 开始跃升,到飞行速度达最小值 V_{2min} 时,跃升的高度差 ΔH 最大。跃升的目的是争取最大高度,因此应从总能量最大的高度上开始跃升到 $V_2 = V_{2min}$。飞机在最小飞行速度下飞行必然是大攻角。V_{2min} 是由飞机达到抖动攻角 α_d 确定的。为了飞机在这种条件下还能安全操纵,一般规定 $V_{2min} \approx 1.08V_d$(V_d 为对应于抖动攻角的飞行速度)。飞机跃升后所达到的最大高度称为动升限。动升限大于静升限,但飞机升力不足,不能维持在这个高度上平飞。

（3）盘旋。

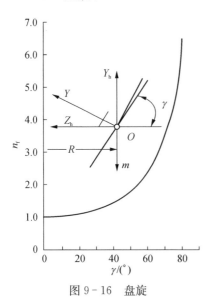

图9-16　盘旋

盘旋即连续转弯超过360°。盘旋时的转弯半径和盘旋速度往往是改变的并带有侧滑。无侧滑,转弯半径 R 和盘旋速度 V 为常数的盘旋称为正常盘旋,它是最典型的在水平面内的机动飞行。

盘旋时的运动方程(见图9-16)如下。

沿飞行方向方程为

$$m\frac{dV}{dt} = F_A\cos(\alpha + \varphi_E) - X \tag{9-54}$$

沿半径方向方程为

$$m\frac{V^2}{R} = [F_A\sin(\alpha + \varphi_E) + Y]\sin\gamma \tag{9-55}$$

沿垂向方向方程为

$$[F_A \sin(\alpha + \varphi_E) + Y]\cos\gamma = mg \qquad (9-56)$$

正常盘旋时,飞机要在大攻角下飞行,因此公式中的攻角 α 不能忽略。下面只是为了讨论问题方便,暂时忽略 α 的影响,假设 $(\alpha + \varphi_E) \approx 0$,正常盘旋,$dV/dt = 0$,式(9-54)~式(9-56)可简化为

$$F_A \approx X \qquad (9-57)$$

$$m\frac{V^2}{R} \approx Y\sin\gamma \qquad (9-58)$$

$$Y\cos\gamma = mg \qquad (9-59)$$

过载的定义为

$$n_f = \frac{Y}{mg} = \frac{1}{\cos\gamma} \qquad (9-60)$$

从式(9-60)可以看出:加大滚转角 γ(俗称压大坡度),使过载 n_f 加大(见图9-16)。

飞机的盘旋性能常以盘旋半径 R、盘旋一周所需时间 t(或角速度)和盘旋过载 n_f 表示。这些性能指标可作为必须满足的约束条件。将式(9-60)代入式(9-61)可得盘旋半径 R 为

$$R = \frac{V^2}{g\sqrt{n_f^2 - 1}} \qquad (9-61)$$

盘旋一周所需时间 t 为

$$t = \frac{2\pi R}{V} = \frac{2\pi V}{g\sqrt{n_f^2 - 1}} \qquad (9-62)$$

盘旋角速度 ω 为

$$\omega = \frac{2\pi}{t} = \frac{g\sqrt{n_f^2 - 1}}{V} \qquad (9-63)$$

作战时要求盘旋半径 R 和盘旋一周所需时间 t 越小越好。从式(9-61)及式(9-63)可以看出:加大盘旋过载(加大滚转角)、减小盘旋速度 V 可使盘旋半径减小、盘旋时间缩短。飞行过载的加大和飞行速度的降低都将受到一系列因素的限制。要设计一架盘旋性能好的飞机,应注意以下问题。

(1)过载大小受飞机、发动机强度和人体承受过载能力的限制。飞机和发动机结构设计时要按机种不同考虑其承受过载能力。战斗机一般要能承受 $(6 \sim 8)g$ 的过载;轰炸机过载限制为 $(2.5 \sim 3.5)g$;运输机为 $2g$。战斗机所能达到的过载还要

受驾驶员生理条件的限制。人体能承受的过载和过载持续时间有关。在 $20\sim30$ s 内,大致上可承受$(5\sim6)g$ 过载;短时间,$5\sim10$ s 内可承受 $8g$ 过载。

(2)过载按定义代表飞机的升力是其多少倍重力。实现大过载的飞行要求飞机必须有很大的升力。为了满足升力要求,除加大攻角外还可采用增升设备,以提高飞机升力系数 C_y。式(9-60)还可写为

$$n_f = \frac{Y}{mg} = \frac{\frac{1}{2}\rho_0 V^2 C_y S}{mg} \qquad (9-64)$$

从上式可以看出:飞行高度降低、大气密度 ρ_0 增加可使过载加大,这就是空战为什么经常在中、低空发生的原因,也就是空战战斗机为什么特别注意中、低空机动性的原因。另外,还可看出翼载 m/S 小可使过载加大。高速飞机,为保证飞机高速性能,希望选用较大的翼载,在设计上必须合理处理这一矛盾。如果一架空战战斗机对亚声速盘旋和超声速盘旋的性能都有要求,则更要妥善处理这一矛盾,因为超声速下机翼阻力系数很大,如翼载过小则飞机阻力可能太大,发动机难以提供足够推力。

(3)发动机推力限制。上面已经指出,盘旋时需要大的升力,这时飞机阻力也比一般平飞时大得多。为了保持等速水平盘旋,发动机必须使用最大状态(如有加力燃烧室用全加力状态)工作,发动机短时间内能提供的推力越大,飞机的盘旋性能越好。对于中、低空机动性要求很高的飞机,其发动机推力往往是根据这个飞行状态的需用推力确定的。能达到机动性要求的推力,一般说已足以保证飞机最大飞行速度和升限的要求。发动机在最大状态下工作燃油消耗量很大,所以喷气式战斗机的盘旋持续时间都很短。

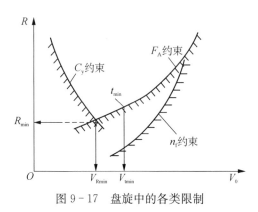

图 9-17 盘旋中的各类限制

给出一系列盘旋速度 V 和盘旋半径 R,利用式(9-57)、式(9-61)和式(9-64)可以计算 F_A、C_y 和 n_f。考虑上述三种限制后可绘出图 9-17。图上表示出满足 F_A、C_y 和 n_f 三种限制的最小盘旋半径 R_{min} 和最短盘旋时间 t_{min},以及其对应的盘旋速度 V_{Rmin} 和 V_{tmin}。

飞机盘旋不计算航程,但由于盘旋时燃油消耗量很大,因此必须计算燃油消耗量 m_f,具体为

$$m_f = I_{sfcA} F_A t_\Sigma$$

式中:t_Σ 为总盘旋时间。

4)飞机的起飞和着陆

飞机的起飞和着陆虽然都不计入航程,但是,对任何飞机,起飞、着陆性能都有

专门要求,特别是战斗机,由于适应作战的需要,对起飞、着陆距离要求非常严格,因此也是优选飞机/发动机方案时的重要约束条件。

(1) 起飞。

起飞按其飞行姿态可分为两个阶段(见图9-18),即地面滑跑加速和上升加速。上升加速段一般规定为上升到25 m。这一段的水平距离和地面滑跑加速的距离之和可称为起飞距离s_{T0},其计算如下。

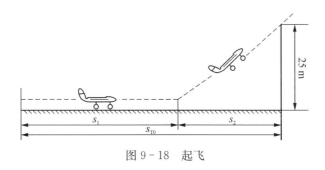

图9-18 起飞

地面滑跑加速段的运动方程式为

$$m \frac{\mathrm{d}V}{\mathrm{d}t} = F_A - X - f$$

$$N = mg - Y \tag{9-65}$$

式中:f 为地面与飞机轮胎间的摩擦力;N 为飞机对地面的正压力。将

$$Y = q_0 S C_y$$

$$X = q_0 S C_x$$

$$f = \mu N = \mu(mg - Y)$$

代入式(9-68)得

$$\frac{\mathrm{d}V}{\mathrm{d}t} = \frac{F_A}{m} - \mu g - q_0 \frac{C_x - \mu C_y}{m/S} \tag{9-66}$$

式中:μ 为摩擦因数。干水泥跑道,$\mu = 0.03 \sim 0.04$;湿水泥跑道,$\mu = 0.05$;干草地,$\mu = 0.07 \sim 0.10$;湿草地,$\mu = 0.10 \sim 0.12$。

滑跑距离 s_1 为

$$s_1 = \int \mathrm{d}s = \frac{1}{2} \int_0^{V_{T0}^2} \frac{\mathrm{d}V^2}{\dfrac{F_A}{m} - \mu g - \dfrac{q_0(C_x - \mu C_y)}{m/S}} \tag{9-67}$$

起飞滑跑时间 t_1 为

$$t_1 - \int \mathrm{d}t - \frac{1}{2} \int_0^{V_{T0}^2} \frac{\mathrm{d}V}{\dfrac{F_A}{m} - \mu g - \dfrac{q_0(C_x - \mu C_y)}{m/S}} \tag{9-68}$$

式中：V_{T0} 为起飞离地速度。

上两式积分号内各变量很难表示为滑跑速度 V 的简单函数关系,因此难以积分。工程计算可做如下简化:$(C_x - \mu C_y)$ 项一般很小,可以忽略不计;F_A 取起飞过程的平均值。计算滑跑距离时按 $V = 0.72V_{T0}$ 求出平均可用推力 F_{AS},而计算滑跑时间时取 $V = 0.56V_{T0}$ 求出平均可用推力 F_{At}。经过简化,积分后得

$$s_1 \approx \frac{1}{2} \frac{V_{T0}^2}{F_{AS}/m - \mu g} \tag{9-69}$$

$$t_1 \approx \frac{V_{T0}}{F_{At}/m - \mu g} \tag{9-70}$$

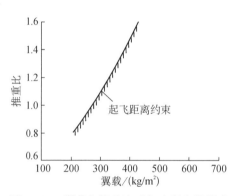

图 9-19 翼载和推重比对起飞距离的影响

从式(9-67)和式(9-68)可以看出,飞机推重比 F_A/mg 和飞机的翼载 m/S 对起飞滑跑性能有显著影响(见图 9-19)。小的翼载和大的推重比可使起飞滑跑距离和时间缩短。

起飞时为加大升力,飞机一般要使用襟翼(见表 9-1)。飞机的升力系数 C_{yT0} 一般取最大升力系数的 80%。离地速度则可用下式:

$$V_{T0} = \sqrt{\frac{m}{S} \frac{2g}{\rho_0 C_{yT0}}}$$

计算,一般 $V_{T0} \approx 300\,\mathrm{km/h}$。

表 9-1 采用增升装置的最大升力系数 C_{ymax}

增升装置		典型的襟翼角/(°)		$C_{ymax}/\cos(\Lambda_c/4)$	
尾缘	前缘	起飞	着陆	起飞	着陆
平板	—	20	60	1.4～1.6	1.7～2.0
单缝	—	20	40	1.5～1.7	1.8～2.2
富勒式	—	15	40	2.0～2.2	2.5～2.9
双缝	—	20	50	1.7～2.0	2.3～2.7
双缝	前缘开缝	20	50	2.3～2.6	2.8～3.2
三缝	前缘开缝	20	40	2.4～2.7	3.2～3.5

上升加速段的计算。飞机离地后摩擦力 $f=0$。上升到高度 25 m 的水平距离 s_2 和所需时间 t_2 可按下列工程方法估算。

距离为

$$s_2 = \int \mathrm{d}(s\cos\theta)$$

这一段航迹角 θ 较小,可近似认为 $\theta \approx 0$、$\cos\theta \approx 1$,则有

$$s_2 = \int \mathrm{d}s = \int_{V_{T0}}^{V_{25}} \frac{m\,\mathrm{d}(V^2/2)}{F_A - X - gm\sin\theta} \tag{9-71}$$

时间为

$$t_2 = \int \mathrm{d}t = \int_{V_{T0}}^{V_{25}} \frac{m\,\mathrm{d}V}{F_A - X - gm\sin\theta} \tag{9-72}$$

上两式的积分同样是比较困难的,工程上用能量法估算,其式为

$$\frac{m}{2}V_{25}^2 + gmH = \frac{m}{2}V_{T0}^2 + \int_0^{s_2}(F_A - X)\mathrm{d}s \tag{9-73}$$

爬升到 25 m 高度时,飞行速度 V_{25} 为 $(1.1 \sim 1.3)V_{T0}$。按 V_{T0} 和 V_{25} 的数学平均值求出发动机的可用推力 $\overline{F}_A$ 和飞机阻力 $\overline{X}$(注意这时的阻力应考虑全部外挂,放下襟翼和起落架的阻力,计算时还认为 $Y=mg$)。式(9-73)可简化为

$$s_2 = \frac{mg}{(\overline{F}_A - X)}\left(\frac{V_{25}^2 - V_{T0}^2}{2g} + 25\right) \tag{9-74}$$

上升到 25 m 所需时间 t_2 为

$$t_2 = s_2/\overline{V} \tag{9-75}$$

式中:$\overline{V}$ 为平均速度,$\overline{V} = (V_{25} + V_{T0})/2$。

飞机起飞总距离 s_{T0} 为

$$s_{T0} = s_1 + s_2 \tag{9-76}$$

飞机起飞总时间 t_{T0} 为

$$t_{T0} = t_1 + t_2 \tag{9-77}$$

起飞过程燃油消耗量的计算。计算燃油消耗量可按飞机前进速度为 $V_{T0}/2$ 时的发动机可用推力 F_A 及相应的安装耗油率 I_{sfcA} 估算,即

$$m_{f,T0} = F_A \times I_{sfcA} \times t_{T0}/3\,600 \tag{9-78}$$

(2)着陆。

飞机的着陆过程比起飞复杂得多。一般着陆过程可分为以下几个阶段(见图 9-20):

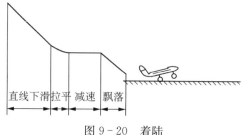

图 9 - 20　着陆

a. 自一定高度(一般可定为 25 m)直线下滑,发动机用慢车或空中慢车状态。

b. 下降到 5～8 m 时逐渐拉平,高度仍缓慢下降。

c. 下降到 1 m 左右(视机型而定)飞机平飞减速,机头逐渐拉起。

d. 飘落直到主轮接地。

e. 自由滑跑,然后用反推力、阻力伞或阻力板并刹车至滑行速度为零,完全停止。

着陆过程中拉平和飘落段落都很短,计算时忽略不计。

直线下滑段认为是等速直线下滑,$dV/dt = 0$,$d\theta/dt = 0$,发动机可用推力 $F_A \approx 0$,故有

$$mg\cos\theta = Y \tag{9-79}$$

$$mg\sin\theta = X \tag{9-80}$$

下滑倾角 θ 为

$$\theta = \arctan\frac{X}{Y} = \arctan\frac{1}{K} = \frac{25}{s_D} \tag{9-81}$$

式中:s_D 为直线下滑段水平距离。

为了下滑的安全,倾角 θ 不宜太大,一般下滑时的升力系数 C_{yD} 为

$$C_{yD} = (0.6 \sim 0.7)C_{ymax}$$

C_{ymax} 可自表 9 - 1 中查取。为了安全下滑,速度 V_D 也不应太大,一般为襟翼、起落架等全放下时飞机的失速速度 V_{ST} 的 1.15 倍,即

$$V_D = 1.15V_{ST}$$

知道飞行速度和升力系数,可求得阻力系数和阻力。按式(9 - 81)可计算直线下滑段的水平距离 s_D 为

$$s_D = 25\frac{C_{yD}}{C_{xD}} = 25K \tag{9-82}$$

下滑段飞行时间 t_D 为

$$t_D = \frac{s_D}{V_D} \tag{9-83}$$

平飞减速段的运动方程式为

$$m\frac{\mathrm{d}V}{\mathrm{d}t}=-X$$

$$Y=mg$$

平飞距离为

$$s_{\mathrm{P}}=\frac{1}{2g}\int_{V_{\mathrm{L}}}^{V_{\mathrm{P}}}K\,\mathrm{d}V^2$$

这一段的飞机升阻比较接近最大值 $K_{\max}$，故有

$$s_{\mathrm{P}}=\frac{K_{\max}}{2g}(V_{\mathrm{P}}^2-V_{\mathrm{L}}^2) \tag{9-84}$$

接地速度 V_{L} 可按下式计算

$$V_{\mathrm{L}}=C_1\sqrt{\frac{mg}{q_0SC_{y\cdot\mathrm{L}}}} \tag{9-85}$$

由于这一段飞行高度仍有一些下降，升力不完全等于飞机重力，故取 $C_1=0.92\sim0.95$。

平飞段飞行时间 t_{P} 为

$$t_{\mathrm{P}}=\int\mathrm{d}t=\frac{1}{g}\int_{V_{\mathrm{L}}}^{V_{\mathrm{P}}}K\,\mathrm{d}V$$

积分后得

$$t_{\mathrm{P}}=\frac{K_{\max}}{g}(V_{\mathrm{P}}-V_{\mathrm{L}}) \tag{9-86}$$

接地后滑跑的运动方程为

$$m\frac{\mathrm{d}V}{\mathrm{d}t}=-(X+f)$$

式中阻力是考虑了阻力板、阻力伞和刹车等阻力在内的总阻力。为简化计算，阻力项按气动阻力和地面摩擦阻力的平均值 $\overline{(X+f)}$ 计算。刚接地时 $f=0$；飞机停止后 $X=0$，只有摩擦力 $f=\mu_{\mathrm{B}}mg$，故平均阻力可按下式计算，即

$$\overline{(X+f)}=\left(\frac{m}{K_{\max}}+\mu_{\mathrm{B}}m\right)\frac{g}{2}$$

积分求滑跑距离 s_{R} 为

$$s_{\mathrm{R}}=\frac{m}{2}\int_0^{V_{\mathrm{L}}^2}\frac{\mathrm{d}V^2}{X+f}=V_{\mathrm{L}}^2=\frac{V_{\mathrm{L}}^2}{g\left(\dfrac{1}{K_{\max}}+\mu_{\mathrm{B}}\right)} \tag{9-87}$$

滑跑时间 t_R 为

$$t_R = \int \mathrm{d}t = \frac{2V_L}{g\left(\dfrac{1}{K_{\max}} + \mu_B\right)} \tag{9-88}$$

着陆总距离 $s_{L\Sigma}$ 及总时间 $t_{L\Sigma}$ 为

$$s_{L\Sigma} = s_D + s_P + s_R \tag{9-89}$$

$$t_{L\Sigma} = t_D + t_P + t_R \tag{9-90}$$

着陆距离也是飞机性能指标之一,优选飞机方案时也是一条重要约束条件。

9.3.3　发动机尺寸重量估算

发动机的尺寸重量会影响飞机的气动外形、重量和重心等,进而影响飞机的性能。比如,对于军用飞机发动机,高推重比和高单位推力意味着小的发动机横截面积和体积,有利于减小飞机机体的横截面积,提高军用飞机的敏捷性等,但发动机耗油率相对更高,会影响飞机的续航能力。而对于民用飞机发动机,提高总增压比和涵道比会改善发动机的非安装耗油率,但同时也会引起发动机尺寸和重量的增加,导致飞机阻力和飞机结构重量增加,发动机安装损失加大。因此,在飞机/发动机一体化设计中需要综合考虑发动机性能、尺寸和重量的影响。

在概念研究或初步设计阶段,由于尚未获得详细的发动机结构参数,一般根据发动机的一些主要特征参数来估算发动机的尺寸和重量,估算方法很多,主要可归纳为参数统计法和部件分析法。

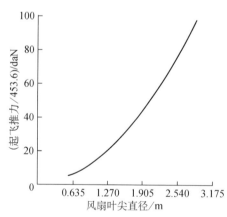

图 9-21　典型民用发动机风扇直径
和起飞推力的统计关系

1) 参数统计法

参数统计法就是基于已有发动机的数据,开展相关性分析,获得发动机尺寸重量与某些关键参数统计关系,如图 9-21 为典型民用发动机风扇直径和起飞推力的统计关系[9]。

图 9-22 为根据 40 台民用发动机数据统计得到的发动机干重量和起飞推力的统计关系[9],通过对 40 台民用涡扇发动机干重量的统计,给出了发动机干重量 W_{Eng} 与海平面静止状态推力 $F_{SL, TO}$ 的计算关系式。

$$W_{Eng} = 0.175 F_{SL, TO} + 250 (\mathrm{lbf}^*) \tag{9-91}$$

---

* lbf(磅力),1lbf = 4.448 22 N。

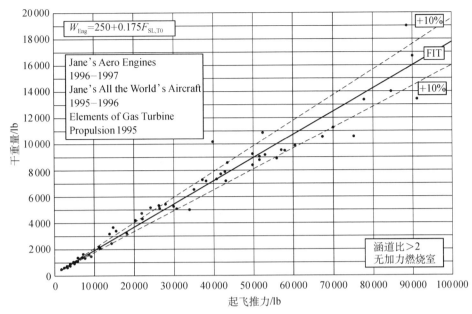

图 9 - 22　发动机干重量和起飞推力的统计关系

2) 部件分析法

部件分析法是在发动机设计点性能计算完成后,对发动机进行初步机械设计,确定各部件的主要几何尺寸,再考虑应力水平、材料、最大温度、级负荷和最大超转转速等因素来估算发动机重量[10]。

由于发动机之间的不同,因此没有标准的或完整的部件子系统总清单,对于军用发动机,都会包括如下部件:进气道、风扇、高压压气机、主燃烧室、高压及低压涡轮、混合室、加力燃烧室、尾喷管、轴、承力结构。常规亚声速巡航条件下使用的民用发动机则不包含加力燃烧室。

根据部件结构形式,部件分析法中发动机部件被分成几类进行尺寸重量的估算。风扇、高压压气机属于同一类,其重量按逐级计算的方法,每级重量为叶片、轮盘、连接件、机匣四者之和。当然上述计算方法都有所简化,如先假定叶片为一个等厚板,计算后再乘以系数,假定轮盘为一个无孔等厚盘,简化鼓环、机匣为圆筒等。其所需部件尺寸包括压气机级数、机匣进出口内径、各级相关参数(叶尖半径、进口总温、展弦比、叶根半径、叶片数)。主燃烧室、加力燃烧室属于一类,其重量包括内外机匣、火焰筒(加力燃烧室不用)和喷嘴等各部分之和,这些结构一般都被简化为薄壁圆筒。其所需部件尺寸包括机匣内、外直径、长度、总压、出口单位面积折合流量。高、低压涡轮属于一类,其重量按逐级计算的方法,思路与压气机相似,其所需部件参数包括涡轮级数、机匣内径、冷却系数、各级相关参数(叶尖半径、叶根半径、展弦比、进口总温、叶片数)。收敛、不可调喷口计算模型为一个带锥度的圆筒,可调喷口重量为不可调喷口重量的 X 倍($X>1$),其所需尺寸数据包括长径比、长度,以及进口总压、总温、折合流量。轴的计算模型是空心圆筒，为保证两轴不会相蹭，在外轴内孔与内轴外圆间在径向上有一定的间隙，其所需尺寸包括长度、转速。附件重量则按前述各项重量之和的某一比例简化计算。

部件分析法中采用了很多经验公式和经验系数，因此其估算结果的准确程度取决于经验数据。

9.3.4 典型军用飞机/发动机性能匹配与一体化设计技术

在飞机概念设计阶段，特别是飞机设计和发动机设计部门进行联合项目投标时，需要开展紧密耦合的飞机/发动机性能匹配与优化设计，共同确定关键参数，以使最终产品的综合性能最优并降低整个项目的风险。本节以一架典型先进战斗机/推进系统一体化优化设计为例，根据该先进战斗机的飞行剖面和战术技术指标，结合高推重比发动机的特点，同时优选飞机和发动机的主要设计参数。本案例采用的分析软件具有以下功能[5]：

（1）根据飞机主要设计参数，计算飞机气动特性、几何尺寸和重量。

（2）根据发动机主要设计参数，计算发动机非安装性能和计算考虑进气道-发动机-喷管匹配的推进系统性能。

（3）采用一维流方法和强度工程估算法进行部件气动设计，确定发动机流路尺寸，并在此基础上计算发动机重量。

（4）飞行任务分析功能。

（5）优化功能。

这个方法使得在进行飞机/推进系统总体设计时，可以评价发动机重量对飞机重量的影响和发动机流路尺寸对飞机尺寸的影响，从而能够体现出发动机尺寸对飞机升阻特性的影响。通过飞行任务分析计算各种不同飞机/推进系统方案为满足飞行剖面和战技指标所需的飞机起飞总重，并据此进行最佳方案优选。

9.3.4.1 典型军用飞机的主要战技指标和任务剖面

典型军用飞机的战术技术指标和任务剖面如图 9-23[11]、表 9-2 和表 9-3。

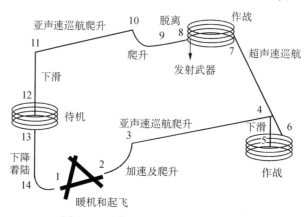

图 9-23 典型军用飞机的任务剖面

表 9-2　飞机主要战技指标

任务航段和分航段		要求的飞机性能
1—2	起飞	机场高度 0 m，大气温度 15 ℃，起飞距离 ≤500 m
6—7 和 8—9	超声速突防和脱离	高度 11 000 m，$Ma_0 = 1.5$ 不加力
7—8	战斗盘旋 1	高度 9 000 m，Ma 为 1.6 时，$n_f = 4.5$
	战斗盘旋 2	高度 9 000 m，Ma 为 0.9 时，$n_f = 4.5$
	水平加速性	高度 9 000 m，Ma 为 0.8～1.6 时，$t \leqslant 50$ s
13—14	着陆	机场高度 0 m，大气温度 15 ℃，着陆距离 ≤500 m
	最大马赫数	2.0 Ma/11 000 m，最大推力状态

表 9-3　飞行任务剖面

任务航段和分航段		条　　件
1—2	暖机和起飞	机场压力高度 0.0 m，大气温度 15 ℃
	A—暖机	军用推力状态，1 min
	B—加速	最大推力状态，$\mu_{TO} = 0.05$
	C—抬前轮	最大推力状态，$t_R = 3$ s，M_{TO}
2—3	加速和爬升	最小时间爬升路线
	D—加速	M_{TO} 到 M_{CL} 高度，15 ℃，军用推力
	E—爬升/加速	M_{CL}（0 高度，15 ℃）到 BCM（最佳巡航马赫数）/BCA（最佳巡航高度），军用推力
3—4	亚声速巡航爬升	BCM/BCA，爬升和本段巡航爬升加在一起总航程为 850 km。
4—5	下降	BCM/BCA 到 M_{CAP}/9 000 m
5—6	空中作战巡逻	20 min，高度 9 000 m
6—7	超声速突防	高度 11 000 m
	F—加速	M_{CAP} 到 $Ma = 1.5$/11 000 m，最大推力状态
	G—突防	$Ma = 1.5$，航程 150 km，不加力
7—8	作战	高度 9 000 m
	H—盘旋 1	$Ma = 1.5$，过载为 $4.5g$ 的 360° 稳定盘旋一圈，加力
	I—盘旋 2	$Ma = 0.9$，过载为 $4.5g$ 的 360° 稳定盘旋两圈，加力
	J—加速	Ma 为 0.8～1.6，$\Delta t \leqslant 50$ s，加力
	发射武器	高度 9 000 m，$Ma = 1.6$，发射两枚空对空导弹并发射一半炮弹
8—9	脱离冲刺	高度 11 000 m，$Ma = 1.5$，航程 150 km，不加力
9—10	最小时间爬升	高度 9 000 m，$Ma = 1.5$ 到 BCM/BCA
10—11	亚声速巡航爬升	BCM/BCA，总航程 850 km
11—12	下降	BCM/BCA 到 M_{loiter}/3 000 m
12—13	待机	M_{loiter}/3 000 m，20 min
13—14	下降和着陆	M_{loiter}/3 000 m →压力高度 0.0 m，大气温度 15 ℃

9.3.4.2 飞行任务分析

本案例的飞行任务分析不仅仅是沿任务剖面的飞机性能计算,其主要内容还包括了约束边界条件分析、飞机起飞总重计算、发动机尺寸和飞机尺寸的关联。

1) 约束边界条件

每个飞机的性能要求都可以转换成一个由飞机起飞推重比和翼载来组合描述的约束边界条件。本例中,采用给定飞机和发动机的设计参数初值(见表9-4),计算飞机尺寸重量、发动机尺寸重量、飞机气动性能、发动机安装性能(见本书第8章),然后开展飞行任务分析,将表9-2和表9-3的飞行任务和战术技术指标要求转换为以飞机起飞推重比和翼载表示的约束边界条件,如图9-24所示。落在解空间内(圆点线段包围的区域)的组合都可以满足飞机的所有性能要求,这种组合很多,需要根据评价指标来获得最优解。

表9-4 飞机/发动机一体化性能优化参数

序号	设计参数名称	序号	设计参数名称
1	发动机涵道比	5	机翼展弦比
2	压气机总增压比	6	机翼相对厚度
3	节流比	7	机翼尖削比
4	加力燃烧室总温	8	前缘后掠角

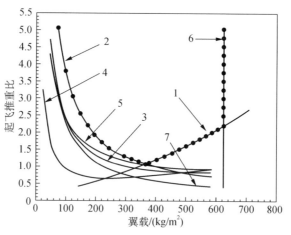

1—起飞;2—超声速突防和脱离;3—战斗盘旋1;4—战斗盘旋2;
5—水平加速;6—着陆;7—最大马赫数飞行。

图9-24 约束边界条件

2) 飞机起飞总重

本案例以飞机起飞总重 W_{TO} 作为目标值,以能满足战术技术指标并使飞机起飞总重最小的方案为最佳方案。W_{TO} 往往不能由理论公式得出,需要针对不同飞机

结构按经验关系式进行估算,采用如下公式[12]:

$$W_{TO} = \frac{W_1 + W_2 + W_3 + W_4 + W_5}{1 - K_K - K_T} \qquad (9-92)$$

式中:W_{TO} 为飞机正常起飞总重;W_1 为通用设备重量;W_2 为专用设备重量;W_3 为动力装置重量($W_3 = W_{31} + W_{32} + W_{33} + W_{34} + W_{35} + W_{36}$);$W_{31}$ 为发动机净重量;W_{32} 为动力安装重量($W_{32} = 0.046 \cdot W_{31}$);$W_{33}$ 为燃油系统重量($W_{33} = 0.072 \cdot W_{TO} \cdot K_F$);$W_{34}$ 为 APU 或 EPU 重量;W_{35} 为燃油防爆系统重量当用泡沫防爆时,$W_{35} = 0.04 W_{TO} K_F$;当用惰性气体防爆时,$W_{35} = 0.016 W_{TO} K_F$;

　　W_{36} 为发动机上的飞机附件及分离飞机附件机匣重量当用矢量喷管时,$W_{36} = 0.187 W_{31}$;当不用矢量喷管时,$W_{36} = 0.24 W_{31}$;W_4 为有效载荷重量;W_5 为正常起飞情况下所携带的导弹、干扰弹、炸弹等重量;K_T 为飞机机内燃油重量系数($K_T = K_F - K_E$);K_F 为飞机完成飞行任务所需燃油重量系数;K_E 为飞机内部超载油和外挂油箱的燃油重量系数;K_K 为飞机结构重量系数(包括复合材料的影响)。

$$K_K = \left[\frac{0.119 \cdot (\cos \chi_0)^{0.6} \cdot (S \cdot \varepsilon_{AR})^{0.25}}{(C \cdot 100)^{0.5}} + \frac{0.06}{(W_{TO}/S)^{0.25}} \right] \cdot (1 + 0.055 \lambda_f)$$

式中:ε_{AR} 为机翼展弦比;λ_f 为机身长细比;C 为机翼相对厚度;χ_0 为前缘后掠角。

　　上述各式中 W_1、W_2、W_4、W_5 事先给定而 W_3、W_K、K_T 则由计算而得。经整理后,式(9-92)可转化为

$$W_{TO} = (K_F + K_K + \alpha_1) \cdot W_{TO} + \alpha_2 \cdot W_{31} + C \qquad (9-93)$$

式中:α_1、α_2 为确定的系数。W_{31} 可按 9.3.3 节给出方法估算,K_K 由飞机和发动机参数共同决定,而 K_F 则需要通过完成整个飞机任务剖面的计算来获得;C 为常数。

　　3) 发动机尺寸对飞机的影响

　　若已知飞机起飞总重 W_{TO} 和起飞翼载 W_{TO}/S,则主要的飞机几何参数均可按下列各式求出[12]。

机翼总面积:$S = \dfrac{W_{TO}}{W_{TO}/S}$

机翼展长:$L_{wing} = \sqrt{S \cdot \varepsilon_{AR}}$

机身宽度:$B_W = 3.0 D_{ENG}$

机身长度:$L_\varphi = 6.0 + 6.77 D_{ENG} + L_{ENG}$

机身高度:$H = 1.8 D_{ENG}$

机身底部面积:$A_b = 2.2 \cdot A_{ENG}$

外露机翼面积:$S_E = S \cdot \left(1 - \dfrac{\lambda_{TR} - 1}{\lambda_{TR} + 1} \cdot \dfrac{B_W}{L_{Wing}} \right) \cdot \left(1 - \dfrac{B_W}{L_{Wing}} \right)$

外露机翼展长:$L_E = L_{Wing} - B_W$

机身最大横断面积：$A_{\max} = 0.78 B_W \cdot H$

机身浸润面积：$F_\varphi = 3.2 \cdot \sqrt{A_{\max} \cdot L_\varphi}$

式中：λ_{TR} 为机翼尖削比；D_{ENG} 为发动机风扇直径；L_{ENG} 为发动机长度；A_{ENG} 为发动机风扇面积。这样，飞机尺寸与发动机尺寸就关联了起来，而飞机机翼、机身的其他几何尺寸的计算可完全按照飞机设计模型的有关公式计算[13]。

9.3.4.3 优化流程和结果

为获得满足飞行任务和飞机战术技术指标条件下，飞机起飞总重最小的要求，设计了优化流程，如图9-25所示。

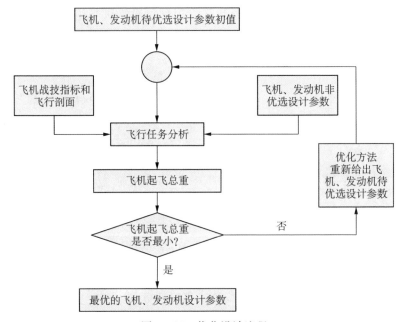

图9-25 优化设计流程

通过对表9-4的设计参数进行优化，得到起飞总重最小的一体化设计方案（见表9-5）。

表9-5 飞机/发动机的设计参数优化结果

$BPR = 0.40$	$\pi_k = 30.0$	$T_7^* = 2100.0$	$TR = 1.07$
$\varepsilon_{AR} = 2.8$	$C = 0.045$	$\chi_0 = 50.0$	$\lambda_{TR} = 0.15$

根据这一方案得出的飞机起飞总重为20938.3 kg，发动机起飞推重比为11.6，飞机起飞推重比为1.07，飞机翼载为358.8 kg/m²。

9.3.5 典型民用飞机/发动机性能匹配与一体化设计技术

与军用飞机和发动机不同，民用飞机和发动机具有相对广泛的选择性，一种型号飞机可以选择不同型号的发动机，一种型号发动机也可以装配不同型号的飞机。

民用飞机公司在更新产品时,往往采用广泛向世界各发动机公司发布招标书的方式来寻求有意向的发动机供应商。民用飞机和发动机设计部门通常隶属于不同的公司和甚至不同的国家,知识产权、商业保密和技术保密的要求使得发动机公司难以获得飞机的准确结构参数,因此紧密耦合的飞机和发动机性能优化变得难以开展。然而,发动机热力循环参数的选择不仅会从推力和油耗性能方面影响飞机的飞行性能,同时,热力循环参数选择的不同将引起发动机和发动机短舱尺寸、重量的变化,进而造成飞机重量和升阻特性的变化。为获得使飞机性能最优的发动机技术方案,必须在合理解耦的基础上,开展飞机/发动机一体化总体性能优化设计,如图 9-26 所示。本节以 150 座级单通道飞机选配新型发动机为例,介绍一种民用飞机/发动机性能匹配与一体化设计方法,目的是得到能使飞机燃油经济性提高 10%(与配装原发动机相比)的新发动机循环参数。

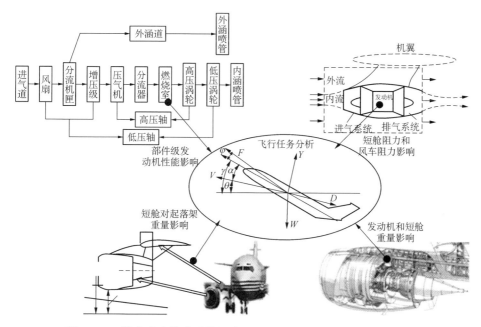

图 9-26　综合考虑推进系统尺寸重量和阻力因素下的飞行性能分析

9.3.5.1　飞机的设计飞行任务及对发动机的性能要求

飞机对发动机的主要性能要求如表 9-6,飞机的参考飞行任务如图 9-27 所示[9],飞机航程为 3000 n mile。

表 9-6　飞机要求的发动机典型状态性能

高度/m	马赫数	推力/kgf	提取功率/kW	引气质量流量/(kg·s^{-1})	环境温度/℃
0	0	13 000	120	0.64	$t_{ISA}+15$
0	0.20	10 000	120	0.64	$t_{ISA}+15$

(续表)

高度/m	马赫数	推力/kgf	提取功率/kW	引气质量流量/(kg·s^{-1})	环境温度/℃
1829	0	11 000	120	0.64	t_{ISA} +25
1829	0.20	8 800	120	0.64	t_{ISA} +25
6 096	0.61	4 500	120	0.64	t_{ISA} +10
10 668	0.80	2 700	120	0.64	t_{ISA} +10
10 668	0.80	2 200	115	0.48	t_{ISA} +10

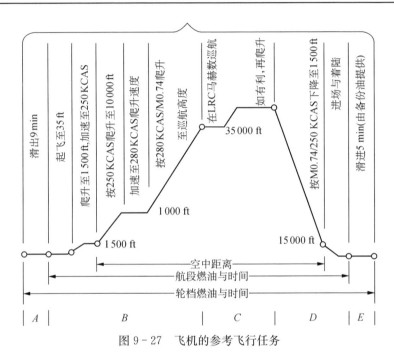

图 9-27　飞机的参考飞行任务

9.3.5.2　发动机尺寸重量变化对飞机的影响

为提高燃油经济性,民用涡扇发动机的发展趋势为高涵道比,高总增压比和高涡轮前温度,当需求推力、涡轮前温度、总增压比确定后,提高涵道比意味着降低风扇压比和加大空气流量,会导致风扇直径增加(也有可能引起低压涡轮级数增加),发动机和短舱重量加大,发动机安装损失增加。

大涵道比涡扇发动机的最大尺寸主要由风扇直径决定,为估算发动机重量尺寸的影响,首先需要估算风扇直径。一般选择经济巡航状态、最大巡航状态或最大爬升状态作为民用发动机的设计点,风扇直径可按设计点空气流量计算,计算公式为

$$D_{f} = \sqrt{4W_{a_0}\sqrt{T_1} / [\pi K P_1 q(Ma)(1-d)]} \tag{9-94}$$

式中：$K = \sqrt{\dfrac{k}{R} \left(\dfrac{2}{k+1}\right)^{\frac{k+1}{k-1}}}$，$k$ 为绝热指数，R 为气体常数；d 为风扇轮毂比（对于先进民用发动机，可取 $0.27\sim0.30$）。

一般可选巡航状态、最大巡航状态或最大爬升状态为民用发动机的设计点，当设计点定为最大爬升状态时，风扇进口马赫数可取 $0.65\sim0.70$。

发动机尺寸重量变化对飞机的影响分为重量和阻力的影响，由于飞机结构基本不变，发动机的尺寸加大后，会减小发动机短舱的离地间隙（见图 9-28）。为了使发动机短舱具有安全的离地间隙，需要适当加长飞机起落架。起落架加长后引起的重量变化量按与风扇直径变化量成比例的方式处理。

图 9-28 发动机直径变化对起落架的影响

当 $D_f < D_{f,\,Base}$ 时，有：

$$\delta W_{gear} = (D_f - D_{f,\,Base}) \times 9.0 \tag{9-95}$$

式中：$D_{f,\,Base}$ 是原发动机的风扇直径，cm；δW_{gear} 为起落架重量变化量，kg。

发动机重量变化也会引起短舱和吊挂的重量变化（假设飞机的重心可通过设计调整保持），因此也会增加整个飞机的重量，这种变化可用经验关系式进行描述。

$$\delta W_{propulsion} = n \times C_{oel} \times \delta W_{Eng} \tag{9-96}$$

其中：n 为发动机台数；C_{oel} 为系数，对于运输型飞机，C_{oel} 可取 1.56；$\delta W_{propulsion}$ 为飞机推进系统重量变化量，kg；δW_{Eng} 为单台发动机重量变化量，kg。

因此，发动机尺寸重量变化对飞机重量的影响为

$$\delta W_{TO} = \delta W_{propulsion} + \delta W_{gear} \tag{9-97}$$

风扇直径变化同时会引起飞机阻力增加，可以参考文献[15]的研究结果。发动机风扇直径变化对发动机短舱阻力的影响关系如图 9-29，其影响关系式为

$$\frac{\delta C_X}{C_X} = 0.15657 - 0.37544 \times \frac{D_f}{D_{f,\,Base}} + 0.21886 \times \left(\frac{D_f}{D_{f,\,Base}}\right)^2 \tag{9-98}$$

式中：$\delta C_X / C_X$ 为短舱阻力变化量占飞机总阻力的比例。

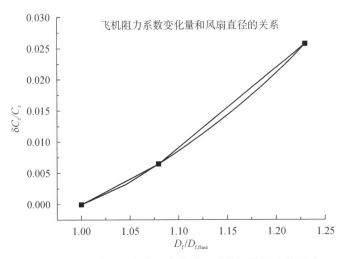

图 9-29 发动机风扇直径变化对发动机短舱阻力的影响

9.3.5.3 发动机当量耗油率

通常的飞行任务优化是先设定要优化的参数,然后开展飞行任务分析,根据任务分析的结果调整设定的优化参数,开始第二轮迭代。由于飞行任务计算需要对航段进行离散化处理,离散成很细小的航段逐步计算,完成一个任务分析的时间相对较长,完成整个优化所需的时间更长,对优化方法和优化变量会有一定的限制。此外,当发动机循环参数在比较大范围内变化时,难以保证发动机部件级模型在每个计算步骤的收敛性。因此,针对飞机基本不变,配装新发动机使飞机轮挡燃油较配装原发动机降低10%以上的优化目标,可引入"当量"耗油率的概念,提高优化效率。所谓"当量"耗油率的概念,就是将飞机每个航段的燃油消耗量占总轮挡燃油的比例作为权系数,发动机当量耗油率就是这些权系数与各航段平均状态发动机耗油率乘积之和,即

$$I_{\text{sfce}} = \Sigma \alpha_i I_{\text{sfci}} \tag{9-99}$$

表 9-7 为通过参考飞行任务分析获得的一套权系数,由于飞机下降过程消耗的燃油占总轮挡燃油的比例很小,在本算例中默认下降航段的耗油率权系数为0。

表 9-7 对应参考飞行任务的一套权系数

高度/m	马赫数	权系数	对应航段	高度/m	马赫数	权系数	对应航段
0	0	0.01	起飞	10668	0.80	0.07	爬升
3048	0.45	0.05	爬升	10668	0.80	0.75	巡航
6096	0.61	0.04	爬升	11277	0.80	0.08	巡航

然后通过飞行任务的分析,可获得发动机尺寸和重量对飞机燃油消耗影响的敏感因子,以及轮挡燃油变化和当量耗油率变化的关系,即

$$\delta W_f = C_{oe2} \times \delta D_f$$

$$\delta W_f = C_{oe3} \times \delta W_{Eng}$$

$$\delta I_{sfce} = C_{oe4} \times \delta W_f$$

这样就将对飞行任务的寻优转换成对发动机当量耗油率的寻优,通过以发动机当量耗油率最优为目标的循环参数优化,就可以获得使飞机轮挡燃油最小的发动机性能设计参数。

9.3.5.4 优化过程和优化结果

优化流程如图 9-30,在优化过程中,设定部件的效率水平保持不变,每完成一个方案需要根据起飞推力估算发动机重量,风扇尺寸由最大爬升状态(发动机总体性能设计点)推力确定。

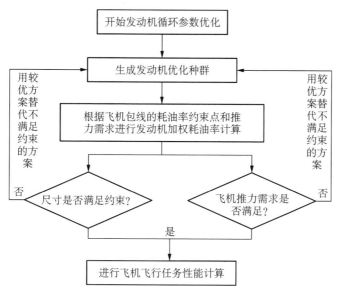

图 9-30 以当量(加权)耗油率为目标的发动机循环参数优化

优化的循环参数范围设定:

(1) 涵道比为 7~12。

(2) 总增压比为 35~45。

(3) 涡轮前温度为 1600~1720 K。

考虑到短舱尺寸限制,参考 PW1000G 发动机的风扇尺寸,优化过程中限制风扇直径不大于 2.01 m。

优化过程从一组随机分布的解开始,这组解被称作初始发动机方案种群,在遗

传算法中被表示成基因。在同一代的基因个体(在本优化算法中具体表征发动机方案的参数,如涵道比、涡轮前温度等)中变异和交叉并生成新的基因代,遗传算法总期望新代的种群要比旧代的种群好,好坏的标准被称为适应度。当变异和交叉后所出现的新发动机方案在满足推进系统尺寸重量约束的前提下,耗油率比原来的发动机方案要低时,在遗传优化算法中就认为这个方案的生存适应度比较高,根据遗传规律"适者生存"的法则,它参与构造新的发动机种群的机会就越大。

优化过程中构造新发动机种群的过程会一次又一次地重复,一直到优化算法中所给的约束条件(当量耗油率在一定的种群代数内保持不变,或优化代数达到设置数值)满足为止,这个过程如下。

(1) 开始:根据发动机优化的循环参数选择范围随机产生初始发动机方案种群。

(2) 适应度计算:用发动机非线性部件级性能模型计算各方案的当量耗油率适应度。

(3) 产生新的种群:重复以下步骤,一直到新的发动机父辈种群建立起来为止。

a. 选择:按照种群中的各个基因的适应度从中选择两个父代发动机方案(加权耗油率越小,机会越大)。

b. 交叉:以一定的交叉概率交叉所选择的两个父代发动机方案以产生子代。交叉完成之后进行复制。

c. 变异:以一定的概率发动机方案中的基因(发动机循环参数)进行变异。

d. 接受:把这个子代放到新的种群中去。

(4) 替换:对新产生种群中的发动机方案进行加权耗油率计算,输出不同代种群中的最好的发动机方案,并用这个方案替换上一代种群中的最差方案。

(5) 测验:如果算法达到所预设的种群代数则停止,并且把当前群中最好的解输出;否则转到(2)继续进行发动机循环参数寻优。

发动机循环参数的优化结果如表9-8所示。

表9-8　发动机循环参数优化结果

涵道比	总增压比	涡轮前温度/K	风扇压比	风扇直径/m
10.72	43.56	1667	1.52	1.98

为了实现以当量(加权)耗油率为目标的发动机总体性能设计参数优化,在优化前进行了一些相关性分析,采用了线性化加权处理方式,因此需要对优化结果进行全飞行任务的计算以确定是否满足优化要求。图9-31为与配装原发动机相比,飞机配装优化方案发动机后在不同航程条件下的燃油经济性改善百分比。从对比结果可知,发动机优化方案满足飞机方提出的燃油经济性提高10%的要求。

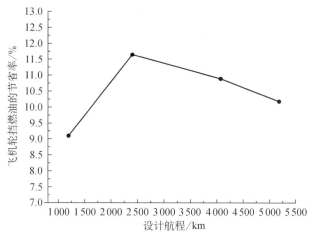

图 9 - 31　飞机配装新发动机(优化方案)对燃油经济性的改善

9.3.6　飞行/推进系统综合控制

综合飞行/推进系统控制(IFPC)技术就是把飞机与推进系统(包括进气道、发动机和尾喷管)综合考虑,在整个飞行包线内最大限度地满足飞行任务的要求,以满足推力管理,提高燃油效率和飞机的机动性,有效地处理飞机与推进系统之间耦合影响及减轻驾驶员负担等要求,从而使系统达到整体性能优化。

美国国家航空航天局(NASA)的综合飞行/推进系统控制研究计划主要为高度综合的数字电子控制(highly integrated digital electronic control,HIDEC)计划,在HIDEC计划后期分出性能寻优控制(performance seeking control,PSC),以及高度稳定性发动机控制(high stability engine control,HISTEC)计划等[16]。

高度综合的数字电子控制 HIDEC 计划是在不改变推进系统硬件的基础上,改变传统的推进系统控制规律来提高飞机性能,如自适应喘振裕度控制(ADECS)。传统发动机设计是保证最恶劣进气条件下发动机能够稳定工作,由此确定发动机工作点和喘振裕度。自适应喘振裕度控制即将估算的进气畸变量存储在控制器中,根据实际飞行操纵,插值估算进气畸变量,确定发动机喘振裕度损失和发动机稳定工作的最小喘振裕度控制指令,并通过发动机压比控制回路调节发动机工作点,保证必需的喘振裕度。自适应喘振裕度控制策略在 NASA F - 15 飞机单台发动机上进行了试飞验证,试飞结果表明飞机在水平加速和爬升性能有 7%～8% 的提高。自适应喘振裕度控制实质上是离线控制,其控制策略预先排定在控制器上,并未考虑发动机本身的性能衰减,以及发动机与发动机之间的差别等因素,故控制系统非最优控制。针对这一缺陷,在自适应喘振裕度控制基础上,开发了一种在线优化的性能寻优控制(PSC)系统。

一个典型的 PSC 系统算法流程图如图 9 - 32 所示,它由估值、模型化和优化三个部分组成。其中,估值过程是对五个部件偏差参数(高压、低压涡轮效率,风扇和高压压气机空气流量,高压涡轮面积变化)进行卡尔曼滤波估值。推进系统模型(CPSM)利用实测发动机参数来修正发动机模型,可以反映各台发动机之间的差别。飞行中的测量参数用于检查模型数据,并直接输入卡尔曼滤波器和CPSM。用线性规划算法可确定在模型精度范围内和所规定的约束条件下的局部最佳值。在CPSM和线性规划优化之间进行迭代,最终可确定发动机的实际工作状态。推进系统模型优化目标是推力最大,或耗油率最低,或低压涡轮进口温度最低[17,18]。F-15/PW1128进行了PSC的评价飞行试验,获得了明显性能改进,在亚声速飞行时,军用飞机推力增加了15%,此状态的低压涡轮进口温度降低120℉(66.7℃),巡航状态的耗油率改进了2%。

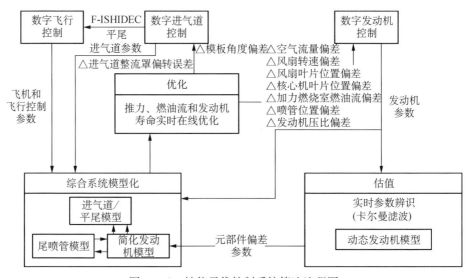

图9-32　性能寻优控制系统算法流程图

9.3.7　推力矢量应用及其对飞机/发动机的影响

推力矢量技术可在飞机过失速机动时代替气动舵面提供操纵力矩。近十多年来,美国和西欧国家投入大量人力和财力研究高效矢量喷管系统和应用推力矢量的飞行性能等,如:F16的多轴推力矢量研究(MATV),F-15的短距垂直起落/机动性技术验证研究(F-15S/MTD),F-18的大攻角气动特性研究(F-18HARV)和X-31的高机动性验证研究等[19]。近距空战中推力矢量可使飞机实现失速或过失速机动,在对手发射武器之前快速指向,瞄准且射击,以获得更大生存率,还可实现短距/垂直起落。因此,推力矢量技术是战斗机获得生存和赢得近距作战胜利的关键,它是高敏捷性、超机动性飞机的主要特征。采用矢量喷管还能用冷却矢量喷管的二次气流使排出机体的发动机排气流温度迅速降低,显著改善飞机红外隐身特性,这是近距空战和规避导弹的有利因素。

取得现代和未来战争胜利的关键是制空权。空战模拟表明:未来空战从超视距开始,使用远程导弹攻击。由于现代战斗机具有敌我识别、电子对抗、隐身性和较高的机动性、敏捷性及过失速机动能力等特点,使飞机对导弹具有一定的回避能力,远程攻击威力被一定程度地削弱;此外,超声速巡航可使飞机在很短时间内,由远距离过渡到近距离,因此近距空战在未来战斗中会有很大的占比。

矢量推力飞机还可扩大飞行包线的左边界,其操纵包线也能得到较大扩展,飞机能够在亚声速、大攻角、大侧滑角条件下完成飞行任务,攻角可达 70°~90°[19]。一般矢量喷管偏转角要求在 20°以内。实现推力矢量的过失速机动飞行,需要解决以下与推进系统有关的关键技术问题:

(1) 矢量喷管系统设计技术。

(2) 大攻角飞行时的发动机稳定性控制技术。

(3) 飞行/推进综合控制系统设计技术。

(4) 矢量喷流/飞机绕流干扰和飞机机体/推进系统一体化设计技术。

1) 矢量喷管系统设计和研制

比较有实用价值的矢量喷管形式有以下几种,即折流板(或燃气舵)、二元收敛-扩张式矢量喷管、球面收敛调节片式和轴对称矢量喷管。矢量喷管结构设计主要应考虑运动机构的实现及其可靠性、冷却、高温密封和减轻重量的问题。为解决这些问题,研究发展了引射矢量喷管(避免机械设计困难),它需要和机体进行一体化设计。

矢量喷管的气动性能问题是减少矢量喷管偏转对喷管推力系数的影响。由于矢量喷管偏转对推力系数的影响复杂,而且受矢量喷管的结构形式制约,如何计算给定方案的矢量喷管性能并进行必要的试验,是发展矢量喷管的一个关键技术。

2) 大攻角飞行时的发动机稳定性控制

发动机稳定性控制主要是保证风扇和压气机稳定工作,它是飞机过失速机动飞行应解决的主要技术问题之一。大攻角飞行使进气道出口的流场品质比常规攻角要恶劣得多,造成发动机性能衰减,压缩部件的喘振裕度减少,甚至导致不稳定工作。因此,要求发动机除提供必要的矢量推力之外,还需要能忍受大攻角飞行带来的强烈的进气畸变影响[20]。使进气畸变最小是矢量飞机进气道设计中要解决的问题;而发动机有高的容忍畸变能力,并能提供所需的矢量推力是发动机气动设计和控制规律要解决的问题。另外,有些方案的矢量喷管偏转使发动机喷管喉道面积改变,影响发动机主机工作,因此还需要考虑矢量喷管偏转对发动机稳定性的影响。

美国国家航空航天局(NASA)刘易斯研究中心所资助的高稳定性发动机控制HISTEC 计划,其目的就是研究能够容忍强烈进气畸变的推进系统控制方案,它代表了未来战斗机最先进的推进系统控制方案(见图 9-33)。HISTEC 计划是在发动机进口测量少量压力参数用以估算畸变值,根据机载的稳定性评定方法生成时变的喘振裕度需求指令,发动机控制器通过调整发动机控制量,达到包容进气畸变的目的。该系统由发动机入口压力测量、畸变估算系统(DES)、稳定性管理系统

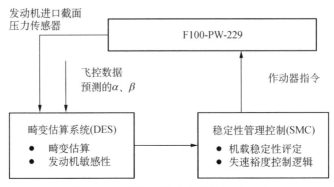

图 9-33 HISTEC 畸变容限控制方案

(SMC)三部分组成。HISTEC 计划包括三个阶段:

(1)阶段 I 完成畸变估算系统算法研究。

(2)阶段 II 设计 DES 算法和畸变容限算法并加以验证。此阶段使用一台 F100-PW-229 发动机详细的非线性气动热力学模型和能够估算在一定飞行攻角、侧滑角情况下 F-15 飞机进气道畸变值的仿真器进行仿真。仿真结果证明: HISTEC 系统能够通过测量,评定进气畸变对发动机稳定性的影响,通过控制发动机保持适当的喘振裕度以包容进气畸变。

(3)阶段 III 通过地面发动机试验和飞行系统试验,达到验证 HISTEC 畸变容限控制方法、DES 估算精度、畸变图谱和对发动机稳定性的影响,验证 SMC 管理能力,增强实用进气道飞行动态畸变数据库。

进气道试验[20]结果表明大攻角飞行条件下增加进气道辅助进气门、改变唇口角度和增加扰流器都可减小进气畸变,其试验数据表明:低速大攻角飞行时开大进气道可变唇口角,可显著提高总压恢复系数和减小畸变量。图 9-34 为可变唇口角对总压恢复系数 σ_i 的影响。

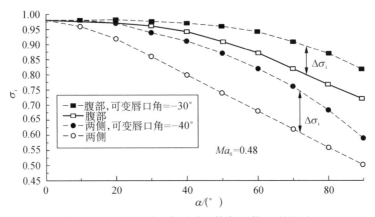

图 9-34 可变唇口角对总压恢复系数 σ_i 的影响

文献[21]研究了一种适用于过失速机动飞行的发动机稳定性控制方案。该方案为主燃油流量 W_f 控制风扇转速 n_L，喷管喉道面积 A_8 控制风扇压比 π_f 的双变量双回路控制。由于畸变气流经过风扇后，畸变[20]程度大幅衰减，故进气畸变对压气机稳定裕度的影响较小。因为改变 A_8 可改变风扇压比和风扇稳定裕度，对压气机工作线影响不大，所以此方案只控制风扇稳定裕度，而不设置控制压气机稳定裕度的机构。A_8 的变化量是指令风扇压比与实际风扇压比之差的函数，指令风扇压比是由攻角 α、侧滑角 β、飞行马赫数、进口总温 T_{t2} 和风扇转速 n_L 确定，由此将发动机控制和飞行姿态耦合起来，并考虑了喷管偏转对发动机工作影响的问题。

3）矢量喷流/飞机绕流干扰和飞机机体/推进系统一体化设计

对于常规飞机/发动机，在计算推进系统推力时计入了喷管出口面积 A_9 变化造成的喷管/后体阻力增量。采用矢量喷管后，喷管偏转使飞机后体形状改变，矢量喷流/飞机绕流干扰的强烈影响和常规飞机有本质区别[22]，其干扰范围不仅限于尾部，还扩展到机翼翼面。因此，在矢量推力飞机气动布局时必须采用机体/推进系统一体化设计方法。

此外，推力矢量参与飞行控制使推进系统和飞行控制系统耦合性加强，推力矢量飞机的综合控制系统是一个多变量控制的大系统。YF-22 战斗机在 1994 年 4 月试飞中发生二等事故，其原因为综合控制软件出现问题，在着陆复飞开加力过程中推力矢量配合不当。推力矢量飞机的综合控制系统是成败的关键[22]。

参 考 文 献

［1］ GE Aircraft Engines. Powerplant engineering for commercial engines [G]. 1991.

［2］ Kowalski E J, Tjonneland E. Study of advanced technology impact on cycle characteristics and aircraft sizing using multivariable optimization techniques [R]. ISABE89-7112,1989.

［3］ Daggett D L. Ultra efficient engine technology systems integration and environmental assessment [R]. NASA CR-211754,2002.

［4］ Ogaji S, Pilidis P, Hales R. TERA-A tool for aero-engine modeling and management [C]. Second World Congress on Engineering Asset Management and the Fourth International Conference on Condition Monitoring, 2007.

［5］ 张庆航. 飞机/推进系统的设计任务分析与优化研究[D]. 北京:北京航空航天大学,1997.

［6］ 王如根. 先进技术战斗机动力装置循环参数优化研究[C]. 中国航空学会第五届推进系统气动热力学学术讨论会,1995.

［7］ McCullers L A. Flight optimization system user's guide [G]. NASA Langley Research Center, 1993.

［8］ Oates G C. Aircraft Propulsion Systems Technology and Design [M]. Washington DC: AIAA Inc., 1989.

［9］ Jenkinson L R, Simpkin P, Rhodes D. Civil Jet Aircraft Design [M]. Washington DC: AIAA Inc., 1999.

［10］ Onat E, Klees G W. A method to estimate weight and dimensions of large and small gas turbine engines [R]. NASA CR - 159481,1979.

[11] Mattingly J D, Heiser W H, Pratt D T. Aircraft Engine Design [M]. Washington DC: AIAA Inc. , 2002.

[12] 韩英明. 飞行任务分析及重量计算[R]. 中国航空综合技术研究所,1995.

[13] 韩英明. 飞机几何参数及升阻特性[R]. 中国航空综合技术研究所,1995.

[14] 中国科学院数学研究所概率统计室. 常用数理统计表[M]. 北京:科学出版社,1979.

[15] Daggett D L, Brown S T, Kawai R T. Ultra-efficient engine diameter study [R]. NASA/CR - 2003 - 212309.

[16] Burcharm F W, Haering E A. Highly integrated digital electronic control system on an F - 15 airplane [R]. AIAA 84 - 1259,1984.

[17] Mishler R, Wilkinson T. Emerging airframe/propulsion integration technologies at general electric [R]. AIAA92 - 3335,1992.

[18] Chisholm J D. In-flight optimigation of the total propulsion system [R]. AIAA 92 - 3744,1992.

[19] Gal_Or B. Vectored Propulsion Supermaneuverability and Robot Aircraft [M]. Berlin: Spring, 1990.

[20] Goldsmith E L, Seddon J. Practical Intake Aerodynamic Design [M]. Washington DC: AIAA Inc. , 1990.

[21] 王立峰. 战斗机过失速机动飞行条件下综合飞行/推进控制研究[D]. 北京:北京航空航天大学,2000.

[22] 邓学蓥,刘志伟. 先进战斗机二元喷管矢量喷流的干扰效应研究[J]. 中国航空科技文献 HJB921092,1992.

思 考 题

1. 发动机重量估算的方法主要有哪些?

2. 在概念设计阶段,如何应用飞机/发动机一体化设计技术优选飞机/发动机的设计参数? 应考虑哪些因素?

10 航空燃气涡轮发动机使用过程中的性能问题

前面的章节主要阐述发动机设计所涉及的性能问题。当发动机出厂装机使用过程中,不论在民用航空公司运行还是在空、海军服役,实际上还存在性能问题,如:发动机性能衰减及性能恢复;如何使用发动机使燃油消耗最少或延长发动机寿命;如何监视和评估发动机性能水平,监视发动机气路部件及其相关系统的健康状况并诊断这些部件和系统的故障等。计算和处理发动机在使用过程中的性能问题一直是一个技术难题。近年来,寿命期费用受到高度关注,而影响它的重要因素是发动机在使用过程中的燃气温度和转速,因此发动机使用过程中的性能问题更加受到重视。本章试图较全面地讨论有关问题。

10.1 发动机在使用过程中与性能有关的问题

本节列举了发动机在使用中常遇到的性能问题[1],后续各节将讨论其中的主要问题。

1) 使用过程中发动机的重要性能数据

众所周知,发动机的重要性能参数是推力、耗油率和燃油流量。除了专用的飞行试验台外,在军用、民用飞机上一般不能直接测量推力和耗油率,但可以测量燃油流量。由于发动机推力和耗油率是由发动机工作过程参数决定的,如排气温度和压力、喷口面积、发动机压比等,所以发动机在使用中可以通过测量这些参数来推算起飞和飞行中的推力和耗油率。有些国外的军用发动机将起飞推力作为监视参数并在座舱以 GO/NO-GO 指示,用来检查起飞推力是否正常,指出发动机能否再次出动。有些将推力监视参数用于发动机健康监视,可增加发动机故障隔离的效果。对于民用飞机的发动机,经济性是关键,当然更看重耗油率。在主要的巡航飞行航段,发动机有足够的推力,发动机只需要在巡航状态工作,因为耗油率直接影响飞机燃油利用率[见式(1-31)],所以评估使用过程中耗油率变化是非常重要的。

2) 外场性能试车

大型航空公司和空、海军基地都建有发动机试车台,用来检验制造商或维修厂家所交付的发动机，以验证每个部件的性能是否符合向用户所做的承诺。通过台架试车可评估待装机发动机的健康状况并给出监控基线值和监控注意事项。此外，对使用中发生故障的发动机进行专项试车，以重现故障和分析故障。为了诊断发动机在使用中的性能，可以安排专门的性能试车。这种试车台都允许加装一些专门测量设备，以增加健康监视和故障分析的测量参数。

3）性能衰减

发动机装上飞机使用后，在翼时间很长，特别是民航飞机的发动机，在翼时间可达 10000h 以上。发动机在长期运行过程中，出现零部件的磨损、变形、积垢、掉块等问题，造成部件的效率和流通能力降低，排气温度增加，推力减小和耗油率增加，称之为发动机性能衰减。性能衰减是一个性能逐渐降低的过程，发动机仍能正常工作。性能衰减是不可避免的，衰减程度通常与发动机工作时间或循环次数，以及所使用的发动机工作状态有关。

4）使用中发动机故障/失效的诊断

发动机及其部件在使用中会发生故障，甚至失效。失效是指发动机及其部件不能完成它们的设计功能，而故障是指不能按照规定要求完成任务，可能预示着即将要发生失效。发动机故障/失效可能涉及发动机性能、机械系统、控制和附件系统等各个方面。必须指出：由于本章只讨论发动机在使用中的性能问题，而且性能监视和故障诊断是发动机监视和故障诊断系统中的主要方法，用得最为广泛，所以将它作为本章讨论的重点。

发动机性能方面的故障/失效可能出现在稳态、过渡过程或起动过程，究其原因会涉及沿发动机气路的各个部件，以及需要从发动机引出空气和功率的相关系统。下面给出一些典型性能故障及其可能的原因：

（1）发动机稳态功率或推力低——气路部件损坏，控制系统热电偶所测量的温度错误（偏高），更换单元体后控制系统重新设置错误等。

（2）发动机排气温度超过限制值——气路部件损坏，控制系统工作不正常，热电偶故障。

（3）发动机在使用中发生喘振——控制系统所用的测量参数错误，压气机存在机械损伤，在控制算法中出现无法预料的燃油计算错误等。

（4）发动机起动失败——引气活门非正常关闭，起动机功率低，热电偶所测量的温度错误以致限制了起动燃油流量等。如果在海拔很高的高度起动，同时又是冷天（在发展阶段无法实现这种环境）出现起动失败故障，在排除上述原因后，需要考虑改进起动系统。

这些故障/失效在使用中是不能避免的，为此提出了发动机故障诊断和健康管理的要求，以便在故障/失效发生前就得到告警，并能有针对性地采取维修措施。故障诊断是通过对发动机测量参数的分析，发现故障并找出其发生的原因。

5) 对使用中发动机的设计修改

一旦完全搞清楚了使用中所发生故障或失效的原因,对于由于发动机设计不完善造成的原因,就必须改进发动机设计,以避免以后再次发生这种情况。在改进发动机设计期间,发动机可以继续使用。如果故障严重,整个机队必须降低推力使用,一直到改进工作完成。后续的关键性能问题是如何重新确定各种限制值,将在控制系统中进行设置和执行。

6) 污染排放试验

对于发动机的污染排放,通常有严格的法律规定,限制 NO_x、CO、未燃的碳氢化合物和烟尘等的排放水平,这与发动机燃烧室的燃烧有关,也是值得关注的使用中发动机性能问题。因此,应在外场进行污染排放试验,以检查发动机的排放水平。如果不符合规定,必须查清原因,并提出需要采取的改进措施。

7) 发动机工作状态的使用

发动机设计时规定了主要的工作状态(见 4.1 节),也规定了各工作状态的性能指标,用户将据此验收发动机。发动机在外场使用时,将根据飞机完成飞行任务所需的推力来选择发动机工作状态,如飞机没有满载起飞时选择低于全功率状态的发动机工作状态,即减推力起飞,可以延长发动机寿命,降低轮挡燃油;又如在着陆时使用反推力工作状态,以缩短着陆滑跑距离。

10.2 使用中发动机的性能衰减及性能恢复措施

造成发动机性能衰减的主要原因如下:

(1) 旋转零部件的磨损、变形,导致压气机和涡轮叶片的尖部间隙增大,二次流损失增加,效率下降。

(2) 密封件间隙增大,使得漏气损失增加。

(3) 空气中的粒子堆积在叶型表面上形成污垢,这些污垢增加了叶型损失,降低了流通能力和效率,甚至影响到压缩部件的稳定性。

(4) 外来物打伤,热端零部件的变形或掉块等,也造成流动损失增加。

以上原因最终造成部件效率和流通能力降低,发动机排气温度增加,推力减小和耗油率增加。对于上述各种原因,可以采取针对性的维修措施来恢复发动机性能。

对于在翼的发动机,可以用压气机水洗的方法来清洗压气机污垢,以恢复发动机性能。在航空公司的维修基地,压气机水洗是经常进行的维护工作。一般压气机水洗过程如下:将水洗喷嘴安装在风扇后;用起动机驱动发动机转动,使高压压气机的相对转速达到 20% 左右,喷入清洁溶液,持续约 45 s,清洗压气机及发动机流路,然后由喷管排出;大致需要重复进行 3 次。最常用的清洁溶液是水,经验表明:使用热水清洗更有效。有的航空公司认为:采用加入清洁剂的水清洗效果更好,但对有些零件会产生腐蚀。对于风扇叶片通常采用人工清洗的方法。压气机水洗的好处大致可归结为以下几点。

(1) 发动机工作循环在 750～1 500 的情况下,水洗可以使排气温度降低 5～7 ℃,巡航耗油率减小 0.5%～0.7%。

(2) 压气机水洗后的发动机性能评估表明:风扇、低压和高压压气机的流通能力和效率均有提高,其中高压压气机性能恢复最明显,风扇最少。

(3) 定期进行压气机水洗,可以使热端部件的燃气保持较低的温度,从而提高了零件的耐久性,同时也可改进压气机的稳定性。

对于从飞机上拆下送修的发动机,将按单元体分解后,对单元体中的受损伤零件进行修理,如矫正变形,修补缺损,更换严重受损的叶片和零部件,恢复叶片尖部间隙和密封间隙等。修理后的发动机性能将得到很大程度的恢复,但仍低于新发动机性能。在整台发动机大修时,更换了性能衰减的单元体,这时翻修后发动机的性能有可能达到新发动机的水平。

在发动机方案设计阶段,很少规定发动机使用一段时间后的性能要求,但是有必要给出性能变化的极限范围,其量值取决于发动机在使用中是否经常变换工作状态和工作环境,飞行中是否长时间保持温度,转速或推力变化不大,民航飞机的发动机就属于这种情况。参考文献[1]给出了可供参考的数据,在涡轮导向叶片出口温度不变的条件下,每 10 000 h 的耗油率变化范围为 +3%～+6%,推力的变化范围为 -15%～-5%。

发动机在外场使用期间,航空公司日益关注发动机的性能衰减,这是因为即使是 1%的推力损失都会对使用寿命成本造成明显影响,这就要求在使用中对性能衰减进行评估。因为无法直接测量在翼发动机的推力,所以只能通过发动机的机载测量参数进行监视和评估。既然性能衰减导致发动机排气温度增加,排气温度是每台发动机都要测量的监测参数,那么选择排气温度来监视性能衰减是很方便的。目前,广泛使用发动机排气温度裕度[见 10.4.3 节 4)]和性能排队指标[见 10.4.3 节 11)]来评估性能衰减。

为了更好地评估性能衰减,可以建立性能衰减随发动机工作小时或(和)发动机循环次数的模型。经验表明:利用发动机发展阶段持久试车的数据是没有代表性的,因为不知道外场会发生什么问题。最好的方法是利用新发动机出厂试车的性能数据和它在外场工作后返回大修时的试车性能数据来建立模型。出厂试车到返厂试车之间要经过许多年,在这段时间内试车台可能需要重新校准,仪器设备可能经过修正或调整,发动机的工作情况可能难以查清,例如滑油的情况,发动机的工作小时可以查到,但所使用的油门位置就很难查到。因此,为了得到合理的可信度,至少要进行 10 台发动机的测试并对测试数据进行拟合,以得到较可靠的性能衰减随发动机工作小时或(和)发动机循环次数的拟合曲线。

10.3 有关发动机性能的测量参数和数据采集准则

现代发动机采用"视情维修"的维修策略,即发动机没有固定的大修时刻,装机后可一直使用直到出现大的故障或寿命限制件的寿命到期。为了实现"视情维修"，必要的条件是能够监视发动机在使用中的健康状况，为此发展了发动机健康管理（engine health management，EHM）系统。EHM 系统不仅是发动机安全可靠运行的保障，更可以使成本降低，提高经济性。

EHM 是一项用于探查、包容、诊断和预测发动机及其部件或组件的性能衰减或故障/失效的综合技术，并提供维修活动或决策支持。EHM 关注的核心是预先防止、延缓，以及包容燃气涡轮发动机的性能衰减、故障或失效[2]。

发动机的故障大多是逐渐发展的，发展过程中有很多征兆，因此是可以监视和诊断的。由于发生故障的部位不同，征兆不同，故障性质和原因不同，所属专业领域不同，因此必须采用不同的方法进行监视和诊断。民用大涵道比涡扇发动机由气路部件和机械部件组成。根据对监视功能的要求和发动机型号的不同可选择下述一种或一种以上的方法。监视方法和每种方法的功能可剪裁使用。概括起来，可分成以下几类[3]：

1）性能监视和故障诊断

利用测量的发动机气动热力参数来分析发动机及气路部件的性能水平和性能衰减程度，并可将故障隔离到气路有关部件。气路部件包括风扇、压气机、燃烧室、涡轮、喷管等。气路部件相关的系统包括高压压气机可调静子叶片系统、放气系统、飞机空调引气系统、涡轮间隙控制系统、防冰系统等。通过数据分析发现的问题，必须经过孔探检查、无损检测和试验加以确认，方可采取维修措施。

2）机械状态监视和故障诊断

利用测量的振动数据、滑油参数，以及对滑油中所含金属屑末的检测和分析结果等来监视发动机结构系统的健康状况，如转子系统，轴承、齿轮等，并可隔离故障到这些部件。

监视低循环疲劳和热疲劳用来跟踪发动机限制寿命零件的使用情况，确定它们的剩余寿命，以便进行零件的寿命管理。

3）无损检测和试验

利用专用设备探查发动机零部件的机械损伤，一般只作为地面检测用，如孔探检查、电涡流检测、同位素照相检查、超声波检查、磁力探伤、液体渗透检查等。

为了实现上述功能需求，首先需要了解所监视对象在飞行中的实际工作状况，为此安排了许多测量参数。测量参数不足，难以鉴别发动机的健康状况，然而过多的测量参数，将使成本增高，测量系统出现故障的可能性也增加。本节以民航飞机的大涵道比涡扇发动机为例，阐述涉及性能方面的测量参数选择及其采集准则。

10.3.1　测量参数

1）测量参数的选择

测量参数按照发动机健康管理的功能需求、传感器精度要求、实现测量的难易程度和成本来综合确定。表 10 - 1 总结了发动机性能监视的不同功能及其对应的测量参数[2,4,5]，X 表示实现该功能应选中的测量参数。一部分测量参数来自飞机系统，这些参数决定了发动机的工作环境(包括飞行条件和大气环境)和使用条件(飞机从发动机提取的功率和引气量)，它们会影响到发动机流路中气流的压力、温度和流量，最终影响到发动机的推力和耗油率。另一部分测量参数来自发动机，其中基本的测量参数是监视发动机健康状况和性能趋势分析所必需的参数，包括驾驶员的操纵信息(油门杆角度、控制参数发动机压比或低压转子转速的指令值、反推力装置选择、发动机起动选择、停车开关位置)，影响发动机工作和安全的关键气动热力参数，如排气温度、转子转速、燃油流量和发动机压比、高压压气机可调静子叶片角度等。扩展的参数是为使系统具有更强的故障隔离功能而增设的测量参数，包括发动机各截面的总温、静压和(或)总压、发动机放气活门，以及高低压涡轮间隙控制等可调几何机构的调节位置，它们应视发动机具体结构形式和所要求诊断的故障而定，这样的系统称为扩展的性能监视系统。必须指出：发动机测量参数中，一部分可以和发动机控制系统共用，另一部分则是专门为监视系统设置。

表 10 - 1　发动机性能监视的功能和测量参数

测量参数		功　　能							
		超限监视	性能趋势分析	单元体性能诊断	机队平均	控制系统诊断	加减速过程监视	起动监视	停车监视
飞机数据	飞行航段	X	X	X	X	X	X	X	X
	自动油门状态	X	X	X	X	X	X	X	X
	飞行马赫数	X	X	X	X	X	X	X	X
	飞行高度	X	X	X	X	X	X	X	X
	指示空速	X	X	X	X	X	X	X	X
	进气总温	X	X	X	X	X	X	X	X
	大气静温	X	X	X	X	X	X	X	X
	发电机负载	X	X	X	X	X			X
	飞机起飞总重	X	X	X	X				
	自动驾驶状态		X	X		X			
	引气开关位置	X	X	X	X	X	X	X	X
	飞机空调代码	X	X	X	X	X	X		
	防冰开关位置	X	X	X	X	X	X	X	X

（续表）

测　量　参　数		功　　能							
		超限监视	性能趋势分析	单元体性能诊断	机队平均	控制系统诊断	加减速过程监视	起动监视	停车监视
发动机数据	基本的参数								
	油门杆角度					X	X	X	X
	发动机压比或低压转子转速的指令值					X			
	发动机压比或低压转子转速的真实值	X	X	X	X	X	X	X	X
	进气道温度	X	X	X	X		X	X	X
	进气道压力	X	X	X	X		X		X
	发动机转子转速	X	X	X	X	X	X	X	X
	发动机排气温度	X	X	X	X	X	X	X	X
	燃油流量		X	X	X	X	X		X
	高压压气机可调静子叶片角度	X	X	X	X		X		X
	反推力装置选择					X	X	X	X
	发动机起动选择						X	X	
	停车开关位置								X
	起动机导管压力						X	X	
	扩展的参数								
	燃油温度	X	X	X	X	X	X	X	X
	低压压气机出口压力			X	X				
	低压压气机出口温度			X	X				
	高压压气机出口压力			X	X	X		X	
	高压压气机出口温度			X	X				
	涡轮出口压力			X	X				
	可调放气活门位置	X	X	X	X	X	X	X	X
	过渡态放气活门位置					X	X	X	X
	高低压涡轮间隙控制位移量	X	X	X	X	X	X	X	X

　　必须指出：发动机性能数据的记录通常只是每秒一次。对于外场运行中发生的重大事故，如喘振或轴断裂，会在 0.5 s 内发生，每秒一次的外场性能测量数据不足以描述这些过程。若需要监视随时间变化很快的动态过程，需要专门的测量

设备。

2）测量参数的不确定度

参数测量的不确定度由系统误差和随机误差引起。世界各大发动机制造商都发展了各自的发动机测量系统,供用户使用。表 10 - 2 给出典型测量参数不确定度。相关文献[4]指出:不同的监视功能要求不同的测量不确定度,如超限监视要求高的测量精度,性能趋势分析要求中等的测量精度,若要计算气路部件的性能参数以隔离故障,则要求高的精度。因此,传感器的选型和测量系统的设计应依据监视功能的需求经误差分析后才能确定。发动机监视和诊断的参数测量除不确定度要求外,还应要求高的可靠性。

表 10 - 2 典型测量参数的不确定度

序号	参数	不确定度	序号	参数	不确定度
1	飞行高度	$\pm14\,\mathrm{m}$	11	发动机压比	±0.001
2	飞行马赫数	±0.001	12	推力	$\pm0.5\%$
3	大气总温	$\pm1℃$	13	扭矩	$\pm0.5\%$
4	低压转子转速	$\pm0.1\%$	14	低压压气机出口总压	$\pm0.3\%$
5	高压转子转速	$\pm0.1\%$	15	低压压气机出口总温	$\pm1℃$
6	燃油流量	$\pm0.5\%$	16	高压压气机出口静压	$\pm0.3\%$
7	排气温度	$\pm1℃$	17	高压压气机出口总温	$\pm2℃$
8	油门杆角度	$\pm0.5°$	18	低压涡轮进口总压	$\pm1\%$
9	可调静子叶片角度	$\pm0.5°$	19	低压涡轮进口总温	$\pm3℃$
10	喷管调节位置	$\pm0.5°$	20	低压涡轮出口总压	$\pm1\%$

10.3.2 发动机数据的采集

典型的发动机健康监视系统包括机载和地面两个部分。机载部分包括测量参数的传感器、数据采集单元、数据处理和管理单元,以及数据存储、显示和传输设备。地面部分包括地面站和发动机地面检测的设备。地面站计算机使用分析功能更强的数据处理、管理和分析软件,其内容包括数据有效性检查、数据滤波、各功能模块中的趋势分析和故障诊断算法,使用寿命各种指标的算法,用户报告生成软件,数据库管理和绘图软件等,用来监视发动机的健康状况,发现异常情况时可告警并进行故障隔离。

根据监视功能的要求,应在不同航段采集所需的发动机监视数据,图 10 - 1 给出不同监视目的的采集数据航段,如:性能趋势监视的数据在巡航段采集,起飞监视的数据在起飞段采集,超限监视的数据则在全航程采集。

在飞行中采集的数据可以通过下列三种方法传输给地面站。最广泛使用的方法是通过飞机空地通信数据链系统(ARINC communications and reporting system,ACARS)自动实时传输。我国民航公司近年购入的飞机都采用这种数据自

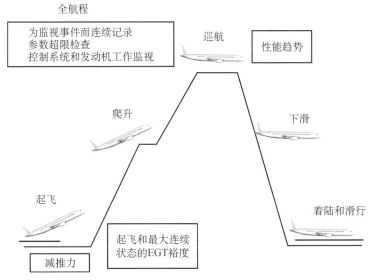

图 10-1　不同监控目的的采集数据航段

动实时传输方法。非实时传输的数据存储在一个可移动介质（如光盘、软盘等）中，当飞机返回地面后再将所记录数据拷贝到地面计算机。一些没有装备数据采集设备的老机队，用人工记录数据并将记录的数据人工输入计算机。飞机和发动机的测量参数同时也存储在飞行数据记录器（俗称"黑匣子"，调查飞行事故用）和维修数据记录器中，这两种记录器均要求可以连续记录 3～5 h 的数据量。

　　由于现代网络技术的发展和飞行数据自动实时传输的实现，使得发动机制造商可以对全球客户航空公司的发动机进行远程监视。也就是说，飞行数据传输到发动机制造商的地面站，由制造商的技术团队进行数据处理，生成发动机监视用的参数和图表（详见 10.4 节）。分析数据后，针对不正常的发动机数据向航空公司提出告警，分析其产生的原因并提出维修建议。航空公司的监视人员根据制造商地面站的报告，结合机组人员反馈的信息、发动机的使用情况、历史信息及地面检测结果，进行故障定位，做出正确的维修决策。

10.3.3　性能数据采集准则

　　为保证参数测量具有高的重复性，应根据监视功能规定数据采集准则。性能监视的主要航段是巡航和起飞，下面分别给出巡航和起飞的数据采集准则。

　　1）巡航状态性能数据采集准则

　　发动机巡航状态性能数据采集是指在巡航飞行航段中"稳定状态"时采集所需的发动机数据和相关的飞机信息，它们用于支持地面的发动机性能趋势分析，单元体性能分析等。表 10-3 给出稳定状态准则，自动油门关闭且至少稳定工作 5 min 后记录数据。

表 10 - 3 稳定状态准则

参数	允许范围	参数	允许范围
设定功率状态的变化	*	发动机防冰	关闭
压力高度变化量	$\pm 30\,\text{m}$	机翼防冰	关闭
马赫数变化量	$<\pm 0.015$	引气活门	稳定
大气总温变化量	$<\pm 1\,℃$	空调装置	稳定
滚转姿态角	$<\pm 2°$	液压负荷	稳定
垂直加速度	$<\pm 0.05g$	附件功率提取	稳定

* 表示若按发动机压比设定功率,发动机压比变化的允许范围为$\pm 1\%$;若按转速设定功率,转速变化的允许范围为$\pm 0.5\%$。

2) 起飞状态性能数据采集准则

在起飞状态采集的数据用于发动机排气温度裕度监视,通常选择飞机起飞过程中排气温度达到第一个峰值的时刻作为采集数据的准则。

10.4　发动机性能监视与故障诊断

图 10 - 2 给出发动机性能监视与故障诊断的原理。在该图左边的框中,列出了发动机在实际使用中可能出现的典型性能问题或故障。中间框中说明了这些问题对发动机部件性能的影响,即导致部件效率下降,流通能力改变,甚至造成某些部件的流道面积变化。右边框中表明部件性能变化引起测量参数变化。发动机性能监视与故障诊断的过程正好相反,根据发动机在稳定工作状态时记录的测量参数,利用各种数据处理算法求得气路部件(或单元体)性能参数变化的估值及性能变化趋势。尽管算法多种多样,实质上就是气动热力参数的监视和分析,总起来称为气路分析(gas path analysis,GPA)方法。

图 10 - 2　发动机性能监视与故障诊断的原理

通过对民用发动机资料的收集、整理,常见的与性能有关的故障包括:风扇、增压级、高压压气机的效率下降和(或)流通能力减少;高压或低压涡轮效率下降;高压或低压涡轮导向器面积变化;高压压气机可调静子叶片 VSV 非正常关小或开大;可调放气活门 VBV 非正常关小或开大;飞机空调系统从压气机的引气量不正常;用于高压和低压涡轮间隙控制系统的压气机引气量不正常;过渡态放气活门 TBV 非正常关闭或打开等。此外,还有由传感器、测量系统或指示系统故障造成的测量参数不正确。

性能监视和气路故障诊断的功能包括:分析发动机的健康状态是否正常,评估发动机总性能和气路部件性能,检测不正常的偏差趋势,诊断气路部件及其相关系统的工作是否正常,判断发动机的工作稳定性,为发动机维修管理决策提供技术支持。常用的方法包括超限监视、参数对比、趋势分析、气路部件及其相关系统的故障诊断、机队的发动机管理及性能排队等。性能监视需要同时关注发动机参数偏差的短期和长期变化趋势。短期内参数偏差发生变化预示发动机存在故障,长期偏差变化通常反映发动机性能衰减情况。

下面将依次说明性能监视和气路故障诊断所采用的方法及相关技术问题。

10.4.1　基线模型和偏差量计算

一台发动机即使在正常工作时测量参数也会随飞行条件、环境条件、发动机工作状态、飞机引气量和功率提取量变化;对于装有防喘振放气、涡轮间隙控制和可调涡轮冷却空气量的发动机,测量参数还随这些系统的工作状态变化,因此不可能用测量参数值直接判断发动机的健康状况,而是用测量参数偏离其正常工作参数值的偏差量作为发动机监视和故障诊断的依据。为此,首先需要建立基线模型以提供上述各种使用条件已知时发动机正常工作的参数值,然后计算偏差量。

基线模型由发动机设计和制造部门编制,可用以下几种方法获取:

(1) 利用同型号多台无故障发动机的多次飞行实验数据进行统计和综合。

(2) 用发动机数字模拟计算。

(3) 综合利用上述两种方法。

基线模型通常用换算参数表示。下面推荐一种建立基线模型的方法。首先利用发动机性能模拟计算的数据建立基线模型,再利用生产发动机验收试车数据、试验发动机的试车数据和飞行试验的数据进行修正,以力求得到准确的发动机基线模型。

若发动机的测量参数为进气总温 T_{t2} 和进气总压 p_{t2},低压和高压转子转速 n_L 和 n_H,压气机进口总温 T_{t25} 和总压 p_{t25},压气机出口总温 T_{t3} 和静压 p_{s3},排气总温 T_{EG},燃油流量 W_f,它们的换算参数分别表示如下。

换算转速:　　　n_L/θ_{t2}^a、n_H/θ_{t25}^a。

换算温度:　　　T_{t25}/θ_{t2}^b、T_{t3}/θ_{t2}^b、T_{EG}/θ_{t2}^b。

压比:　　　　　p_{t25}/p_{t2}、p_{s3}/p_{t2}。

换算燃油流量:　$W_f/\theta_{t2}^c\delta_{t2}$。

对于不同型号的发动机,指数 a、b、c 的取值不同,其值由理论分析和实验验证确定。θ_{t2} 和 θ_{t25} 分别为 T_{t2} 和 T_{t25} 同海平面标准大气温度之比;δ_{t2} 为 p_{t2} 和海平面标准大气压力之比。对于每个测量参数的换算参数用 Y_C 表示,对应测量条件下的基线值 $Y_{C,B}$ 可以用下式计算(见图 10 - 3):

$$Y_{C, B} = Y_{C, BB} + \Delta Y_{C, 1} + \Delta Y_{C, 2} + \Delta Y_{C, 3} \qquad (10-1)$$

$$Y_{C, BB} = f(Ma_0, n_{Lcor}) \qquad (10-2)$$

式中:$Y_{C, BB}$为基线的基准,它是飞行马赫数Ma_0和低压转子换算转速n_{Lcor}的函数;$\Delta Y_{C, 1}$为引气量修正,包括飞机引气、防冰引气和防喘放气;$\Delta Y_{C, 2}$为涡轮间隙控制引气量和可调涡轮冷却空气量修正;$\Delta Y_{C, 3}$为雷诺数影响修正。

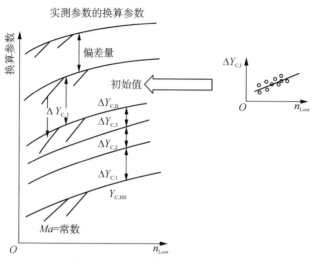

图 10-3　基线值和偏差量的计算

计算$Y_{C, BB}$的条件如下:

(1) 飞机引气、防喘振放气和涡轮间隙控制活门关闭;可调涡轮冷却空气活门处于海平面名义位置。

(2) 新发动机的平均参数。

(3) 典型的发动机功率提取量。

(4) 压气机静子叶片调节规律符合名义的变化规律。

(5) 考虑了进气道损失。

图 10-3 上给出的偏差量可由下式计算:

$$\Delta Y_C = Y_{C, R} - Y_{C, B} - \Delta Y_{C, I} \qquad (10-3a)$$

式中:$Y_{C, R}$为实测参数的换算参数;$\Delta Y_{C, I}$为初始值,它是低压转子换算转速n_{Lcor}的线性函数(见图 10-3),由发动机在飞机上安装的头若干个航班的偏差量($Y_{C, R} - Y_{C, B}$)经线性回归方法求得。

必须指出:在本节中偏差量用换算参数计算,而在有些发动机监视系统中,将计算求得的基线换算参数$Y_{C, B}$换算成实测条件下的基线参数,它与实测参数之差为偏差量。

10.4.2　偏差数据的平滑、初始化和压缩

图 10-4 给出影响偏差量的多种因素。为提高故障诊断的准确程度,采用数据

平滑和参数初始化的方法来排除这些因素的影响。因此,用于趋势分析和故障诊断的偏差量是经过平滑的偏差量 $\Delta Y_{\mathrm{C,SM}}$,即

$$\Delta Y_{\mathrm{C,SM}} = (Y_{\mathrm{C,R}} - Y_{\mathrm{C,B}})_{\mathrm{SM}} - \Delta Y_{\mathrm{C,I}} \tag{10-3b}$$

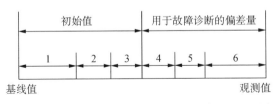

影响偏差量的因素:
1 制造公差和调整差别
2 发动机安装影响
3 仪表系统误差
4 仪表不重复性
5 尚未考虑到的因素
6 故障

图 10-4　影响偏差量的因素

1) 数据平滑

由于参数测量有随机误差,用偏差量绘制出的趋势图有时分散度较大,难以呈现出参数变化的趋势。为减少随机误差和人为错误的影响,改进趋势图的可读性,在画趋势图之前应对实际偏差量进行平滑处理。平滑处理过程常常伴随有掩盖参数真实突跃变化的不利一面,因此必须选用正确的平滑方法。特别值得注意的是,当最后一个飞行记录的发动机参数发生突跃变化时更应小心,因为这种突跃变化有可能是发动机突发故障的征兆。将这种发生突跃变化的偏差量称为“野点”。在当前先进的发动机健康监视系统中最常用的两种算法是指数平滑和统计平滑方法。下面介绍这两种平滑方法。

(1) 指数平滑方法。

指数平滑方法是根据前面已平滑的参数偏差 $\Delta Y_{\mathrm{C,SM,old}}$(称为老点,用“old”表示)和新得到的实际偏差量 $\Delta Y_{\mathrm{C,new}}$(称为新点,用“new”表示),来计算新的平滑值 $\Delta Y_{\mathrm{C,SM,new}}$。指数平滑的算法如下:

$$\Delta Y_{\mathrm{C,SM,new}} = \Delta Y_{\mathrm{C,SM,old}} + \alpha(\Delta Y_{\mathrm{C,new}} - \Delta Y_{\mathrm{C,SM,old}}) \tag{10-4}$$

式中:α 为平滑系数。

减小 α,对原始参数变化的敏感性小;增加 α,对原始参数变化的敏感性大。α 是预先设定的,一般取 $\alpha = 0.2$,用户可以根据自己的经验修改 α。为了突显参数突变,可以采用具有“野点”保护的平滑算法,其特点是,如果连续出现两个“野点”,就要更新平滑的趋势。

(2) 统计平滑方法。

统计平滑方法是建立在数理统计基础上的一种平滑方法。它的突出优点是可以避免因平滑而将发动机突发故障忽略掉的问题,较好地解决了突变故障与粗大误差的问题。该方法取当前点及其之前的 10 个点,共采用 11 个点的原始值进行平滑计算。计算过程如下:对前 10 个点的数据序列,计算均值和标准差;根据标准差查“t 分布表”,获得 95% 的置信区间,将置信区间外的点从数据序列中剔除,用余下的

数据点重复这一过程,直到保留下的数据点均在置信区间内或仅剩3个点为止。将当前点的原始值与最终置信区间进行比较:如果当前点落在置信区间内,将当前点原始值与最终均值进行加权平均求得当前点的平滑值;如果当前点位于置信区间之外,则不能求出当前点平滑值,将该点的原始值直接绘在趋势图上,并在图中做标记以示区别。

经统计平滑处理,如果当前点由于粗大误差而导致在置信区间外,将不会影响其后续点的平滑计算。如果当前点的突变是由发动机突发故障所致,而且这种突变又连续出现几次后便会使以后的点成为置信区间内的点,这样便可看出突变趋势。

2)参数初始化

基线模型提供同型号发动机测量参数和性能参数的名义值。由于制造公差、安装影响、仪表系统误差等原因,即使是全新的无故障发动机也不可能完全与基线相符合。需要利用每台发动机安装到飞机上最初的若干次有效飞行记录确定偏差量的初始值,称为初始化。10.4.1节中介绍了一种初始化方法。当对发动机进行某些导致监视参数变化的维修工作(如更换仪表、气路水洗、可调几何机构调整等)时,必须重新初始化。

3)数据压缩

数据压缩的目的是总结历史数据,便于监视长期趋势的变化。能保存多少历史数据记录将取决于数据库的尺寸和处理速度。有两种压缩模式,具体如下。

(1)自动压缩:当记录的数目超过设定的最大值时自动进行压缩。

(2)"按需模式":根据用户的选择。

在每个"压缩"区间,存储一个有代表性的记录(如平均值),称为压缩值。

10.4.3　发动机性能监视与故障诊断方法

10.4.3.1　超限监视

超限监视是发动机监视系统中基本的、不可缺少的方法。其方法是:在机载监视中检查发动机测量参数,在地面监视中检查发动机测量参数偏差量、偏差量的变化率以及由测量参数导出的组合量是否超出规定的阈值,据此监视发动机是否健康。显然,偏差量超过阈值越大,发动机健康状况越差。超限监视的阈值由发动机制造商给出,航空公司可根据使用经验加以修改。

超限监视要求如下:

(1)应对全部飞行过程进行超限监视。

(2)当超限发生时,应记录超限事件,生成告警报告。机载监视系统应及时在驾驶舱中发出视觉和(或)听觉告警。

(3)在确定各参数的极限值时,应考虑是否需要对不同的发动机工作状态和飞行条件规定不同的极限值,如起动过程和最大推力状态的排气温度极限值不同。

(4)机载超限告警系统必须具备自检和排除传感器故障的能力,防止漏报或虚警。

10.4.3.2 参数对比

这是一种短期监视方法,适用于装有多台发动机的飞机。比较飞行中同一时刻记录的各台发动机的同名参数之差及其变化趋势,可以快速发现工作异常的发动机。

10.4.3.3 趋势分析

趋势分析是发动机性能监视的基本方法。其方法是利用测量参数的偏差量,包括未平滑和平滑的偏差量,绘成偏差量随航班(或时间)变化的趋势图。地勤人员参照部件故障-参数偏差量的指印图来解释趋势图上各偏差量的变化趋势和分析可能发生的故障及部位,提出需要进行孔探检查的部件。

1) 趋势图

趋势图可以使维修人员比较直观地看到发动机的健康状况。图 10 - 5 是一个正常工作发动机的巡航趋势图,该发动机的发动机压比 EPR 由油门位置设定,所以没有 EPR 的偏差。该图上给出下述与性能监视有关的信息:主要显示经平滑的偏差值(包括排气温度偏差 ΔEGT、燃油流量偏差 ΔFF、低压转子转速偏差 $\Delta N1$、高压转子转速偏差 $\Delta N2$)的趋势。由于平滑参数不能及时反映突发故障,趋势图也显示最后 10 个未平滑参数的趋势。图上也标出初始值和压缩值(用标志"C"表示)。除了图 10 - 5 所表示的短期趋势图外,为了能观察到更长时间的趋势变化,可以用压缩值来绘制长期趋势图。短期趋势图用来发现发动机近期发生的故障,长期趋势图用来发现发动机长期使用后的性能衰减。在图 10 - 5 的右侧还列出了起飞排气温度裕度、短舱温度、油门角度、振动和滑油参数等监视发动机健康的信息。

将偏差值和告警阈值进行比较,若超出告警阈值应告警,标注在图 10 - 5 的底部。有些 EHM 系统不仅监视偏差值,还监视偏差值的趋势变化率。通常采用二级告警制(黄色和红色告警),黄色告警是一种预警,使维护人员可以及早分析参数趋向红色告警阈值的原因并采取维修措施,以使趋势总是保持在第一道防线内。

图 10 - 5 所显示的趋势图是当前常用的形式。随着计算机技术的发展,数据和图像处理技术的进步,许多 EHM 系统可以绘制其他形式的趋势图,更方便维护人员判断。

2) 指印图

指印图给出气路部件及其相关子系统故障对参数偏差变化的影响。为了说明什么是指印图,作为举例,图 10 - 6 给出部分故障的指印图。它是诊断并定位发动机故障的重要工具。必须指出:指印图是在给定飞行条件(如巡航)和发动机工作状态(如给定发动机压比)下制定的,它只在这个规定工作点附近是有效的。

指印图应该由发动机设计部门在计算机模拟的基础上,结合发动机的试验、使用经验给出。发动机地面维护人员将检测得到的数据与指印图比较,能初步判断出发动机的某些部件是否存在问题。由于指印图所列出的故障并不能完全包含全部可能发生的发动机故障,并且有些故障在指印图上的特征十分相近,所以在实际操作中还需要维修人员通过现场的检查和经验来确认故障。

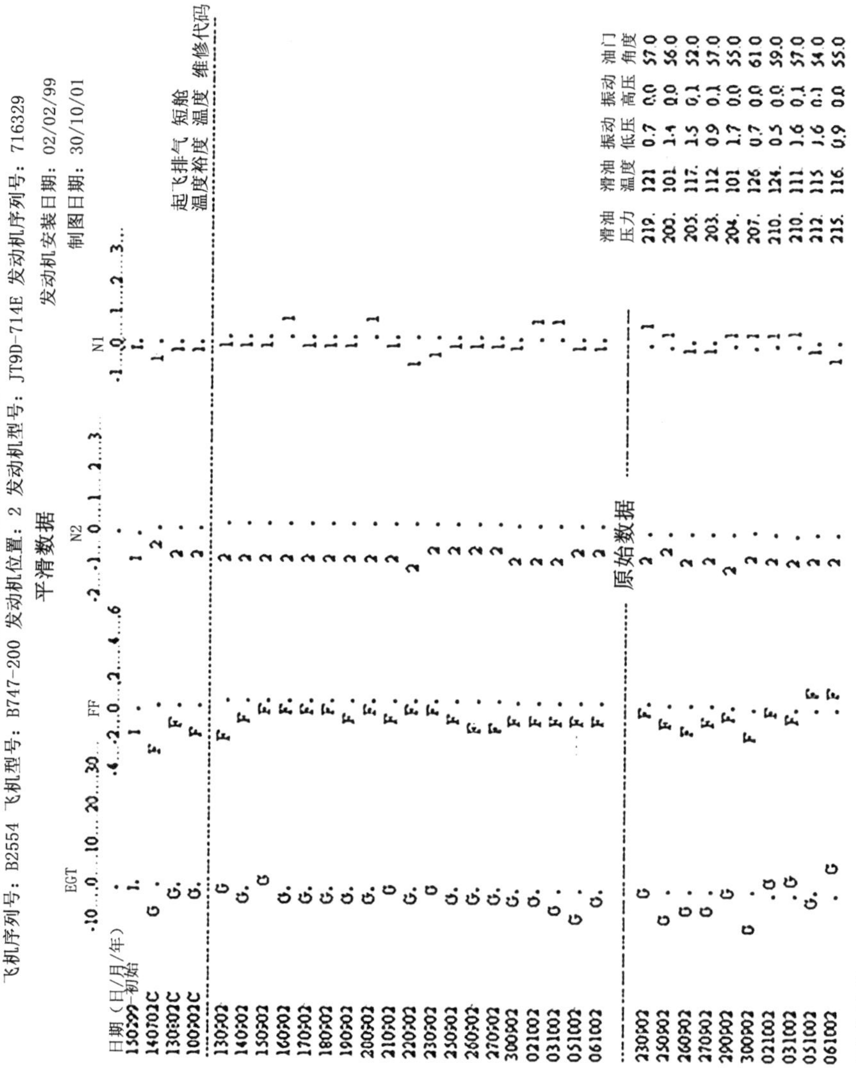

发动机状态监视的短期趋势图

飞机序列号：B2554 飞机型号：B747-200 发动机位置：2 发动机型号：JT9D-714E 发动机序列号：716329

发动机安装日期：02/02/99

制图日期：30/10/01

图 10-5 正常工作发动机的巡航趋势图

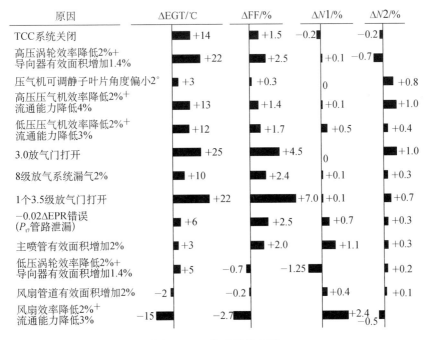

原因	ΔEGT/℃	ΔFF/%	ΔN1/%	ΔN2/%
TCC系统关闭	+14	+1.5	−0.2	−0.2
高压涡轮效率降低2%+ 导向器有效面积增加1.4%	+22	+2.5	+0.1	−0.7
压气机可调静子叶片角度偏小2°	+3	+0.3	0	+0.8
高压压气机效率降低2%+ 流通能力降低4%	+13	+1.4	+0.1	+1.0
低压压气机效率降低2%+ 流通能力降低3%	+12	+1.7	+0.5	+0.4
3.0放气门打开	+25	+4.5	0	+1.0
8级放气系统漏气2%	+10	+2.4	+0.1	+0.3
1个3.5级放气门打开	+22	+7.0	+0.1	+0.7
−0.02ΔEPR错误 (P_{t2}管路泄漏)	+6	+2.5	+0.7	
主喷管有效面积增加2%	+3	+2.0	+1.1	+0.3
低压涡轮效率降低2%+ 导向器有效面积增加1.4%	+5	−0.7	−1.25	+0.2
风扇管道有效面积增加2%	−2	−0.2	+0.4	+0.1
风扇效率降低2%+ 流通能力降低3%	−15	−2.7	+2.4	−0.5

图 10 - 6　发动机指印图

3) 趋势分析技术

观察趋势图时,应重点关注参数偏差趋势的变化,而不是只看参数偏差值的大小,因为使用情况不同会导致参数偏差有差异,但并非故障引起的,如老发动机的排气温度通常会比较高而且耗油量也多一些。

应正确使用短期和长期趋势图。短期偏差可能在几天内发生变化,要求给予快速响应从而防止发动机出现故障、空中停车或飞机停场等情况。EHM 的主要目的是发现短期趋势。长期偏差变化发生在数月内,可能会影响维修计划的制订。

分析和诊断故障要用参数偏差的偏移量。发动机长期使用后必然会产生性能衰减,使得参数偏差逐渐发生变化,如排气温度升高,排气温度的偏差增大等,但这仍属于正常工作范围,分析时不能用这些偏差来判定故障。发动机若发生故障,参数偏差会在短期内出现明显变化,应使用参数偏差的变化量进行故障分析和诊断,为区别趋势图上所表示的参数偏差量,将参数偏差的变化量称为"偏移量"。为此,在趋势图上出现明显趋势变化时,将参数偏差出现最大偏移时的参数偏差值减去偏移前的偏差值,得到参数偏移量的大小和变化方向。

基于短期趋势的分析,将参数偏移量和指印图对比,找出发生偏移的可能原因。航空公司的维护人员在实践中已经总结了许多趋势解释的经验,并能指出发动机的潜在故障。下面给出三个成功诊断的案例(图中表头的 EGT、F/F、RPM 分别表示排气温度、燃油流量、转速的偏差,图中的"G"表示 EGT、"F"表示 F/F、"1"和"2"分别表示低压转子转速 N1 和高压转子转速 N2),这是国内一个自行研制系统的短期趋势图和诊断报告。图 10-7 给出可调静子导流叶片失调的趋势图,图 10-8 给出 3.0/3.5 级放气活门打开故障的趋势图,图 10-9 给出发动机压比仪表故障的趋势图。趋势图下方给出发动机技术状态综合评价报告,主要内容是发动机状态监视和故障诊断的时间范围,发动机技术状态(正常/关注/故障),若有故障则给出故障代码和名称。

10.4.3.4　起飞排气温度裕度监视

对于民航客机或货机,要求在热天起飞时发动机能产生足够的起飞推力,以便在客货源充足时都能实现满载起飞,要求不论大气温度如何,发动机都能产生相同的起飞推力,即平推力模式,见图 10-10。图中给出在同样机场大气压力条件下推力 F、排气温度 EGT、低压转子转速 n_L、发动机压比 EPR 随外界大气温度变化关系的示意图。特别说明:本书用"T_{s_0}"表示大气温度,但航空公司在外场广泛使用"OAT"表示。由图 4-28 可知:在相同转速条件下,外界大气温度越高,推力越小。为了实现平推力起飞,必须随着外界大气温度升高而增加低压转子转速,排气温度也将随之增大。排气温度升高将影响发动机热端部件的安全及寿命,通常在排气温度达到限制值时发动机改用限制排气温度的控制,即随着大气温度的升高,发动机保持排气温度不变,低压转子转速将随之下降,推力相应降低。两种控制模式转换所对应的大气温度,称为拐点温度。拐点温度是给定高度下能保持全功率推力的最高大气温度。某些型号的涡扇发动机以发动机压比为控制参数,因此在图 10-10 上也绘出了发动机压比随外界大气温度的变化关系,显然实现了等发动机压比控制,即可得到平推力,这是选择发动机压比为控制参数的一个优点。在等排气温度控制模式下,随着大气温度的升高,发动机压比下降。

因为起飞时发动机在大功率状态工作,排气温度和转速都很高,影响发动机的安全和寿命,所以必须对起飞状态的参数进行监视。目前,广泛采用排气温度裕度(exhaust gas temperature margin,EGTM)或大气温度极限(outside air temperature limit,OATL)作为起飞状态性能的监视参数,并将其作为衡量发动机工作耐久性与可靠性的关键参数。有些 EHM 系统还监视转速的裕度。图 10-11 给出排气温度裕度和大气温度极限的定义。EGTM 是全功率、海平面、拐点温度下的排气温度与红线排气温度之差。EGTM 反映了发动机热部件(高压涡轮和低压涡轮)的温度,可以作为发动机工作安全的一个重要指标。OATL 是大气温度极限,在此大气温度下全功率状态的排气温度等于红线排气温度。

发动机健康状况会明显影响排气温度裕度,因为发动机部件性能衰减或部件故障所造成的部件效率下降将导致排气温度升高,排气温度裕度减小,这就是选择排气温度裕度作为起飞状态性能监视参数的原因。图 10-12 给出大气温度 OAT 和性能衰减对排气温度 EGT 和排气温度裕度 EGTM 的影响。

除了发动机健康状况外,在实际起飞时影响发动机排气温度的因素还有很多,如发动机的油门状态有时不是全功率(考虑减推力起飞,见 10.5 节);机场高度经常

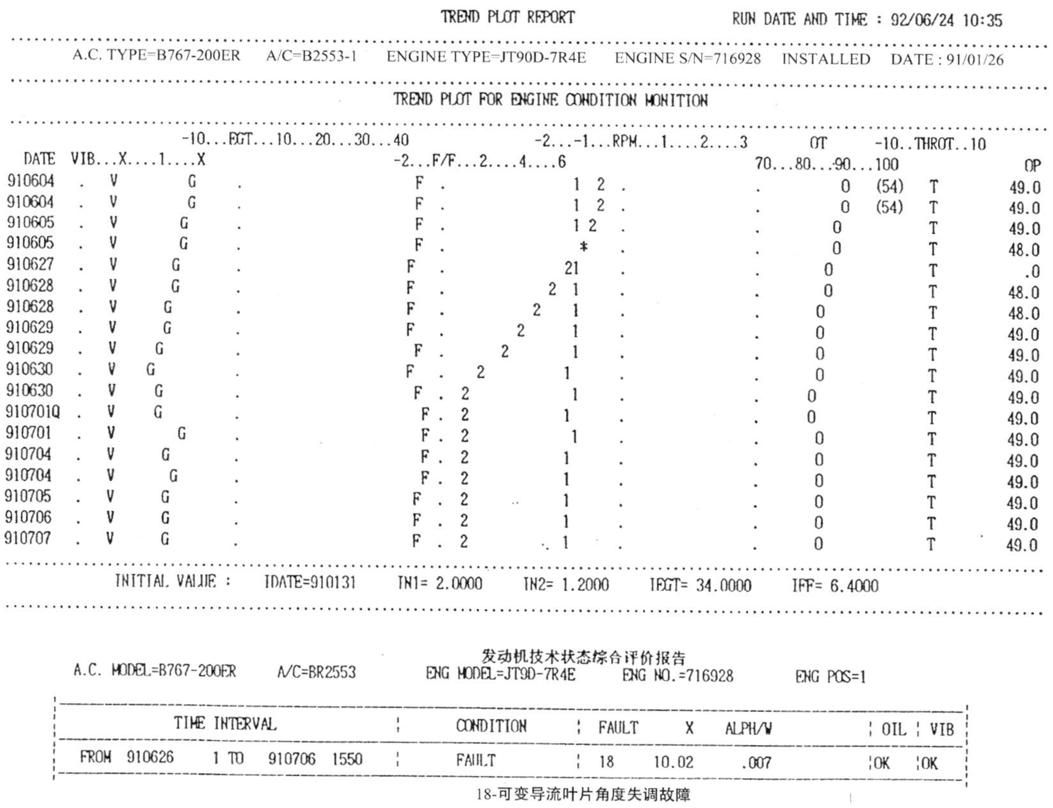
TREND PLOT REPORT
RUN DATE AND TIME : 92/06/24 10:35
A.C. TYPE=B767-200ER
A/C=B2553-1
ENGINE TYPE=JT90D-7R4E
ENGINE S/N=716928
INSTALLED DATE : 91/01/26
TREND PLOT FOR ENGINE CONDITION MONITION
-10...EGT...10...20...30...40
-2...-1...RPM...1....2....3
OT
-10..THROT..10
DATE VIB...X....1....X
-2...F/F...2....4....6
70...80...90...100
OP
INITIAL VALUE :
IDATE=910131
IN1= 2.0000
IN2= 1.2000
IEGT= 34.0000
IFF= 6.4000
发动机技术状态综合评价报告
A.C. MODEL=B767-200ER
A/C=BR2553
ENG MODEL=JT9D-7R4E
ENG NO.=716928
ENG POS=1
TIME INTERVAL
CONDITION
FAULT
X
ALPH/W
OIL
VIB
FROM 910626 1 TO 910706 1550
FAULT
18
10.02
.007
OK
OK
18-可变导流叶片角度失调故障

图 10-7 可调静子导流叶片失调的趋势图

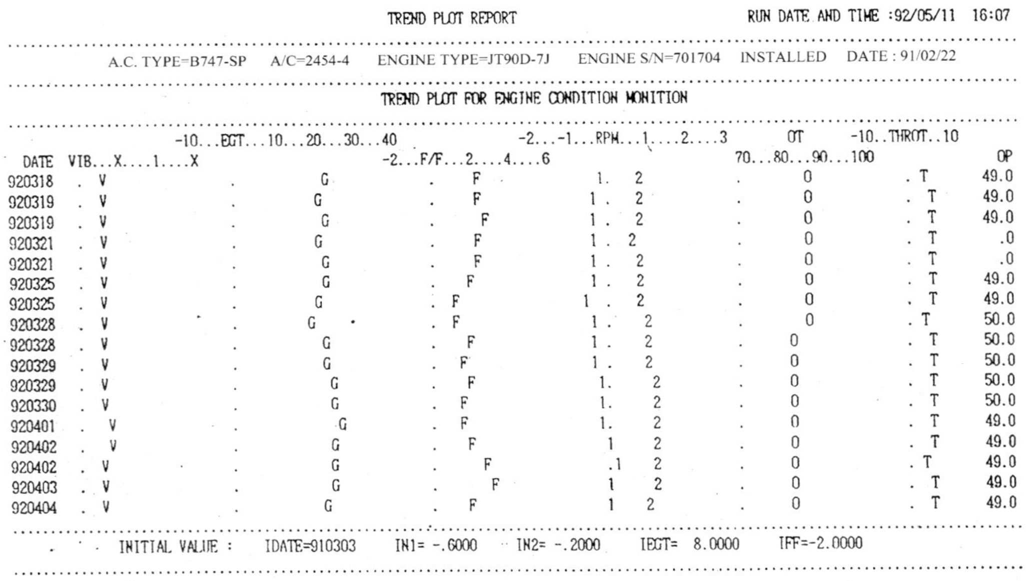

TREND PLOT REPORT

RUN DATE AND TIME :92/05/11 16:07

A.C. TYPE=B747-SP　　A/C=2454-4　　ENGINE TYPE=JT90D-7J　　ENGINE S/N=701704　　INSTALLED　DATE : 91/02/22

TREND PLOT FOR ENGINE CONDITION MONITION

DATE	VIB..X...1...X	-10...EGT...10...20...30...40	-2..F/F..2...4...6	-2...-1..RPM...1...2...3	70..80..90..100	OT	-10..THROT..10	OP
920318	>	X	.	.		.		49.0
920319	>	G	F	.		0	T	49.0
920319	>>	G	F	1.		0	T	49.0
920321	>>	G	F	1		0	T	.0
920321	>>	G	F	1 2		0	T	.0
920325	>>	G	F	1 2		0	T	49.0
920325	>>	G	F	1		0	T	49.0
920328	>>	G	F	1 2		0	T	50.0
920328	>>	G	F	1 2		0	T	50.0
920329	>>	G	F	1.		0	T	50.0
920329	>>	G	F	1. 2		0	T	50.0
920330	>>	G	F	1.		0	T	49.0
920401	>>	G	F	1 2		0	T	49.0
920402	>	G	F	1 2		0	T	49.0
920402	>	G	F	.1 2		0	T	49.0
920403	>	G		1			T	49.0
920404	>	G		1 2		0	T	49.0

INITIAL VALUE :　IDATE=910303　　IN1=-.6000　　IN2=-.2000　　IECT= 8.0000　　IFF=-2.0000

发动机技术状态综合评价报告

A.C. MODEL=B747-SP　　A/C=BN2454　　ENG MODEL=JT90-7J　　ENG NO.=701704　　ENG POS=4

TIME INTERVAL			CONDITION	:	FAULT	X	ALPH/N	:	OIL ; VIB
FROM 920318	1 TO	920404	100 FAULT		10	-4.39	.012		:OK ;OK

10-3.0/3.5 级放气故障

图 10-8　3.0/3.5 级放气活门打开故障的趋势图

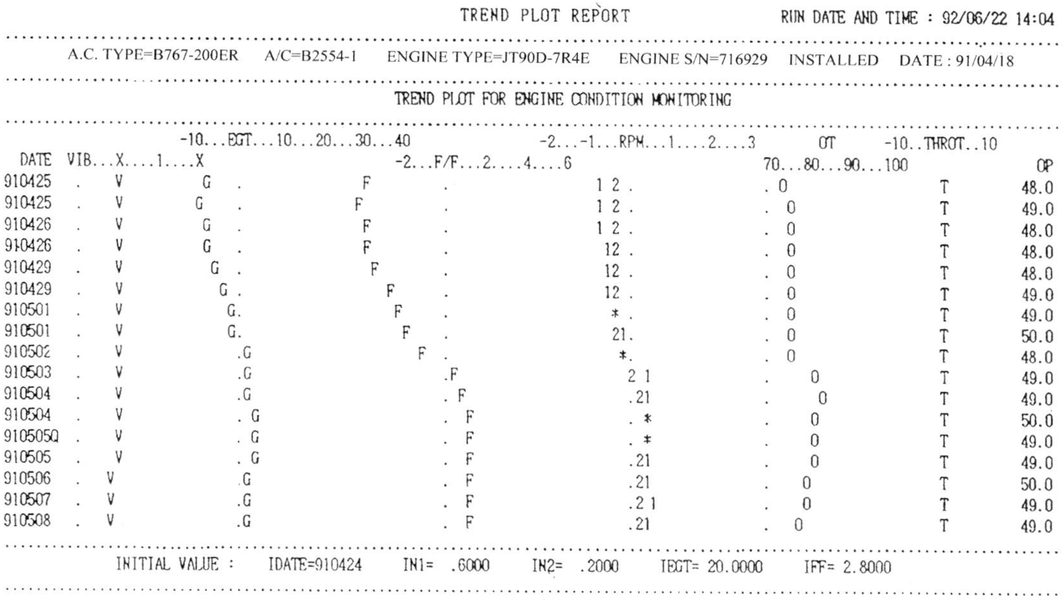

TREND PLOT REPORT

RUN DATE AND TIME : 92/06/22 14:04

A.C. TYPE=B767-200ER   A/C=B2554-1   ENGINE TYPE=JT90D-7R4E   ENGINE S/N=716929   INSTALLED   DATE : 91/04/18

TREND PLOT FOR ENGINE CONDITION MONITORING

```
                -10..EGT..10..20..30..40   -2...F/F..2...4....6   -2...-1...RPM...1....2....3   70..80..90..100   -10..THROT..10    OP
DATE    VIB..X...1....X                                                                                                            
910425   .    X   G                                                         1 2                          .  O                T     48.0
910425   v        G  .                         .  F                         1 2                          .  O                T     49.0
910426   v        G  .                         .  F                         1 2                          .  O                T     48.0
910426   v        G  .                         . F                          12                           .  O                T     48.0
910429   v       G.  .                        .  F                          12                           .  O                T     48.0
910429   v       G.  .                        . F                           12                           .  O                T     49.0
910501   v      G.   .                        F                             *                            .  O                T     49.0
910501   v      G.   .                       F                              21.                          .  O                T     50.0
910502   v       G.  .                       F                              *                            .  O                T     48.0
910503   v      .G   .                     .F                               .21                           O                  T     49.0
910504   v      .G   .                       . F                            .21                           .  O               T     49.0
910504   v      . G  .                       . F                            *                            . O                 T     50.0
910505Q  v      .G   .                       . F                            .21                          . O                 T     49.0
910506   v      .G   .                       . F                            .21                          .  O                T     49.0
910507   v      .G   .                       . F                            .21                          . O                 T     50.0
910508   v      .G   .                       . F                            .21                          . O                 T     49.0
```

INITIAL VALUE :   IDATE=910424   IN1=.6000   IN2=.2000   IGET=20.0000   IFF=2.8000

发动机技术状态综合评价报告

A.C. MODEL=B767-200ER   A/C=BR2554   ENG MODEL=JT90-7R4E   ENG NO.=716929   ENG POS=1

TIME INTERVAL		CONDITION	FAULT	X	ALPHA/N	OIL	VIB
FROM 910425 1 TO 910501	350	ON-WATCH	05	1.39	.23	OK	OK

06--指示系统EPR故障

图 10-9 发动机压比仪表故障的趋势图

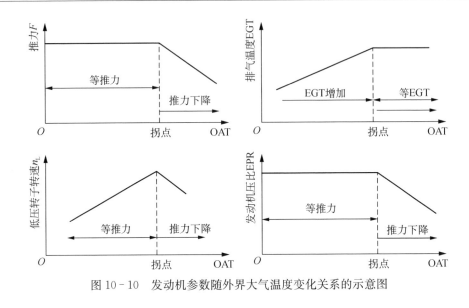

图 10 - 10　发动机参数随外界大气温度变化关系的示意图

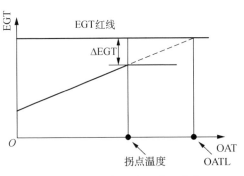

图 10 - 11　排气温度裕度和大气
温度极限的定义

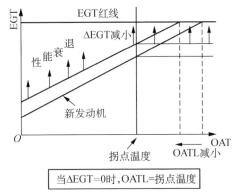

图 10 - 12　OAT 和性能衰减影响的示意图

不是海平面，机场高度越高，为保持平推力起飞所需的发动机转速越大，排气温度越高；起飞过程中排气温度峰值出现在飞机离地之后（见图 10 - 13），飞行速度大于离地速度，这时的飞行马赫数大于零；其他因素还有外界大气温度和飞机防冰及空调的引气状态。显然，上述因素不同时排气温度裕度不同。因此，在确定起飞状态性能监视参数（EGTM）时，必须给定起飞状态，包括发动机功率状态、飞行马赫数 Ma_0、机场高度 H、外界大气温度、引气状态。最常给定海平面起飞状态，即全功率、海平面静态、外界大气温度规定为拐点温度（大约为 30 ℃），这就是前面定义排气温度裕度所用的起飞状态，各种型号民用涡扇发动机都监视这个起飞状态的排气温度裕度。有些型号的民用涡扇发动机还要求监视最小排气温度裕度，其对应的起飞状态根据不同的发动机/飞机组合而定。

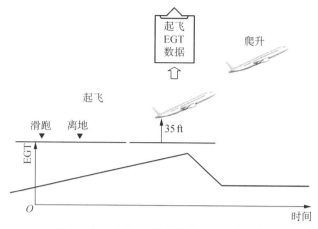

图 10 - 13　起飞过程中的排气温度的变化

由图 10 - 11 可知排气温度裕度 EGTM 与大气温度极限 OATL 的关系，据此 OATL 可由下式进行换算：

$$EGTM = (OATL - OATG) \times \sigma \tag{10-5}$$

式中：σ 为排气温度随外界大气温度变化的斜率；OATG 为拐点温度。

监视排气温度裕度的方法包括超限监视和趋势图监视。前者检查 EGTM，不允许 EGTM 为负值，若 EGTM＝0，就应拆下发动机送去翻修，也不允许在外界大气温度高于大气温度极限时用全功率状态起飞。后者绘制 EGTM 和 OATL 的趋势图，用来衡量发动机性能的变化。

10.4.3.5　气路部件的故障诊断

通过指印图能够初步判断发动机所存在的故障，但这也只是定性地评估发动机的状态。为了能定量地判断出发动机部件效率和流通能力的衰减并能将故障隔离到单元体，那就需要采用扩展性能监视系统和先进的故障诊断算法，智能地判断发动机的故障，这在"以可靠性为中心进行维修"的今天有很重要的地位。

气路部件的故障诊断也称为单元体性能分析，其结果常以趋势图的形式生成报告，更便于维护人员判读。下面给出主要的单元体性能分析报告。

1）短期单元体性能分析报告

短期报告（见图 10 - 14）绘出了 5 个转动部件（即风扇 FAN、低压压气机 LPC、高压压气机 HPC、高压涡轮 HPT 和低压涡轮 LPT）的效率（EFF）和流通能力（F/C）随时间变化的趋势图，高压和低压涡轮部件的流通能力改用导向器出口面积（A_4 和 A_5）表示。单元体性能衰减会造成这些部件的效率下降、压缩部件的流通能力减少，而涡轮导向器出口面积通常会增加。由图 10 - 14 看出：高压涡轮单元体出现效率下降和导向器出口面积增大的问题。这种单元体性能变化的趋势图，直接指出了有故障的单元体和故障的严重程度，该系统具有故障诊断能力。

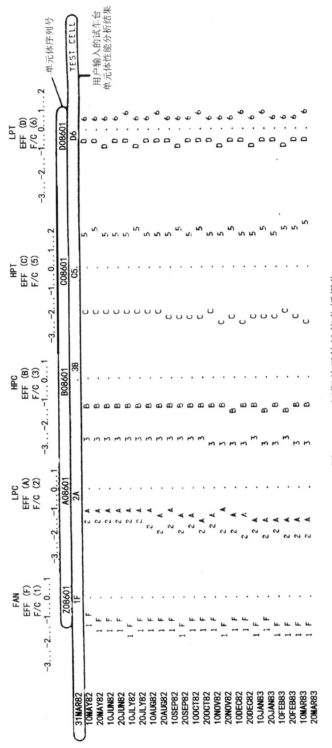

图 10 - 14　短期单元体性能分析报告

2）短期传感器/仪表误差报告

短期传感器/仪表误差报告(见图 10-15)绘出了发动机各传感器/仪表误差的趋势图,图上列出的传感器/仪表包括测量下列参数:燃油流量 W_F、低压和高压转子转速 $N1$ 和 $N2$、高压压气机出口总压 p_{t3}、燃烧室静压 p_{s4}、排气总压 p_{t7}、发动机进口总压 p_{t2}、高压压气机出口总温 T_{t3}、燃烧室出口总温 T_{t4}、发动机进口总温 T_{t2}、排气总温 T_{t7} 的传感器/仪表。维护人员可以从图上直接看出误差较大的传感器/仪表。

3）短期单元体性能变化对发动机耗油率和排气温度变化影响的报告

短期单元体性能分析报告给出了 5 个部件(单元体)性能变化量的估值,显然进一步关心的问题就是它们分别对发动机性能参数耗油率和排气温度造成的影响。图 10-16 绘出了这些部件性能变化分别所造成的发动机耗油率 TSFC 和排气温度 EGT 的变化量,以及所有部件性能变化造成发动机耗油率的总变化。在图上发动机耗油率 TSFC 和排气温度 EGT 的变化量表示为 DSFC 和 DEGT。从图中可以看出:导致发动机性能恶化的部件主要是哪些部件,这将作为制订维修计划的依据。

以上给出短期单元体性能分析,同样可以利用压缩数据进行长期单元体性能分析。

10.4.3.6　单元体性能分析的算法

单元体性能分析的算法很多,目前主流的算法可以分为三类:基于线性模型的小偏差故障方程法、基于非线性模型的方法和基于人工智能的方法。小偏差故障方程法是目前大多数系统所采用的方法,基于非线性模型的方法也已经在工程实际中应用,人工智能涉及范围很广,正在不断发展和完善。

1）基于线性模型的诊断方法

发动机在已知飞行高度、马赫数和油门状态下稳定工作时,测量参数和部件性能参数之间满足下列线性关系式:

$$Z = H_E X_E + H_S X_S + \theta \tag{10-6}$$

式中: Z 为测量参数变化的向量(必须指出,油门设定的测量参数不能列入向量 Z); X_E 为待诊断的发动机气路部件(单元体)性能参数变化的向量; H_E 为部件性能参数对测量参数的影响系数矩阵; X_S 为测量系统误差的向量; H_S 为测量系统误差对测量参数的影响系数矩阵; θ 为测量系统测量不重复性所引起的噪声向量。

故障诊断问题是已知向量 Z,求向量 X_E 和 X_S。最常见的情况是待求向量中的变量个数多于向量 Z 中已知的测量参数个数,这时典型的气路分析算法是应用最佳估值理论,由下式求得 X_E 和 X_S 的组合向量 X 的最佳估值 $\hat{X}$,即

$$\hat{X} = (P_0^{-1} + H^T R^{-1} H)^{-1} H^T R^{-1} Z \tag{10-7}$$

式中: H 为组合 H_E 和 H_S 的影响系数矩阵; P_0 为部件性能参数变化量和测量系统误差的协方差矩阵; R 为测量系统测量不重复性的协方差矩阵。

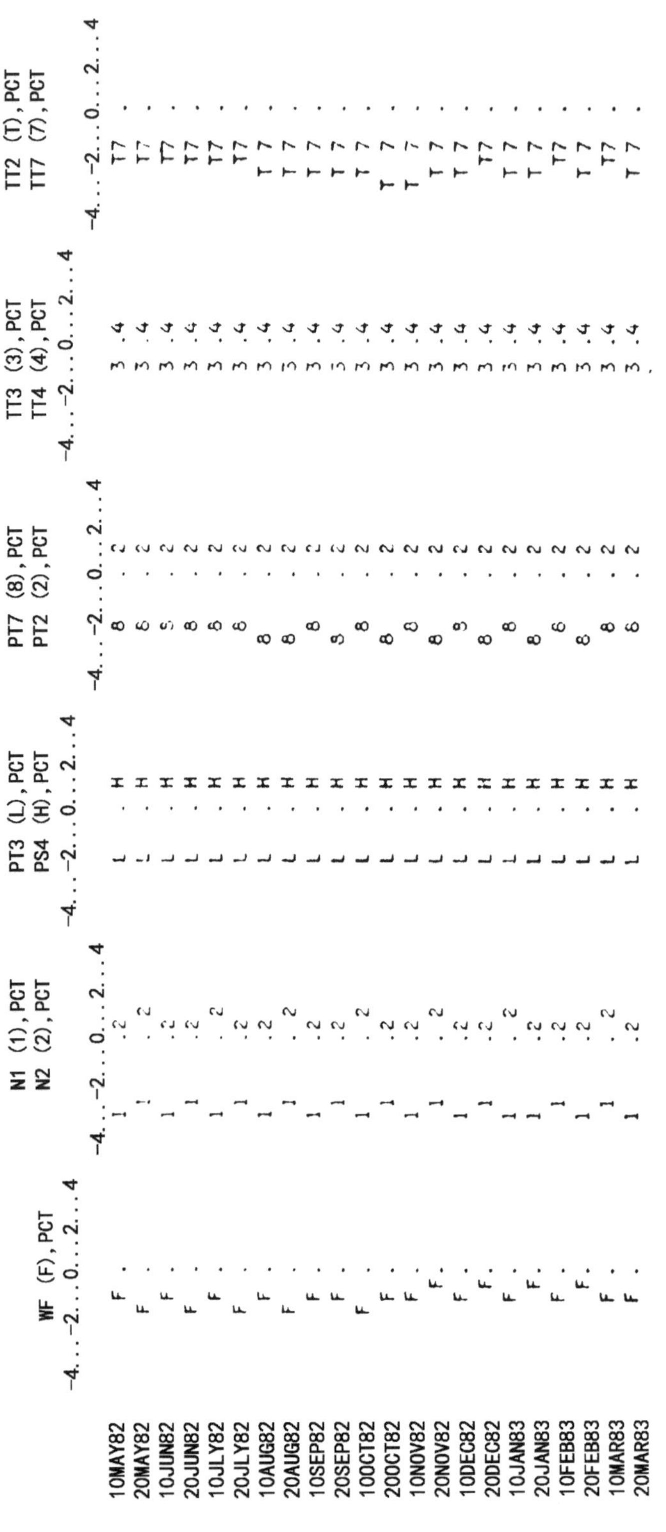

图 10－15 短期传感器/仪表误差报告

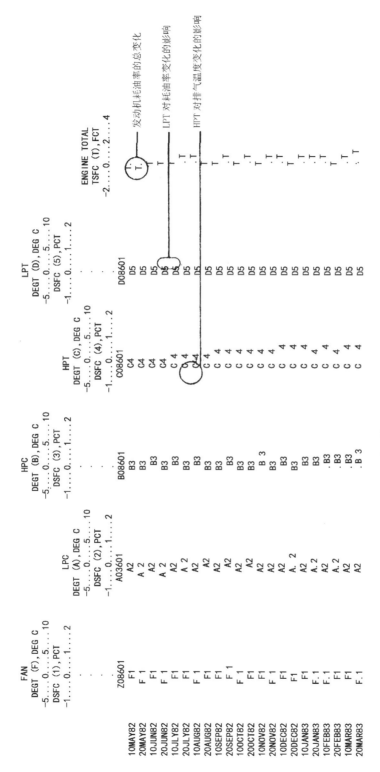

图 10 - 16 短期单元体性能变化对发动机性能变化影响的报告

求解这个方程可以采用不同的最优化方法,如极大似然法、最大后验法和卡尔曼滤波法等。

基于线性模型的故障诊断的优点是定量诊断多故障的效果较好,而且可以同时进行故障的检测、隔离和辨识。对于目前在翼发动机测量参数少的情况,主因子诊断模型[6]是较好的选择。基于线性模型的方法之不足在于它只针对故障小偏差情况,诊断结果取决于模型精度和测量参数的个数。

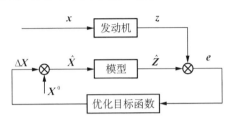

X—发动机实际的部件性能;Z—实测的测量参数;$\hat{Z}$—测量参数的计算值;ΔX—部件性能的变化量;X^0—部件的初始特性值;e—估计误差(即残差)。

图 10 - 17 基于非线性模型的诊断原理

2)基于非线性模型的诊断方法

考虑到发动机性能存在很强的非线性,基于非线性模型的诊断应运而生,其诊断原理见图 10 - 17。图中表明:对于实际的发动机,在运行时的实际部件性能 X 可以看作是输入,而输出是实测的测量参数 Z。发动机非线性模型计算时飞行高度、飞行马赫数、油门位置、飞机引气和功率提取应和发动机运行时的实际值相符,输入部件性能估计值 $\hat{X}$,输出测量参数的计算值 $\hat{Z}$。由图 10 - 17 可知,部件性能估计值 $\hat{X}$ 为部件的初始特性值 X^0 与部件特性的变化量 ΔX 之和。比较测量参数的计算值和实测值,选择如下目标函数:

$$\min J_1 = \sum_{i=1}^{m} \left(\frac{z_i - \hat{z}_i}{\sigma_i} \right)^2 \tag{10-8}$$

式中:m 为测量参数个数;σ 为测量参数标准差。

优化式(10-8),得到部件特性参数变化量 ΔX,完成诊断工作。同时,由非线性模型可以得到发动机性能变化量,这是任何其他算法做不到的。

非线性模型的诊断的本质是利用测量参数来建立一个自适应的发动机性能模型,再从部件性能参数的变化来隔离和辨识故障。隔离和辨识的指标就是图 10 - 17 中所示的残差,无论是单一还是多个目标函数,残差最小的就认为是最可能的解,即故障。现有的优化方法主要包括:最小二乘法、加权和递推最小二乘法、极大似然法、卡尔曼滤波法、最小方差法、约束最优法、贝叶斯估计方法和遗传算法等。

在基于非线性模型的诊断算法中,还有一个关键性的因素就是需要获得一个准确的发动机非线性模型,如果为了能够对发动机进行实时的故障诊断,那就需要一个实时的动态模型。

3)基于人工智能的方法

人工智能在故障诊断领域有着广泛的应用,它包括人工神经网络[7]、专家系统等方法。

人工神经网络用来模拟发动机测量参数和故障特征之间的映射关系。首先训练神经网络,使其掌握上述映射关系。指印图给出了各种性能故障的范例,是一种很好的训练样本。训练后的神经网络,能够实时地连续检查性能数据,如果模式超出正常指印图的范围,则发出告警。在发动机气路部件的故障诊断中,常用的神经网络模型有 BP 神经网络、RBF 神经网络、概率神经网络,自组织特征映射网(SOFM)等。人工神经网络方法用于诊断的优点主要是可以快速进行诊断,并能反映非常复杂的故障特征和测量参数之间的映射关系。不足之处在于训练神经网络的故障样本库很难完整和准确。

人工智能中的专家系统用于发动机气路部件的故障诊断时,通常和其他征兆信息相结合。由于发动机本身的复杂性,专家系统需要对不确定性知识进行推理。当然也可以同时采用不同算法对故障进行诊断,最后对诊断的结果进行综合。

4) 气路部件故障诊断算法的发展

随着发动机监视手段的不断提高,如实时及远程技术的应用和新的智能方法的出现,发动机气路部件故障诊断的发展主要集中在以下几个方面:新的智能方法研究,如基于支持向量机的故障诊断方法、融合诊断技术和数据挖掘技术等。

(1) 基于支持向量机的故障诊断。

支持向量机(support vector machines,SVM)是 Vapnik 等根据统计学习理论中结构风险最小化原则提出的。SVM 能够提高学习机的推广能力,即使由有限数据集得到的判别函数对独立的测试集仍能够得到较小的误差。此外,支持向量机是一个凸二次优化问题,能够保证找到的极值解就是全局最优解。这些特点使支持向量机成为一种优秀的基于数据的机器学习算法,现在仍处于不断发展阶段。目前,支持向量机方法在燃气涡轮发动机故障诊断、性能趋势预测等方面已有应用。

(2) 融合诊断技术。

在工程实践中,发动机性能工程师通常要对气路趋势、振动数据、孔探信息及机组报告等各种可用信息进行综合来判断可能存在的故障。因此,对发动机进行融合诊断可提高诊断的准确率。融合诊断可利用专家系统、神经网络或证据理论等方法进行,融合的级别有征兆级融合和决策级融合。对发动机故障诊断可考虑将气路、振动、滑油和孔探等不同诊断方法进行决策级融合诊断。

(3) 数据挖掘技术。

飞机每次飞行任务结束都会产生大量的数据,日积月累的数据量非常可观,还有海量的发动机运营和维修数据,这就需要用数据挖掘技术来发现数据中蕴含的许多有用信息。数据挖掘的关键是建立适当的发动机运营数据库和维修数据库。NASA 根据美国政府 1997 年制定的在 10 年内将航空致命事故率下降 80% 的目标,制订了航空安全计划(aviation safety program,AvSP)。飞机发动机健康管理是该计划的子项目,它由 NASA Glenn 研究中心领导,采用数据挖掘作为其主要工具。通过数据挖掘可以识别故障前的征兆,预测关键部件的寿命,评估维修措施的有效性和航线结构对发动机寿命影响及获取其他诸多有用信息。

10.4.3.7　测量参数的有效性检查

对于飞行中采集和记录的数据进行有效性检查是十分必要的。因为有时发动机测量参数发生很大变化并非发动机本体故障造成的,而是由测量系统故障或人为因素引起的。无效的数据导致虚警或漏报,或使趋势图失去意义。测量系统故障还有可能导致发动机损伤。例如,风扇进口导流叶片角度调节与进气总温成一定函数关系,进气总温测量不正确会使角度调节错误而引起风扇喘振。

利用数据有效性检查可将传感器故障和发动机本体故障区分开,并隔离传感器故障,及时指导正确排故。测量参数有效性检查和传感器故障诊断的各种方法简述如下:

(1) 测量参数的超量程范围检查。

检查飞行记录的每个测量参数值是否在量程范围内。

(2) 测量参数的超正常范围检查。

当在某一规定的飞行状态下采集数据时,正确的测量参数应在一定范围内变化。测量参数的变化范围依具体发动机的型号预先给出。本项检查将确定各测量参数是否超出预定范围。

(3) 飞行状态参数相互校核。

利用 5 个飞行状态参数(飞行高度 H、飞行马赫数 Ma_0、进气总温 T_{t2}、大气静温 T_{s0} 和指示空速 V_{IAS})之间的气动力学函数关系,进行飞行状态参数的相互校核。

(4) 利用传感器故障-偏差量的指印图来诊断传感器故障。

发动机制造商或研制单位给出被监视发动机传感器故障-偏差量的指印图(见图 10-18),对照指印图和实际的趋势图,可以判断出传感器故障。

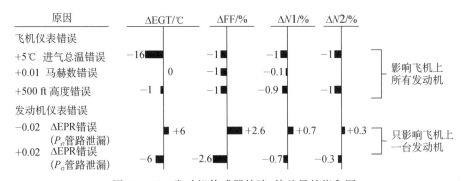

图 10-18　发动机传感器故障-偏差量的指印图

(5) 同一架飞机上多台发动机参数比较法。

利用多台发动机测量参数相互对比,隔离飞机仪表故障。若所有发动机的测量参数具有相同变化趋势,表明飞机仪表故障。若各台发动机监视参数变化趋势不同,表明是发动机本体故障或发动机传感器故障,还需要根据趋势变化的具体特点(见图 10-6 和图 10-18)来隔离故障。

（6）利用基于部件特性的发动机非线性模型诊断传感器故障。

利用基于部件特性的发动机非线性模型，而且是自适应模型，能够反映每台被监视发动机正常工作时所有测量参数的数值。将实际测量值和模型计算值进行对比，两者差别大的就是故障传感器。

（7）自联想神经网络法。自联想神经网络（auto-associative neural network，AANN）可在数据滤波中用来消除数据的随机误差，但不掩盖数据真正的趋势变化，可获得真正反映趋势变化的数据，也可以用于发动机传感器故障隔离[8]。

10.4.3.8 利用地面试车数据的发动机单元体性能分析

地面试车台系统可以测量比飞行数据更多的测量参数，包括扩展的参数，而且可以记录多个工作状态（如最大、最大连续、巡航等状态）的参数，更有利于分析发动机单元体性能，可以实现以下功能：

（1）在试车台评估发动机单元体性能。

（2）计算气路主要单元体的效率和流通能力。

（3）分析低压和高压压气机特性图上的共同工作线的变化。

（4）计算测量参数误差。

计算过程包括：将测量参数进行试车台修正并换算到海平面标准状态，得到换算参数；计算测量参数相对于基线的偏差，对所有点进行超限检查；进行单元体性能分析，评估单元体性能计算中所用测量参数的误差，计算单元体效率和流通能力相对于基线的偏差，并且据此计算单元体性能偏差对发动机性能（耗油率、推力、燃油流量、排气温度、低压和高压压气机特性上的发动机共同工作线）的影响等。比较10.4.3.5节利用飞行数据的单元体性能分析，试车台的单元体性能分析结果更加准确，将其用于进一步核实 EHM 系统的告警信息和故障诊断结论，以便做出正确的维修决策。利用地面试车台系统的发动机性能分析软件，可以推算发动机在飞行中的性能变化，如巡航耗油率、起飞推力、起飞排气温度、巡航发动机工作线的变化等。

10.4.3.9 气路部件过渡态性能分析

利用起飞航段记录的发动机从慢车到起飞状态的过渡态数据与特定时刻瞬态值的阈值进行对比检查，判断气路部件和燃油控制系统故障。过渡态性能分析对于军用发动机具有特殊的意义，因为战斗机很难找到每次飞行任务都重复执行的稳态飞行过程。过渡态性能分析比稳态性能分析更为复杂，也更困难，这种技术尚在研究和发展中。

许多燃油系统和燃烧问题可以从起动性能的变化上看出，在发动机起动时所记录的数据可作为一种重要的诊断依据。发动机停车过程的数据可以指出发动机损坏的原因和部位。有一种实用系统可对下列起动过程参数进行监视：

（1）点火时的压气机出口静压。

（2）压气机静子叶片开始动作的压气机换算转速。

（3）可调几何部件的实际值相对于调节规律名义值的偏差。

（4）起动时间。

（5）燃油开始增压时的起动机管道压力、压气机可调静子叶片角度。

（6）起动过程中排气温度最大值。

（7）燃油开始增压后 20 s 的高压转子转速。

（8）点燃后排气温度对高压转子转速的斜率。

10.4.3.10　机队健康管理与发动机性能排队

前面各项性能监视和气路故障诊断方法，包括趋势分析、单元体性能分析、超限检查和告警、故障隔离等都是针对单台发动机的。对于拥有几十台，甚至上百台发动机的航空公司来说，一般都组成机队来管理这些发动机。机队健康管理的内容包括：发动机结构和使用跟踪，显示机队/发动机现在状态，机队发动机性能排队，事件跟踪/拆卸原因/成本分析，故障预报，基于单元体的修理计划，计划的/实际的成本平衡。

利用机队中所有发动机的数据在地面进行统计分析，以得出机队统计的平均值和趋势，生成机队监视表，还可用这些数据将某一特定发动机与一个统计模型进行比较，以发现维修中的普遍问题和发动机设计、制造的共同问题，也可以作为安排发动机使用和制定维修计划的依据。例如：在发动机机队中，可能发生若干起涡轮导向叶片烧毁的故障，导致非计划更换发动机。人工检查这些发动机的健康监视数据，可以发现在故障发生前性能参数就有变化，将这些经验统计数据编入机队健康管理系统。一旦发现类似情况，则自动发出告警信息，并再监视使用一段时间后拆下送修。

在机队健康管理系统中，机队发动机性能排队用来比较机队中发动机的性能，可以反映以下信息并指导发动机的使用和维修：

（1）发动机机队性能状态及异常的性能衰减情况。

（2）飞机仪表问题。

采用何种关键参数来进行发动机性能排队是个重要问题。大部分类型发动机在性能衰减时常伴有排气温度和燃油流量增加，可以根据 EHM 系统中的排气温度偏差 EGT 和燃油流量偏差 ΔFF 建立性能排队指标公式，并按此指标创建一个发动机性能队列。

在发动机性能排队报告中，按性能由差到好依次排列。航空公司依据发动机的性能排队，决定发动机继续监视使用，采取某些维修措施，还是拆下送修。航空公司也根据发动机性能好坏安排发动机的使用，如耗油率低或排气温度低的发动机安排在长航程的航线使用，这样可以节省整个机队的燃油消耗，还可以避免出现飞到国外时要求更换发动机的可能。性能差的发动机则安排在短航程的航线使用。

10.4.3.11　保持发动机低燃油消耗的策略

若在发动机使用中保持发动机低的耗油率，可以使飞机获得低燃油消耗，因此监视和分析发动机使用情况及故障对耗油率和维修成本的影响,可以作为 EHM 系统的一项很有用的功能。

为了保持发动机低的耗油率,首先应分析影响发动机耗油率的主要因素。可以从以下三方面进行分析。

(1) 从发动机本身分析:影响发动机耗油率的是发动机部件的性能衰减(详见 10.2 节)和气路相关系统故障,如引气泄漏、涡轮机匣冷却气量异常等(详见 10.4.3.3 节的指印图)。

(2) 从发动机在飞行中的使用情况分析:逐个航段分析使用中的问题,将这些因素综合到航线维修中,给出报告和建议。表 10-4 列出发动机在每个航段使用中评估发动机燃油消耗需要考虑的问题。

表 10-4　各航段使用中评估发动机燃油消耗需要考虑的问题

航段	评估内容
起动过程	评估发动机起动过程的时间程序,以优化燃油消耗
起飞滑行	评估暖机的时间,发动机压比的设置是否使推力超过飞机滑行的需用推力,滑行时间,是否使用单发滑行技术
起飞	评估减推力起飞的可能性
爬升	评估爬升路线的选择,是否选用最经济爬升方式,爬升时间及其对燃油消耗的影响,爬升过程中飞行速度/马赫数的选择及其对燃油消耗的影响
巡航	评估巡航高度和速度的优化,如果可能给出建议
下滑	评估下滑时间,并给出建议
停车	评估总飞行时间,给出减少飞行时间的建议、冷机时间及降低燃油消耗的建议
所有航段	环境控制系统/空调装置的设置是否最佳

(3) 评估压气机水洗的效果和成本,给出保持发动机低耗油率的水洗计划。

认真贯彻上述保持发动机低耗油率的技术措施,可以降低燃油消耗,节省航空公司的燃油成本,但同时也需要考虑维修等工作所带来的经费支出。

10.5　起飞减推力的使用

4.1 节给出发动机的规定工作状态,每个状态有规定的性能指标,包括推力、耗油率、排气温度等。这些指标可作为发动机出厂检验发动机性能的标准,也可作为用户接收发动机时的验收标准。

发动机在实际使用中,并非只能在这几个规定工作状态运行,这是由于飞机在不同飞行航段对发动机推力和耗油率的要求是不同的。例如,民航飞机的主要航段是起飞、爬升、巡航和下滑着陆,根据实际情况每个航段的飞行要求和运行环境会有不同,包括巡航高度、巡航速度、航程长短、机场高度、跑道长度、飞机起飞总重等,这些不同情况需要不同的发动机推力和耗油率,所对应的发动机工作状态可能不同于发动机规定工作状态,因此要求发动机从最小工作状态到最大工作状态之间的任意状态都可以稳定工作。一般靠操纵油门改变发动机工作状态。

本节讨论上述诸多情况中的一种情况,起飞时使用减推力。首先简要说明现代民航飞机起飞时所采用的平推力模式(见 10.4.3.4 节),图 10 - 10 给出该模式下发动机的推力 F、排气温度 EGT、低压转子转速 n_L、发动机压比 EPR 随外界大气温度 OAT 的变化关系。其中推力变化的特点是:当大气温度小于或等于拐点温度时,推力不变;当大气温度大于拐点温度时,由于排气温度限制使得推力随着大气温度的增加而减少。

实际上,飞机起飞时的需用推力往往小于发动机起飞平推力所能提供的推力,例如:由于载客和载货量不同,飞机起飞总重可能小于最大值;可用跑道长度可能大于飞机设计使用值,允许使用较低推力而更长的滑跑距离起飞;机场位置和气候条件不同等。在这些情况下,所需的起飞推力允许小于发动机全功率状态的推力,显然减油门使用发动机是合理的,称为减推力起飞。其好处在于减推力起飞可使发动机的负荷降低,即转速、涡轮前温度和热部件温度都较低,减少热部件的损伤并导致发动机内部压力降低,延长发动机零部件寿命、降低运行成本并节省维修成本。

对于民航飞机的大涵道比涡扇发动机,可用的起飞推力过剩,选择减推力起飞十分平常。在 EHM 系统中,设有监视起飞减推力执行情况的功能,提供起飞减推力报告。

为了确定推力减少量,需采用起飞减推力技术,下面介绍一种主要的技术,即假想温度法(assumed temperature method,ATM)。

ATM 是根据当前的环境条件(如大气温度等)、跑道情况、飞机性能要求和实际起飞总重来计算对应最佳减推力的发动机油门状态。对于以发动机压比为控制参数的发动机,应算出需要使用的发动机压比。ATM 利用了两张图:一张图是发动机控制参数随大气温度的变化关系,反映了发动机的起飞推力特性,见图 10 - 10;另一张图是飞机起飞总重 TOGW 随大气温度 OAT 的变化关系,反映了机场条件和飞机起飞性能对起飞总重的影响(见图 10 - 19),其中影响起飞总重的限制条件,包括飞机结构、跑道、第 2 段爬升的梯度、机轮速度、大气温度大于拐点温度后推力降低对最大起飞总重 TOGW_{max} 的限制。将这两张图绘在图 10 - 20 上,左图表示最大发动机压比 EPR_{max} 和 75% 的最大发动机压比 $\text{EPR}_{75\%}$ 随大气温度的变化关系,右图表示起飞总重随大气温度的变化关系。输入当前起飞时的实际大气温度 $\text{OAT}_{实际}$ 和起飞总重 $\text{TOGW}_{实际}$。根据 $\text{TOGW}_{实际}$ 从右图上查出假想温度 OAT_{ATM},利用 OAT_{ATM} 从左图上查出在实际大气温度条件下应使用的发动机压比。在下列情况下不能使用 ATM 计算减推力起飞,例如:跑道上覆盖水、雪、冰和雪的混合物,增加了滑跑阻力,甚至影响飞机刹车的情况;可能会有风切变的情况。即使选择减推力起飞,推力减少量也不允许过大,一般控制推力减少在 25% 以内。

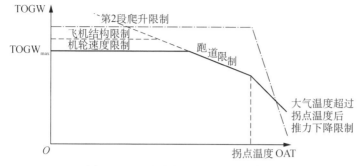

图 10-19 影响起飞总重的限制条件

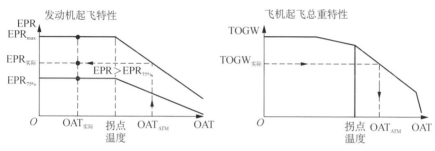

图 10-20 起飞减推力技术的假想温度法

10.6 发动机反推力的使用

对于现代飞机,尤其是民航飞机广泛采用反推力装置来缩短飞机着陆滑跑距离,以便使飞机停止在规定的距离内,或者在飞机需要中止起飞时减小飞机速度。对于潮湿和结冰的跑道,反推的好处显得尤为突出。反推力装置有利于飞机着陆或转场到跑道较短的小机场着陆,因而可提高飞机的出勤率。

为了实现推力反向,一个简单而有效的方法是将排气流反向。推力反向时,不可能实现将排气引导至完全向前的方向,排气角度一般选为 45°左右。因此,在转速相同的情况下,有效的反推力要比正推力小。

10.6.1 反推力装置的类型

在涡喷或涡扇发动机上,有多种实现反推力的方法。根据具体使用情况,反推力装置虽然在结构形式和机械动作等方面各有差别,但大体上仍可分为三种基本类型(见图 2-22):蚌壳型反推力装置,用折流门使热排气流反向;挡板型反推力装置,用伸在喷管后的挡板系统使热排气流反向;叶栅型冷气流反推力装置,用折流门和叶栅使外涵道冷气流反向。目前,大涵道比涡扇发动机广泛采用叶栅型冷气流反推力装置。下面将简单介绍这几种反推力装置[9]。

1) 蚌壳型反推力装置

蚌壳型系统为气压操纵系统。发动机在正推力状态工作时,用以偏转排气流的管道被蚌壳状的活门堵死。在驾驶员选择反推力后,蚌壳状活门旋转,关闭燃气流的正常出口并打开偏转排气流的管道,叶栅型的叶片将燃气流导引至向前的方向,形成与飞机飞行方向相反的发动机推力。

2) 挡板型反推力装置

挡板型系统为液压传动式系统,是在发动机喷管后面向外装有张开的两块或多块挡板,它把发动机的喷流挡住并转向前喷,从而产生反推力。不用反推力时,挡板收拢贴靠在发动机喷管外壁上。

3) 叶栅型冷气流反推力装置

叶栅型反推力装置虽有各种不同方案,但都是用折流门将发动机的外涵道冷气流挡住,同时打开换向气流通道,经叶栅引导外涵道冷气流向前排出,产生反推力。

图 10 - 21 给出一种典型的叶栅型冷气流反推力系统。当发动机在正推力状态运行时,外涵道气流喷管处于正常工作状态,折流门从里面把叶栅的叶片盖住,形成光滑的外涵喷管内表面。外表面被可移动的(平移的)整流罩盖住,形成平滑的短舱外表面,以使整流罩阻力降低。在选择反向推力时,作动系统驱动平移整流罩向后移动,同时关闭折流门以挡住外涵道气流喷管,使外涵道气流从叶栅叶片间的通道反向排出。

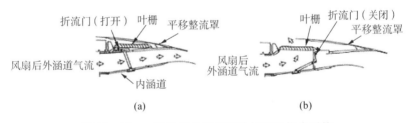

图 10 - 21 一种典型的叶栅型冷气流反推力系统

(a) 正推力 (b) 反推力

叶栅型反推力装置在打开反推力叶栅窗口的过程中,由于额外打开了外涵道气流的出口,相当于使排气有效喉道截面积发生改变。在飞机进场时,发动机在慢车状态工作,给出反推力装置的打开指令后,可平移的整流罩开始逐渐后移,露出叶栅叶片,使部分外涵道气流经叶栅窗口排出,此时折流门并未完全关闭,所以排气有效面积增大,导致风扇工作线下移,降低其失速危险。当飞机着陆接地后,此时可平移的整流罩移动到最后位置,折流门完全关闭,外涵道气流全部经叶栅窗口排出,并且此时风扇又回到正常工作线位置。

10.6.2　反推力装置的性能指标及其对发动机性能影响

反推力装置的工作效能,通常以反推力效率 η_{REV} 和流量系数 φ_{REV} 来评定。反推力效率 η_{REV} 定义为反推力 F_{REV} 与发动机在相同状态下可产生的向前推力 F 之比:

$$\eta_{REV} = \frac{F_{REV}}{F} \qquad (10-9)$$

静态反推力效率取决于气流的流路损失和气流拐弯的角度。一般挡板型反推力装置把喷管出口气流折转为两股分开的反向喷流,流动损失很大,所以其反推力效率较低(为 55%～60%)。叶栅型反推力装置的流路损失较少,故其反推力效率较高(为 75%～90%)。

对于叶栅型反推力装置,由于叶栅出口喷流并不是轴向的,又常用轴向反推力系数 $C_{F, RX}$ 来评定其效能。轴向反推力系数 $C_{F, RX}$ 定义为实际轴向反推力 $F_{RX, ac}$ 与理想等熵完全膨胀产生的总推力 $F_{g, i}$ 之比:

$$C_{F, RX} = F_{RX, ac} / F_{g, i} \qquad (10-10)$$

叶栅型反推力装置通过叶栅窗口的流通能力以流量系数 φ_{REV} 来评定。φ_{REV} 定义为通过叶栅窗口的实际流量 $W_{a, ac}$ 与由叶栅窗口面积确定的理想流量 $W_{a, i}$ 之比:

$$\varphi_{REV} = W_{a, ac} / W_{a, i} \qquad (10-11)$$

在设计中用它来确定叶栅窗口的实际有效面积。

设计反推力装置时,应尽量满足以下基本要求:

(1) 在发动机一定工况下(如最大功率状态),反推力效率 η_{REV} 或轴向反推力系数 $C_{F, RX}$ 应超过某一最低值(这一数值由具体任务给出)并能顺利排出发动机流量,同时在发动机气流向前喷射产生反推力的过程中,发动机的工作状态没有明显改变。

(2) 工作安全可靠、操作灵活,而且在万一控制失灵时,反推力装置应处在正推力位置。

(3) 对于某些类型的反推力装置,其热结构部件必须能耐高温或进行冷却。要避免飞机低温构件被向前喷射的热燃气影响其强度。

(4) 要避免反向气流与飞机控制面相干扰而影响飞机的稳定性和操纵性,还要避免排气被重新吸入进气道中,而影响发动机的稳定工作或超温。

驾驶舱中的反推手柄用来操纵反推力装置。客机波音 737 的反推控制系统可以在飞机离地小于 3 m 时打开反推力装置。出于安全考虑,只有当发动机以低功率状态运转时,才能将反推手柄推到反推力位置。若将反推手柄推至全反推力位置,则发动机将达到最大工作状态。

参 考 文 献

[1] Walsh P P, Fletcher P. Gas Turbine Performance [M]. 2nd ed. England: Blackwell Science Ltd. , 2004.

[2] Aircraft Gas Turbine engine health management system guide [S]. SAE ARP1587A, 2007.

〔 3 〕航空发动机设计手册总编委会. 航空发动机设计手册:第 3 册〔M〕. 北京:航空工业出版社,2000.

〔 4 〕Guidelines for integrating typical engine health management functions within aircraft systems〔S〕. SAE AIR4061B, 2008.

〔 5 〕Guide to limited engine condition monitoring system for aircraft gas turbine engine〔S〕. SAE AIR1873, 2005.

〔 6 〕范作民,孙春林,白杰. 航空发动机故障诊断导论〔M〕. 北京:科学出版社,2004.

〔 7 〕Neural network applications for engine condition monitoring〔S〕. SAE ARD50069, 2002.

〔 8 〕Guo T H, Saus J, Lin C F, et al. Sensor validation for turbofan engines using an autoassociative neural network〔R〕. AIAA-96 - 3926,1996.

〔 9 〕航空发动机设计手册总编委会. 航空发动机设计手册:第 7 册〔M〕. 北京:航空工业出版社,2000.

思 考 题

1. 如何实现视情维修?

2. 为诊断发动机气路部件的故障,应选择哪些测量参数?

3. 简述诊断发动机气路部件故障的方法。

11　航空燃气涡轮发动机新技术

11.1　引言

　　自从航空发动机问世以来,航空界一直在为提高发动机性能,拓展发动机的使用范围而不懈努力。研究人员在不断挖掘常规喷气发动机性能潜力的同时,也提出了各种各样的改进发动机结构形式或新发动机结构形式。这些结构形式中,关注度较高的有齿轮传动风扇发动机、开式转子发动机、中冷回热航空发动机、变循环发动机和涡轮冲压组合发动机。

11.2　齿轮传动风扇发动机

　　民用航空领域对燃油经济性和噪声的要求越来越高,增大涵道比降低排气速度是降低发动机耗油率和噪声的重要技术措施。但增大涵道比会引起风扇直径增加,在噪声(叶尖切线速度的四次方关系)、磨损(叶尖切线速度的三次方关系)和包容(叶尖切线速度的二次方关系)限制约束条件下,风扇转速必须降低。因此,对于传统构型的大涵道比涡扇发动机,风扇转速降低会引起增压级增压能力和低压涡轮做功能力下降,增压级和低压涡轮级数增加,使发动机重量增加和发动机安装性能下降,尺寸和重量增加的影响严重时甚至会抵消涵道比增大带来的收益(见图 11-1)。

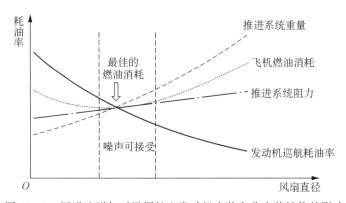

图 11-1　涵道比增加对民用航空发动机安装和非安装性能的影响

图 11-2 齿轮传动风扇发动机

相比于传统的双转子涡轮风扇发动机,齿轮传动风扇发动机(见图 11-2)就是在低压转子的风扇和增压级之间增加了一个减速齿轮箱,使得风扇工作在较低的转速,而增压级和低压涡轮可以工作在较高的转速,因而在相对少的压气机级数和低压涡轮级数基础上,获得发动机的高增压比和高涵道比,达到在发动机重量不显著增加的条件下,降低耗油率和噪声。

齿轮传动风扇发动机技术的关键为大功率、高效率、高紧凑、可修复、长寿命齿轮技术。为满足长寿命民用飞机发动机的使用和维护要求,普惠公司在其下一代单通道民用飞机发动机上采用的星形齿轮具有以下设计特征:

(1) 不需要专用滑油。

(2) 耐滑油中断运转设计。

(3) 齿轮箱不影响维修间隔时间。

(4) 齿轮箱能满足两个大修循环的要求。

(5) 齿轮为非限制寿命件。

(6) 可靠性上相当于或优于传统涡扇发动机,不需要专门的使用和维护措施。

(7) 齿轮接触面采用新型耐磨可修复涂层,显著降低齿轮箱的发热量和维护成本。

对于性能基本相当的两种型号的下一代(相对于 CFM56 系列发动机)150 座级单通道客机发动机,普惠公司的 PW1000G 发动机在涵道比和风扇尺寸方面略大于 CFM 公司的 LeapX 发动机,但通过使用齿轮传动风扇技术,PW1000G 在重量上轻于 LeapX。

随着发动机涵道比的增大,风扇噪声和喷流噪声的降低,其他部件噪声占整个发动机噪声的比重增加。高转速提升了增压级和低压涡轮的做功能力,但切线速度提高也引起这两个部件噪声增大,需要采用隔断噪声传播的气动噪声—体化设计技术来抑制增压级前传噪声和低压涡轮后传噪声。

齿轮传动风扇发动机一经推出就得到了广泛的关注,其在高涵道比(>10)发动机上应用带来的重量优势已经得到体现。虽然普惠公司对这项技术进行了大量的地面试验验证,也经过了飞行试验验证,但实际不同区域用户的使用条件可能更为复杂,关于齿轮传动风扇发动机技术的争议还有待于大量实际使用来证明。

11.3 开式转子发动机

20 世纪 70 年代后期,"石油危机"给航空运输业带来冲击,在此影响下,航空界开始大力研制一种新的被称为"螺旋桨风扇发动机"的动力装置,简称桨扇发动机(见图 11 - 3),目的是获得一种既具有涡轮螺旋桨发动机的低耗油率、又具有涡轮风扇发动机适于高速飞行特点的发动机。桨扇发动机也被称为无涵道风扇发动机(UDF),而开式转子发动机实际上是桨扇发动机的另一种新称谓。由于近期石油价格明显上涨,航空界又开始重新关注开式转子发动机的研究。

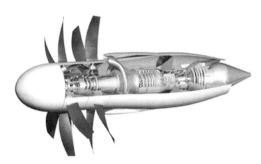

图 11 - 3 拉进式桨扇发动机

开式转子发动机在循环方式上与涡桨发动机基本一致,两者之间的主要区别在于,开式转子发动机的桨叶较多(一般为 6～8 片),桨叶弯曲而后掠,呈马刀形,桨叶直径小于涡桨发动机螺旋桨的直径。从桨叶剖面来看,普通螺旋桨叶片的叶型是典型的低速飞机的机翼剖面形状,它在低速情况下效率很高,但一旦接近声速,效率就急剧下降,因此装有涡轮螺旋桨发动机的飞机速度限制马赫数在 0.6 以下;开式转子发动机的桨叶既宽且薄、前缘尖锐并带有后掠,这种叶型则类似于超声速机翼的剖面形状,其跨声速性能相对要好得多,这使得开式转子发动机马赫数在接近 0.8 时仍有良好的推进效率。

开式转子发动机在耗油率方面的优势明显,美国通用电气公司的 GE36 发动机曾装在 MD - 80 上与另一台 JT8D - 17 涡扇发动机进行对比试飞,试飞结果表明,GE36 发动机的耗油率比 JT8D - 17 低 49%;安- 70 是乌克兰安东诺夫科学技术联合体和俄罗斯共同研制的中程宽体运输机,是世界上第一种成功使用桨扇发动机(Д - 27)的飞机,在以最大巡航速度(马赫数为 0.73)飞行时,Д - 27 发动机的耗油率比同时期常规涡扇发动机降低 20%～30%。

但开式转子发动机也存在以下明显的不足,需要克服这些不足才能推广其在现代民用航空领域的应用。

(1)噪声问题。

(2)桨叶可能断裂或脱落引起的安全问题。

(3)桨叶防冰问题。

(4)桨叶和发动机的综合控制问题。

(5)尺寸和重量对飞机安装性能的影响问题。

开式转子发动机的桨叶尺寸很大,飞机需要采用上单翼翼吊发动机的构型或尾吊发动机的结构形式,给发动机的维护带来一些不方便。此外,由于尺寸和重量的约束,单台开式转子发动机的推力(或拉力)有限,也限制了这类发动机的应用范围。

11.4 中冷回热涡扇发动机

11.4.1 环境保护要求对发动机设计的影响

虽然航空工业的尾气排放污染大约只占世界总尾气排放污染的 2%，但它对气候变化和全球变暖的实际影响上比这大得多。例如，英国皇家环境污染研究协会(RCEP)的研究报告指出，在高空排放的 CO_2 具有很强的辐射力，是地面的 2~4 倍。因此，欧盟和美国均制定了针对航空工业的环保目标，提出到 2020 年，每乘客每公里尾气排放量减少 50% 的目标。为了达到这个目标，欧洲航空咨询委员会(ACARE)把这个目标分配到各个具体的部门，民航发动机的目标是减少 15%~20% 的 CO_2 排放和 80% 的氮氧化物(NO_x)排放[1]。此外，国际民航组织也越来越关注飞机的尾气污染，对于飞机着陆时对机场环境的污染将要征收着陆税[2]。

随着经济的发展和人们收入的提升，更多的人选择快捷方便的航空运输，包括客运和货运，航空事业迅速发展。航空运输市场的发展机会给各航空公司带来了潜在的利润，但随着各国政府提高对环境污染的关注，以及出台的一系列政策，都提高了民航运输的成本，现有的民用航空发动机技术已很难保证各航空公司从航空运输的发展中得到超过 5% 的利润[3]。因此，需要研制一种更适应如今形势的新概念节能环保发动机[4]。

对航空发动机来说，降低发动机的耗油率是节能减排的重要技术途径之一。在相同的飞行速度下，耗油率与发动机总效率成反比，总效率为热效率和推进效率的乘积。热效率的提高可以通过以下几个途径：

(1) 提高发动机部件性能。

(2) 提高发动机循环参数(更高的总增压比和涡轮前温度)。

(3) 采用新概念的发动机热力循环。

受材料高温强度限制，涡轮前温度增加的趋势越来越缓慢。另外，高的涡轮前温度和高的总增压比会促进燃烧室内氮氧化物的生成，考虑控制排放污染，民航发动机总压比近年来的发展趋势已不是大幅度提高，而是逐渐趋于平缓[5]。因此，通过提高循环参数提高发动机热效率将受到限制。

提高涡扇发动机推进效率可通过增加发动机涵道比降低排气速度来实现。低的排气速度也更有利于减少推进系统产生的噪声。然而，如果仍沿用传统的分排涡扇热力循环模式，推进效率的增加潜力将会受到限制。风扇尺寸的增加意味着更低的风扇压比和低压转子转速，为了维持较高的总增压比，需要增加低压压气机和低压涡轮的级数以获得满意的部件效率；低压转子转速的降低使转子扭矩增加，需要更粗的低压轴来保证机械强度。这些代价都会抵消增大涵道比及风扇尺寸给耗油率带来的收益。11.2 节讨论了采用齿轮传动风扇发动机来满足风扇与低压系统其他部件的转速匹配关系。

为了进一步提高飞机的经济性和满足日益苛刻的环保标准，将新概念齿轮传动中冷回热涡扇发动机的研制推上了日程。

11.4.2 中冷回热涡扇发动机的结构特点及性能优势分析

现代民用涡轮风扇发动机在技术上已经优化到了较高的标准,如果想进一步提高性能,只有考虑改变传统的热力循环,其中一个途径就是选择已经应用在工业和海军舰船动力上的中冷回热循环技术。图 11-4 给出了中冷回热三轴分排涡扇发动机的截面示意图。

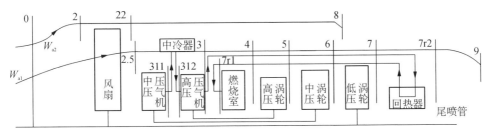

图 11-4 中冷回热三轴分排涡扇发动机截面示意图

由图可知,中冷回热航空发动机是在简单发动机循环基础上加入了中冷和回热两个环节,中冷器的应用降低了高压压气机进口温度,减小了高压压气机耗功,同时增大了回热器中空气和燃气的温差,提高了回热器效率。高压压气机出口气流再与低压涡轮出口燃气通过回热器进行热交换,有效利用了涡轮出口燃气余热,增加了进入燃烧室的空气温度,在涡轮前温度不变的前提下可以减少燃烧室供油量,增大发动机热效率,耗油率也相应降低。

图 11-5[6] 为在相同单位推力水平,风扇压比保持不变的前提下,发动机热效率随总压比的变化曲线,计算时未考虑气流通过回热器的压降损失影响,计算时中冷回热发动机中冷器和回热器冷效都为 0.6。冷效的定义为换热器实际传热热流量 Q

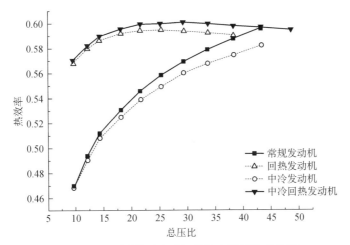

图 11-5 不同类型发动机热效率随压比变化图

与理论上最大可能的传热热流量 Q_{max} 之比。由图可得:随着总增压比的提高,中冷回热发动机的热效率最高,回热发动机次之但高于常规循环发动机,中冷发动机的热效率最低。

图 11-6[7] 为不同类型发动机耗油率随发动机总压比的变化曲线。计算过程中暂未考虑气流通过回热器后压降的影响,由图可见:当总压比小于 50 时,在相同的总压比下,中冷回热发动机与常规循环发动机、分别只加入中冷和回热的发动机相比,具有更低的耗油率。

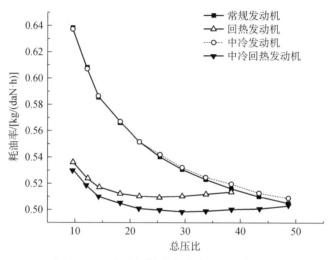

图 11-6　发动机耗油率随总压比的变化图

为了评估气流经过换热器产生的压力损失给发动机性能带来的影响,图 11-7[6] 给出了中冷回热发动机耗油率随通过换热器及管道气流压力损失变化的影响。图中假设气流通过换热器及管道后压降率为 0、3%、5% 和 8%。由图可知:气流通过换热器后压降越大则耗油率越高,在换热器压降率为 8% 时,在发动机压比大于 33 后,中冷回热的耗油率还高于常规循环发动机的耗油率。因此,中冷回热涡扇发动机设计时要严格控制换热器的压力损失。

图 11-8[6] 为不同换热器冷效下,发动机的耗油率随单位推力的变化曲线。从图中可以看出:换热器冷效越高,传热效果越好,发动机在达到相同单位推力的条件下耗油率越低;同时,换热器冷效越高,达到较低耗油率和较高单位推力水平所需的压气机总压比越低。然而,换热器冷效的选择是一面双刃剑,高的冷效有利于提高发动机非安装单位推力和降低非安装单位耗油率性能,但会大幅度增加发动机的尺寸和重量。表 11-1 给出了换热器冷效对尺寸、重量的影响[7]。由表可知,当换热有效度从 0.44 上升为 0.8,换热器总重由 604 kg 上升为 8 088 kg,增长了 12.4 倍。估算时,中冷回热发动机的设计点高度为 10 680 m,马赫数为 0.82,质量流量为 650 kg/s,基于现有的材料和技术水平,采用板翅式换热器,材料为高温镍基合金,估算方法见文献[8]。

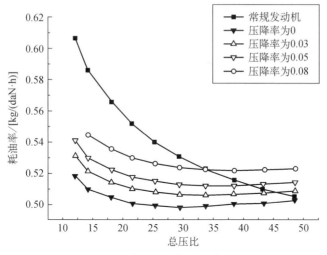

图 11-7　发动机耗油率随压降的变化图

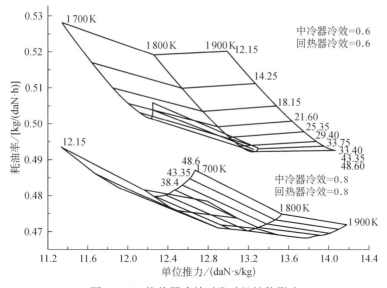

图 11-8　换热器冷效对发动机性能影响

表 11-1　换热器冷效对尺寸、重量的影响

序号	换热器有效度	长/m	宽/m	高/m	换热器重量/kg	个数	换热器总重/kg
1	0.44	0.6	0.075	1.05	75.5	8	604
2	0.53	0.8	0.100	1.13	131.0	8	1048
3	0.60	1.0	0.125	1.20	205.5	8	1644
4	0.80	1.2	0.600	1.28	1011.0	8	8088

11.4.3 中冷回热同流涡扇发动机的技术难点及研究进展

中冷回热同流涡扇发动机技术在欧盟的环保型航空发动机部件验证(clean)计划、洁净天空(clean sky)计划和航空发动机核心机新计划(new aero engine core concepts)[9—14]均被列入重点研究项目。欧洲 MTU 发动机公司还为中冷回热涡扇发动机制定长期发展战略计划,预计最快 2020 年投入使用。为了做好中冷回热涡扇发动机的技术储备,MTU 积极开展国际合作来完成先进概念发动机的研制、实验验证,以及同流回热器与涡扇发动机的集成设计。其中,比较有代表性的两个研究项目包括 CLEAN 计划和 AEROHEX 计划。

为了提高换热器的性能及可靠性,AEROHEX 计划与 CLEAN 计划同时展开,包括以下三部分:

(1) 换热器的设计,包括阵列构型优化、热分析、结构分析和寿命分析。

(2) 热端区域的燃气流动研究,包括 CFD 仿真和实验验证。

(3) 同流换热器的生产制造方法研究。

新概念中冷回热发动机能够实现的前提条件是适宜航空发动机使用的换热器的设计。它需要具备如下特点:能够承受 900 K 以上的高温,具有良好的抗热疲劳、抗热腐蚀、抗振动及可承受足够热膨胀的性能。目前,MTU 公司已经成功开发出管状同流换热器并成功集成到坦克用同流换热燃气轮机中,并且被验证能够承受很高的热载荷和机械载荷[1]。图 11 - 9[1]给出了 MTU 公司开发的管状同流换热器实物图。换热管采用椭圆形的型面设计既有利于减少气流的压力损失同时可以增加换热的有效面积。

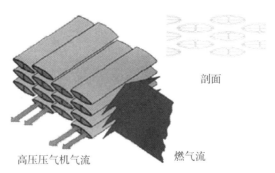

剖面

高压压气机气流　　燃气流

图 11 - 9　MTU 公司开发的管状同流换热器实物图

总之,中冷回热涡扇发动机概念是在更合理地对发动机循环中的热能进行分配这一思想下提出的,是对传统涡扇发动机循环理论的进一步发展,在理论上是可行的;与传统的发动机热力循环相比,中冷回热涡扇发动机获得最佳热效率时所对应总压比下降,压气机所需级数的减少可以补偿中冷器和回热器给发动机带来的重量增加;然而,冷效越高,换热器重量和换热器的压力损失越大,过高的压力损失甚至会抵消中冷回热涡扇发动机所带来耗油率降低的好处。因此,能否研制出能够承受

900 K 以上的高温,具有低密度、低流阻、良好的抗热疲劳、抗热腐蚀、抗振动、高可靠性的换热器是中冷回热概念能否进入工程应用的瓶颈技术。

11.5 变循环发动机

11.5.1 变循环发动机简介

经过半个多世纪的发展,军用航空发动机的单位燃油消耗率和推重比不断改善[15],大大提高了军用飞机的任务能力。随着电子技术的进一步发展,导弹功能的进一步提高,作战方式发生重大变化,对军用飞机性能提出更高要求,如超视距作战、超声速突防、近距格斗、过失速机动、短距或垂直起落、更大的飞行包线和作战半径等;此外,为了节约研制成本和降低研制周期,具有经济可承受性的全天候、远程、多用途的飞机成为新的设计目标[15]。上述飞机设计需求给新一代发动机设计提出了新的要求,除要求具有更高的推重比外,还要求发动机既要具有涡喷发动机高单位推力的特征,以满足超声巡航、格斗机动飞行、跨声速加速等要求;又要具有涡扇发动机亚声巡航时低单位耗油率的特征,以满足亚声速巡航、待机、空中巡逻等要求。显然,要在某种程度上实现上述相互矛盾的循环目标,变循环发动机无疑是较理想的推进装置。

11.5.2 变循环发动机分类及结构特点

变循环发动机是一种多设计点发动机,通过改变一些部件的几何形状、尺寸或位置,来调节其热力循环参数(如增压比、涡轮前温度、涵道比),进而改变发动机循环工作模式(涡喷模式、涡扇模式或冲压模式),使发动机能够满足不同的任务需求或适应更宽的工作范围。

在过去的 50 年中,国内外各大航空发动机公司、大学及研究机构针对各种不同布局形式的变循环发动机(VCE)展开了相关研究,比较典型的变循环布局包括选择放气式变循环布局[16]、双压缩系统变循环布局[17]、带核心机驱动风扇 CDFS 的双外涵变循环布局[18]、涡轮/冲压变循环组合布局[19—20]和带 Flade 风扇的三涵道变循环布局等[21]。下面针对几种典型的变循环布局进行阐述。

1)双外涵变循环发动机

GE 公司发展的 F120 发动机是迄今为止唯一经过飞行实验的双外涵变循环发动机。尽管 F120 发动机在美国 ATF 招标竞争中因成本高、研制风险大而失败,但作为一个开端,它的推出为未来军用飞机和超声速客机动力装置的设计指引了新的方向。

图 11-10 给出了 F120 发动机的变循环结构示意图。如图所示,F120 发动机与常规涡扇发动机在结构上的基本区别在于将风扇分成前(front fan block)、后(rear fan block)两个部分,前后风扇位于不同的轴上。后风扇与压气机相连接,称其为核心机驱动的风扇级(core-driven fan stage),它和压气机在同一根轴上。前后风扇都有各自的出口涵道,以便在宽广的飞行工作范围内更好地控制各涵道的空气

流量。后风扇由高压涡轮驱动,这种结构安排更有利于充分利用高压涡轮的做功能力。模式选择阀门(selector valve)体现了F120发动机的变循环特征,用于控制发动机的涡喷和涡扇两种工作模式。图中,实现变循环特征的可调机构还包括:前可变面积涵道引射器(forward variable area bypass injector,FVABI)、后可变面积涵道引射器(rear variable area bypass injector,RVABI)、可调导向器的低压涡轮(variable area LPT)和可调喷管(coannular exhaust system)。

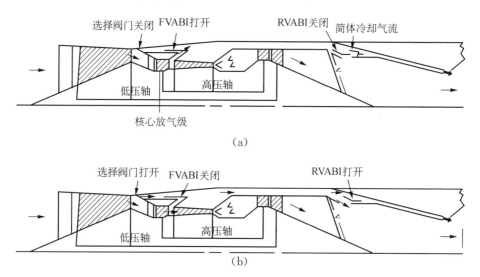

图11-10　F120发动机双外涵变循环发动机两种不同工作模式的结构示意图

(a) 涡喷模式　(b) 涡扇模式

对于起飞和亚声速飞行,发动机被构造为一个类似于低涵道比涡扇发动机的工作模式。通过提高风扇转子转速、关闭前可变面积涵道引射器、打开选择阀门和后可变面积涵道引射器,使前风扇通过最大流量。由于核心机不能吞入全部气流,多余的气流将通过选择阀门加入涵道气流。在亚声速巡航时,发动机能使进气道溢流和内特性之间达到匹配,即在发动机节流过程中将维持最大空气流量至巡航功率状态,结果将大大减小溢流阻力和后体阻力,而这些阻力在常规混合排气涡扇发动机节流时是难以避免的。通过调节选择阀门的开度,可以提高涵道比、改善推进效率,进而改进循环性能和降低耗油率。

在爬升/加速和超声飞行时,发动机以涡喷模式工作。选择阀门和后可变面积涵道引射器关闭,前可变面积涵道引射器打开,分流很小部分的气流用于尾喷管筒体的冷却,其他流量全部通过后风扇和高压压气机,产生高单位推力以满足飞行需要。

2) 涡轮/冲压变循环组合布局[20]

1989年,日本制订了高超声速运输机的十年研究计划(hypersonic transport propulsion system research, HYPR),目的是为了研究和验证高超声速运输机(巡航马赫数为 5)的吸空气式推进技术。经过深入的方案论证,最终采用了涡扇发动机和冲压发动机共轴前后串联的变循环组合结构方案。图 11-11 给出了涡轮/冲压变循环组合布局结构示意图。该布局采用的可调几何包括:模式选择阀门,高压压气机可变静子导叶、前可变面积涵道引射器、后可变面积涵道引射器、低压涡轮可变导向器面积和可变喉道面积。

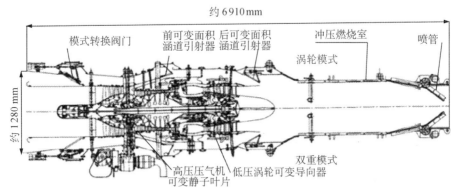

图 11-11　涡轮/冲压变循环组合布局结构示意图[19]

模式选择阀门用来将发动机进气道的气流分流到风扇和冲压涵道。模式选择阀门在涡扇工作模式时关闭,使发动机进气道流量全部流向风扇涵道;在模式转换和冲压工作模式时打开,使气流流向冲压涵道。

高压压气机可变静子导叶用于控制进入核心机的空气流量及避免发动机过渡工作过程出现喘振现象。可变低压涡轮导向器面积用于调节低压和高压转子之间的功的分配。在高速飞行时打开,增加高压压气机流量,因而增大单位推力。起飞时关闭,增加外涵道流量和降低排气速度,实现低噪声水平的中涵道比涡扇模式。

后可变面积涵道引射器位于发动机外涵道出口,用来使混合器进口内外涵道气流总压平衡最优化。前可变面积涵道引射器,位于风扇外涵道出口,通过改变风扇外涵道出口面积,来控制静压以防止冲压涵道气流向前方倒流。在模式选择阀门刚要打开之前,前可变面积涵道引射器关闭使前外涵通道出口处的静压降低,以使冲压前涵道有足够的压差裕度。

通过上述可调几何的组合调节,该方案实现了中涵道比涡扇模式(地面起飞、亚声巡航航段)、小涵道比涡扇模式(高空大马赫数爬升航段)和冲压模式($Ma > 2.5$)三种模式的工作及转变。其中,涡扇模式工作范围从起飞到马赫数达到 3;冲压模式从马赫数为 2.5 开始工作,最大飞行马赫数达到 5,并在马赫数为 5 的情况下保持长时间巡航飞行。

3) 带 Flade 风扇的三涵道变循环布局

如图 10-12 所示,与双外涵变循环发动机相比,带 Flade 风扇的三涵道自适应变循环发动机(adaptive cycle engine,ACE)的新颖之处在于其第二级风扇采用一个"Flade(Fan+Blade)"级延伸出第三外涵道。Flade 是接在风扇外围的一排短的转子叶片，有单独可调静子。其优点在于它能够独立地改变进入风扇和核心机的空气流量和压比，实现更大幅度的变循环，使其在固定进气道的情况下，在亚声速和超声速工作，过多的气流不会因无法通过发动机而出现进气道溢流，产生过大溢流阻力，从而改善发动机的安装性能。其中，第三外涵道的气流也可通过引射的方式，与内涵道气流在内涵道喷管喉道后掺混排出。

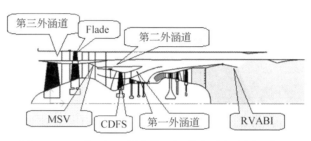

图 11-12　带 Flade 风扇的三涵道自适应变循环布局

为了更好地描述 ACE 发动机的流道特征，现将图 11-12 中所用到的涵道及涵道比做如下约定：由核心机驱动风扇 CDFS 出口进入外涵的气流通道称为第一外涵道（first bypass），由前双级风扇出口进入外涵的气流通道称为第二外涵道（second bypass），通过 Flade 的气流通道称为第三外涵道（third bypass）。

与传统的常规循环航空发动机单一工作模式相比，ACE 发动机可能的稳态工作模式包括以下 4 种：单外涵循环工作模式（single bypass），即第一外涵道打开，第二、三外涵道关闭；双外涵循环工作模式（double bypass），即第一、二外涵道打开，第三外涵道关闭；单外涵+第三外涵道工作模式（thrid+single bypass），即第一、三外涵道打开，第二外涵道关闭；三外涵循环工作模式（three bypass），即所有涵道全部打开。

11.5.3　变循环发动机的性能优势分析

本节主要针对双外涵变循环和带 Flade 风扇的三外涵自适应变循环这两种布局进行性能优势分析。

对于双外涵变循环布局，其性能优势在于它能够兼备涡喷模式的高单位推力特征和涡扇发动机的低单位耗油率特征。图 11-13 给出 F120 双外涵变循环发动机在地面工作点两种工作模式下的性能特征[15]。

从图 11-13(a)可以看出，在相同的推力下，双外涵工作模式具有更小的单位耗油率。其中，在双外涵工作模式下的最小单位耗油率比单外涵工作模式下（喷管喉道面积 A_8 开度为 100%）的单位耗油率降低了 8.9%。

从图 11-13(b)可以看出，单外涵模式具有更大的单位推力。在相同的空气流量下，单外涵模式（喷管喉道面积 A_8 开度为 100%）下的推力比双外涵模式下的推力提高了大约 26%。换言之，在推力相同的条件下，双外涵模式下的空气流量比单

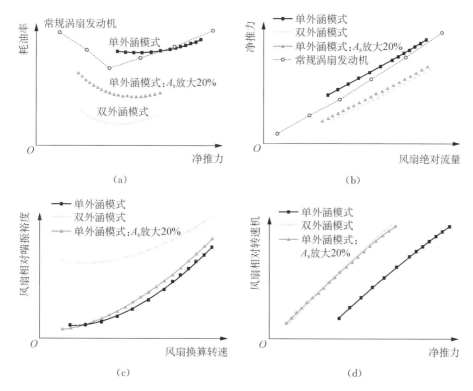

图 11-13 F120 发动机在地面工作点($H=0\,\mathrm{km}$,$Ma=0$)两种工作模式下的性能特征[15]

(a) 耗油率和推力的关系 (b) 推力和空气流量的关系
(c) 风扇相对喘振裕度 (d) 风扇相对转速与推力的关系

外涵模式(喷管喉道面积 A_8 开度为 100%)下的空气流量增加了大约 13.3%。

图 11-13(c)表明:在发动机节流时,风扇在双外涵模式下具有更大的喘振裕度。

图 11-13(d)表明:在相同的风扇转速下,调整喷管喉道面积可以较好地调节发动机的推力。由于在双外涵模式下具有更小的单位耗油率[见图 11-13(a)]、更多的空气流量[见图 11-13(b)]、更大的风扇喘振裕度[见图 11-13(c)],在通过调节喷管喉道面积来调节推力时,双外涵模式无疑比单纯放大喷管喉道面积更具优势。

除此之外,双外涵变循环发动机的性能优势还体现在,亚声巡航时,发动机在节流过程中能够维持最大空气流量至巡航功率状态(见图 11-14),从而大大减小溢流阻力和后体阻力。如图 11-15 所示,靠上面的曲线表示典型轴对称进气道供气流量随飞行马赫数的变化,下面的曲线表示混合排气涡扇发动机的流通能力,两条曲线间的纵向距离是进气道溢流的流量。双外涵变循环发动机流通能力将与进气道供气曲线更好地匹配。

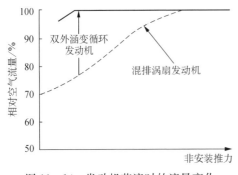

图 11-14　发动机节流时的流量变化

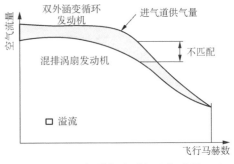

图 11-15　进气道与发动机空气流量匹配

对于如图 11-12 所示的三外涵自适应变循环发动机,通过多个可调机构的协同调节,发动机工作模式的选择具有更多的灵活性,通过可变 Flade 风扇的调节可以灵活控制 ACE 发动机低压涡轮的膨胀比,因此在喷管喉道面积固定的前提下可实现中间状态和加力状态不同工作模式的转换,有利于简化尾喷管的调节机构或减小尾喷管的调节范围从而减轻发动机的重量。

除此之外,三外涵自适应变循环发动机能够直接看到的收益包括[24,25]:

(1) 提高运输机发动机起飞时的功率,有利于缩短起飞滑跑距离,但并不影响亚声速巡航性能。

(2) 使亚声速攻击机的航程和续航时间分别增加 30% 和 70%,使超声速攻击机的航程和续航时间分别增加 40% 和 80%。

(3) 改善不同飞行速度条件下的飞行器进气道产生的阻力。与常规固定循环发动机的安装阻力相比,在 $Ma=1.5$ 时,可以降低阻力达 26%。

(4) 简化了进排气装置,更适宜于与飞机机体一体化,从而减轻飞机的结构重量,同时还会带来机体阻力的减少。

(5) 第三外涵道内的气流温度较低,可以实现更好的热管理,降低排气温度,减少红外信号;同时,可以满足传感器、武器和通信设备对发动机功率提取的更高要求。

11.5.4　变循环发动机的技术难点及研究进展

变循环发动机技术与部件技术的关联不大,即使利用现已掌握的固定循环发动机部件技术,也可以开展变循环发动机技术的研究和试验工作。基于现有的部件设计、材料和冷却技术水平,变循环发动机遇到的最大技术障碍是实现不同工作模式工作或转换带来的可调机构数量、重量增加,控制系统复杂,以及给发动机可靠性、维修性带来的挑战。在美国 IHPTET 等计划的强大支持下,变循环发动机技术得到很大的发展。F120 将原来位于风扇外涵道出口、主动调节的涵道选择阀改为靠前后气流压力差控制的被动调节活门,将原设计的带有可调节导向器的低压涡轮,改为高压、低压对转涡轮,简化了调节机构。配装 F22 飞机的 F120 双外涵变循环发动机的成功研制也充分证明了变循环技术的先进性和可行性,其相关技术的成熟度达到了 7 级左右[25]。

纵观国际航空工业界,变循环发动机的进一步发展的趋势主要遵循了如下两条主线。其一,进一步拓宽航空燃气涡轮发动机的工作适应范围(最大飞行马赫数能够至少达到 4),使其适应空天飞行器对低速推进系统的使用需求,例如,革新的涡轮加速器计划(revolutionary turbine accelerator,RTA)[26];其二,朝着高推重比、多用途、经济适用的方向发展,例如,美国空军研究实验室 2007 年开始实施的自适应通用发动机项目(ADVENT)和后续的自适应发动机技术研发项目(AETD)。在这两项计划中,需要克服的关键技术包括:外涵变循环发动机总体设计及试验验证技术;单独可变流量和压比可控的 Flade 风扇设计技术;高负荷、高效率风扇(压气机)设计技术;高负荷、高效、高稳定性、宽使用范围 CDFS 设计技术;宽工作范围、无导叶对转涡轮设计技术;混合器/加力燃烧室支板稳定器一体化设计技术;高效、低损失进排气系统设计技术;高温多转子机械系统设计技术等。

目前,从国外公开的文献和信息来看,第二个发展方向牵引出的自适应循环发动机更具有应用前景、实现性更强。国内研究所及航空院校也开展了关于自适应循环发动机的研究,具体内容将在本书第 12 章进行集中介绍。

11.6　高超声速飞行动力装置

11.6.1　高超声速飞行对动力装置的需求分析

高超声速飞行器被誉为是继螺旋桨和喷气式飞机之后世界航空史上的第三次"革命",也是 21 世纪航空航天领域的技术制高点,开展高超声速飞行器研究具有前瞻性、战略性和带动性,将对军事、经济和人类社会文明产生不可估量的深远影响[28]。

动力装置是能否实现高超声速飞行的主要关键技术。为了兼顾安全性、经济性和作战效能的综合要求,高超声速飞行器必须解决从起飞开始,在大气层内经历不同高度,以及跨越亚声速、跨声速、超声速直到高超声速这样大的工作范围内能有效工作的动力问题。

目前,世界航空航天领域已经有了多种成熟程度不同的推进装置,如涡轮风扇发动机、涡轮喷气发动机、冲压发动机、超燃冲压发动机、火箭发动机等,这些不同的推进装置在不同的飞行速度、高度段内都有其最佳的适用范围。图 11 - 16 给出了各类发动机的比冲随飞行马赫数的变化。研究表明,从地面 Ma 为零开始,在大气层内经历各种高度不断加速直至达到入轨速度(Ma 约为 25)这样大的工作范围内,不同动力形式的最佳工作范围大致可分为以下几种。[28]

(1) $Ma = 0 \sim 3$:目前燃气涡轮发动机已经达到的飞行速度。与火箭相比,在这一速度段内,燃气涡轮发动机具有下列主要优势。

a. 比冲大,燃料效率高,经济性好,性能优越。

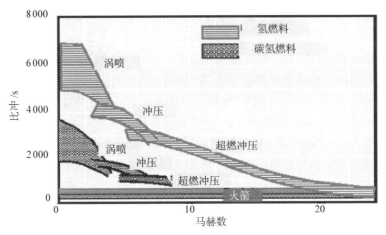

图 11-16　各类发动机的比冲随飞行马赫数的变化

b. 具有多次使用的能力(一年能够飞行 1 000～2 000 次)。

c. 可靠性高,故障率低。

d. 具有水平起降能力,加速度小,振动和噪声小,可以满足民用运输舒适性的要求。

e. 燃料无毒,便于储存运输,排放污染少,满足环保要求。

(2) $Ma=3\sim5$:采用碳氢燃料的亚声速燃烧冲压发动机的有利工作范围。

(3) $Ma=4\sim10$:使用氢燃料的超声速冲压发动机的有利工作范围,其中亚声速燃烧冲压发动机转换到超燃的 Ma 可选为 4～5。

(4) $Ma=10\sim15$:超高声速飞行范围,如以冲压发动机为动力则应发展超高声速燃烧冲压发动机。

(5) $Ma>25$:入轨速度,只有火箭发动机才能将飞行器加速到这样高的飞行速度。

根据上述内容的分析,为了兼顾安全性、经济性和作战效能的综合要求,将不同类型的发动机组合在一起工作是保证高超声速飞行器在宽广的飞行包线范围内高效率可靠工作的技术关键。

11.6.2　涡轮/冲压组合动力装置的分类及结构特点

组合动力装置是指用两种以上不同类型的发动机组合而成的动力装置。目前,组合装置可分为两大类型:组合推进系统和组合循环推进系统。在组合推进系统中,各发动机是相互独立的单元,分别安装在飞行器上,两者之间没有功能上和物理上的相互作用与影响,比较有代表性的是用火箭发动机助推的冲压发动机。而在组合循环推进系统中,各发动机单元融为一体,相互补充,不论在结构上还是在功能上都密不可分,息息相关。这种组合循环推进方式决定了发动机必须在不同的模式下工作,以便在各种飞行条件下都能发挥出最佳性能,而且有利于构造出更简单、更轻便、灵活和可重复使用的推进系统。组合循环推进系统又分为三大类型:涡轮基组合动力(TBCC)、火箭基组合动力(RBCC)和脉冲爆震发动机(PDE)基组合动力(PDEBCC)。其中,TBCC 和 RBCC 是目前最有希望获得成功的高速飞行器的组合动力。

与 RBCC 相比,TBCC 具有可常规起降、可使用普通机场、多次重复使用、用途广泛、耐久性高、安全性好、可使用普通燃料、经济性好、环境污染小、技术风险小等特点。TBCC 既可作为可重复使用空天入轨飞行器起飞/返航的低速段推进动力,也可作为各类高超声速飞行器,尤其是远程、有人驾驶高超声速飞行器的起飞加速和低速段推进动力,还可单独作为超声速及高超声速军民用飞行器动力,具有很好的工程应用前景。

TBCC 由燃气涡轮发动机(也称为涡轮加速器)和亚声速/超声速燃烧冲压发动机组成。依据两种类型发动机的组合特点,可分为上/下并联型(简称并联型)和共轴型。图 11-17 给出了涡轮/冲压组合动力并联方案的典型流道示意图。其特点在于,两类发动机流道独立,上下并排放置;前机身作为两类发动机进气道共用的前压缩面,后机身可作为两类发动机喷管共用的膨胀面。这种组合形式的优点在于,两类发动机共用部件较少,可调几何所需的调节范围较小,高马赫数条件下燃气涡轮发动机的热防护难度较低,可利用现有成熟燃气涡轮发动机作为涡轮加速器;其缺点在于,迎风面积较大,重量较重,并且需要与机身进行复杂的集成。

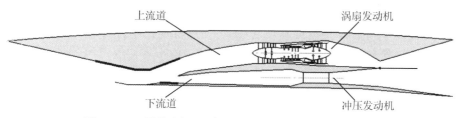

图 11-17　涡轮/冲压组合动力并联方案典型流道示意图

共轴型又可分两种:环绕型(冲压燃烧室在涡扇发动机的外涵道管道中)和串联型(冲压燃烧室在涡扇发动机的后面)[29]。环绕型布局因发动机迎面面积较大和热防护要求高,因此现在研究较多的是共轴串联型。图 11-18 给出了涡轮/冲压组合动力共轴串联方案的典型流道示意图。与并联方案相比,其特点在于,两类发动机共用更多的部件,包括进气道、外涵道、加力燃烧室(冲压燃烧室)和喷管等。部件共用给组合动力设计带来的收益在于,结构更为紧凑、重量更为轻巧、迎风面积更小;

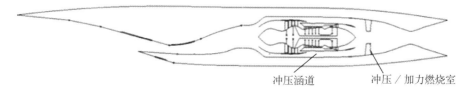

图 11-18　涡轮/冲压组合动力串联方案典型流道示意图

需要付出的代价在于,保证共用部件在超宽工作范围内高效稳定工作所需要的可调机构数目更多,调节范围更宽;对涡轮发动机的结构可靠性和热防护要求也更高。

图 11-19 是涡轮/冲压组合动力串联方案可调机构的示意图[20,30]。如图所示,为了保证该方案在 $Ma=0\sim5$, $H=0\sim30\text{km}$ 内具有良好的匹配性能,进气道/组合动力/喷管的控制变量至少需要 11 个,包括 N3 斜板楔角 δ_{N3}、N6 斜板转角 δ_{N6}、N3斜板长度收缩调节 dL_{N3}/L_{N3}、涡轮/冲压模式选择阀门开度 δ_{MSV}、前可变面积涵道引射器开度 δ_{FVABI}、低压涡轮可调导向器叶片角度 δ_{LPT-VG}、后可变面积涵道引射器开度 δ_{RVABI}、涡扇燃油流量 W_{fturbo}(涡轮前温度 T_4 或高压转子转速 N_2)、冲压燃油流量 W_{fram}(冲压燃烧室出口温度 T_7)、喷管喉道面积 A_8、喷管出口面积 A_9。

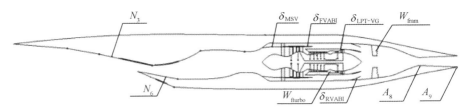

图 11-19 涡轮/冲压组合动力串联方案可调机构的示意图

11.6.3 涡轮/冲压组合循环发动机的研究进展及技术难点

与火箭发动机或以火箭助推的吸气式动力(如 RBCC)相比,涡轮/冲压组合动力具有比冲高,单位推力大,可常规起降、可使用普通机场、多次重复使用、用途广泛、耐久性高、安全性好、可使用普通燃料、环境污染小等特点。因此,涡轮/冲压组合动力技术取代火箭助推作为高超声速飞行器的低速段动力系统仍具有广阔的发展前景。

综合考虑技术风险、研制成本和研制周期等要素,美国在涡轮/冲压组合动力技术领域分别制订了近期及中远期的验证计划。近期验证计划主要立足于目前成熟的燃气涡轮发动机技术即最大飞行马赫数小于2.5。例如,波音公司于2009年提出的最大飞行马赫数为6的trijet概念,通过并联方案把燃气涡轮发动机、火箭引射冲压发动机和双模态冲压发动机组合在一起。图 11-20 为"三喷气"组合循环的示意图。该循环实际上是涡轮基组合循环和火箭基组合循环的结合体,由一台 Ma 为2.5的涡轮喷气发动机、一台火箭引射冲压发动机和一台双模态超燃冲压发动机并联组合而成[31]。

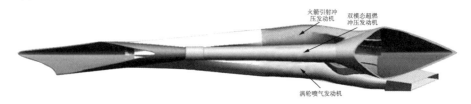

图 11-20 "三喷气"组合循环三维造型示意图

中远期验证计划主要立足于高马赫数变循环燃气涡轮发动机技术或带预冷的燃气涡轮发动机技术,即最大飞行马赫数能够至少达到4。如波音公司提出的最大飞行马赫数为6的pyrojet概念,通过上下并联方案把高马赫数燃气涡轮发动机与双模态冲压发动机组合在一起。高马赫数变循环燃气涡轮发动机技术(RTA)从本质上就是一个串联的涡轮/亚声速燃烧冲压的变循环发动机,发动机的超级燃烧室兼有加力燃烧室和冲压燃烧室的功能。

从美国涡轮/冲压组合动力技术的发展趋势来看,两个时期验证计划具有良好的技术继承性。近期验证计划注重技术方案的可实现性,虽然组合动力的比冲性能受到影响,但降低了研制难度和技术风险,并且将为中远期验证计划的实施奠定良好的技术基础;远期验证计划注重技术方案的前瞻性和先进性。高马赫数变循环发动机技术的验证直至成熟,才能充分发挥燃气涡轮发动机在中低马赫数范围的高比冲优势,从而最终摆脱高超声速飞行器在低速段对火箭助推的依赖。

经过国外及国内长期的研究和探索,总结出了一些必须解决的涡轮/冲压组合动力关键技术问题,具体如下。

1) 发动机和飞行器一体化设计技术

飞行器以高超声速飞行时,升阻比只是亚声速飞行的飞机的1/3～1/4。因此,发动机在飞行器上的安装需要考虑,一方面不使飞行器阻力明显增加,另一方面飞行器又不会对发动机的进气、排气造成过高的损失,这些是必须解决的技术关键。

2) 超宽工作范围进排气系统设计技术

对于覆盖亚声速、跨声速、超声速、高超声速工作范围的涡轮/冲压组合动力装置,进气道的压缩比和喷管膨胀比的变化范围很宽。为了保证进排气系统与组合动力性能匹配良好,进气道及喷管需要多个可调机构来保证其压缩比或膨胀比在整个飞行包线内可调,即在尽可能低的马赫数下进气道能够起动并避免喷管出现过度膨胀和不完全膨胀的现象。

3) 高马赫数变循环发动机设计技术(最大马赫数为3.5～4和4以上)

对于最大飞行马赫数为4以上的超声速飞行器,高马赫数变循环发动机通过可调几何结构能够进一步拓宽传统燃气涡轮发动机的工作范围,有利于使动力装置结构紧凑和降低其重量。然而,它给发动机各部件设计带来的技术挑战在于,超宽的工作范围将使各部件设计约束增加,进出口边界条件变化范围变大,以及整机/各部件匹配难度加大。此外,高空大马赫数($Ma > 2.5$)条件下燃气涡轮发动机的风车起动和点火也是需要攻克的关键瓶颈技术。

4) 涡轮/冲压组合动力热防护技术

对于飞行器来说,马赫数在2.4以上需要使用特殊的耐热材料,马赫数在4以上必须考虑热防护,除采用特殊隔热材料,如陶瓷、碳/碳复合材料外,还要采取被动和主动冷却措施。冷却措施不当或冷却技术水平不高造成冷却效果太差或冷却系统太重,从而无法实现高超声速飞行。采用高性能耐热和隔热材料,利用燃料进行高效冷却是必须解决的技术关键。

5）控制及状态监视技术

随着飞行速度的提高，为了保证飞行安全可靠和飞行性能，飞行器和发动机的控制要求高度自动化并具有高度自动化的全程状态监视系统。

6）燃油

航空煤油具有廉价、易于保存、在一般机场都可获取等优点。在马赫数为 3.5 以下，它具有足够的热稳定性和高的比冲及单位容积比冲，但在马赫数为 4 以上，比冲下降，由于其热值低，在马赫数为 8 以上，比冲太低，已不能作为涡轮/冲压组合动力的燃料。液氢虽然比重低，但成本高，不易保存和运输。液氢热值高、热容量高，将其用于飞行器，一方面可获得到高比冲，另一方面还可用作冷却介质，它又可从水中获取，燃烧后无污染，所以它是飞行马赫数为 8 以上的吸空气发动机理想的、唯一可选用的燃料。

7）高精度数值仿真分析工具的建立及验证技术

高精度、可变维度缩放的数值仿真工具是进行高超声速飞行器及其动力方案的工作特性分析、新方案选择，以及评估、系统与部件关键瓶颈技术的分解、研究及数值验证的技术关键。数值仿真工具的建立还需要相应的地面试验和飞行试验进行校核。

8）涡轮/冲压组合动力部件及整机试验与测试技术。

包括涡轮发动机部件及整机试验与测试技术，冲压发动机试验与测试技术，组合动力模式转换过程的试验与测试技术。

9）涡轮/冲压组合动力平稳模式转换设计技术

11.6.4　高超声速预冷发动机

除涡轮/冲压组合循环发动机外，预冷发动机也是一种适用于高超声速飞行器的动力装置。在高超声速飞行条件下，妥善解决极高速空气来流滞止温度所引起的一系列性能、结构、材料等方面的技术挑战，是飞行器及其动力装置研制的关键。高超声速飞行条件下会有极高的空气滞止温度，一方面，使发动机部件逼近其材料、结构耐受及稳定工作的极限；而另一方面，高滞止温度的空气来流同时蕴含着可观的能量[32]。高超声速预冷发动机采用预先冷却技术，能够通过换热、射流等手段降低发动机进口的气流温度；采用能量管理技术，能够利用冷源及换热介质，通过合适的循环设计，有效利用包括高速来流的动能在内的多种能量来源，同时优化各部件热管理[33,34]。根据实现预先冷却的方式，预冷发动机主要可以划分为射流式和预冷器式两类。预冷器式预冷发动机，是基于冷却介质与发动机进口空气之间的高性能换热系统实现预先冷却，其中，预冷器式预冷发动机又可以根据循环特征，进一步分为单一循环和多循环耦合两类[35]。下面分别针对上述内容进行详细介绍。

1）射流式预冷发动机

射流式预冷发动机，是通过在发动机进口直接喷入冷却介质的方式实现预先冷却。射流式预冷发动机以美国 MSE 技术公司的 MIPCC（mass injection precompressor cooling）——TBCC 发动机为代表，其冷却介质为水、液态空气、液氧、N_2O_4 等。试验研究表明，射流预冷可使 F-100 发动机改型的试验机，在海平面高度推力提升约 1 倍，在 24.7 km 高度最大飞行马赫数达到 3.5。但同时，水等冷却介质的注入可能导致含氧量的下降，进而需要在燃烧前额外添加氧化剂；射流会引起发动机进口气流总温、总压畸变及压力损失[34,36]。射流式预冷能够可观地拓展现有发动机工作范围，其技术虽存在一定局限，但其研究证明了预先冷却技术对发动机性能改善的有效性。

2）单一循环预冷发动机

在单一循环预冷发动机中，除燃料外只有空气一种循环工质，低温燃料同时作为推进剂和冷却介质，以 ATREX（air turbo ramjet engine with expander cycle）发动机为代表，其工作原理如图 11-21 所示。

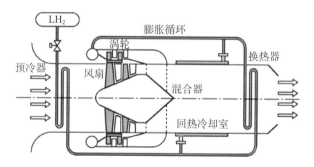

图 11-21　JAXA ATREX-500 基本工作原理示意图

ATREX 发动机通过氢燃料和来流空气之间的换热，降低进口空气总温；利用被加热后的高温氢气驱动涡轮，带动压气机对空气进行压缩；随后氢气和空气混合燃烧，经由尾喷管排出产生推力。ATREX 发动机直接用氢气作为工作介质驱动涡轮，在一定的高温高压条件下，可能出现"氢脆"的材料脆裂现象，在可靠性方面存在隐患[5]。

俄罗斯 ATRDC（deeply cooled air turborocket）发动机也属于单一循环预冷发动机，面临与 ATREX 发动机相似的材料脆裂的可靠性问题；仅约 1/2 参与换热的氢燃料被用于燃烧，造成了一定的燃料浪费[34,36]。这些问题是单一循环预冷发动机普遍面临的技术制约。

3）多循环耦合预冷发动机

在多循环耦合预冷发动机中，除了燃料和空气以外，还额外增加了一种换热介质作为循环工质，其工作原理的显著特征为空气开式循环和换热介质闭式循环之间的紧密耦合。

国外研究主要以英国 REL 公司在 Scimitar 和 SABRE（见图 11-22）发动机为代表。相比于单一循环预冷发动机，其增加了以超临界氦气为工质的闭式 Brayton

循环。在闭式循环中,预冷器(氦气-空气换热器)对空气进行预先冷却;通过氦-氢换热器实现循环放热过程;氦气涡轮驱动空气压气机和氦压缩机[38,39]。Scimitar 发动机利用氦气良好的热、功传递性能,安全、低腐蚀的特点,以及闭式循环内部洁净的优势,在安全性、可靠性方面比单一循环预冷发动机更具优势[40]。Scimitar 发动机进行工程应用的瓶颈关键技术包括轻型、低阻、高效、高可靠性换热器技术和以氦气作为工质的对转涡轮技术等[41]。SABRE 发动机采用类似的循环设计,主要区别在于增加了以液氧为氧化剂的火箭工作模态,以适应入轨飞行的需求[42]。目前,REL 公司的相关研究主要集中高性能换热器技术方面[43]。该型发动机中包含大量的新概念、新设计,在工作机理、部件设计和制造、发动机控制等方面仍存在较多关键技术亟待突破。

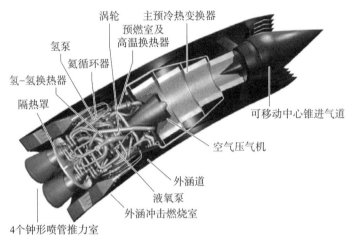

图 11-22　REL 公司多循环耦合预冷发动机结构示意图

　　国内针对多循环耦合预冷发动机也开展了一系列研究:北京航空航天大学联合国内相关科研院所组成研究团队,围绕多循环耦合预冷发动机,在紧凑快速强换热机理及换热器设计技术、关键部件先进加工及检测技术等方面开展了研究。目前,已经发展了流固耦合数值模拟分析工具、建立专用试验平台发展了超临界介质微小尺度流动换热实验方法;探索并初步掌握了强换热器关键部件薄壁毛细管的制造、检测及组合焊接等技术[36,43]。这些研究进一步验证了预先冷却及预冷发动机技术的应用可行性和潜在性能优势,为此后的相关研究积累了一定的理论和实践基础。

　　在总体性能设计方面,北京航空航天大学团队围绕如图 11-23 所示的多循环耦合预冷发动机,率先开展了发动机及其子系统的工作机理、共同工作规律、数值建模、多设计点设计参数选取方法等研究,初步形成了该发动机总体性能分析的方法[39]。团队还首次针对实现该发动机优势性能的关键部件——并行压缩放热系统——机理研究和性能分析,证明了该系统对压缩功耗及冷却剂消耗优化的决定性作用[44]。该型发动机是具有单涵道、双涵道两种工作模式,包含空气开式循环、超临界介质闭式循环等多个子系统的复杂动力系统。在高速飞行条件下,通过预先冷却过程,空气来流总温大幅下降,得以进一步增压;超临界介质闭式循环子系统利用高温气流中的能量,输出功率驱动对空气的增压;适应宽速域内的工作性能,该型发动机除通过预先冷却实现高速条件下的良好性能外,还通过采用双外涵模式,改善发动机低速条件下的性能。

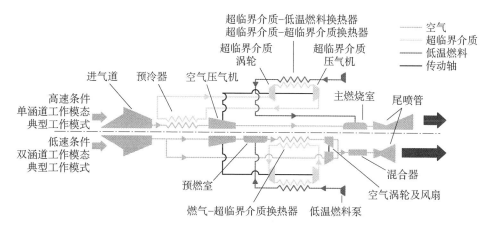

图 11-23　多循环耦合预冷发动机基本原理及结构示意图

　　多路并行压缩放热系统是实现该发动机优势性能的关键部件,如图 11-24 所示。此系统将闭式 Brayton 循环内的压缩和放热过程分列在多个并行的支路内进行。在工质与冷却剂间换热的基础上,增加了支路之间的换热,而冷却剂仅对其中一个支路进行冷却,较低温的支路依次作为较高温支路的"冷却剂"。相比于传统的单一流路串行结构形式,该系统基于多支路并行的设计,以较少的低温燃料消耗,实

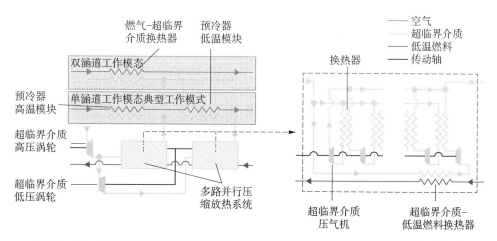

图 11-24　用于多循环耦合预冷发动机的并行压缩放热系统基本原理及结构示意图

现了更为充分的冷却效果,同时降低了压气机进口总温水平、降低了压气机压缩功耗。将该系统引入多循环耦合预冷发动机,能够使超临界介质低压压气机设计增压比大幅降低、发动机耗油率显著优化,显著改善发动机综合性能和部件设计难度。

该型发动机的研制与应用仍然面临以下几点亟待解决的技术挑战:

(1)该型发动机具有复杂的循环机理、流路设计及支撑其所需的复杂结构,其总体性能、总体结构及控制规律相结合的设计与优化技术,将是贯穿这一复杂结构形式发动机研制过程的关键。

(2)多路并行压缩放热系统内部流路的设计、部件组成复杂,性能可行域限制严格,其性能、结构及控制的设计与优化,是进一步发掘该系统及发动机性能潜力的关键。

(3)空气压气机需要兼顾极宽范围内的高效工作、多路并行结构形式下的超临界介质旋转压气机流道尺寸极小,高性能旋转部件的设计与制造技术,是该发动机性能实现的关键。

(4)工质之间的大规模能量交换对换热器提出了极高功率、极大温度范围、高压力、低损失、紧凑、轻质的性能要求,适应这些要求的换热机理研究、换热器设计及相关的材料与制造技术,是高效实现发动机预先冷却和能量管理的前提。

(5)该型发动机包含大量新构型、新技术,但是具有突出的系统复杂性,探索提升其可靠性、维护性,是该型发动机由概念走向实用的保障。

参 考 文 献

[1] Boggia S, Rud K. Intercooled recuperated gas turbine engine concept [C]. AIAA2005 - 4192, 41st AIAA/ASME/SAE/ASEE Joint Propulsion Conference & Exhibit, 2005.

[2] Wilfert G, Sieber J, Rolt A, et al. New environmental friendly aero engine core concepts [R]. ISABE Paper, 2007 - 1102.

[3] Lundbladh A, Sjunnesson A. Heat exchanger weight and efficiency impact on jet engine transport applications [R]. Proceedings of the ISABE, 2003.

[4] SCIALO' S. Performance simulation and investigation of an intercooler recuperated aero-engine [D]. Bedfordshire: Cranfield University, 2007.

[5] Peacock N J, Sadler J H R. Advanced propulsion systems for large subsonic transports [J]. Journal of Propulsion and Power, 1992,8(3):703 - 708.

[6] 曹梦源,唐海龙,陈敏. 中冷回热航空涡扇发动机热力循环初步分析[J]. 航空动力学报,2009, 24(11):2465 - 2470.

[7] Chen M, Luo S M. Parametric analysis for intercooled recuperated turbofan engines [J]. The Proceedings of 2010 Asia-Pacific International Symposium on Aerospace Technology, 2010 (2):12.

[8] 余建祖. 换热器原理与设计[M]. 北京:北京航空航天大学出版社,2006.

[9] Krammer P, Rued K, Trunbenbach J. Technology preparation for green aero engines [R]. AIAA - 2003 - 2790,2003.

[10] McCarthy L S, Scott M L. The WR - 21 intercooled recuperated gas turbine engine: operation and integration into royal navy type 45 destroyer power system [R]. ASME Paper GT - 2002 - 30266,2002.

[11] Wilfert G, Sieber J, Rolt A, et al. New environmental friendly aero engine core concepts[R]. ISABE - 2007 - 1120,2007.

[12] Rolt A M, Kyprianidis K G. Assessment of new aeroengine core concepts and technologies in the EU framework 6 NEWAC programme [R]. ICAS - 2010 - 408,2010.

[13] Boggia S, Rud K. Intercooled recuperated aero engine [R]. MTU Aero Engines, 2004.

[14] Gmelin T C, Huttig G, Lehamm O. Summarized description of aircraft efficiency potentials taking account of current engine technology and foreseeable medium-term developments [R]. German Federal Ministry for the environment, Nature Conservation and Nuclear Safety, FKZ UM 07 06 602/01,2008.

[15] 唐海龙. 面向对象的航空发动机性能仿真系统及其应用[D]. 北京:北京航空航天大学,2000.

[16] Marco A R N, Pericles P. The Selective bleed variable cycle engine [R]. ASME 91 - GT - 388, 2012.

[17] Ulizar I, Pilidis P. Predicted performance characteristics of a variable cycle turbine [J]. Aeronautical Journal, 1997,101(1006):263 - 268.

[18] GE Co. Aerodynamic/acoustic performance of YJ101/double bypass VCE with coannular plug nozzle [R]. NASA - CR - 159869,1981.

[19] Ltahara H, Kohara S. Turbo engine research in Japanese HYPR project for HST combined cycle engines [R]. AIAA Paper 94 - 3358,1994.

[20] Chen M, Tang H L, Zhu Z L. Goal programming study on the mode transition of turbine based combined cycle engine [J]. Chinese Journal of Aeronautics, 2009, V22(5):486 - 492.

[21] Simmons R J. Design and control of a variable geometry turbofan with an independently modulated 3rd Stream [D]. Columbus: Ohio State University, 2009.

[22] Versatile. Affordable advanced turbine engines program [EB/OL]. http://www. af. mil/news/story. asp? id=123046410,2007.

[23] Michael E B, Randy E P. Variable cycle engine concept [R]. G. E. Aircraft Engines, ISABE 93 - 7065,1993.

[24] Ronald J, Simmons M S. Design and control of a variable geometry turbofan with an independently modulated third steam [D]. Columbus: The Ohio State University, 2009.

[25] 姚艳玲,黄春峰. 先进变循环发动机技术研究[J]. 航空制造技术,2012(23):106 - 109.

[26] Bartolotta P A, Shafer D G. High speed turbines: Development of a turbine accelerator (RTA) for space access [R]. AIAA 2003 - 6943,2003.

[27] Bradley M, Bowcutt K, McComb J, et al. Revolutionary turbine accelerator (RTA) two-stage-to-orbit (TSTO) vehicle study[R]. AIAA 2002 - 3902,2002.

[28] 陈大光. 高超声速飞行器 TBCC 和 RBCC 的研究与发展[C]. 北京航空航天大学能源与动力工程学院航空发动机仿真中心:高超声速涡轮冲压组合动力文集. 北京:北京航空航天大学能源与动力工程学院航空发动机仿真中心,2005:1 - 14.

[29] Conceptual design study on combined-cycle engine for hypersonic transport[R]. ISABE 93 - 7018,1993.

[30] Chen M, Tang H L, Zhang K. Turbine Based Combined Cycle Propulsion System Integration Concept Design[J]. Journal of Aerospace Engineering, Proceedings of the Institution of

Mechanical Engineers Part G，2012，227(7)：1068 - 1089.

[31] Siebenhaar A，Bogar T J. Integration and Vehicle Performance assessment of the aerojet "TriJet" Combined-cycle Engine[R]. AIAA 2009 - 7420，2009.

[32] Vandenkerckhove J，Barrere M，Escher W J D. Energy management（in hypersonic propulsion sys-tems）[C]. 7th International Space Planes and Hy-personic Systems and Technologies Conference，1996.

[33] Qin J，Zhang S，Bao W，et al. Thermal management method of fuel in advanced aeroengines [J]. Energy，2013，49(1)：459 - 468.

[34] Wang Z G，Wang Y，Zhang J Q，et al. Overview of the key technologies of combined cycle engine precooling systems and the advanced applications of micro-channel heat transfer[J]. Aerospace Science and Technology，2014，39：31 - 39.

[35] 董芃呈，唐海龙，陈敏.高超声速预冷发动机总体性能研究[J].航空动力，2020(3)：23 - 26.

[36] 邹正平，刘火星，唐海龙，等.高超声速航空发动机强预冷技术研究[J].航空学报，2015，36 (8)：2544 - 2562.

[37] Isomura K，Omi J，Murooka T，et al. A feasibility study of an ATREX engine at approved technology levels[C]. 10th AIAA/NAL - NASDA - ISAS International Space Planes and Hypersonic Systemsand Technologies Conference，2001.

[38] Steelant J，Varvill R，Walton C，et al. Achievements obtained for sustained hypersonic flight within the LAPCAT-Ⅱ project[C]. 20th AIAA International Space Planes and Hypersonic Systems and Technologies Conference，2015.

[39] Dong P，Tang H，Chen M. Study on multi-cycle coupling mechanism of hypersonic precooled combined cycle engine[J]. Applied Thermal Engineering，2018，131：497 - 506.

[40] Paniagua G，Szokol S，Kato H，et al. Contrarotating turbine aerodesign for an advanced hypersonic propul-sion system [J]. Journal of Propulsion and Power，2008，24 (6)：1269 - 1277.

[41] 陈敏，贾梓豪.涡轮基组合循环动力关键技术进展[J].科技导报，2020，38(12)：69 - 84.

[42] Fernández-Villacé V，Paniagua G. Simulation of a Combined Cycle for High Speed Propulsion [C]. 48th AIAA Aerospace Sciences Meeting Including the New Horizons Forum and Aerospace Exposition，2010.

[43] Lee H，Ma S，Chen Y，et al. Experimental study on compact heat exchanger for hypersonic aero-engine[C]. 21st AIAA International Space Planes and Hypersonics Technologies Conference，2017.

[44] Dong P，Tang H，Chen M. Overall Performance Design of Paralleled Heat Release and Compression System for Hypersonic Aeroengine[J]. Applied Energy，2018，220：36 - 46.

思 考 题

1. 简述应用齿轮传动风扇发动机的理由。

2. 简述目前开式转子发动机没有广泛应用的原因。

3. 中冷回热发动机提高发动机热效率的原理是什么？

4. 变循环发动机实现变循环工作的原理是什么？

5. 涡轮基组合冲压发动机的串联方案有哪些？各自有什么特点？

12 自适应循环发动机

自适应循环发动机(adaptive cycle engine,ACE)是在同一发动机上可实现多种不同热力循环工作模式的一种新型动力装置,其技术特征在于能够自动适应和满足飞行器任务和外界环境对发动机的性能需求。例如,对于马赫数为 2 的一级超声速军用飞行器,飞机作战任务既要满足超视距作战、超声速突防、近距格斗、过失速机动、短距或垂直起落等航段对发动机的高推力需求,又要满足长时间亚声速巡航、更长的飞行航程和更大的作战半径等航段对发动机的低耗油率要求。飞机的这些任务需求与发动机的性能要求是相互矛盾的,这就要求设计多涵道变循环发动机,使其具有更加灵活的结构形式,通过提高对发动机涵道比的调节能力,从而使发动机能够兼顾高单位推力和低单位耗油率的性能需求。又比如,对于飞行速度跨越范围从起飞速度、亚声速、跨声速、超声速到超高声速($Ma > 3$)的飞行器,自适应循环发动机采用的总体设计和结构形式,应使其能够在不同速度范围内充分发挥燃气涡轮热力循环和冲压热力循环各自的性能优势。

因此,针对未来飞行器不同的任务、用途及所处的工作环境的需求,要充分考虑未来动力装置总体设计技术发展水平及部件可达性能,并在综合权衡收益和代价的基础上,选择发动机的最佳热力循环的总体设计方案及结构形式。

本章将重点介绍适用于马赫数为 2 的一级超声速军用飞行器的自适应循环发动机,关于 $Ma > 3$ 的一级飞行器的自适应循环发动机相关研究可参考文献[1-3]。

12.1 国内外自适应循环发动机研究计划及进展概述

自适应循环发动机本质上属于可变循环航空发动机的范畴。从 20 世纪 60 年代开始,出于调和制空型战斗机动力高单位推力和低单位油耗率无法兼顾的矛盾,以 GE、RR、PW 公司为代表的美国、英国等航空发动机研发企业开展了多种不同类型变循环概念的探索与技术验证研究。其中,如本书 11.5 节所描述的 F120 双外涵变循环发动机,是目前唯一经过飞行演示验证的具有变循环特征的制空型战斗机动力。然而,受限于当时的技术水平,F120 发动机在性能上取得的收益不足以平衡由此带来的技术复杂和结构重量增加的代价,因此在 F22 制空型战斗机动力选型竞争中输给了采用常规循环模式的 F119 发动机。尽管如此,随着发动机技术的不断发展及追求绝对空天优势的需求牵引,以美国为首的航空发动机工业强国仍然未停止对变循环发动机概念的持续探索和验证。

美国的自适应循环发动机研究始于 2007 年,至今主要是在三项研究计划支持下开展的,分别是:自适应通用发动机技术(adaptive versatile engine technology, ADVENT)计划、自适应循环发动机技术发展(adaptive engine technology development,AETD)计划,以及自适应发动机过渡计划(adaptive engine transition program,AETP)。三项计划的跨度和主要取得的成果总结如图 12-1 所示。

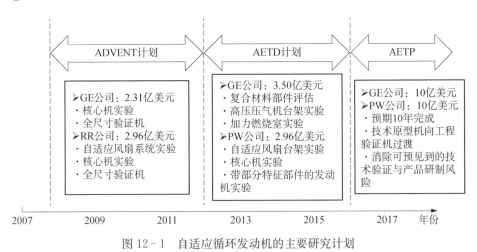

图 12-1　自适应循环发动机的主要研究计划

第一阶段的 ADVENT 计划中,在双外涵变循环发动机基础上引入了部分自适应技术,完成了核心机的实验验证;第二阶段的 AETD 计划中,增加了更多关键部件及技术的实验验证[4]。

在前两阶段研究的基础上,美国于 2016 年开启了 AETP 的研究。在该计划支持下,GE 公司于 2020 年 12 月完成了一台全尺寸三股流自适应循环发动机原型机 XA100 的实验测试,达到了 AETP 中预期的性能。根据公布数据,XA100 的性能收益包括:推力增加 10%,耗油率降低 25%,热管理能力提升 2 倍,飞机航程增加 30%,飞行速度增加 20%～40%[5]。

在国内,从 20 世纪 90 年代开始,航空发动机相关高校与主机设计厂所在变循环发动机领域开展初步的基础性研究工作,在总体性能领域,开展了匹配机理分析、性能特征揭示、多模式控制规律设计与优化、稳态和过渡态性能仿真等,取得了一些相应的研究进展[6-23]。在诸多研究机构中,北京航空航天大学关于自适应循环发动机总体性能的研究开展较早,所研究的发动机类型较全面。

本章将就本书作者近年来开展的工作及阶段成果进行综述,包括:目前典型的自适应循环发动机总体性能方案及结构形式、发动机稳态性能特征;性能收益和代价分析,最后展望自适应循环发动机总体设计研究的未来发展趋势。

12.2　自适应循环发动机典型总体设计及结构形式

自适应循环发动机的结构呈现出多种形式,具有多个外涵道。根据目前公开资料来看,典型的自适应循环发动机具备三个外涵道,外涵道从内向外依次称为第一外涵道、第二外涵道、第三外涵道。下面首先总结自适应循环发动机的核心机及低压部件结构形式,再根据核心机的不同分类介绍4种典型自适应循环发动机的结构形式。

12.2.1　结构形式概述

1) 核心机的结构形式

自适应循环发动机核心机结构形式可分为两类:一类带有核心机驱动风扇级(core driven fan stage,CDFS),另一类采用常规核心机。

带核心机驱动风扇级的核心机的部件包括由核心机驱动风扇级和高压压气机组成的压缩部件、主燃烧室和高压涡轮,压缩部件由高压涡轮驱动。

常规核心机部件与常规循环燃气涡轮发动机相同,包括由高压涡轮驱动的高压压气机、主燃烧室和高压涡轮。

2) 低压压缩部件的结构形式

与常规循环燃气涡轮发动机相比,自适应循环发动机在结构形式上有更多的不同。低压压缩部件又有以下三种典型结构形式。

(1) 带叶尖风扇的低压压缩部件结构。低压压缩部件包括风扇和延伸至第三外涵道的叶尖风扇(Flade)。叶尖风扇的结构本质上是在第二级风扇的叶冠上再增加一级叶片,并配有可调节的静子叶片。叶冠沿发动机周向前后缘具有封严结构,使得内外涵道之间构成了一个封闭的气流隔道。低压压缩部件由低压涡轮驱动,构成低压转子。

(2) 带后可变风扇的低压压缩部件结构。此类低压压缩部件由延伸到第三外涵道的前风扇和其后的可变风扇组成。前风扇采用整体风扇,与其后的可变风扇组成低压压缩部件,由低压涡轮驱动,构成低压转子。

(3) 带叶尖风扇和后可变风扇的低压压缩部件结构。此类低压压缩部件的结构包括前风扇、带叶尖风扇的可变风扇和后可变风扇,由低压涡轮驱动,构成低压转子。

12.2.2　带核心机驱动风扇级的自适应循环发动机类型

此类自适应循环发动机有两种已知的结构形式:带叶尖风扇的自适应循环动机以及带后可变风扇的自适应循环发动机。下面对各类发动机的结构进行介绍。

1) 带叶尖风扇的自适应循环发动机

带叶尖风扇的自适应循环发动机结构如图12-2所示[11-18]。其中,同一转子的部件由实线相连接。此结构形式的自适应循环发动机是ADVENT计划之初研究的,在F120双外涵变循环发动机的外侧增加了第三外涵道,本质上属于双转子三外涵涡扇发动机。其核心机采用的是带核心机驱动风扇级的类型,低压压缩部件采用的是带叶尖风扇的结构。叶尖风扇出口与外涵喷管相连,风扇出口与第二外涵道和核心机驱动风扇级相连,核心机驱动风扇级出口与第一外涵道和高压压气机相连。第一外涵道和第二外涵道的气流在前可变面积涵道引射器处掺混为外涵气流,与核心机气流在后可变面积涵道引射器中再进行掺混。

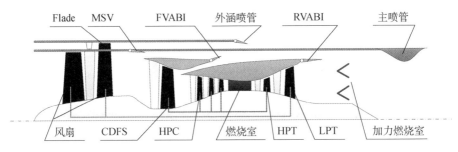

图 12 - 2　带叶尖风扇的自适应循环发动机示意图

表 12 - 1　带叶尖风扇的自适应循环发动机主要部件缩写含义

缩写	全称	含义
Flade	fan on blade	叶尖风扇
CDFS	core driven fan stage	核心机驱动风扇级
HPC	high pressure compressor	高压压气机
HPT	high pressure turbine	高压涡轮
LPT	low pressure turbine	低压涡轮
MSV	mode selection valve	模式选择活门
FVABI	front variable aera bypass injector	前可变面积涵道引射器
RVABI	rear variable aera bypass injector	后可变面积涵道引射器

2) 带后可变风扇的自适应循环发动机

此结构形式的自适应循环发动机结构示意图如图 12 - 3 所示[19-21,24,25]。其中,

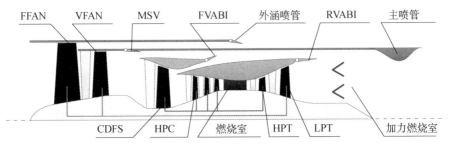

图 12 - 3　带后可变风扇的自适应循环发动机示意图

同一转子的部件由实线相连接,FFAN(front FAN)代表前风扇,VFAN(variable FAN)代表可变风扇。此结构形式发动机本质上属于双转子三外涵涡扇发动机。其高压转子的结构与图 12-2 所示的结构形式类似,主要区别在于低压风扇结构形式。

12.2.3 带常规核心机的自适应循环发动机类型

此类自适应循环发动机有两种已知的结构形式:三股流自适应循环发动机和带后可变风扇系统的自适应循环发动机。下面对各类发动机的结构进行介绍。

1) 三股流自适应循环发动机

三股流自适应循环发动机的结构如图 12-4 所示[22]。其中,同一转子的部件由实线相连接。从结构特征来看,此结构形式发动机属于双转子双外涵涡扇发动机。前风扇出口气流分为两股,分别进入第二外涵道和后可变风扇,后可变风扇出口气流分为两股,分别进入第一外涵道和高压压气机。第一外涵道气流和低压涡轮出口气流在后涵道引射器处掺混,经加力燃烧室后由主喷管排出。

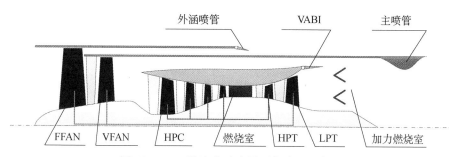

图 12-4 三股流自适应循环发动机示意图

2) 带可变风扇系统的自适应循环发动机

此结构形式的自适应循环发动机结构如图 12-5 所示[23,26-30]。其中,同一转子的部件由实线相连接,RFAN(rear FAN)代表后风扇。此结构形式的发动机本质上属于双转子三外涵涡扇发动机。低压风扇由前风扇、带叶尖风扇的可变风扇和后风扇组成,由低压涡轮驱动。进入发动机的气流首先分成两股,分别进入第三外涵道和前风扇。进入第三外涵道的气流经叶尖风扇增压后,由外涵喷管排出。前风扇出

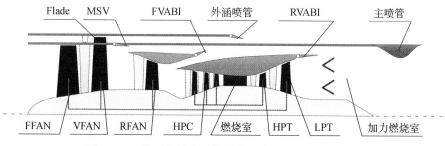

图 12-5 带可变风扇系统的自适应循环发动机示意图

口与可变风扇相连,可变风扇出口与第二外涵道和后风扇相连,而后风扇出口与第一外涵道和高压压气机相连。第一外涵道和第二外涵道的气流在前可变面积涵道引射器处掺混,外涵道气流与核心机气流在后可变面积涵道引射器处掺混,经过加力燃烧室后由主喷管排出。

12.3　典型自适应循环发动机多模式工作原理及部件共同工作

　　自适应循环发动机具有多种不同的工作模式。为深入理解不同工作模式之间的区别及工作原理,需要对自适应循环发动机开展共同工作分析。本节选择一种结构最复杂、工作模式最多的结构形式——带叶尖风扇的自适应循环发动机(见图12-2)为例,描述自适应循环发动机四种不同工作模式的工作过程和性能特征,并分析各部件的共同工作机理。

12.3.1　典型自适应循环发动机的四种工作模式

　　为了在同一台发动机上获得不同的工作模式,在大范围内调节发动机的循环参数,自适应循环发动机引入了诸多可调部件,其可调部件如图12-6所示,可调部件的定义如表12-2所示。

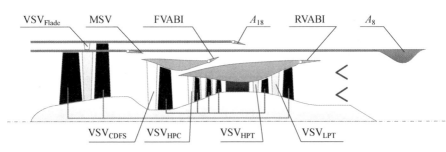

图12-6　带叶尖风扇的自适应循环发动机潜在的可调部件

表12-2　带叶尖风扇的自适应循环发动机的可调部件含义

符号	含义	符号	含义
VSV_{Flade}	Flade可调静子叶片	VSV_{CDFS}	CDFS可调静子叶片
VSV_{HPC}	HPC可调静子叶片	VSV_{HPT}	HPT可调导向器叶片
VSV_{LPT}	LPT可调导向器叶片	A_8	主喷管喉道面积
A_{18}	外涵喷管喉道面积	MSV	模式选择活门
FVABI	前可变面积涵道引射器	RVABI	后可变面积涵道引射器

　　此种带叶尖风扇的自适应循环发动机可通过模式选择活门的调节控制第二外涵道的开闭,通过Flade进口可调导叶的调节控制第三外涵道的开闭,再配合其他压缩部件的可调静子叶片、涡轮导向器叶片喉道面积、尾喷管喉道面积等可调部件

的协同调节,可以获得以下 4 种不同的工作模式。

1) 三外涵工作模式

三外涵工作模式,即 M3 模式,其流路如图 12-7 所示。

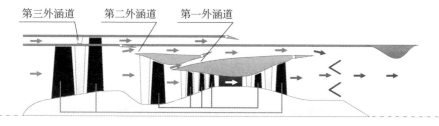

图 12-7 带叶尖风扇的自适应循环发动机 M3 模式流路示意图

在该模式下,发动机工作过程描述如下:

进入发动机的气流首先进行第一次分流。一股气流进入第三外涵道的叶尖风扇,经叶尖风扇增压后,气流进入外涵喷管,膨胀加速排出,产生推力;另一股气流进入风扇。

经风扇增压后,进行第二次分流。一股气流进入第二外涵道,另一股气流进入核心机驱动风扇级。

经核心机驱动风扇级增压后,再次进行分流。一股气流进入第一外涵道,与风扇出口第二外涵气流在前涵道引射器进行掺混,再经过后涵道引射器进入混合器;另一股气流进入高压压气机增压、主燃烧室燃烧加热、高压涡轮和低压涡轮膨胀做功后,进入混合器,与外涵气流掺混。

两股气流在混合器掺混后,进入加力燃烧室,最后再经主喷管加速膨胀,产生推力。

由于经过三次分流,有三股气流分别先后进入三个外涵道,因此在该模式工作时,发动机的涵道比相对达到最大。在该模式工作时,为了使发动机达到尽可能高的涵道比,可调部件采用以下调节:

(1)第三涵道叶尖风扇进口可调静子叶片处于全开位置;

(2)打开位于第二涵道的模式选择活门;

(3)打开前、后可变面积涵道引射器;

(4)核心机驱动风扇级可调静子叶片和高压压气机可调静子叶片均关小。

因此,在 M3 模式下,发动机的工作原理、热力循环及总体性能特征类似于中等涵道比涡轮风扇发动机。

2) 双外涵工作模式

双外涵工作模式,即 M2 模式,其流路如图 12-8 所示。

与三外涵工作模式相比,发动机工作过程的区别仅在于将位于第三涵道的叶尖风扇进口可调静子叶片关闭到最小位置,进入发动机的气流基本全部进入风扇,之后气流所经历的工作过程以及可调部件(除叶尖风扇外)的调节与 M3 模式类似。

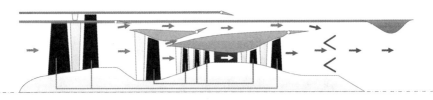

图 12 - 8　带叶尖风扇的自适应循环发动机 M2 模式流路示意图

由于第三外涵道基本处于关闭状态,因此发动机的涵道比与 M3 模式相比时较低,M2 模式下发动机的工作原理、热力循环及总体性能特征类似于小涵道比涡扇发动机。

3) 单外涵工作模式

单外涵工作模式,即 M1 模式,其流路如图 12 - 9 所示。

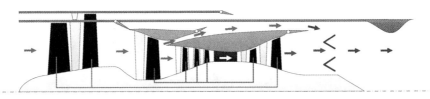

图 12 - 9　带叶尖风扇的自适应循环发动机 M1 模式流路示意图

在该工作模式下,进入发动机的气流不再进行第一次和第二次分流,使尽可能多的气流进入内涵道。为了使发动机达到尽可能低的涵道比,可调部件采用以下调节:

(1) 第三外涵道叶尖风扇进口可调静子叶片基本处于关闭位置;

(2) 关闭位于第二外涵道的模式选择活门;

(3) 关小前、后可变面积涵道引射器;

(4) 核心机驱动风扇级可调静子叶片和高压压气机可调静子叶片均打开到最大位置;

(5) 调大低压涡轮导向器叶片喉道面积。

上述调节中,当调大低压涡轮导向器叶片喉道面积时,高压涡轮膨胀比增加的同时低压涡轮膨胀比减小,为维持低压转子转速,需要提高涡轮前温度。涡轮前温度和高压涡轮膨胀比的提高,增加了高压涡轮功,提高了高压转子转速,大幅度提高了核心机对气流的抽吸能力,进而使尽可能多的气流进入核心机,发动机的涵道比相对其他工作模式达到最小。

因此,在 M1 模式下,发动机的工作原理、热力循环及总体性能特征与双轴涡轮喷气发动机类似。

4) 单外涵道+第三外涵道工作模式

单外涵道+第三外涵道工作模式,即 M13 模式,其流路如图 12 - 10 所示。

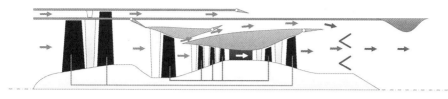

图 12 - 10 带叶尖风扇的自适应循环发动机 M13 模式流路示意图

发动机处于 M13 模式时,叶尖风扇可调静子叶片打开到最大,位于第二外涵道的模式选择活门关闭,对风扇出口的气流不进行第二次分流,气流全部进入核心机。进入核心机后的工作过程与其他模式相近,除叶尖风扇静子叶片调节外,其他可调部件调节与 M1 模式类似。

M13 模式下发动机的工作原理、热力循环及总体性能特征与涡轮螺旋桨发动机(桨扇发动机)类似。

12.3.2 典型自适应循环发动机理想热力循环分析

为便于下文的描述,在此对带叶尖风扇的自适应循环发动机各截面进行编号,如图 12 - 11 所示,各编号的含义如表 12 - 3 所示。

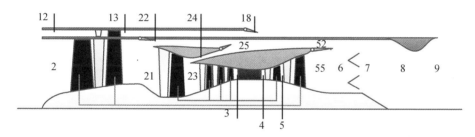

图 12 - 11 带叶尖风扇的自适应循环发动机截面编号示意图

表 12 - 3 带叶尖风扇的自适应循环发动机截面编号含义

编号	定义	编号	定义
2	进气道出口/风扇进口	12	进气道出口/叶尖风扇进口
13	叶尖风扇出口	18	外涵喷管喉道
21	风扇内涵出口/CDFS 进口	22	风扇外涵出口/FVABI 外涵进口
23	CDFS 内涵出口/高压压气机进口	24	CDFS 外涵出口/FVABI 内涵进口
25	FVABI 出口	3	高压压气机出口
4	主燃烧室出口/高压涡轮进口	5	高压涡轮出口/低压涡轮进口
55	低压涡轮出口/RVABI 内涵进口	52	RVABI 外涵进口
6	RVABI 出口/加力燃烧室进口	7	加力燃烧室出口
8	主喷管喉道	9	主喷管出口

此结构形式自适应循环发动机有四股气流:核心机气流与三个外涵道的气流。

由于每一股气流流经部件与流道各有差异,其热力过程各不相同,因此其热力循环不再是简单的布雷顿循环且互有差异。在非加力情况下这四股气流的理想热力循环见图 12-12,其理想热力过程分析如下。

1) **核心机气流**

等熵压缩:从发动机远前方截面(截面 0)到高压压气机出口(截面 3),核心机气流在流经风扇、核心机驱动风扇级与高压压气机时被压缩。

等压加热:从高压压气机出口(截面 3)到高压涡轮进口(截面 4),核心机气流在燃烧室内吸热。

等熵膨胀:从高压涡轮进口(截面 4)到低压涡轮出口(截面 55),核心机气流在流经高、低压涡轮时膨胀。

等压放热:从低压涡轮出口(截面 55)到加力燃烧室进口(截面 6),核心机气流与从后可变涵道引射器外涵进口(截面 52)流入的外涵气流掺混,向温度更低的外涵道气流释放热量。

等熵膨胀:从加力燃烧室进口(截面 6)到发动机出口(截面 9),经历了掺混以后的核心机气流继续膨胀。

等压放热:从发动机出口(截面 9)到发动机外界大气(截面 0),喷管出口气流向外界大气放热。

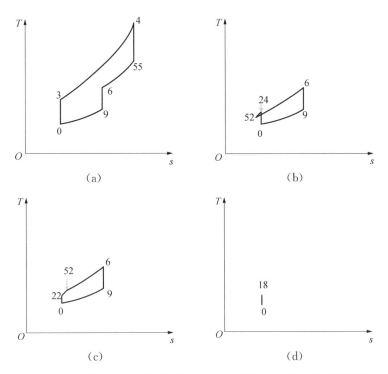

图 12-12 带叶尖风扇自适应循环发动机不同气流热力循环示意图

(a) 核心机气流 (b) 第一外涵道气流 (c) 第二外涵道气流 (d) 第三外涵道气流

2）第一外涵道气流

等熵压缩：从发动机远前方截面（截面0）到第一外涵道出口（截面24），第一外涵道气流在流经风扇、核心机驱动风扇级时被压缩。

等压放热：从第一外涵道出口（截面24）到后可变涵道引射器外涵进口（截面52），第一外涵道气流与从第二外涵道出口（截面22）流入的更低温度的气流进行掺混，释放热量。

等压加热：后可变涵道引射器外涵进口（截面52）到加力燃烧室进口（截面6），第一外涵道气流与从低压涡轮出口（截面55）流入的更高温度的气流进行掺混，吸收热量。

混合器之后第一外涵道气流经历的等熵膨胀与等压放热与核心机气流相同。

3）第二外涵道气流

等熵压缩：从发动机远前方截面（截面0）到第二外涵道出口（截面22），第一外涵道气流在流经风扇时被压缩。

等压加热：从第二外涵道出口（截面22）到后可变涵道引射器外涵进口（截面52），第二外涵道气流与从第一外涵道出口（截面24）流入的更高温度的气流进行掺混，吸收热量。

等压加热：后可变涵道引射器外涵进口（截面52）到加力燃烧室进口（截面6），第二外涵道气流与从低压涡轮出口（截面55）流入的更高温度的气流进行掺混，吸收热量。

混合器之后第二外涵道气流经历的等熵膨胀与等压放热与核心机气流相同。

4）第三外涵道气流

等熵压缩：从发动机进口（截面0）到第三外涵道出口截面（截面18），第三外涵道气流在流经叶尖风扇时被压缩。

等熵膨胀：从第三外涵道出口截面（截面18）到发动机远前方截面（截面0），第三外涵道气流膨胀。

可以看出，这四股气流多样的热力过程奠定了该结构形式"大幅度变循环特征"的热力循环基础。

12.3.3 典型自适应循环发动机共同工作方程

在推导共同工作方程时，需要量化各涵道气流流量之间的比例关系。带叶尖风扇的自适应循环发动机涵道较多，因此需要引入采用分流比来定义各涵道气流流量的分配关系。

第一分流比B_1，即第一外涵道空气流量与高压压气机进口空气流量之比：

$$B_1 = \frac{W_{a24}}{W_{a23}} \tag{12-1}$$

式中：W_{a23}为高压压气机进口空气流量；W_{a24}为第一外涵道空气流量。

第二分流比 B_2,即第二外涵道空气流量与核心机驱动风扇级进口空气流量之比:

$$B_2 = \frac{W_{a22}}{W_{a21}} \qquad (12-2)$$

式中:W_{a21} 为核心机驱动风扇级进口空气流量;W_{a22} 表示第二外涵道空气流量。

第三分流比 B_3,即第三外涵道空气流量与风扇进口空气流量之比:

$$B_3 = \frac{W_{a12}}{W_{a2}} \qquad (12-3)$$

式中:W_{a12} 为第三外涵道空气流量;W_{a2} 为风扇进口空气流量。

由此可以得到该结构形式发动机的总涵道比 B:

$$B = \frac{W_{a24} + W_{a22} + W_{a12}}{W_{a23}} = (1+B_1)(1+B_2)(1+B_3) - 1 \qquad (12-4)$$

带叶尖风扇的自适应循环发动机结构形式虽然复杂,但是各个部件仍遵循共同工作关系。此关系在发动机热力学分析中对于理解其工作原理及控制规律设计有着重要意义。因此,可参考 3.1 节中的方法,根据该结构形式各部件遵循的流量连续、功率平衡、静压平衡与转速相等建立高、低压转子的共同工作方程[6, 11]。

1)带叶尖风扇的自适应循环发动机高压转子共同工作方程

该结构形式处于以上四种工作模式时,高压转子均由核心机驱动风扇级、高压压气机、高压涡轮组成。按照 3.1 节中介绍的方法,可推导得到以核心机驱动风扇级进口或高压压气机进口为参考截面的高压转子共同工作方程。

(1)以核心机驱动风扇级进口为参考截面的共同工作方程。

$$\frac{1}{B_1+1} \frac{q(\lambda_{21})A_{21}}{\pi_{CDFS}\pi_{HPC}} \sqrt{\frac{1}{\eta_{HPT}\left(1-\dfrac{1}{e_{HPT}}\right)}} \sqrt{\frac{e_{HPC}-1}{\eta_{HPC}}\left(1+\frac{e_{CDFS}-1}{\eta_{CDFS}}\right) + (1+B_1)\frac{e_{CDFS}-1}{\eta_{CDFS}}} = C_H$$

$$(12-5)$$

$$C_H = \frac{K_g A_4 q(\lambda_4)\sigma_{21\to4}}{K} \qquad (12-6)$$

$$e = \pi^{\frac{K-1}{K}} \qquad (12-7)$$

式中:A_{21} 为核心机驱动风扇级进口截面面积;A_4 为高压涡轮导向器叶片喉道面积;K 为空气绝热指数;K_g 为燃气绝热指数;$q(\lambda_{21})$ 为核心机驱动风扇级进口截面流量函数;$q(\lambda_4)$ 为高压涡轮进口截面流量函数;π_{CDFS} 为核心机驱动风扇级增压比;π_{HPC} 为高压压气机增压比;η_{CDFS} 为核心机驱动风扇级效率;η_{HPC} 表示高压压气机效率;η_{HPT} 为高压涡轮效率;$\sigma_{21\to4}$ 为风扇出口至高压涡轮进口流道总压恢复系数。

（2）以高压压气机进口为参考截面的共同工作方程。

$$\frac{q(\lambda_{23})A_{23}}{\pi_{HPC}}\sqrt{\frac{1}{\eta_{HPT}\left(1-\dfrac{1}{e_{HPT}}\right)}}\sqrt{\frac{e_{HPC}-1}{\eta_{HPC}}+(1+B_1)\frac{1}{1+\dfrac{\eta_{CDFS}}{e_{CDFS}-1}}}=C_H$$

$$(12-8)$$

式中：A_{23} 为高压压气机进口截面面积；$q(\lambda_{23})$ 为高压压气机进口截面流量函数。

上述式（12-5）与式（12-8）中的 C_H 项仅相差 $\sigma_{21\to23}$（风扇出口至高压压气机进口的流道总压恢复系数）。若忽略 C_H 项的区别，将式（12-5）与式（12-8）联立可得到式（12-9），此式反映了核心机驱动风扇级、高压压气机与第一外涵道之间的影响关系。

$$B_1+1=\frac{A_{21}}{A_{23}}\cdot\frac{q(\lambda_{21})}{q(\lambda_{23})}\cdot\frac{1}{\pi_{CDFS}}\cdot\sqrt{1+\frac{e_{CDFS}-1}{\eta_{CDFS}}}\qquad(12-9)$$

2）带叶尖风扇的自适应循环发动机 M1 模式低压转子共同工作方程

$$\pi_{Fan}\pi_{CDFS}\pi_{HPC}=C_L\cdot\sqrt{\frac{1}{\eta_{Fan}(1+B_1)}(e_{Fan}-1)}\cdot\sqrt{\frac{1}{(1-1/e_{LPT})\eta_{LPT}}}\cdot q(\lambda_2)A_2$$

$$(12-10)$$

$$C_L=\frac{K\pi_{HPT}}{K_g A_5 q(\lambda_5)\sigma_{2\to5}}\qquad(12-11)$$

式中：A_2 为风扇进口截面面积；A_5 表示低压涡轮导向器叶片喉道面积；$q(\lambda_2)$ 为风扇进口截面流量函数；$q(\lambda_5)$ 为低压涡轮进口截面流量函数，π_{Fan} 为风扇增压比；η_{Fan} 为风扇效率；η_{LPT} 为低压涡轮效率；$\sigma_{2\to5}$ 为风扇进口至低压涡轮进口流道总压恢复系数。

3）带叶尖风扇的自适应循环发动机 M13 模式低压转子共同工作方程

（1）以风扇进口为参考截面的共同工作方程。

$$\pi_{Fan}\pi_{CDFS}\pi_{HPC}=C_L\cdot\sqrt{\frac{1}{B_1+1}\left(\frac{e_{Fan}-1}{\eta_{Fan}}+\frac{e_{Flade}-1}{\eta_{Flade}}B_3\right)}\cdot$$
$$\sqrt{\frac{1}{(1-1/e_{LPT})\eta_{LPT}}}\cdot q(\lambda_2)A_2\qquad(12-12)$$

式中：η_{Flade} 为叶尖风扇效率。

（2）以叶尖风扇进口为参考截面的共同工作方程。

$$\pi_{Fan}\pi_{CDFS}\pi_{HPC}=C_L\cdot\sqrt{\frac{1}{B_1+1}\left(\frac{e_{Fan}-1}{\eta_{Fan}}+\frac{e_{Flade}-1}{\eta_{Flade}}B_3\right)}\cdot$$
$$\sqrt{\frac{1}{(1-1/e_{LPT})\eta_{LPT}}}\cdot\frac{q(\lambda_{12})A_{12}}{B_3}\qquad(12-13)$$

式中:A_{12} 为叶尖风扇进口截面面积;$q(\lambda_{12})$ 为叶尖风扇进口截面流量系数。

4) 带叶尖风扇的自适应循环发动机 M2 模式低压转子共同工作方程

$$\pi_{\text{Fan}}\pi_{\text{CDFS}}\pi_{\text{HPC}} = C_{\text{L}} \cdot \sqrt{\frac{1}{\eta_{\text{Fan}}(B_1+1)(B_2+1)}(e_{\text{Fan}}-1)} \cdot$$

$$\sqrt{\frac{1}{(1-1/e_{\text{LPT}})\eta_{\text{LPT}}}} \cdot q(\lambda_2)A_2 \qquad (12-14)$$

5) 带叶尖风扇的自适应循环发动机 M3 模式低压转子共同工作方程

(1) 以风扇进口为参考截面的共同工作方程。

$$\pi_{\text{Fan}}\pi_{\text{CDFS}}\pi_{\text{HPC}} = C_{\text{L}} \cdot \sqrt{\frac{1}{(1+B_1)(1+B_2)}\left(\frac{e_{\text{Fan}}-1}{\eta_{\text{Fan}}}+\frac{e_{\text{Flade}}-1}{\eta_{\text{Flade}}}B_3\right)} \cdot$$

$$\sqrt{\frac{1}{(1-1/e_{\text{LPT}})\eta_{\text{LPT}}}} \cdot q(\lambda_2)A_2 \qquad (12-15)$$

(2) 以叶尖风扇进口为参考截面的共同工作方程。

$$\pi_{\text{Fan}}\pi_{\text{CDFS}}\pi_{\text{HPC}} = C_{\text{L}} \cdot \sqrt{\frac{1}{(1+B_1)(1+B_2)}\left(\frac{e_{\text{Fan}}-1}{\eta_{\text{Fan}}}+\frac{e_{\text{Flade}}-1}{\eta_{\text{Flade}}}B_3\right)} \cdot$$

$$\sqrt{\frac{1}{(1-1/e_{\text{LPT}})\eta_{\text{LPT}}}} \cdot \frac{q(\lambda_{12})A_{12}}{B_3} \qquad (12-16)$$

对比不同工作模式的涵道变化与上述低压转子共同方程可知:

(1) 从模式之间的切换[见图 12 - 13(a)]来看,打开第三外涵道可以让该结构形式由 M1 模式切换为 M13 模式,再打开第二外涵道则使得该结构形式由 M13 模式切换为 M3 模式,反之亦然;同样地,打开第二外涵道则可以让该结构形式由 M1 模式切换为 M2 模式,再打开第三外涵道则让该结构形式由 M2 模式切换为 M3 模式。可见,四种模式之间相互切换的关键在于各个外涵道的打开与关闭。但需要注意的是,涵道的打开与关闭需要配合压缩部件的可调叶片角度、涡轮导向器叶片喉道面积、喷管喉道面积的综合调节来实现。

(2) 从不同模式的共同工作方程[见图 12 - 13(b)]来看,比较分析方程(12 - 10)、(12 - 12)与(12 - 14)可以发现:就低压转子共同工作方程而言,M1 模式、M13 模式与 M2 模式是 M3 模式的简化。当 M3 模式低压转子共同工作方程的第二分流比为 0 时,此方程演变为 M13 模式的方程;M13 模式低压转子共同工作方程的第三分流比为 0 时,此方程演变为 M1 模式的方程,以此类推。

总的来说,四种模式共同工作的差异在外涵的演变,M1 模式、M13 模式与 M2 模式可以看作是特殊的 M3 模式。外涵的变化多样使得带叶尖风扇的自适应循环发动机具有大幅度变循环特征的流道基础。

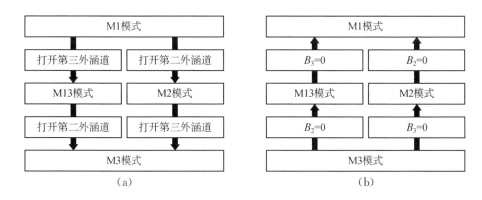

图 12-13 四种工作模式演变关系图

(a) M1 模式切换 M3 模式　(b) M3 模式切换 M1 模式

12.4 典型自适应循环发动机的性能特征

为获得复杂任务适应性的优势,自适应循环发动机引入了大量的可调部件和复杂的结构形式,这使得自适应循环发动机的控制规律和性能特征变得更加复杂。本节以带后可变风扇的自适应循环发动机为例,介绍典型自适应循环发动机的性能特征。本节中所展示的数据均是利用本书作者所开发的自适应循环发动机总体性能仿真模型进行性能模拟的计算结果。

12.4.1 典型自适应循环发动机的速度特性

图 12-3 所示的带后可变风扇自适应循环发动机具有两种不同的工作模式:三外涵工作模式和双外涵工作模式(本节的双外涵工作模式是指单外涵道+第三外涵道工作模式)。不同工作模式下发动机的流路如图 12-14 所示。其中:三外涵工作模式下,发动机的三个外涵道均打开,见图 12-14(a),称为 M3 模式;双外涵模式

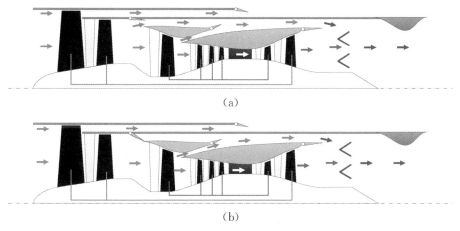

图 12-14 带后可变风扇的自适应循环发动机两种工作模式流路示意图

(a) 三外涵模式　(b) 双外涵模式

下，模式选择活门关闭，第二外涵道关闭，第一外涵道、第三外涵道打开［见图 12‐14 (b)］，称为 M13 模式。

第二外涵道的开闭由模式选择活门控制，而在同一台发动机上获得不同的工作模式则需要诸多可调部件的协同调节。带后可变风扇的自适应循环发动机的可调部件如图 12‐15 所示。其中，VSV$_{\text{VFAN}}$ 代表可变风扇的进口导叶，其余可调部件的定义与带叶尖风扇的结构形式相同（见表 12‐2）。

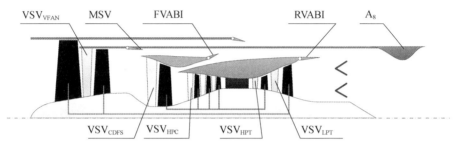

图 12‐15　带后可变风扇的自适应循环发动机可调部件示意图

下面给出带后可变风扇的自适应循环发动机在中间状态和最大加力状态下的速度特性（飞行高度为 11 km，飞行马赫数变化范围为 0.8～2.0）。采用的主燃油控制规律为：当发动机进口气流总温小于 288.15 K 时，保持前风扇的相对换算转速在100%；当发动机进口气流总温大于 288.15 K 时，保持低压转子相对物理转速在100%，直到达到涡轮前温度限制值或达到高压转子转速限制值。性能参数以相对值的形式给出，选择以双外涵模式、飞行马赫数为 2.0 条件下的性能作为相对基准。中间状态下，带后可变风扇的自适应循环发动机在不同模式的速度特性见图 12‐16。

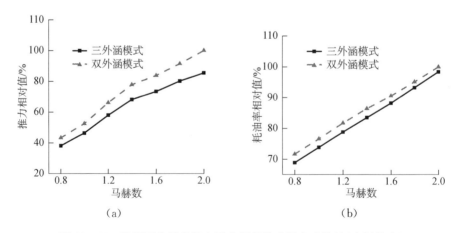

图 12‐16　带后可变风扇的自适应循环发动机速度特性（中间状态）

（a）推力随速度变化　（b）耗油率随速度变化

从图 12‐16 可以看出，随着速度的增加，发动机的推力及耗油率都随之升高。在相同的速度下,双外涵模式下发动机的推力及耗油率均高于三外涵模式,其原因是,三外涵模式下发动机的第二外涵道打开,外涵道具有更大的流通能力,因此具有更高的涵道比(见图 12-17)。高涵道比发动机的排气速度较低,推进效率较高,因此耗油率更低;但是,排气速度低也会导致低单位推力,进而带来更低的推力。

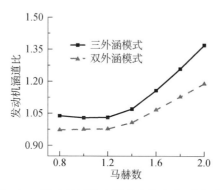

图 12-17 发动机涵道比随速度的变化(中间状态)

图 12-18 给出了最大加力状态下不同模式下的速度特性。发动机在最大加力状态的主燃油控制规律与中间状态一样。在此基础上,通过加力燃烧室燃油流量控制加力燃烧室的出口气流总温,通过调节主喷管喉道面积控制低压涡轮膨胀比与中间状态时相同。

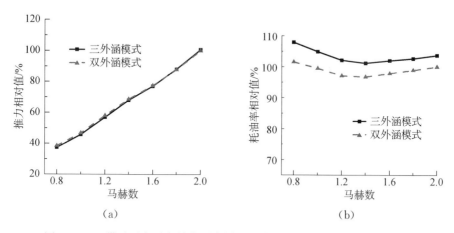

(a)   (b)

图 12-18 带后可变风扇的自适应循环发动机速度特性(最大加力状态)
(a) 加力推力随速度变化   (b) 加力耗油率随速度变化

可以看出,发动机在两种模式下的推力近似相等,而双外涵模式下发动机的耗油率更低。这是因为在相同进口条件下,与三外涵模式相比,双外涵模式涵道比更低,进入核心机的气流流量更大。在两种模式总加热量相当的情况,更低涵道比的双外涵模式下,更多的热量从主燃烧室内加入有助于提高发动机的热效率和循环功,进而带来了更低的加力耗油率。因此在加力状态下,自适应循环发动机通过调节使发动机在更低涵道比下工作,具有在不降低加力推力的条件下获得更低加力耗油率的优势。

12.4.2　典型自适应循环发动机的节流特性

以飞机亚声速巡航飞行(高度为 11 km,飞行马赫数为 0.8)和超声速巡航飞行(高度为 11 km,飞行马赫数为 1.5)为例,带后可变风扇的自适应循环发动机不同工作模式的节流特性如图 12-19、图 12-20 及图 12-21 所示,图 12-19 中性能参数以相对值的形式给出,相对基准选择双外涵模式在节流起始点的性能。

从图 12-19、图 12-20 及图 12-21 中可以看出:在两种不同工作模式下,发动机的推力、高压涡轮前温度和涵道比随转子转速的变化趋势大体相同,只是程度上有所区别,也与常规涡扇发动机的典型转速特性相类似。耗油率随转速变化表明,三外涵工作模式耗油率随转速的降低单调增加,变化趋势类似于较大涵道比设计的

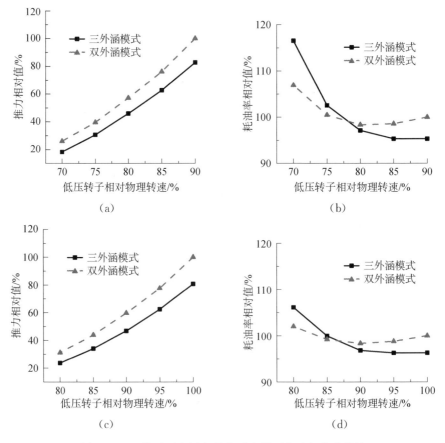

图 12-19　带后可变风扇的自适应循环发动机节流特性

(a) 亚声速巡航飞行条件下推力随转速变化　(b) 亚声速巡航飞行条件下耗油率随转速变化
(c) 超声速巡航飞行条件下推力随转速变化　(d) 超声速巡航飞行条件下耗油率随转速变化

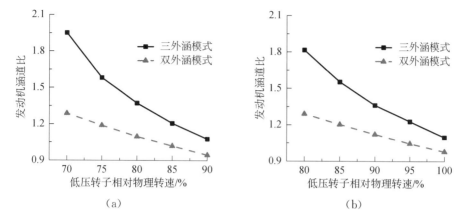

图 12-20　发动机涵道比随低压转子转速的变化

（a）亚声速巡航飞行　（b）超声速巡航飞行

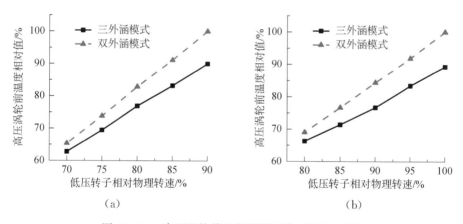

图 12-21　高压涡轮前温度随低压转子转速的变化

（a）亚声速巡航飞行　（b）超声速巡航飞行

发动机,而双外涵工作模式耗油率随转速降低的变化趋势更类似于涡喷发动机。关于发动机节流特性更详细的分析可以参考 4.2 节及 4.3 节。

　　随着转子转速的降低,发动机的进口空气流量快速下降,如图 12-22 所示。通过降低转速可以实现减小发动机推力的目的,但这会引起进气道供气量与发动机需气量之间不匹配,产生较大的溢流阻力,影响发动机的安装性能。

　　由于自适应循环发动机具有更多的可调机构,可以通过可调部件的协同调节,在不改变发动机空气流量的条件下实现节流过程,这也是自适应循环发动机突出的性能优势之一。关于自适应循环发动机等空气流量节流的性能分析将在 12.4.3 节～12.4.5 节进行较为详细的介绍。

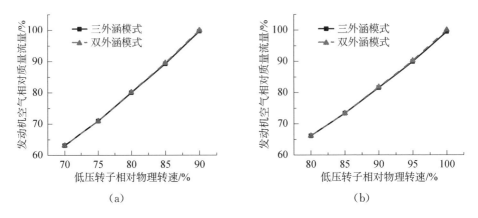

图 12-22　发动机空气流量随低压转子转速的变化

(a) 亚声速巡航　(b) 超声速巡航

12.4.3　典型自适应循环发动机优势工作范围

为了充分发挥自适应循环发动机的性能优势,需要根据飞机的任务需求选择发动机优势工作模式。发动机优势工作模式的定义是:在达到相同的推力条件下,耗油率更低的工作模式。

以飞机亚声速巡航飞行(高度为 11 km,飞行马赫数为 0.8)和超声速巡航飞行(高度为 11 km,飞行马赫数为 1.5)为例进行说明,通过比较两种工作模式的节流性能来分析优势工作模式。在节流过程中,保持发动机空气流量不变,以降低耗油率为目标优化两种工作模式下发动机的控制规律,得到发动机的耗油率随推力的变化如图 12-23 所示。其中,性能参数以相对值的形式给出,选择双外涵工作模式在节流起始点的性能为相对基准。

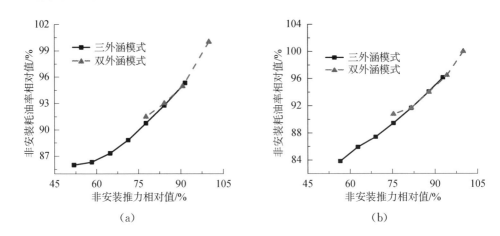

图 12-23　巡航飞行过程中发动机不同工作模式的性能对比

(a) 亚声速巡航　(b) 超声速巡航

从图 12-23 可以看出:双外涵工作模式下,发动机可以获得更高的推力上限,这是由于当发动机工作在双外涵工作模式时,第二外涵道关闭,可以使更多的气流进入核心机,发动机总涵道比相对三外涵工作模式更低,更高的单位推力使发动机推力更大;随着节流过程推力的降低,三外涵工作模式下,发动机三个涵道均打开,发动机的总涵道比更大,具有更高的推进效率,进而获得了更低的耗油率,实现了更深度节流。

综上所述,发动机不同工作模式的优势范围与飞机对发动机的性能需求密切相关。当飞机的推力需求较大时,双外涵工作模式是更佳的选择;当推力需求较小时,三外涵工作模式是更佳的选择[19]。

从图 12-23 还可以看出:两种工作模式具有推力和耗油率重合的区域,在此区域进行模式转换,即可在宽广的推力需求范围内均保持优势工作模式,拓展发动机等流量节流的范围。关于模式转换过程的实现及性能分析将在 12.4.4 节进行介绍。

12.4.4 典型自适应循环发动机模式转换过程性能

模式转换是自适应循环发动机连接不同工作模式、发挥变循环优势的关键环节。其基本要求是保障模式转换过程安全可靠、平稳过渡。在此基础上,降低控制规律的复杂性、改善模式转换过程的性能是需要不断优化的技术发展方向。

一种模式转换控制规律的设计思路是:使发动机始终保持在优势工作模式运行。从图 12-23 可以看出,带后可变风扇的自适应循环发动机两种工作模式的优势工作范围存在重合区域,这部分区域就是完成模式转换的可行域。以亚声速巡航(飞行高度为 11 km,飞行马赫数为 0.8)工况为例,介绍从双外涵工作模式转换至三外涵工作模式的控制规律设计。

根据优势工作模式的不同,自适应循环发动机的模式转换过程中可以划分为三个区域:双外涵工作模式优势工作区、三外涵工作模式优势工作区和两种工作模式性能基本相同的模式转换区,如图 12-24 所示。在模式转换区中存在推力及耗油率相同的点,即为模式转换点。

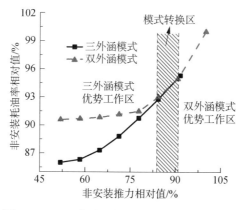

图 12-24 亚声速巡航两种模式优势工作范围

在模式转换点处,两种工作模式下可调部件的控制规律可能并不相同。为了实现仅调节模式选择活门完成模式转换,需要对控制规律进行修正(可参考文献[19,24])。修正后可得如图12-25所示的控制规律。图中,实线代表双外涵模式(M13模式)下可调部件的控制规律,虚线代表三外涵模式(M3模式)下可调部件的控制规律,可调部件的含义见表12-2。此控制规律保持了单调性和连续性,同时也能保证发动机始终工作在优势模式:发动机的推力及流量均无明显波动(推力波动1.17%,流量不发生变化),并且安全稳定工作的约束条件也得到了满足。值得说明的是,图12-25所示的控制可以进一步简化至单调线性(需要牺牲部分耗油率优势),从而进一步提升控制方案的实现性。这种考虑性能收益与实现性的权衡设计方法可参考文献[18]。

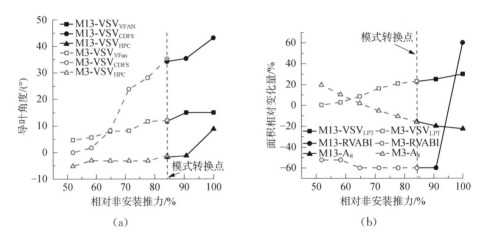

图12-25　亚声速巡航飞行条件下工作模式转换控制规律

(a)导叶角度　(b)面积

通过模式转换,自适应循环发动机可以在宽广的推力需求范围内保持优势工作模式,也实现了更宽范围的等空气流量节流。关于典型自适应循环发动机的等空气流量节流性能及对发动机安装性能的改善将在12.4.5节进行介绍。

12.4.5　典型自适应循环发动机的等空气流量节流性能

良好的等空气流量节流性能是自适应循环发动机突出的优势之一。由于对高推重比的追求,发动机设计涡轮前温度不断提高,发动机的单位推力随之升高。当发动机工作在巡航工况特别是亚声速巡航时,飞机对发动机的推力需求减小,需要对发动机进行节流。传统涡扇发动机由于可调部件较少,通常通过降低转速的方式降低发动机推力,转速降低导致进入到发动机的空气流量减少。由于隐身性能的需求,下一代战机将采用不可调进气道。在飞行工况一定的条件下,发动机空气流量降低会导致"进气道-发动机"流量不匹配,产生较大的溢流阻力,影响发动机的安装性能。(参见第8章)

自适应循环发动机通过多个可调部件的协同调节,可以在维持发动机进口空气流量和低压转速不变的条件下,采取以下调节方式:(1)关小可变风扇、核心机驱动风扇级、高压压气机的可调静子导叶角度,可以使更多的气流流入外涵道,提高发动机的涵道比;(2)调大主喷管喉道面积及关小低压涡轮导向器叶片喉道面积,一方面可以增加低压涡轮的膨胀比,从而以更低的低压涡轮进口总温来维持低压转子功率平衡,另一方面关小低压涡轮导向器叶片喉道面积,高压涡轮膨胀比减小,同时涡轮前温度降低,高压转子转速下降,转差下降使核心机对气流的抽吸能力下降,也将导致更多的气流流入外涵道,发动机涵道比增大。通过上述两方面的调节,随节流过程中发动机涵道比的增大和涡轮前温度的降低,发动机的单位推力减小,因此可在维持发动机进口空气流量不变的情况下降低发动机推力,实现等空气流量节流,改善"进气道-发动机"的流量匹配,减小溢流阻力,进而改善发动机的安装性能。更多关于自适应循环发动机等流量节流控制规律的设计方法可参考文献[20, 25]。

图 12-26 给出了采用某种类型不可调进气道时,带后可变风扇的自适应循环发动机(见图 12-3)与传统涡扇发动机在巡航节流过程中发动机空气流量变化的对比。从图 12-26 可以看出,自适应循环发动机在节流过程中可以维持发动机空气流量不变,这有助于维持"进气道-发动机"的流量匹配。而传统涡扇发动机通过降低转速实现节流过程,在节流过程中发动机空气流量不断降低:在亚声速巡航飞行(高度为 11 km,马赫数为 0.8)节流过程中降低 30%,在超声速巡航飞行(高度为 11 km,马赫数为 1.5)节流过程中降低 18%。这会导致"进气道-发动机"流量不匹配,产生较大的溢流阻力,影响发动机的安装性能。

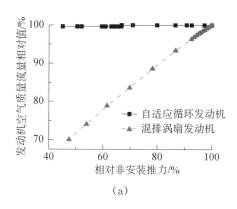 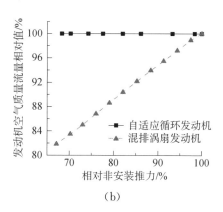

图 12-26　节流过程发动机空气流量变化对比

(a) 亚声速巡航飞行　(b) 超声速巡航飞行

图 12-27 给出了自适应循环发动机与传统涡扇发动机在巡航节流过程中的安装耗油率对比。从图 12-27 可以看出,自适应循环发动机通过等空气流量节流维持了"进气道-发动机"的流量匹配,进而实现了安装耗油率的改善。与传统涡扇发动机相比,在亚声速巡航飞行和超声速巡航飞行条件下,自适应循环发动机节流过程中安装耗油率最高分别降低 27.2% 和 18.3%。安装耗油率的降低可大幅增加飞机的航程和空中巡逻时间。

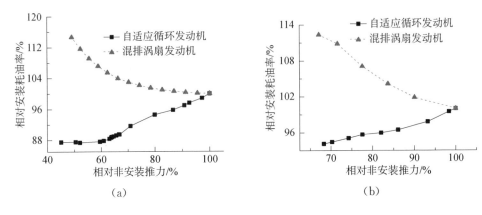

图 12 - 27　节流过程发动机安装耗油率对比

(a) 亚声速巡航飞行　(b) 超声速巡航飞行

12.5　自适应循环发动机性能研究发展趋势

12.5.1　考虑多源不确定性因素影响的总体性能稳健性设计

自适应循环发动机概念的提出,不仅引入了更多具有新颖技术特征的部件,如 Flade、核 CDFS、RVABI 等,同时也给常规旋转部件的气动性能设计提出了更高的设计需求。以高压压气机为例,不仅要求其在设计工况具备高通流能力、高气动负荷、高绝热效率等技术特征,而且在远离设计点的其他非设计工况下仍应具有较高的绝热效率、足够的喘振裕度及适应核心机流通能力宽幅度变化等技术特征。

新技术特征的引入和对旋转部件更高的设计需求给自适应循环发动机的系统性能设计带来更多的不确定性,并由此给系统性能的稳健性带来前所未有的挑战!若对这些不确定性视而不见,或仅依赖已有的设计经验或规则预留部件性能和安全裕度,就无法在自适应循环发动机研制的初始阶段对系统性能方案存在的不确定性进行缩减、量化并实施稳健性设计,从而导致整个设计及研制过程的不可靠、高成本和高风险。

这些不确定性因素可以根据其来源分为以下三类。

1) 对发动机整机匹配机理认知不足

对发动机整机匹配机理认知的不足体现在以下两个方面:

(1) 自适应循环发动机可调部件的选择。自适应循环发动机的性能优势依赖于可调部件的协同调节,更多的可调机构会拓宽发动机循环调节范围,提高发动机的任务适应性,但同时会带来更高的结构复杂性,增加设计难度。

(2) 控制规律的设计。由于可调部件和工作模式的增加,以及飞行工作包线的大范围扩大,自适应循环发动机的控制规律设计面临工作模式、控制输入量、多种可调部件、控制约束成倍的增多及工作包线大范围增大的技术挑战。

2）对发动机部件工作机理认知不足

由于自适应循环发动机的涵道结构更为复杂，不同工作模式之间流动情况差异较大，相邻部件之间的匹配关系也更加复杂。部件特性受到上下游部件和涵道系统的综合影响，可能偏离部件单独设计的结果。除此之外，压缩系统的稳定工作边界也更加复杂，除了传统发动机需要考虑的喘振、超温、超转约束外，还需要考虑不同模式切换可能导致的回流现象。

3）部件性能的不确定性

在部件制造、装配过程中不可避免存在公差，公差会导致部件性能偏离设计值。众多部件性能偏差的影响累积后会对发动机性能造成影响，严重时会导致发动机性能无法满足设计指标。

综上所述，与常规热力循环发动机相比，自适应循环发动机系统性能设计中的不确定性因素更多，对发动机性能的影响也更加复杂。因此，应当在系统性能设计之初，就对不确定性因素进行分类分析，将其纳入统一理论框架下进行量化，并尽可能减少这些不确定因素的影响，以使系统性能的稳健性设计顺利开展。

12.5.2 构建并行多维度、多学科优化特征的设计体系架构

自适应循环发动机系统性能设计需要综合考虑总体方案、部件设计、加工制造的不确定性影响，涉及多层次、多来源、不同颗粒度和不同耦合程度知识的获取、融合、重构和应用。为了实现设计知识高效有序的组织与流动，可以引入具有递归和演化特征的轮盘状系统性能设计体系架构，如图 12 - 28 所示。

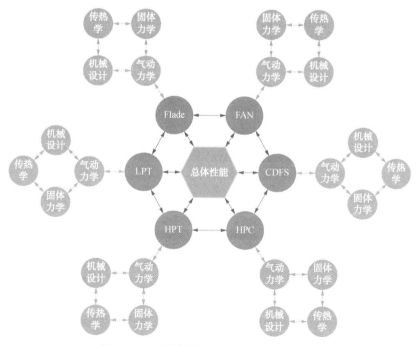

图 12 - 28　轮盘状系统性能设计体系架构

　　该系统性能设计体系架构按知识属性划分为三个层次,分别为系统性能层、部件性能层及学科层。系统性能层次处于核心层,部件性能层次属于中间层,学科层次处于外围层,三个层次的知识由核心向外围的流动是系统性能设计指标逐级向外分配的过程,由外围向核心的流动是设计知识逐渐收缩归纳,颗粒度由细变粗,逐层递归支撑系统性能优化设计的过程。部件之间知识的环状流动保留了部件间的物理匹配特征。学科之间知识的环状流动体现了部件设计过程多学科分析优化特征。

12.5.3　自适应循环发动机混合维度仿真设计

　　目前,针对自适应循环发动机的参数及控制规律设计大多基于第Ⅱ类仿真模型开展(模型分类介绍见6.1节),该类模型的性能仿真精度高度依赖于各部件模块的仿真精度。然而,针对自适应循环发动机所引入的多种具备新颖变循环特征的部件(如前涵道引射器,后涵道引射器、模式选择阀、核心机驱动风扇级、引射喷管等部件),在发动机性能设计阶段,针对上述部件的性能模拟方法多基于经验公式或常规结构形式发动机的部件模型,性能预测精度尚未得到验证。同时,自适应循环发动机复杂的工作模式和大量可调部件的使用,要求发动机各部件能够在宽广的性能区间中都能够保证稳定高效工作,这不仅给发动机的部件设计提出了更高的要求,并且也需要在发动机的参数及控制规律设计阶段更多地考虑多种工作模式及可调机构调节带来的部件性能约束,综合考虑各部件性能指标的可实现性。

　　为了解决上述问题,可以在自适应循环发动机的性能分析和设计阶段,在第Ⅱ类仿真模型的基础上,引入第Ⅲ类和第Ⅳ类的高维仿真模型,根据不同研究阶段对仿真速度和仿真精度的需求,灵活使用一维气动设计模型、流线曲率模型、二维乃至三维计算流体力学(computational fluid dynamics,CFD)仿真模型,实现高维部件模型在Ⅱ类仿真模型的基础下的耦合仿真,构建自适应循环发动机的混合维度仿真模型。与第Ⅲ类仿真模型不同的是,此类模型中并不是所有部件都采用了高维仿真模型,而保留了部分成熟部件的"黑盒子"模型,以维持模型的计算效率。

　　依托上述混合维度仿真模型,可以对各部件在自适应循环发动机工作包线内的性能特征进行探索,发展在参数设计阶段精确表达新颖变循环特征部件性能的方法。通过混合维度模型综合考虑自适应循环发动机循环参数、控制规律制定和部件性能在整机环境下的可实现性等因素的复杂约束,在自适应循环发动机的初步设计阶段实现高可实现性设计。

12.5.4　飞机/发动机综合性能优化

　　飞机/发动机综合性能优化是自适应循环发动机性能设计过程中不可或缺的一个环节,其必要性如下:

　　(1)发动机因装机后的进气道阻力和喷管阻力可导致较大的安装性能损失,开展飞机/发动机综合性能研究可以准确评估发动机性能。

　　(2)在发动机方案论证阶段就可考虑发动机与飞机间的匹配关系,对发动机和飞机参数进行协同分析,避免飞机/发动机设计不匹配带来的迭代。

（3）开展飞机/发动机综合性能设计可作为未来战斗机实现进排气系统与飞机机身高度融合的技术储备。

飞机/发动机综合性能优化是未来军用飞行平台发展的必经之路，其中，发动机特性（包括节流特性和速度-高度特性）的优化是这一路径中的关键衔接。然而，自适应循环发动机的可调部件较多，控制规律设计复杂，并且设计循环参数和非设计点控制规律之间存在复杂的耦合关系。这些因素极大地增加了发动机特性优化的难度。针对这一难题，需要充分利用对发动机匹配机理研究的先验信息，对设计循环参数和非设计点最优控制规律进行合理的解耦，并借助于高精度、高计算效率的仿真模型，解决飞机/发动机综合性能强耦合带来的计算量过大、优化难以开展的困难。

参 考 文 献

［1］ Shafer D G, McNelis N. Development of a ground based Mach 4 + revolutionary turbine accelerator technology demonstrator (RTATD) for access to space[R]. Indianapolis: ISABE, 2003.

［2］ Bradley M, Bowcutt K, McComb J, et al. Revolutionary turbine accelerator (RTA) two-stage-to-orbit (TSTO) vehicle study[C]. 38th AIAA/ASME/SAE/ASEE Joint Propulsion Conference & Exhibit, 2002.

［3］ Lee J, Winslow R, Buehrle R J. The GE-NASA RTA hyperburner design and development [R]. Cleveland: NASA, 2005.

［4］ 孙明霞，梁春华. 美国自适应发动机研究的进展与启示[J]. 航空发动机，2017，43(1)：95 - 102.

［5］ GE Aviation. GE's adaptive cycle engine [EB/OL]. [2022 - 03 - 01]. https://www. geaviation. com/military/engines/ge-adaptive-cycle-engine.

［6］ 郑俊超. 自适应循环发动机过渡过程控制规律优化方法研究[D]. 北京：北京航空航天大学，2019.

［7］ 周红. 变循环发动机特性分析及其与飞机一体化设计研究[D]. 西安：西北工业大学，2016.

［8］ 杨宇飞. 自适应循环发动机建模及控制规律研究[D]. 南京：南京航空航天大学，2017.

［9］ 李瑞军，王靖凯，吴濛. 自适应变循环发动机性能优势评价方法[J]. 航空发动机，2021，47(2)：17 - 21.

［10］ 祁宏斌，黄顺洲，王为丽，等. 基于进发匹配的自适应循环发动机总体性能设计初步研究[J]. 燃气涡轮试验与研究，2016，29(5)：5 - 10，39.

［11］ Zheng J C, Tang H L, Chen M. Equilibrium running principle analysis on an adaptive cycle engine[J]. Applied Thermal Engineering, 2018, 132: 393 - 409.

［12］ Zheng J C, Chen M, Tang H L. Matching mechanism analysis on an adaptive cycle engine [J]. Chinese Journal of Aeronautics, 2017, 30(2): 706 - 718.

［13］ Zheng J C, Tang H L, Chen M. Optimal matching control schedule research on an energy system[J]. Energy Procedia, 2019: 1685 - 1693.

［14］ 李斌，陈敏，朱之丽，等. 自适应循环发动机不同工作模式稳态特性研究[J]. 推进技术，2013，

34(8):1009 - 1015.

[15] Zhang J Y, Tang H L, Chen M. Robust design of an adaptive cycle engine performance under component performance uncertainty[J]. Aerospace Science and Technology, 2021, 113: 1 - 21.

[16] Zhang J Y, Tang H L, Chen M. Linear substitute model-based uncertainty analysis of complicated nonlinear energy system performance (Case study of an adaptive cycle engine) [J]. Applied Energy, 2019, 249: 87 - 108.

[17] Chen M, Zhang J Y, Tang H L. Interval analysis of the standard of adaptive cycle engine component performance deviation [J]. Aerospace Science and Technology, 2018, 81: 179 - 191.

[18] Zhang J Y, Dong P C, Tang H L, et al. General design method of control law for adaptive cycle engine mode transition[J]. AIAA Journal, 2022, 60(1): 330 - 344

[19] Xu Y H, Tang H L, Chen M. Design method of optimal control schedule for the adaptive cycle engine steady-state performance[J]. Chinese Journal of Aeronautics, 2022, 35(4): 148 - 164.

[20] Lv Y, Tang H L, Chen M. A study on combined variable geometries regulation of adaptive cycle engine during throttling[J]. Applied Sciences-Basel, 2016, 6: 1 - 19.

[21] Xu Z W, Li M, Tang H L, et al. A multi-fidelity simulation method research on front variable area bypass injector of an adaptive cycle engine[J]. Chinese Journal of Aeronautics, 2022, 35(4): 202 - 219.

[22] Chen M, Zhang J Y, Tang H L. Performance Analysis of a Three-Stream Adaptive Cycle Engine during Throttling[J]. International Journal of Aerospace Engineering, 2018: 1 - 17.

[23] Meng X, Zhu Z L, Chen M, et al. A Matching problem between the front fan and aft fan stages in adaptive cycle engines with convertible fan systems[J]. Energies, 2021, 14(4): 1 - 31.

[24] 徐义皓. 自适应循环发动机的飞/发综合性能优化设计方法研究[D]. 北京:北京航空航天大学, 2022.

[25] 吕雅. 一种自适应循环发动机总体性能分析[D]. 北京:北京航空航天大学, 2016.

[26] 孟鑫. 一种自适应循环发动机性能匹配机理与优化研究[D]. 北京:北京航空航天大学, 2021.

[27] Meng X, Zhu Z L, Chen M. Performance optimization of adaptive cycle engine during subsonic climb[J]. Energy Procedia, 2019: 1613 - 1619.

[28] 孟鑫,朱之丽,陈敏. 1种自适应循环发动机亚声速巡航节流性能研究[J]. 航空发动机, 2018, 44(6): 1 - 5.

[29] Meng X, Zhu Z L, Chen M. Steady-state performance comparison of two different adaptive cycle engine configurations[C]. AIAA Propulsion and Energy Forum 53rd AIAA/SAE/ASEE Joint Propulsion Conference, 2017.

[30] Meng X, Yang X Y, Chen M, et al. High-level power extraction from adaptive cycle engine for directed energy weapon[C]. AIAA Propulsion and Energy Forum 2018 Joint Propulsion Conference, 2018.

思　考　题

1. 自适应循环发动机与变循环发动机的相似点与区别有哪些?

2. 自适应循环发动机多种结构形式的主要区别在哪里？

3. 自适应循环发动机的共同工作方程与涡轮风扇发动机有哪些主要的区别？

4. 自适应循环发动机的等流量节流过程是如何改善安装性能的？

5. 自适应循环发动机的飞机/发动机综合性能优化相比于传统涡轮风扇发动机有哪些独特的难点？

索　引